中国轻工业"十四五"规划立项教材

概率论与数理统计

主　编　孟祥波　张立东

副主编　谢中华　贾学龙　崔家峰　王洪武

参　编　夏国坤　胡亚萍　张振兴　程树林　郑石秋
　　　　彭　瑜　叶　鹏　张瑞海

机械工业出版社

本书是编者在多年概率论与数理统计教学实践基础上，根据高等学校工科各专业的"概率论与数理统计课程基本要求"编写的，共十一章，包括随机事件及其概率、一维随机变量及其分布、多维随机变量及其分布、随机变量的数字特征、大数定律与中心极限定理、数理统计的基本概念与抽样分布、参数估计、假设检验、方差分析、回归分析、概率论与数理统计在 Python 中的实现.书中内容注重提高学生的学习兴趣和应用能力.随书通过二维码配有数学家故事、本书的拓展内容等，同学们可课下扫码阅读.部分习题配有答案，同学们可在验证时参考.

　　本书内容丰富，阐述简明易懂，注重理论联系实际，可作为高等学校工科、经管类各专业概率论与数理统计课程的教材，也可作为教学参考书.

图书在版编目（CIP）数据

概率论与数理统计/孟祥波，张立东主编. —北京：机械工业出版社，2023.6
中国轻工业"十四五"规划立项教材
ISBN 978-7-111-72819-1

Ⅰ.①概…　Ⅱ.①孟…②张…　Ⅲ.①概率论–高等学校–教材②数理统计–高等学校–教材　Ⅳ.①O21

中国国家版本馆 CIP 数据核字（2023）第 049274 号

机械工业出版社（北京市百万庄大街 22 号　邮政编码 100037）
策划编辑：汤　嘉　　　责任编辑：汤　嘉　李　乐
责任校对：贾海霞　张　薇　　封面设计：张　静
责任印制：单爱军
北京联兴盛业印刷股份有限公司印刷
2023 年 7 月第 1 版第 1 次印刷
184mm×260mm · 20 印张 · 509 千字
标准书号：ISBN 978-7-111-72819-1
定价：65.00 元

电话服务　　　　　　　网络服务
客服电话：010-88361066　　机　工　官　网：www.cmpbook.com
　　　　　010-88379833　　机　工　官　博：weibo.com/cmp1952
　　　　　010-68326294　　金　书　网：www.golden-book.com
封底无防伪标均为盗版　　机工教育服务网：www.cmpedu.com

前　言

概率论与数理统计课程是一门重要的高等学校数学公共基础理论课程.概率论与数理统计是一门应用性很强的学科,在理、工、经、管等领域都有很多应用.近年来,概率统计更是被广泛应用到自然科学和社会科学的方方面面,如工程可靠性度量、金融风险、保险精算、环境保护、可持续发展等.

本书的编写坚持"注重基础、强化应用,知识与能力并重"的原则,充分考虑高校各专业实际特点,注重概率统计基础理论的科学性与严谨性,弱化不必要的证明或推导过程.本书将数学建模的思想融入编写中,更加注重概率统计理论在各领域的实际应用.本书利用信息技术辅助编写,注重体现分层次教学、启发性教学,实现内容更丰富,知识更完备,适合不同层次学生使用.本书主要内容包括概率论和数理统计两大部分,其中概率论部分主要有随机事件及其概率、一维随机变量及其分布、多维随机变量及其分布、随机变量的数字特征、大数定律和中心极限定理等,数理统计部分主要有数理统计的基本概念与抽样分布、参数估计、假设检验、方差分析、回归分析等.

本书具有以下主要特点:

1. 注重基础、强化应用.既准确清晰地表达出概率论与数理统计的基本概念、基本理论和基本方法,又重视概念产生的实际背景,注重概率统计理论、方法在实际问题中的具体应用.

2. 重视数学实验和数学建模.充分考虑各专业学生特点,将概率统计与数学实验、数学建模有机结合,借助数学软件 Python 将抽象的概率统计问题具体化,将数学建模的思想融入本书的编写中并形成案例,增加该课程的实用性.

3. 兼顾传统课堂和线上教学.利用二维码技术,增加案例以及重难点问题的视频讲解,同时配套电子课件等资源,为学生深入学习该课程提供支持.同时,每章习题都设置有基础达标题和综合提高题,为学生提供更多的选择.

4. 注重与高中教材中内容的衔接.通过对比发现,高等学校现有教材与高中教材在教学内容上有重叠,对这些内容要进行删减、扩展和延伸.

5. 在保持课程原有特色和独立性的基础上,注重挖掘概率统计课程中的"思政元素".利用中外本学科学者的优秀事迹激发学生学习数学的积极性,培养学生刻苦努力、勇攀科学高峰的精神;充分挖掘、提炼本学科中所涵盖的"思政元素",设计与国家发展成果、人民现实生活等相关示例,自然和谐地将"思政元素"融入本书编写中,以期达到"润物细无声"的育人效果.

参与编写的人员有孟祥波、张立东、谢中华、贾学龙、崔家峰、王洪武、夏国坤、胡亚萍、张振兴、程树林、郑石秋、彭瑜、叶鹏、张瑞海,最后由孟祥波、张立东统稿、定稿.

　　本书的编写得到了天津科技大学理学院、数学系有关领导及同事们的大力支持和帮助,他们提出了很多宝贵意见和建议,对此表示衷心的感谢.

　　限于编者的水平,本书难免存在许多不足之处,欢迎读者批评指正.

编　者

目　录

前言

第一章　随机事件及其概率 ·············· 1

第一节　随机事件 ··················· 1

第二节　随机事件的概率 ············ 6

第三节　条件概率 ·················· 13

第四节　随机事件的独立性 ········ 17

第五节　综合例题 ·················· 20

第二章　一维随机变量及其分布 ····· 24

第一节　随机变量与分布函数 ····· 24

第二节　离散型随机变量 ·········· 26

第三节　连续型随机变量 ·········· 31

第四节　随机变量函数的分布 ····· 36

第五节　综合例题 ·················· 39

第六节　实际案例 ·················· 42

第三章　多维随机变量及其分布 ····· 47

第一节　多维随机变量及其分布函数 · 47

第二节　边缘分布 ·················· 56

第三节　随机变量的独立性 ········ 61

第四节　条件分布* ················· 64

第五节　多维随机变量函数的分布 ····· 68

第六节　综合例题 ·················· 72

第四章　随机变量的数字特征 ········ 78

第一节　数学期望 ·················· 78

第二节　方差 ······················ 84

第三节　协方差与相关系数 ········ 87

第四节　随机变量的矩 ············· 91

第五节　综合例题 ·················· 92

第六节　实际案例 ·················· 94

第五章　大数定律与中心极限定理 ····· 98

第一节　切比雪夫不等式与大数定律 ··· 98

第二节　中心极限定理 ············· 101

第三节　综合例题 ················· 103

第六章　数理统计的基本概念与抽样
　　　　分布 ······················ 106

第一节　总体与样本 ··············· 106

第二节　统计量与三大抽样分布 ··· 110

第三节　正态总体的抽样分布 ····· 114

第四节　常用的数据描述方法 ····· 120

第五节　综合例题 ················· 125

第七章　参数估计 ··················· 131

第一节　点估计 ···················· 131

第二节　估计量的评价标准 ········ 139

第三节　正态总体参数的区间估计 ··· 142

第四节　单侧置信区间 ············· 151

第五节　综合例题 ················· 153

第六节　实际案例 ················· 156

第八章　假设检验 ··················· 162

第一节　假设检验的基本概念 ····· 162

第二节　单个正态总体的假设检验 ··· 165

第三节　两个正态总体的假设检验 ··· 168

第四节　单侧假设检验 ············· 171

第五节　非正态总体参数的假设检验 ··· 175

第六节　综合例题 ················· 179

第七节　实际案例 ················· 183

第九章　方差分析 ··················· 189

第一节　单因素方差分析 ·········· 189

第二节　双因素方差分析 ·········· 194

第三节　综合例题 ················· 205

第十章　回归分析 ··················· 211

第一节　相关与回归分析概述 ····· 211

第二节　一元线性回归 ············· 215

第三节　多元线性回归 ············· 224

第四节　一元非线性回归 ·········· 231

第五节　综合例题 ················· 235

第十一章　概率论与数理统计在 Python
　　　　　中的实现 ……………… 240
　第一节　Python 简介 ……………… 240
　第二节　生成随机数 ……………… 240
　第三节　古典概率及其模型 ……… 243
　第四节　随机变量及其分布 ……… 249
　第五节　随机变量的数字特征 …… 259
　第六节　样本的数字特征 ………… 265
　第七节　参数估计 ………………… 268
　第八节　假设检验 ………………… 277

　第九节　方差分析 ………………… 287
　第十节　回归分析 ………………… 290
部分习题的参考答案 ………………… 293
附录 ………………………………… 303
　附录 A　标准正态分布函数表 …… 303
　附录 B　t 分布的分位数表 ……… 304
　附录 C　χ^2 分布的分位数表 …… 305
　附录 D　F 分布的分位数表 …… 307
参考文献 …………………………… 314

第 一 章

随机事件及其概率

统计规律性是随机现象结果出现的客观规律性,随机事件是描述随机现象结果的一种方式,而概率及条件概率则是刻画随机事件发生可能性的度量.随机事件之间有各种关系和运算,与概率相联系的一种关系就是随机事件的独立性.本章首先引入随机事件的概念及其关系与运算,然后给出概率及条件概率的概念及其性质,最后介绍随机事件的独立性.

第一节 随 机 事 件

一、随机试验与样本空间

在自然界和人们的社会实践中,存在着两类现象.一类现象是,在一定条件下必然会出现的确定结果,我们称之为确定性现象.例如:在标准大气压下,水加热到 100℃ 必然会沸腾;在地球表面,向上抛一粒石子,而石子到达一定高度后必然会下落.确定性现象也称作必然现象.还有一类现象是,在一定条件下可能会出现各种不同的结果,即在完全相同的条件下,进行一系列的观测或试验,不一定会出现相同的结果,我们称之为随机现象.例如:抛一枚硬币,当硬币落到地面时,可能是正面(有国徽的一面)朝上,也可能是反面朝上,但在硬币落地前,我们无法知道硬币落地后的哪一面会朝上;一天内在某一个交通路口机动车违章的次数;某一个地区在下一个雨季的降水量.随机现象也称作偶然现象.

对于随机现象的一次观察,在其未出结果前,我们无法预知到底哪个结果会出现.随机现象的出现表面看来毫无规律,但是人们通过实践发现并总结出,在相同条件下,对随机现象进行大量重复观察,其结果会呈现出稳定的规律性.例如:多次重复地抛一枚质地均匀的硬币,正面朝上与反面朝上的次数几乎相等;企业在一定条件下,按照某种生产工艺所生产的产品的合格率大致稳定.这种规律性我们称之为统计规律性,它并不以人们具体的一次观察结果为依据.换句话说,随机现象的这种统计规律性是大量重复观察结果的规律性的体现,不是具体一次出现的结果,而是一种客观规律性.

我们把各种科学实验和对某一事物的观察统称为试验.为了研究随机现象的统计规律性,我们所做的试验通常需要满足一定的条件.

定义 1.1.1   对随机现象所做的试验如果满足:

(1) 可重复性,即在相同条件下可重复进行;

(2) 可知性,即每次试验的所有可能结果不止一个且都明确可知;

(3) 随机性,即每次试验结果出现前无法预知会出现哪个结果,则称这样的试验为随机试验,有时简称试验,通常用大写英文字母 $E,E_1,E_2,\cdots$ 表示.

例 1.1.1 E_1:抛一枚质地均匀的硬币观察其结果.

例 1.1.2 E_2:从生产的一批产品中抽取 10 个产品,观察次品数.

例 1.1.3 E_3:保险公司在一段时期内接到客户索赔的次数.

例 1.1.4 E_4:用最小刻度为毫米的尺子测量物体的长度所产生的测量误差.

例 1.1.5 E_5:从一批灯泡中抽取一只检测其使用寿命(单位:h).

对于随机试验,虽然在试验前不能确定哪个结果会出现,但是我们却知道试验的所有可能结果.

定义 1.1.2   随机试验 E 的所有可能结果构成的集合称为样本空间,记作 Ω 或 S.样本空间中的每一个元素,即随机试验的每个结果称为样本点,通常用 $\omega,\omega_1,\omega_2,\cdots$ 或 $e,e_1,e_2,\cdots$ 表示.

对于上述例题中,随机试验 E_1 的样本空间是 $\Omega=\{H,T\}$,其中 H 代表正面,T 代表反面,即 H=正面,T=反面,故也可以表示成 $\Omega=\{$正面,反面$\}$.

随机试验 E_2 的样本空间是 $\Omega=\{0,1,\cdots,10\}$.

随机试验 E_3 的样本空间是 $\Omega=\{0,1,\cdots,N\}$,其中 N 是保险公司被索赔的最大数目.当 N 很大或不好确定其值时,我们习惯将之视为无穷大,即样本空间是 $\Omega=\{0,1,\cdots\}$.

随机试验 E_4 的样本空间是 $\Omega=(-1,1)$,单位是 mm.

随机试验 E_5 的样本空间是 $\Omega=[0,+\infty)$,单位是 h.这里由于灯泡寿命的上限很大或不好用一个确定值给出,使用 $+\infty$ 表示.

二、 随机事件的概念

对于随机现象的研究,我们关心的往往不只是其所有的可能结果,而是更加关心某些部分结果.比如,投掷一枚质地均匀的骰子,观察其出现的点数.自然,该随机试验的样本空间是 $\Omega=\{1,2,3,4,$

5,6}.实践中,我们可能更关心骰子出现的结果是奇数点还是偶数点,或者掷出的点数不大于 4 点等某些具体结果的集合,这些集合用来表征在随机试验中那些"有意义"的结果.

> **定义 1.1.3** 随机试验的样本空间 Ω 中用来表示某些结果的样本点的集合称作随机事件,有时简称事件.显然,随机事件是样本空间 Ω 的子集,用大写英文字母 A,B,C 等表示.

大多数情形下,样本空间 Ω 的任一子集都可看作随机事件,但在某些极特殊情形下样本空间 Ω 的某些子集并不代表随机事件.这涉及测度论的相关知识和结论,已经超出本书的讨论范围.事实上,当通过随机试验的结果来讨论随机事件时,我们总是假定这些随机事件是来自一个"有意义"结果的集类(称作事件域,数学上也称作集合 Ω 上的 σ 代数).因此,接下来我们讨论的随机事件都默认是有意义的 Ω 的子集.为了简单起见,本书默认所讨论的样本空间的子集均表示随机事件.

例 1.1.6 E_1:抛一枚质地均匀的硬币观察其结果,随机事件 $A=\{H\}$ 表示"硬币正面朝上".

例 1.1.7 E_2:从生产的一批产品中抽取 10 个产品,观察次品数,随机事件 $B=\{0,1,2\}$ 表示"次品数不多于两个".

例 1.1.8 E_3:保险公司在一段时期内接到客户索赔的次数,随机事件 $C=\{10,11,\cdots\}$ 表示"索赔次数不少于 10 次".

例 1.1.9 E_4:用最小刻度为毫米的尺子测量物体的长度所产生的测量误差,随机事件 $D=(-0.5,0.5)$ 表示"测量误差的绝对值小于 0.5mm".

例 1.1.10 E_5:从一批灯泡中抽取一只检测其使用寿命(单位:h),随机事件 $E=[3000,+\infty)$ 表示"灯泡使用寿命不低于 3000h".

随机事件 A 发生当且仅当随机试验结果即样本点 $\omega\in A$.

在例 1.1.7 中,若随机试验最终抽到 1 个次品,则表明随机事件 B 发生了,亦即最终抽到 1 个次品意味着"次品数不多于两个"这个随机事件发生了;反之,若最终抽到 3 个次品,则表明随机事件 B 未发生.又如在例 1.1.10 中,若抽检的灯泡寿命是 5000h,则表明随机事件 E 即"灯泡使用寿命不低于 3000h"发生了.

既然可以将集合与随机事件对应起来,那么集合的简单或复杂也就表明随机事件的简单与复杂.当表示随机事件的集合只包含一个元素,即只收集了一个样本点,此时的随机事件称为基本事件.与之对应的,当表示随机事件的集合包含两个或两个以上元素时,我们称之为复合事件.还有两种特殊情形:一种是集合为空集,表示未包含任何试验结果(不包含任何样本点),我们称之为不可能事件,

记作 $\varnothing$;另一种是样本空间 Ω 本身,表示包含了所有可能的试验结果(包含所有样本点),我们称之为**必然事件**,记作 Ω.

不可能事件表示必然不会发生的事件,必然事件表示必然会发生的事件,因此从这个角度讲,不可能事件与必然事件均不是随机事件,而是确定性事件.有时为了描述方便,会将不可能事件与必然事件纳入随机事件的范畴,也就是说,此时,不可能事件与必然事件被看作特殊的随机事件.

三、 随机事件的关系及其运算

我们知道,任何一个随机事件都是样本空间 Ω 的一个子集,故随机事件之间的关系与运算可以看作集合之间的关系与运算.下面给出这些关系与运算在概率论中的提法和含义.

(1) 若 $A \subset B$,则称事件 B 包含事件 A,或事件 A 包含于事件 B,也称 A 是 B 的子事件.其概率含义是:事件 A 发生,必然导致事件 B 发生.显然有 $\varnothing \subset A \subset \Omega$.

(2) 若 $A = B$,则称事件 A 与事件 B 相等.其概率含义是:事件 A 发生,必然导致事件 B 发生,同时事件 B 发生,必然导致事件 A 发生,即 $A \subset B$ 且 $B \subset A$.

(3) 称 $A \cup B$ 为事件 A 与事件 B 的和(或并).其概率含义是:事件 $A \cup B$ 发生当且仅当事件 A 或事件 B 至少有一个发生.

类似地,称 $A_1 \cup A_2 \cup \cdots \cup A_n$ 为 n 个事件 $A_1, A_2, \cdots, A_n$ 的和,简记为 $\bigcup\limits_{i=1}^{n} A_i$. 称 $A_1 \cup A_2 \cup \cdots \cup A_n \cup \cdots$ 为可列个事件 $A_1, A_2, \cdots, A_n, \cdots$ 的和,简记为 $\bigcup\limits_{i=1}^{\infty} A_i$.

(4) 称 $A \cap B$ 为事件 A 与事件 B 的积(或交).其概率含义是:事件 $A \cap B$ 发生当且仅当事件 A 与事件 B 都发生. $A \cap B$ 也可以简记为 AB.

类似地,称 $A_1 \cap A_2 \cap \cdots \cap A_n$ 为 n 个事件 $A_1, A_2, \cdots, A_n$ 的积,简记为 $\bigcap\limits_{i=1}^{n} A_i$ 或 $\prod\limits_{i=1}^{n} A_i$. 称 $A_1 \cap A_2 \cap \cdots \cap A_n \cap \cdots$(或者 $A_1 A_2 \cdots A_n \cdots$)为可列个事件 $A_1, A_2, \cdots, A_n, \cdots$ 的积,简记为 $\bigcap\limits_{i=1}^{\infty} A_i$ 或 $\prod\limits_{i=1}^{\infty} A_i$.

(5) 事件 $A - B = \{\omega \mid \omega \in A \text{ 且 } \omega \notin B\}$ 称为事件 A 与事件 B 的差.其概率含义是:事件 $A - B$ 发生当且仅当事件 A 发生且事件 B 不发生.

例如,在掷骰子的试验中,记事件 A 为"出现奇数点",事件 B 为"点数不大于4",则 $A \cup B = \{1, 2, 3, 4, 5\}$,$AB = \{1, 3\}$,$A - B = \{5\}$.

(6) 若 $AB = \varnothing$,则称事件 A 与事件 B 是**互不相容(或互斥)**的.其概率含义是:事件 A 与事件 B 不能同时发生.显然,基本事件都是互不相容的.

为记述方便,我们把两个不相容的事件 A 与 B 的和记作 $A+B$,把 n 个互不相容事件的和记作 $A_1+A_2+\cdots+A_n$(简记为 $\sum\limits_{i=1}^{n}A_i$),把可列个互不相容事件的和记作 $A_1+A_2+\cdots+A_n+\cdots$(简记为 $\sum\limits_{i=1}^{\infty}A_i$).

(7)若 $AB=\varnothing$ 且 $A\cup B=\Omega$,则称事件 A 与事件 B 互为对立事件(或逆事件).其概率含义是:对于每次随机试验,事件 A 与事件 B 有且仅有一个发生.显然,任意随机事件 A 均存在对立事件且唯一.我们将随机事件 A 的对立事件记作 $\bar{A}$.

显然,$A+B=\Omega$ 表明事件 A 与事件 B 互为对立事件,即 $A+\bar{A}=\Omega$.同样可以得到一些显而易见的结果:

1) $\bar{\bar{A}}=A$.

2) $A\bar{A}=\varnothing$,$A+\bar{A}=\Omega$,$\bar{A}=\Omega-A$.

3) $A-B=A\bar{B}=A-AB$,$A\cup B=A+(B-A)=A+B\bar{A}$.

事件之间的关系与运算可以形象地采用维恩(Venn)图表示,如图 1.1 所示.

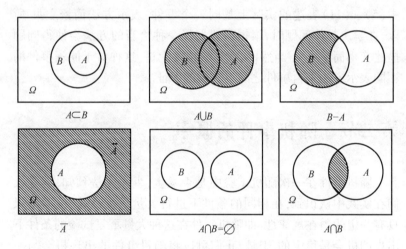

图 1.1　事件关系与运算的维恩图

同集合的运算律,事件之间也有类似的运算性质.

(1)交换律:$A\cup B=B\cup A$,$AB=BA$.

(2)结合律:$(A\cup B)\cup C=A\cup(B\cup C)$,$(AB)C=A(BC)$.

(3)分配律:$(A\cup B)\cap C=(A\cap C)\cup(B\cap C)$,$(A\cap B)\cup C=(A\cup C)\cap(B\cup C)$.

(4)德摩根(De Morgan)律(或对偶律):$\overline{A\cup B}=\bar{A}\cap\bar{B}$,$\overline{A\cap B}=\bar{A}\cup\bar{B}$.

上述各运算律可推广到有限多个或可列多个情形.

例 1.1.11　甲、乙、丙三人各投篮一次,记事件 A 表示"甲投中",事件 B 表示"乙投中",事件 C 表示"丙投中",则可以用上

述三个事件分别表示下述各事件:

(1)"甲未投中": $\bar{A}$;

(2)"甲投中而乙未投中": $A\bar{B}$;

(3)"三人中只有丙未投中": $AB\bar{C}$;

(4)"三人中至少有一人投中": $A\cup B\cup C$ 或 $\overline{\bar{A}\,\bar{B}\,\bar{C}}$;

(5)"三人中至少有一人未投中": $\bar{A}\cup\bar{B}\cup\bar{C}$ 或 $\overline{ABC}$;

(6)"三人中恰有一人投中": $A\bar{B}\,\bar{C}\cup\bar{A}B\bar{C}\cup\bar{A}\,\bar{B}C$;

(7)"三人中恰有两人投中": $AB\bar{C}\cup A\bar{B}C\cup\bar{A}BC$;

(8)"三人均未投中": $\bar{A}\,\bar{B}\,\bar{C}$ 或 $\overline{A\cup B\cup C}$;

(9)"三人中至少两人投中": $AB\bar{C}\cup A\bar{B}C\cup\bar{A}BC\cup ABC$ 或 $AB\cup BC\cup AC$;

(10)"三人中至多一人投中": $A\bar{B}\,\bar{C}\cup\bar{A}B\bar{C}\cup\bar{A}\,\bar{B}C\cup\bar{A}\,\bar{B}\,\bar{C}$ 或 $\overline{AB}\cup\overline{BC}\cup\overline{AC}$;

(11)"三人中至多两人投中": $\bar{A}\,\bar{B}\,\bar{C}\cup(A\bar{B}\,\bar{C}\cup\bar{A}B\bar{C}\cup\bar{A}\,\bar{B}C)\cup(AB\bar{C}\cup A\bar{B}C\cup\bar{A}BC)$ 或 $\bar{A}\cup\bar{B}\cup\bar{C}$ 或 $\overline{ABC}$.

拓展阅读
中国概率论与数理
统计的先驱——
许宝騄

用简单事件表示复杂事件,表示方法往往不唯一,如例 1.1.11 中(5)和(11)表述的实际上是同一个事件,表示方法简繁立见.所以,在解决具体问题时,根据需要选择一种恰当的方法会使得问题描述变得简洁有效.当然,从数学的角度上讲,这种对于同一事件的不同表示方法来自事件之间运算律的保证.

第二节　随机事件的概率

随机事件在一次随机试验中是否发生,事先无法预知,但是人们在实践中认识到,在相同的条件下进行大量重复试验,试验结果具有一定的内在规律性,即随机事件在这种大量重复试验的条件下出现的机会是稳定的.于是,我们可以将随机事件的出现机会与一定的数值相对应.

一、频率与概率

定义 1.2.1　在相同的条件下重复进行 n 次试验,随机事件 A 发生的次数 n_A 称作频数,比值 $\dfrac{n_A}{n}$ 称作随机事件 A 的频率,记作 $f_n(A)$,即

$$f_n(A)=\frac{n_A}{n}.$$

实践证明:相同条件下的大量重复试验中,事件 A 的频率具有

稳定性.也就是说,当试验次数 n 充分大时,事件 A 的频率 $f_n(A)$ 在某一个确定的数字附近摆动.例如抛一枚质地均匀的硬币,当抛的次数足够大时,硬币正面朝上的频率越来越稳定于 0.5.历史上,一些著名统计学家进行过抛硬币的试验,他们得到的结果见表 1.1.

表 1.1　一些著名统计学家抛硬币试验的结果

试验者	抛硬币次数/次	正面朝上次数/次	正面朝上的频率
蒲丰(Buffon)	4040	2048	0.5069
费希尔(Fisher)	10000	4979	0.4979
皮尔逊(Pearson)	12000	6019	0.5016
皮尔逊(Pearson)	24000	12012	0.5005

随着计算机的飞速发展,我们现在可以利用计算机很轻易地实现抛硬币试验的随机模拟.历史上也产生了不少利用频率稳定性解决实际问题的例子,例如非常著名的蒲丰投针试验(利用频率计算圆周率 π)、高尔顿(Galton)钉板试验(利用频率分布近似正态分布)等.

例 1.2.1　圆周率 π 是一个无限不循环小数,我国数学家祖冲之第一次把它计算到小数点后七位,此纪录保持了 1000 多年.人们对于圆周率的计算从未停止,此后一直有人不断将 π 算得越来越精确.1873 年,英国学者沈克士公布了一个 π 的数值,该数值小数点后面一共有 707 位.当时人们都是采用手动计算,即便对他的计算有疑问,也无法确切知晓真实结果.几十年后,曼彻斯特的费林生对沈克士计算的结果产生疑问,他统计了沈克士计算结果的 608 位小数,得到的结果见表 1.2.

表 1.2　费林生统计的结果

数字	0	1	2	3	4	5	6	7	8	9
出现次数	60	62	67	68	64	56	62	44	58	67

费林生产生怀疑的理由是什么呢?

既然圆周率 π 是一个无限不循环小数,因此理论上每个数字的出现都不会具有某种偏好性,即每个数字出现的次数应近似相等,或者这些数字的出现频率应都接近 0.1,但是数字 7 出现的频率过小.这也是费林生产生怀疑的原因.

很容易从事件频率的定义,得出以下性质.

(1) 非负性:$f_n(A) \geq 0$.

(2) 规范性:$f_n(\Omega) = 1$.

(3) 有限可加性:设 m 个随机事件 $A_1, A_2, \cdots, A_m$ 两两不相容,有

$$f_n\left(\sum_{i=1}^m A_i\right) = \sum_{i=1}^m f_n(A_i).$$

频率稳定性的事实也恰好说明了随机事件发生的可能具有客观存在性.

定义 1.2.2　在相同的条件下重复进行 n 次试验,随机事件 A 发生的频率 $f_n(A)$ 随着试验次数 n 的增大而稳定地在某个常数 p 附近摆动,则称 p 为事件 A 的概率,记为 $P(A)$.

随机事件 A 发生的概率显然具有上述频率所具备的性质.这是利用频率的稳定性对随机事件概率的统计定义,实际应用中常常用频率来估计概率,即当 n 足够大时,有 $P(A) \approx f_n(A)$.

例 1.2.2　为了估计某个鱼塘里的鱼数,从该鱼塘捕捞 100 条鱼,做完标记后再放入鱼塘.过些时日后,从鱼塘里捕捞 40 条鱼,发现其中两条有标记.试问鱼塘里大约有多少条鱼?

解　设鱼塘中有 x 条鱼,则利用概率与频率的关系,有 $\dfrac{100}{x} \approx \dfrac{2}{40}$,于是 $x \approx 2000$,即鱼塘里大约有 2000 条鱼.

二、古典概型与几何概型

在概率论发展史上,最早研究的一类最直观、最简单的问题是等可能概型,即样本空间中每个样本点出现的可能性是相等的.在这类概率模型中,若样本空间中只包含有限个样本点,则称之为古典概型;若样本空间是一条线段或某个区域时,则称之为几何概型.

1. 古典概型

定义 1.2.3　称具有下述两个特征的随机试验模型为古典概型.

(1) 随机试验只有有限个可能的结果;

(2) 每个结果发生的可能性大小相同.

在古典概型中,设随机试验的样本空间 $\Omega = \{\omega_1, \omega_2, \cdots, \omega_n\}$ 且各样本点构成的基本事件发生的概率相等,即

$$P(\{\omega_1\}) = P(\{\omega_2\}) = \cdots = P(\{\omega_n\}).$$

由概率的规范性和有限可加性,知

$$P(\{\omega_1\}) = P(\{\omega_2\}) = \cdots = P(\{\omega_n\}) = \frac{1}{n}.$$

于是,对于包含 k 个样本点的随机事件 A 发生的概率为

$$P(A) = \frac{k}{n}.$$

古典概率的计算公式本质上可以归结为对样本点的计数问题,解决该问题通常需要借助于加法、乘法原理以及排列、组合公式.

（1）**加法原理**：设完成一件事有 m 种方式，第 i 种方式有 n_i 种方法（每种方法均可完成这件事），则完成这件事的方法总数为 $n_1+n_2+\cdots+n_m$.

（2）**乘法原理**：设完成一件事有 m 个步骤，第 i 步有 n_i 种方法（必须完成每一步骤才能最终完成这件事），则完成这件事的方法总数为 $n_1\times n_2\times\cdots\times n_m$.

（3）**排列公式**：从 n 个元素中任取 $k(1\leqslant k\leqslant n)$ 个排成一排，则不同的排列总数为

$$\mathrm{A}_n^k=n(n-1)\cdots(n-k+1)=\frac{n!}{(n-k)!},$$

当 $k=n$ 时称为 n 个元素的全排列，即 $\mathrm{A}_n^n=n!$.

（4）**组合公式**：从 n 个元素中任取 $k(1\leqslant k\leqslant n)$ 个组成一组，则不同的组合总数为

$$\mathrm{C}_n^k=\binom{n}{k}=\frac{n(n-1)\cdots(n-k+1)}{k!}=\frac{n!}{(n-k)!k!}.$$

例 1.2.3 掷一枚质地均匀的骰子两次，求两次点数之和为 7 的概率.

解 令 $\omega_{ij}=(i,j)$，$i,j=1,2,3,4,5,6$ 表示骰子先后两次出现的结果，将一枚质地均匀的骰子掷两次形成的样本空间是 $\Omega=\{\omega_{ij},i,j=1,2,3,4,5,6\}$，则事件"两次点数之和为 7"可以表示为 $A=\{(i,j)\mid i+j=7,i,j=1,2,3,4,5,6\}=\{\omega_{16},\omega_{25},\omega_{34},\omega_{43},\omega_{52},\omega_{61}\}$，于是两次点数之和为 7 的概率 $P(A)=\dfrac{6}{36}=\dfrac{1}{6}$.

本题若按照两次点数之和作为样本空间，即 $\Omega=\{2,3,\cdots,12\}$，而"和为 7"只是样本空间中的一个样本点，若按照古典概型的概率计算公式会得出 $\dfrac{1}{11}$ 的错误结果，错误的根源在于将"点数之和"出现的每个结果视为等可能的了.

例 1.2.4（随机抽样问题） 设有一批产品共 N 件，其中有 M 件次品.从中抽取 n 件产品，求恰好抽到 k 件次品的概率.考虑如下两种情形：

（1）放回抽样，即每次抽取一件，检验后放回，再抽取下一件；

（2）不放回抽样，即每次抽取一件，检验后不放回，再抽取下一件.

解 记"恰好抽到 k 件次品"为事件 A.

（1）因为是放回抽样，故从 N 件产品中抽取 n 件产品总的方法数是 N^n，则

$$P(A)=\frac{\mathrm{C}_n^k M^k(N-M)^{n-k}}{N^n}=\mathrm{C}_n^k\left(\frac{M}{N}\right)^k\left(1-\frac{M}{N}\right)^{n-k}.$$

（2）因为是不放回抽样，故从 N 件产品中抽取 n 件产品总的方

法数是 A_N^n,则

$$P(A) = \frac{C_n^k A_M^k A_{N-M}^{n-k}}{A_N^n}.$$

本题不放回抽样情形,根据排列组合关系,有

$$\frac{C_n^k A_M^k A_{N-M}^{n-k}}{A_N^n} = C_n^k \frac{k! C_M^k \cdot (n-k)! C_{N-M}^{n-k}}{n! C_N^n} = \frac{C_M^k C_{N-M}^{n-k}}{C_N^n}.$$

故又可将不放回抽样理解为一次性抽取 n 件产品(而不是一次只抽取一件).实际计算中,经常将不放回抽样等价地视作后一种情形加以处理,这样就可以避免考虑次序的复杂问题.

例 1.2.5(抽签公平问题) 设有 a 张好签和 b 张坏签放到一起供人们抽取,试说明抽签的公平性.

解 记"第 k 个人抽到好签"为 A_k,$k=1,2,\cdots,a+b$,第 k 个人抽到的好签只能来自 a 张好签之一,故有 a 种方法,其余的 $k-1$ 个人可以抽取其他的任意一张签(有 $a+b-1$ 张),则

$$P(A_k) = \frac{a A_{a+b-1}^{k-1}}{A_{a+b}^k} = \frac{a}{a+b}.$$

与抽签次序无关,故抽签是公平的.

例 1.2.6(生日问题) 求 $n(n<365)$ 个人中至少有两人生日相同的概率,所谓生日相同是指同月同日(不要求年份相同).

解 不妨设一年的天数 $N=365$,记"至少有两人生日相同"为 A.若将每一天视作盒子,每个人的生日看作小球,则将 n 个小球放入 N 个盒子中总的方法数是 N^n,而每个盒子里最多放一个小球的方法数是 A_N^n.因此

$$P(A) = \frac{N^n - A_N^n}{N^n} = 1 - \frac{A_N^n}{N^n}.$$

表 1.3 列出的是当 $n=30,40,50,60,70,80$ 时至少两个人生日相同的概率.

表 1.3　至少两个人生日相同的概率

n	30	40	50	60	70	80
$P(A)$	0.7063	0.8912	0.9704	0.9941	0.9992	0.9999

古典概型的计算公式在实际生活中用处很广泛,比如抽检产品的合格率(或者次品率)、彩票的中奖概率等.

2. 几何概型

古典概型包括两要素:所有结果具有限性以及每个结果具有等可能性.在等可能的情形下,我们也会遇到所有的结果并不是有限的情形,比如样本空间是一条直线、平面区域或空间立体等.

定义 1.2.4 设样本空间 Ω 是一个区域(可能是一条线段、平面区域或有限空间立体),它的度量记为 $\mu(\Omega)<\infty$(度量的含义是线段的长度、平面区域的面积或有限空间立体的体积),样本

点落入样本空间的部分区域 A 的可能性只与 $\mu(A)$ 成比例,而与区域 A 的位置和形状无关,若将样本点落入区域 A 的事件仍记为 A,则事件 A 的概率

$$P(A)=\frac{\mu(A)}{\mu(\Omega)}.$$

此时的概率称为几何概率.

例 **1.2.7**(会面问题) 两位同学约好 8∶00 到 9∶00 之间在某公园门口见面,先到者最多等候另一个人 20min,过时就离开.若两个人均可在 8 点到 9 点之间任意时刻到达某公园门口,试计算两人能见面的概率.

解 记 8∶00 为 0 时刻,x,y 表示两个人到达某公园门口的时刻(单位:min),则样本空间为

$$\Omega=\{(x,y)\mid 0\leqslant x,y\leqslant 60\}.$$

记"两人能见面"为 A,则

$$A=\{(x,y)\mid|x-y|\leqslant 20\},$$

于是

$$P(A)=\frac{\mu(A)}{\mu(\Omega)}=\frac{60^2-40^2}{60^2}=\frac{5}{9}.$$

拓展阅读
圆周率的近似计算之
"蒲丰投针"问题

三、概率的公理化定义及其运算性质

前文定义的概率作为随机事件发生可能性的度量,在等可能概型(包括古典概型和几何概型)中应用比较成功.但是,在有些情况下,"等可能性"就不太明确了,以至于会出现某些看似"矛盾"的结果.1899 年,法国学者贝特朗提出一个问题:在一个圆内任意选择一条弦,这条弦的弦长大于这个圆的内接等边三角形的边长的概率是多少.人们基于对"任意选择"的不同理解,得到了不止一个结果,这在根本上动摇了人们早先对于几何概率的认识,该问题后来被称为贝特朗奇论(Bertrand's paradox).为什么同一个随机事件会有不同的概率呢?

概率统计学者
柯尔莫哥洛夫

直到 1933 年,苏联数学家柯尔莫哥洛夫通过公理化形式给出了概率应该满足的几条本质特性(而不是直接定义随机事件的概率)才完美解释了贝特朗奇论不同结果的合理性,并在此基础上展开了概率理论和应用的研究.

定义 **1.2.5** 设随机试验 E 的样本空间为 Ω,若存在对应法则 $P:\Omega\rightarrow\mathbf{R}$,对于任意随机事件 $A(A\subset\Omega)$,$P(A)$ 是一个实数且满足:

(1) 非负性:$P(A)\geqslant 0$;

(2) 规范性:$P(\Omega)=1$;

(3) 可列可加性:对于两两不相容事件 $A_i(i=1,2,\cdots)$ 有

$$P\left(\sum_{i=1}^{\infty}A_i\right)=\sum_{i=1}^{\infty}P(A_i),$$

则称 $P(A)$ 为随机事件 A 的概率.

根据公理化定义,不难得到概率的一些基本性质.

(1) 不可能事件的概率为 0,即
$$P(\varnothing) = 0.$$
事实上,利用可列可加性,知
$$P(\Omega) = P(\Omega + \varnothing + \varnothing + \cdots) = P(\Omega) + P(\varnothing) + P(\varnothing) + \cdots,$$
于是
$$P(\varnothing) + P(\varnothing) + \cdots = 0,$$
再利用非负性即得结果.

(2) 有限可加性,即
$$P\left(\sum_{i=1}^{n} A_i\right) = \sum_{i=1}^{n} P(A_i).$$
只需考虑可列可加性中的 $A_i = \varnothing$, $i = n+1, \cdots$ 及性质(1)即可得结论.

由规范性及性质(2)易知,
$$P(\bar{A}) = 1 - P(A),$$
即对立事件的概率等于 1 减去原事件的概率,这与我们的经验相吻合.

(3) 对于事件 A, B,有
$$P(B-A) = P(B) - P(AB).$$
若 $A \subset B$,则 $P(B-A) = P(B) - P(A)$,进而有
$$P(A) \leqslant P(B).$$
从而,对于任意事件 A,有
$$0 \leqslant P(A) \leqslant 1,$$
此即表明,任意事件的概率介于 0 和 1 之间,再次与我们的经验相吻合.

(4) 对于任意两个事件 A, B,有
$$P(A \cup B) = P(A) + P(B) - P(AB).$$
只要注意到 $A \cup B = A + (B-A)$ 及有限可加性和性质(3)即得结论.

同理,对于任意三个事件 A, B, C,有
$$P(A \cup B \cup C) = P(A) + P(B) + P(C) - P(AB) - P(BC) - P(AC) + P(ABC).$$

例 1.2.8　在 1~2000 的整数中随机取一数,求该数至少能被 5 整除或 6 整除或 8 整除的概率.

解　记事件 A, B, C 分别表示该数能被 5 整除、能被 6 整除、能被 8 整除,则该数至少能被 5 整除或 6 整除或 8 整除的概率为

$$P(A \cup B \cup C) = P(A) + P(B) + P(C) - P(AB) - P(BC) - P(AC) + P(ABC)$$

$$= \frac{400}{2000} + \frac{333}{2000} + \frac{250}{2000} - \frac{66}{2000} - \frac{83}{2000} - \frac{50}{2000} + \frac{16}{2000}$$

$$= \frac{2}{5}.$$

现在回过头来看贝特朗奇论:之所以会有不同的概率结果出现,是因为对于"任意选择"的不同理解导致求解概率时有不同的

对应法则 P,从而出现了不同的"概率值".那么,古典概型或几何概型为什么只有一个概率结果呢? 我们可以从古典概型或几何概型概率的定义得知,满足公理化定义的概率测度(对应法则)是唯一的,故而对某一随机事件其概率值唯一.

第三节 条件概率

一、条件概率的定义

世间万物是相互联系和作用着的,随机事件也不例外.我们经常会基于某个事件发生与否再去考虑另外一个事件,这就涉及条件概率.

定义 1.3.1 设 $P(A)>0$,若在随机事件 A 发生的条件下随机事件 B 发生的概率记作 $P(B\mid A)$,定义
$$P(B\mid A)=\frac{P(AB)}{P(A)},$$
则称 $P(B\mid A)$ 是事件 A 发生的条件下事件 B 发生的条件概率.

条件概率的定义是基于这样的考虑:事件 A 发生的条件下事件 B 发生的概率 $P(B\mid A)$ 与 $P(A)$ 成反比$\left(或与\frac{1}{P(A)}成正比\right)$,而与 $P(AB)$ 成正比,即与 $\frac{P(AB)}{P(A)}$ 成正比,再通过概率的规范性[即 $P(\Omega\mid A)=1$]可知比例系数是 1. 当然,既然是事件 A 发生的条件下才去考虑事件 B,所以要求事件 A 必须能发生,即 $P(A)>0$.

由定义知,条件概率也是概率,从而概率有的性质条件概率也满足,例如 $P(\overline{B}\mid A)=1-P(B\mid A)$, $P(B\cup C\mid A)=P(B\mid A)+P(C\mid A)-P(BC\mid A)$ 等.

下面通过一个例子来讨论条件概率的计算方法.

例 1.3.1 袋中有大小和质地均相同的球共 5 个,其中黑球有 3 个,白球有 2 个.从中不放回地取两个球,求已知在第一次取得黑球的条件下第二次也取得黑球的概率.

解 记 A_i 表示第 i 次取得黑球,$i=1,2$.

方法一(定义法):在第一次取得黑球的条件下第二次也取得黑球的概率
$$P(A_2\mid A_1)=\frac{P(A_1A_2)}{P(A_1)}=\frac{A_3^2/A_5^2}{A_3^1/A_5^1}=\frac{1}{2}.$$

方法二(样本空间转换):在第一次取得黑球的条件下第二次也取得黑球的概率

$$P(A_2 \mid A_1) = \frac{2}{4} = \frac{1}{2}.$$

因为在第一次取得黑球的条件下,第二次再取球时,此时袋中只剩 4 个球且黑球还有 2 个(此即样本空间转换),故结果显然.

很显然,方法二要比方法一计算便捷,但并不是说方法一就没有用,比如问题若改成求已知在第二次取得黑球的条件下第一次也取得黑球的概率,此时方法二就失效了(因为作为条件的事件比待考虑的事件晚发生,故无法使用样本空间的转换),不过方法一即定义法依然有效:

$$P(A_1 \mid A_2) = \frac{P(A_1 A_2)}{P(A_2)} = \frac{A_3^2 / A_5^2}{3/5} = \frac{1}{2},$$

其中利用抽签公平性的结论直接有 $P(A_2) = P(A_1) = \frac{3}{5}$.

总结:当计算条件概率时,一般若作为条件的事件先发生,则可以采用样本空间转换的方法进行求解;否则,可以利用定义及古典概型公式进行求解.

二、概率乘法公式

由条件概率的定义,可以得到如下定理.

定理 1.3.1　设 A,B 为两个随机事件且 $P(A)>0$,则

$$P(AB) = P(B \mid A)P(A). \tag{1.1}$$

或者,若 $P(B)>0$,则

$$P(AB) = P(A \mid B)P(B). \tag{1.2}$$

式(1.1)和式(1.2)都称为**概率乘法公式**.

概率乘法公式可以推广到多个事件的情形:设 $A_1, A_2, \cdots, A_n$ 是先后相继的 n 个随机事件,且满足 $P(A_1 A_2 \cdots A_{n-1})>0$,则

$$P(A_1 A_2 \cdots A_n) = P(A_1)P(A_2 \mid A_1)P(A_3 \mid A_1 A_2) \cdots P(A_n \mid A_1 A_2 \cdots A_{n-1}).$$

例 1.3.2　袋中有大小和质地均相同的球共 5 个,其中黑球有 3 个,白球有 2 个.从中不放回地取两个球,求两次均抽到黑球的概率.

解　记"两次均抽到黑球"为 A,以下采用不同方法求解该问题.

方法一(古典概型): $P(A) = \frac{C_3^2}{C_5^2} = \frac{3}{10}$.

方法二(概率乘法公式):记 A_i 表示第 i 次取得黑球, $i=1,2$. 则

$$P(A) = P(A_1 A_2) = P(A_1)P(A_2 \mid A_1) = \frac{3}{5} \cdot \frac{2}{4} = \frac{3}{10}.$$

如果说对于这道例题还无法体现概率乘法公式的优势,我们可以看下一道例题.

例 1.3.3　一个坛子中最开始放着 a 个红球和 b 个白球(大小和质地均一样),任意从中取出一个,记下其颜色并放回,再放入 c

个与它同色的球;接着再从坛中取出一个球,如此以往,这个模型被称作波利亚坛子模型(Polya's urn scheme).求从坛子中先后取出的球的颜色是"红白红红"的概率.

解　记 A_i 表示第 i 次取得红球, $i=1,2,3,4$.则所求概率是

$$P(A_1\bar{A}_2A_3A_4)=P(A_1)P(\bar{A}_2\mid A_1)P(A_3\mid A_1\bar{A}_2)P(A_4\mid A_1\bar{A}_2A_3)$$

$$=\frac{a}{a+b}\cdot\frac{b}{a+b+c}\cdot\frac{a+c}{a+b+2c}\cdot\frac{a+2c}{a+b+3c}.$$

当 $c=-1,0$ 时,分别对应于不放回抽样和放回抽样.

一般地,对波利亚坛子模型的前 n 次抽取记录结果记为事件 B_n,若其中红球在结果序列中出现 k 次,相应地白球在结果序列中出现 $n-k$ 次,则

$$P(B_n)=\frac{\prod_{j=0}^{k-1}(a+jc)\prod_{j=0}^{n-k-1}(b+jc)}{\prod_{j=0}^{n-1}(a+b+jc)},$$

其中符号 $\prod$ 表示连乘.

三、全概率公式与贝叶斯公式

基于条件概率的乘法公式可以引申出两个非常重要的概率公式——全概率公式与贝叶斯公式.

定义 1.3.2　设 Ω 为随机试验 E 的样本空间, $B_1,B_2,\cdots,B_n$ 为 E 的一组随机事件,若

(1) $B_iB_j=\varnothing,i\neq j,i,j=1,2,\cdots,n$;

(2) $B_1\cup B_2\cup\cdots\cup B_n=\Omega$,

则称 $B_1,B_2,\cdots,B_n$ 为样本空间 Ω 的一个划分(或完备事件组).

注　$\sum_{i=1}^n B_i=\Omega$ 也可以作为划分的定义.

定理 1.3.2　设 $B_1,B_2,\cdots,B_n$ 为样本空间 Ω 的一个划分且 $P(B_i)>0,i=1,2,\cdots,n$,则对于任意随机事件 A 有

$$P(A)=\sum_{i=1}^n P(A\mid B_i)P(B_i),\qquad(1.3)$$

式(1.3)称作全概率公式.

证明　因为 $A=A\Omega=A\sum_{i=1}^n B_i=\sum_{i=1}^n AB_i$,所以

$$P(A)=P\left(\sum_{i=1}^n AB_i\right)=\sum_{i=1}^n P(AB_i)=\sum_{i=1}^n P(A\mid B_i)P(B_i).$$

全概率公式突出了一个"全",即任何随机事件 A 发生的概率是其全部影响因素 $B_1,B_2,\cdots,B_n$ 的综合作用效果,即其各个影响因素的加权平均,各自的权重是每个因素出现的概率

$P(B_i)$, $i=1,2,\cdots,n$.

例 1.3.4　有三个盒子,每个盒子中均放有红、黑两种颜色的小球,其中 1 号盒子装有 2 个红球和 1 个黑球,2 号盒子装有 3 个红球和 1 个黑球,3 号盒子装有 2 个红球和 2 个黑球.随机选定一个盒子并从中任取一球,求取得红球的概率.

解　记 B_i 表示球取自第 i 个盒子,$i=1,2,3$;A 表示取得红球.易知,B_1,B_2,B_3 构成样本空间的一个划分,则由全概率公式有

$$P(A)=\sum_{i=1}^{3}P(A\mid B_i)P(B_i).$$

依题意,有 $P(A\mid B_1)=\dfrac{2}{3}$,$P(A\mid B_2)=\dfrac{3}{4}$,$P(A\mid B_3)=\dfrac{1}{2}$,$P(B_1)=$

概率统计学者
贝叶斯

$P(B_2)=P(B_3)=\dfrac{1}{3}$.代入上式,有

$$P(A)=\frac{23}{36}.$$

全概率公式是全面衡量一件事情发生的可能性,而不是基于某个实现条件的概率,因此该公式是以当前具备的知识去综合预测或判断将来某件事情发生的可能性.当然,有时我们又不得不根据当前已有结果去做过去认识的某些修正,这就涉及贝叶斯公式.

定理 1.3.3　设 B_1,B_2,$\cdots$,B_n 为样本空间 Ω 的一个划分且 $P(B_i)>0$,$i=1,2,\cdots,n$,则对于任意随机事件 A 且 $P(A)>0$ 有

$$P(B_i\mid A)=\frac{P(A\mid B_i)P(B_i)}{\sum\limits_{j=1}^{n}P(A\mid B_j)P(B_j)},\quad i=1,2,\cdots,n, \qquad (1.4)$$

式(1.4)称作贝叶斯(Bayes)公式.

证明　利用概率的乘法公式以及全概率公式即得结论.

贝叶斯公式是利用已有结论重新评估或修正各个条件出现的概率,公式中的 $P(B_i)$ 和 $P(B_i\mid A)$ 分别称作原因或条件的先验概率和后验概率.$P(B_i)$,$i=1,2,\cdots,n$ 是在没有进一步信息(不知道事件 A 是否发生)的前提下认定的各条件发生的概率;在获得了新的信息(事件 A 已经发生)后,对先前各条件发生概率的修正,即形成概率 $P(B_i\mid A)$.

例 1.3.5　有三个盒子,每个盒子中均放有红、黑两种颜色的小球,其中 1 号盒子装有 2 个红球和 1 个黑球,2 号盒子装有 3 个红球和 1 个黑球,3 号盒子装有 2 个红球和 2 个黑球.随机选定一个盒子并从中任取一球发现是红球,求该红球来自 2 号盒子的概率.

解　记 B_i 表示球取自第 i 个盒子,$i=1,2,3$;A 表示取得红球.易知,B_1,B_2,B_3 构成样本空间的一个划分,则由贝叶斯公式有

$$P(B_2\mid A)=\frac{P(A\mid B_2)P(B_2)}{\sum\limits_{i=1}^{3}P(A\mid B_i)P(B_i)}.$$

依题意,有 $P(A \mid B_1) = \dfrac{2}{3}, P(A \mid B_2) = \dfrac{3}{4}, P(A \mid B_3) = \dfrac{1}{2}, P(B_1) =$

$P(B_2) = P(B_3) = \dfrac{1}{3}$.代入上式,有

$$P(B_2 \mid A) = \frac{9}{23}.$$

同理可以求得 $P(B_1 \mid A) = \dfrac{8}{23}, P(B_3 \mid A) = \dfrac{6}{23}$.这些后验概率是在发现随机选定一个盒子任取一球而得到红球这个信息的基础上,重新对原有认识进行的修正.

例 1.3.6 临床记录表明,利用某种试验检查癌症具有如下效果:对癌症患者进行试验结果呈阳性反应者占95%,对非癌症患者进行试验结果呈阴性反应者占96%,现利用该试验方法对某市居民进行癌症普查,若该市癌症患者数约占居民总数的 0.4%,求:(1) 试验结果呈阳性反应的被检查者确实患有癌症的概率;(2) 试验结果呈阴性反应的被检查者确实未患癌症的概率.

解 记 A 为"被检查者实际上确实患有癌症",B 为"被检查者试验结果呈阳性反应".则按题意,知 $P(A) = 0.004, P(B \mid A) = 0.95, P(\overline{B} \mid \overline{A}) = 0.96$.

(1) 依照贝叶斯公式有

$$P(A \mid B) = \frac{P(B \mid A) P(A)}{P(B \mid A) P(A) + P(B \mid \overline{A}) P(\overline{A})},$$

而 $P(\overline{A}) = 1 - P(A) = 0.996, P(B \mid \overline{A}) = 1 - P(\overline{B} \mid \overline{A}) = 0.04$.于是 $P(A \mid B) \approx 0.0871$.这表明试验结果呈阳性反应的被检查者实际上确实患有癌症的可能性并不大,还需要进一步检查才能综合评判最终是否确诊.

(2) 依照贝叶斯公式有

$$P(\overline{A} \mid \overline{B}) = \frac{P(\overline{B} \mid \overline{A}) P(\overline{A})}{P(\overline{B} \mid A) P(A) + P(\overline{B} \mid \overline{A}) P(\overline{A})},$$

而 $P(\overline{A}) = 1 - P(A) = 0.996, P(\overline{B} \mid A) = 1 - P(B \mid A) = 0.05$.于是
$$P(\overline{A} \mid \overline{B}) \approx 0.9998.$$
这表明试验结果呈阴性反应的被检查者未患癌症的可能性极大.

第四节 随机事件的独立性

事件之间是相互影响的,因此一般来讲 $P(B \mid A) \neq P(B)$,$P(A) > 0$,即事件 A 的发生会影响到事件 B 的发生.由条件概率的乘法公式知,一般 $P(AB) \neq P(A) P(B)$.

一、 随机事件独立性的定义及其性质

定义 1.4.1 若两个随机事件 A,B 满足
$$P(AB) = P(A)P(B),$$
则称事件 A,B 相互独立,简称独立.

两个事件独立本质上是两个事件发生与否互不影响,即当 $P(A) > 0$ 时,$P(B \mid A) = P(B)$ 或当 $P(B) > 0$ 时,$P(A \mid B) = P(A)$,这都表明 $P(AB) = P(A)P(B)$. 而当 $P(A) = 0$ 时,有 $0 \leqslant P(AB) \leqslant P(A) = 0$,即 $P(AB) = 0$,从而 $P(AB) = P(A)P(B)$ 成立;同理当 $P(B) = 0$ 时,$P(AB) = P(A)P(B)$ 也成立. 这样,利用 $P(AB) = P(A)P(B)$ 定义事件 A,B 的独立性,就不必再要求 $P(A) > 0$ 或 $P(B) > 0$ 了.

例 1.4.1 从一副不含大小王的扑克牌中任取一张牌,记 A 为"抽到 Q",B 为"抽到的牌是红色",判断事件 A,B 是否独立?

解 由题意,
$$P(A) = \frac{4}{52} = \frac{1}{13}, P(B) = \frac{26}{52} = \frac{1}{2}, P(AB) = \frac{2}{52} = \frac{1}{26},$$
故
$$P(AB) = P(A)P(B),$$
所以事件 A,B 独立.

另解 由题意,$P(B) = \frac{1}{2}, P(B \mid A) = \frac{2}{4} = \frac{1}{2}$,因 $P(B) = P(B \mid A)$,故事件 A,B 独立.

从事件独立性的定义,不难得到如下性质.

(1) 必然事件 Ω、不可能事件 $\varnothing$ 与任意事件 A 独立.

(2) 若 A,B 独立,则 A 与 $\bar{B}$、$\bar{A}$ 与 B、$\bar{A}$ 与 $\bar{B}$ 均独立.

由 $P(A\bar{B}) = P(A) - P(AB) = P(A) - P(A)P(B) = P(A)(1 - P(B)) = P(A)P(\bar{B})$,知当 A,B 独立时,A 与 $\bar{B}$ 独立. 同理可证其他情形.

(3) 已知 $P(A) > 0, P(B) > 0$,则"A,B 独立"与"A,B 不相容"不会同时成立.

这个性质说明,在事件 A,B 发生概率均大于 0 的前提下,A,B 独立一定意味着 A,B 相容,反之,A,B 不相容一定意味着 A,B 不独立. 这也显然,因为 A,B 独立意味着各自发生与否互不影响,而 A,B 不相容恰好表明 A,B 之间的排斥特性(自然不独立).

对于三个或三个以上事件的独立性,则应考虑到其任何局部之间都满足互不影响的特性.

定义 1.4.2 设有 n 个随机事件 $A_1, A_2, \cdots, A_n(n \geqslant 3)$,若其中任意 k 个事件满足

$$P(A_{i_1}A_{i_2}\cdots A_{i_k})=P(A_{i_1})P(A_{i_2})\cdots P(A_{i_k}),2\leqslant k\leqslant n,\quad(1.5)$$
则称 n 个事件是相互独立的.

式(1.5)包含的等式数 $C_n^2+C_n^3+\cdots+C_n^n=2^n-n-1$.当 n 较大时,判断相互独立的等式数非常多,因此实践中往往根据实际情况判断事件之间的独立性.

上述定义中,若其中任意两个事件均满足式(1.5),则称 n 个事件是两两独立的.显然,相互独立必然两两独立,两两独立不一定相互独立,也即两两独立是相互独立的必要而非充分条件.

例 1.4.2 在一个质地均匀的正四面体的表面涂上颜色,其中三个面的每个面均涂一种颜色,分别是红色、绿色和蓝色,第四个面将三种颜色均涂上.随机地抛一次这个正四面体,将有一个面着地,试讨论各着地面颜色的独立性.

解 记 R,G,B 分别表示红色、绿色和蓝色着地,由题意易知

$$P(\mathrm{R})=P(\mathrm{G})=P(\mathrm{B})=\frac{2}{4}=\frac{1}{2},$$

$$P(\mathrm{RG})=P(\mathrm{GB})=P(\mathrm{BR})=\frac{1}{4},P(\mathrm{RGB})=\frac{1}{4},$$

故 R,G,B 两两独立而非相互独立.

出现上述例题结论的原因是,只要两种颜色同时着地也就意味着三种颜色同时着地,即那个涂有三种颜色的面着地,从而表明两种颜色同时着地同另外一种颜色着地有联系(不独立).

对于 n 个事件的独立性,有如下性质.

(1)若事件 $A_1,A_2,\cdots,A_n(n\geqslant2)$ 相互独立,则其中任意 $k(2\leqslant k\leqslant n)$ 个事件也相互独立.

(2)若事件 $A_1,A_2,\cdots,A_n(n\geqslant2)$ 相互独立,则将其中任意 $m(1\leqslant m\leqslant n)$ 个事件换成它们的对立事件,所得的 n 个事件仍相互独立.

(3)若事件 $A_1,A_2,\cdots,A_n(n\geqslant2)$ 相互独立,则
$$P(A_1\cup A_2\cup\cdots\cup A_n)=1-P(\bar{A}_1)P(\bar{A}_2)\cdots P(\bar{A}_n).$$

例 1.4.3 甲、乙、丙三人独立地破译密码,已知各自能破译出密码的概率分别是 $\frac{1}{3},\frac{1}{4}$ 和 $\frac{1}{5}$.问密码能被破译出来的概率是多少?

解 记 A,B,C 分别表示甲、乙、丙破译出密码,则依题意
$$P(A\cup B\cup C)=1-P(\bar{A})P(\bar{B})P(\bar{C})$$
$$=1-\left(1-\frac{1}{3}\right)\left(1-\frac{1}{4}\right)\left(1-\frac{1}{5}\right)=\frac{3}{5}.$$

概率统计学者
伯努利家族

二、伯努利概型

定义 1.4.3　将随机试验 E 重复进行,若各次试验的结果互不影响,即每次试验结果出现的概率不依赖于其他各次试验的结果,这样的试验称为独立试验序列,特别当试验次数是有限的 n 次时,称作 n 重独立试验.

定义 1.4.4　在独立试验序列中,若每次试验只有两个结果 A 与 $\bar{A}$,且 $P(A)=p\,(0<p<1)$,则这样的试验称为伯努利(Bernoulli)试验.将伯努利试验在相同条件下进行 n 次,称这一串重复的独立试验为 n 重伯努利试验,或伯努利概型.

定理 1.4.1　在 n 重伯努利试验中,事件 A 发生的概率 $P(A)=p\,(0<p<1)$,则 A 恰好发生 $k\,(0 \leqslant k \leqslant n)$ 次的概率为

$$P_n(k)=C_n^k p^k (1-p)^{n-k},$$

该定理称作伯努利定理.

证明　将 n 重伯努利试验序列表示为 $A_1 A_2 \cdots A_n$,其中 $A_i \in \{A, \bar{A}\}$,$i=1,2,\cdots,n$ 且共有 k 个 A 和 $n-k$ 个 $\bar{A}$.对于指定出现序列,利用独立性,有

$$P(A_1 A_2 \cdots A_n)=P(A_1)P(A_2)\cdots P(A_n)=p^k (1-p)^{n-k}.$$

易知 $A_1 A_2 \cdots A_n$ 有 C_n^k 种不同的序列,而每个出现序列都是互不相容的,利用概率的有限可加性,则 A 恰好发生 k 次的概率为

$$P_n(k)=C_n^k p^k (1-p)^{n-k}.$$

例 1.4.4　一份试卷是由 5 道选择题构成的,每道题四个选项且只有一个正确选项,如果某位同学每道题都是随机选择一个选项,那么这位同学最多能答对两道题的概率是多少?

解　对于每道题随机选择一个选项,选对答案的概率是 $\dfrac{1}{4}$,则 5 道选择题做随机选择相当于做了 5 重的伯努利试验,故最多能答对两道题的概率是

$$P_5(0)+P_5(1)+P_5(2)=C_5^0\left(\frac{1}{4}\right)^0\left(1-\frac{1}{4}\right)^5+C_5^1\left(\frac{1}{4}\right)^1\left(1-\frac{1}{4}\right)^4+$$

$$C_5^2\left(\frac{1}{4}\right)^2\left(1-\frac{1}{4}\right)^3$$

$$\approx 0.8965.$$

第五节　综合例题

例 1.5.1　将随机事件 $A \cup B \cup C$ 分解成互斥事件的和.

解　易知 $A \cup B \cup C = A + B\bar{A} + C\bar{B}\bar{A}$.

例 1.5.2 已知 $P(A)=P(B)=P(C)=\dfrac{1}{4}$, $P(AB)=P(BC)=$ $\dfrac{1}{8}$, $P(CA)=0$, 求事件 A,B,C 全不发生的概率.

解 因为 $ABC\subset CA$, 故 $P(ABC)\leqslant P(CA)=0$, 再由概率非负性知, $P(ABC)=0$. 所求事件的概率为

$$P(\overline{A}\,\overline{B}\,\overline{C})=P(\overline{A\cup B\cup C})=1-P(A\cup B\cup C)$$
$$=1-[P(A)+P(B)+P(C)-P(AB)-P(BC)-$$
$$P(CA)+P(ABC)]$$
$$=\frac{1}{2}.$$

注 本题不能直接通过 $P(CA)=0$ 得到 $CA=\varnothing$ 进而得出 $P(ABC)=0$ 的结论. 这里用到一个这样的事实: 概率为 0 的事件不一定是不可能事件. 这在学习完后续章节关于连续型随机变量后就更加清楚了.

例 1.5.3 袋中放有大小一样的红球 a 只、白球 b 只以及黑球 c 只, 现从中依次不放回地取出所有的球, 求红球比白球早出现的概率.

解 若将取出的球依次放置, 对于考察红球与白球的前后关系而言, 黑球可以忽视, 即可将依次放置的球序列中去掉黑球, 于是红球比白球早出现就可以看作剩余球序列中最先出现的是红球! 这个问题就转化成"从红球 a 只、白球 b 只的袋中取一球而取得红球", 此事件的概率为 $\dfrac{a}{a+b}$.

例 1.5.4 甲、乙两人进行乒乓球比赛, 每局甲胜的概率为 $p(p\geqslant 1/2)$. 对甲而言, 采用三局两胜制有利, 还是五局三胜制有利? 设各局胜负相互独立.

解 对于采用三局两胜制, 甲胜的结局为"甲甲""甲乙甲"以及"乙甲甲", 故甲胜的概率为

$$p_1=p^2+2p^2(1-p)=p^2(3-2p).$$

对于采用五局三胜制, 甲胜的结局可能为前三局全胜、赛四局三胜(第四局胜而前三局两胜)以及赛五局三胜(第五局胜而前四局两胜), 故甲胜的概率为

$$p_2=p^3+pC_3^2p^2(1-p)+pC_4^2p^2(1-p)^2=p^3(6p^2-15p+10).$$

利用 $p_2-p_1=3p^2(1-p)^2(2p-1)$, 当 $p>\dfrac{1}{2}$, $p_2>p_1$; 当 $p=\dfrac{1}{2}$, $p_2=p_1$. 因此对于甲而言, 当 $p>\dfrac{1}{2}$, 五局三胜制有利; 当 $p=\dfrac{1}{2}$, 两种赛制效果一样.

例 1.5.5 在伯努利试验序列中, 事件 A 发生的概率为 $p(0<p<1)$,

求在第 n 次试验中事件 A 恰好第 $k(1 \leqslant k \leqslant n)$ 次出现的概率.

解 事件"在第 n 次试验中事件 A 恰好第 k 次出现"可以看作第 n 次试验时事件 A 出现,而前 $n-1$ 次试验中事件 A 恰好出现 $k-1$ 次.于是,所求事件的概率为

$$p\mathrm{C}_{n-1}^{k-1}p^{k-1}(1-p)^{n-k}=\mathrm{C}_{n-1}^{k-1}p^{k}(1-p)^{n-k}, k=1,2,\cdots,n. \quad (1.6)$$

式(1.6)称作帕斯卡(Pascal)分布,也称作负二项分布.

习题一:
基础达标题解答

习题一:基础达标题

一、填空题

1. 设 A,B 是两个随机事件,$P(A)=0.9$,$P(AB)=0.36$,则 $P(A\bar{B})=$ _____.

2. 设 $P(A)=0.3$,$P(B)=0.2$,$P(A\cup B)=0.4$,则 $P(A\bar{B})=$ _____.

3. 设 A,B 是两个随机事件,$P(A)=0.5$,$P(A-B)=0.2$,则 $P(AB)=$ _____,$P(\overline{AB})$ _____.

4. 在电话号码簿中任取一个电话号码,求后面四个数全不相同的概率为_____.

5. 盒子中有 5 红 2 白共 7 只质量、大小相同的球,不放回取两次,则两次取不同颜色球的概率为_____.

6. 设 A,B 是两个随机事件,$P(A)=0.7$,$P(B)=0.6$,$P(B\mid\bar{A})=0.4$,则 $P(A\cup B)=$ _____.

二、选择题

1. 设 A,B 为任意两个事件,表达式 $A\cup B$ 表示( ).

A. A 与 B 同时发生   B. A 发生但 B 不发生

C. B 发生但 A 不发生   D. A 与 B 至少有一个发生

2. 设 A,B 为两个事件,则关系式 $AB=A$ 当( )时成立.

A. $A\subset B$ B. $B\subset A$ C. $\bar{A}\subset B$ D. $\bar{B}\subset A$

3. 设任意的两个事件 A,B,若 $AB=\varnothing$,则必有( ).

A. $P(A\cup B)=1$ B. 事件 A 与 B 互不相容

C. $P(A)=0$ 或 $P(B)=0$ D. 事件 A 与 B 互为对立

4. 设有 10 件产品,其中 8 件是合格品,2 件是次品.现从中不放回任意抽取 3 件产品,求这 3 件产品中恰有一件是次品的概率为( ).

A. $\dfrac{7}{15}$ B. $\dfrac{9}{16}$ C. $\dfrac{3}{4}$ D. $\dfrac{15}{16}$

5. 袋中有 3 白 1 红共 4 只质量、大小相同的球,甲先任取一球,观察后放回;然后乙再任取一球,则二人取相同颜色球的概率为( ).

A. $\dfrac{8}{16}$ B. $\dfrac{9}{16}$ C. $\dfrac{10}{16}$ D. $\dfrac{11}{16}$

6. 设有 10 件产品,其中 8 件是合格品,2 件是次品.现从中每次抽取 1 件产品,有放回抽取 3 次,求这 3 次抽取中恰有一次抽取到合格品的概率是( ).

A. 0.096　　　B. $\dfrac{11}{20}$　　　C. $\dfrac{1}{6}$　　　D. $\dfrac{4}{30}$

三、解答题

1. 设 A,B 是两个随机事件,已知 $P(A)=0.45$,$P(B)=0.3$,$P(\overline{A}\cup\overline{B})=0.8$,求 $P(AB)$,$P(\overline{A}\,\overline{B})$,$P(B-A)$,$P(A\cup\overline{B})$.

2. 已知 $P(A)=P(B)=P(C)=\dfrac{1}{4}$,$P(AB)=P(AC)=P(BC)=\dfrac{1}{8}$,$P(ABC)=\dfrac{1}{16}$,求概率 $P(A\cup B\cup C)$ 和 $P(\overline{A}\,\overline{B}\,\overline{C})$.

3. 已知 $P(A)=0.5$,$P(B)=0.4$,$P(A\cup B)=0.6$,求 $P(A\mid B)$,$P(A\mid\overline{B})$.

4. 甲组有 3 男生 1 女生,乙组有 1 男生 3 女生.今从甲组随机抽一人编入乙组,然后再从乙组随机抽一人编入甲组,求:(1) 甲组仍为 3 男生 1 女生的概率;(2) 甲组为 4 男生的概率.

5. 袋中有 5 个白球与 10 个黑球,每次从袋中任取一个球,取出的球不再放回.求第二次取出的球与第一次取出的球颜色相同的概率.

6. 某工厂有甲、乙、丙三个车间生产同一种产品,由于设备差别,各车间的生产量分别占总产量的 60%、25%、15%;各车间生产的产品优质品率分别为 70%、80%、90%.现从总产品中随机挑选一件,求此产品为优质品的概率.

习题一:综合提高题

习题一:
综合提高题解答

1. 设一系统由两个元件并联而成,如图 1.2 所示.已知各个元件独立地工作,且每个元件能正常工作的概率均为 $p(0<p<1)$,求系统能正常工作的概率.

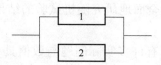

图 1.2　两个元件并联组成的系统

2. 某灯泡厂有甲、乙两条流水线,它们所出产的灯泡中,寿命大于 2500h 的分别占 80% 和 90%,从它们生产的灯泡中各自随机地抽取一个,求下列事件的概率:(1) 两个灯泡寿命均大于 2500h;(2) 两灯泡中至少有一个寿命大于 2500h;(3) 两个灯泡中至多有一个寿命大于 2500h.

3. 设两个随机事件 A 和 B 相互独立,且 $P(\overline{A}\,\overline{B})=\dfrac{1}{9}$,$P(A\overline{B})=P(\overline{A}B)$,试求 $P(A)$.

第二章
一维随机变量及其分布

在第一章,我们利用语言描述的方法表示随机事件,但表述比较烦琐,为了更简明地表示随机事件,本章引入随机变量的概念,将随机试验的结果与实数之间建立一种映射关系,从而利用高等数学的方法来研究随机试验,进而更充分地认识随机现象的统计规律.本章首先介绍随机变量和分布函数的概念,然后介绍离散型随机变量和连续型随机变量,最后介绍随机变量函数的分布.

第一节 随机变量与分布函数

一、随机变量

为了更深入地研究随机事件及其概率,我们引进随机变量的概念,它能使我们更加全面地研究随机试验的结果,揭示客观存在着的统计规律性.

在随机现象中,有许多实际问题与数值具有直接联系,如"测试电子元件的寿命"这一试验,它的每一个试验结果就是一个数.另外也有许多看起来与数值无关的随机现象,如投掷硬币的试验,它的样本空间含有两个可能的结果,即

$$\Omega=\{\omega_1,\omega_2 \mid \omega_1=\text{"硬币出现正面"},\omega_2=\text{"硬币出现反面"}\}.$$

我们用下面的方法将"投掷硬币的试验"与数值发生联系,当"硬币出现正面"时,用数"1"表示,当"硬币出现反面"时,用"0"表示.此时可将试验结果看作一个变量 X,它随试验的结果而变化,当试验结果为"硬币出现正面"时,它取值 1,当试验结果为"硬币出现反面"时,它取值 0. 若与样本空间 $\Omega=\{\omega_1,\omega_2\}$ 联系起来,则变量 X 可以看作定义在 Ω 上的函数,记为

$$X=X(\omega)=\begin{cases}1, & \omega=\omega_1, \\ 0, & \omega=\omega_2,\end{cases}$$

称这样的变量 X 为随机变量.

下面给出随机变量的定义.

定义 2.1.1　设随机试验 E 的样本空间为 $\Omega=\{\omega\}$,若对于每一个样本点 $\omega\in\Omega$,变量 X 都有确定的实数值与之对应,则 X 是定义在 Ω 上的实值函数,即 $X=X(\omega)$,我们称这样的变量 X 为随机变量,通常用大写英文字母 $X,Y,Z,\cdots$ 表示.

注 2.1.1　(1) 如图 2.1 所示,随机变量是 $\Omega\to\mathbf{R}$ 上的一个映射,其定义域是样本空间 Ω.

(2) 随机变量的可能取值不止一个,试验前只能预知它的可能取值,不能预知具体取哪个值,但它取每个可能值都有一定的概率.

引入随机变量的概念后,随机事件就可通过随机变量来表示.如图 2.2 所示,在上例中"硬币出现正面"这一事件就可以用"$X=1$"来表示,"硬币出现反面"这一事件可以用"$X=0$"来表示,这样就可以把对随机事件的研究转化为对随机变量的研究.

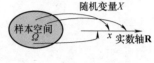

图　2.1

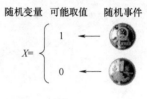

图　2.2

二、随机变量分布函数的概念

为了更进一步研究随机变量的概率分布,下面引入随机变量分布函数的概念.

定义 2.1.2　设 X 是随机变量,x 是任意实数,将事件"$X\leqslant x$"的概率 $P(X\leqslant x)$ 称为随机变量 X 的分布函数,记作 $F(x)$,即
$$F(x)=P(X\leqslant x).$$

注　(1) 对于任意实数 $a,b(a<b)$,有
$$P(a<X\leqslant b)=P(X\leqslant b)-P(X\leqslant a)=F(b)-F(a),$$
$$P(X\leqslant b)=F(b),$$
$$P(X>a)=1-F(a).$$

(2) 分布函数是一个定义在 $(-\infty,+\infty)$ 上的函数,因此,我们能用数学分析的方法来研究随机变量.

(3) 如果把随机变量 X 的取值看成数轴上随机点的坐标,那么,分布函数 $F(x)$ 在 x 处的函数值就等于随机变量 X 落在区间 $(-\infty,x]$ 上的概率.

根据概率的性质和分布函数的定义,可得随机变量分布函数的性质:

(1) 单调性:$F(x)$ 是一个关于 x 的单调非减函数;

(2) 有界性:$0\leqslant F(x)\leqslant 1$,且 $F(-\infty)=\lim\limits_{x\to-\infty}F(x)=0$,$F(+\infty)=\lim\limits_{x\to+\infty}F(x)=1$;

(3) 右连续性:随机变量 X 的分布函数 $F(x)$ 是右连续函数,即 $F(x^+)=F(x)$.

分布函数具有这三条基本性质.反过来,柯尔莫哥洛夫进一步证明了任意一个满足这三条性质的函数一定可以作为某个随机变量的分布函数.因此,这三个基本性质成为判断一个函数是否能够成为分布函数的充要条件.

例 2.1.1   设随机变量 X 的分布函数为

$$F(x)=\begin{cases} 0, & x<-1, \\ \dfrac{1}{4}, & -1\leqslant x<2, \\ \dfrac{3}{4}, & 2\leqslant x<3, \\ 1, & x\geqslant3. \end{cases}$$

求：(1) $P\left(X\leqslant\dfrac{1}{2}\right)$；(2) $P\left(\dfrac{3}{2}<X\leqslant\dfrac{5}{2}\right)$；(3) $P\left(X>\dfrac{5}{2}\right)$.

解   (1) $P\left(X\leqslant\dfrac{1}{2}\right)=F\left(\dfrac{1}{2}\right)=\dfrac{1}{4}$；

(2) $P\left(\dfrac{3}{2}<X\leqslant\dfrac{5}{2}\right)=F\left(\dfrac{5}{2}\right)-F\left(\dfrac{3}{2}\right)=\dfrac{3}{4}-\dfrac{1}{4}=\dfrac{1}{2}$；

(3) $P\left(X>\dfrac{5}{2}\right)=1-F\left(\dfrac{5}{2}\right)=1-\dfrac{3}{4}=\dfrac{1}{4}$.

例 2.1.2   设随机变量 X 的分布函数为

$$F(x)=A+B\arctan x\ (-\infty<x<+\infty).$$

求：(1) 参数 A 和 B；(2) $P(-1<X\leqslant\sqrt{3})$.

解   (1) 根据分布函数 $F(x)$ 的基本性质，可得

$$0=F(-\infty)=\lim_{x\to-\infty}(A+B\arctan x)=A-\dfrac{\pi}{2}B,$$

$$1=F(+\infty)=\lim_{x\to+\infty}(A+B\arctan x)=A+\dfrac{\pi}{2}B.$$

因此，

$$A=\dfrac{1}{2},B=\dfrac{1}{\pi}.$$

(2) $P(-1<X\leqslant\sqrt{3})=F(\sqrt{3})-F(-1)=\dfrac{7}{12}$.

第二节   离散型随机变量

有些随机变量，它全部可能取到的值是有限个或可列无限多个，这种随机变量称为离散型随机变量，例如投掷一枚骰子掷出的点数、某城市的 120 急救电话台一昼夜收到的呼唤次数、滨海机场某天发送旅客人数等都是离散型随机变量.

一、离散型随机变量的概念

定义 2.2.1   若随机变量 X 只能取有限个数值 $x_1,x_2,\cdots,x_n$ 或可列无穷多个数值 $x_1,x_2,\cdots,x_n,\cdots$，则称 X 为离散型随机变量.

离散型随机变量 X 取得任一可能值 x_i 的概率 $P(X=x_i)$ 记作

$$p(x_i)=P(X=x_i), \quad i=1,2,\cdots,n,\cdots. \qquad (2.1)$$

称式(2.1)为离散型随机变量 X 的概率函数或分布律.分布律也可以用列表的形式表示:

X	x_1	x_2	$\cdots$	x_n	$\cdots$
$p(x_i)$ 或记作 P	$p(x_1)$	$p(x_2)$	$\cdots$	$p(x_n)$	$\cdots$

根据概率的定义,概率函数 $p(x_i)$ 满足以下两条性质:

(1) 非负性:$p(x_i) \geq 0$;

(2) 正则性:$\sum_i p(x_i)=1$.

式(2.1)直观地表示了随机变量 X 取各个值的概率的规律.概率函数的性质表明 X 取各个可能值的概率和为 1.

设 X 是离散型随机变量,并有概率函数 $p(x_i)=P(X=x_i)$,$i=1$,$2,3,\cdots$,则 X 的分布函数为

$$F(x)=P(X \leq x)=\sum_{x_i \leq x} P(X=x_i)=\sum_{x_i \leq x} P(x_i), \quad i=1,2,3,\cdots.$$

类似地,可以得到 X 落在任何一个区间 $[a,b]$ 范围内的概率为

$$P(a \leq X \leq b)=\sum_{a \leq x_i \leq b} P(X=x_i)=\sum_{a \leq x_i \leq b} P(x_i), \quad i=1,2,3,\cdots.$$

例 2.2.1 设离散型随机变量 X 的分布律为

X	0	1	2
$p(x_i)$	$\dfrac{1}{3}$	$\dfrac{1}{6}$	$\dfrac{1}{2}$

求:(1) X 的分布函数 $F(x)$,并绘制 $F(x)$ 的图像;(2) 求 $P\left(\dfrac{1}{2} < X \leq \dfrac{3}{2}\right)$ 和 $P(1 \leq X \leq 2)$.

解 (1) 由 $F(x)=\sum_{x_i \leq x} P(x_i)$ 得

$$F(x)=\begin{cases} 0, & x<0, \\ p(0), & 0 \leq x<1, \\ p(0)+p(1), & 1 \leq x<2, \\ p(0)+p(1)+p(2), & x \geq 2. \end{cases}$$

即

$$F(x)=\begin{cases} 0, & x<0, \\ \dfrac{1}{3}, & 0 \leq x<1, \\ \dfrac{1}{2}, & 1 \leq x<2, \\ 1, & x \geq 2. \end{cases}$$

$F(x)$ 的图像如图 2.3 所示.

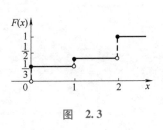

图　　2.3

(2) $P\left(\dfrac{1}{2}<X\leqslant\dfrac{3}{2}\right)=F\left(\dfrac{3}{2}\right)-F\left(\dfrac{1}{2}\right)=\dfrac{1}{2}-\dfrac{1}{3}=\dfrac{1}{6}$,

$$P(1\leqslant X\leqslant 2)=F(2)-F(1)+P(X=1)=1-\dfrac{1}{2}+\dfrac{1}{6}=\dfrac{2}{3}.$$

由例 2.2.1 可知,离散型随机变量的分布函数 $F(x)$ 是分段阶梯函数,在 X 的每一个可能取值 x_i 处发生间断,间断点 x_i 为跳跃间断点,在间断点 x_i 处跳跃高度为随机变量 X 取 x_i 的概率值 $p(x_i)$.

二、常见的离散型随机变量

下面介绍 4 种重要的离散型随机变量.

1. 0–1 分布

定义 2.2.2　如果随机变量 X 只可能取 0 和 1 两个值,其概率分布为

$$P(X=1)=p,P(X=0)=1-p,$$

则称随机变量 X 服从 **0–1 分布**或**两点分布**.

0–1 分布的概率分布也可写成

X	0	1
P	$1-p$	p

凡是试验只有两个可能结果的,都可用服从 0–1 分布的随机变量来描述.如检查产品的质量是否合格、婴儿的性别或男或女、掷硬币试验等都可用服从 0–1 分布的随机变量来描述.

例 2.2.2　100 件产品中,有 95 件正品,5 件次品,现从中随机地抽取一件.如抽取每一件的机会相等,那么可以定义随机变量 X 如下:

$$X=\begin{cases}1,&\text{当取得正品,}\\0,&\text{当取得次品,}\end{cases}$$

这时随机变量 X 的概率分布为

$$P(X=1)=0.95,P(X=0)=0.05.$$

2. 超几何分布

定义 2.2.3　设随机变量 X 的概率函数为

$$p(x)=\dfrac{C_M^x C_{N-M}^{n-x}}{C_N^n},\quad x=0,1,2,\cdots,n,$$

其中 n,M,N 都是正整数,且 $n\leqslant N,M\leqslant N$,则称随机变量 X 服从**超几何分布**,记作 $X\sim H(n,M,N)$,其中 n,M,N 是分布的参数.

注　设一批产品共 N 件,其中有 M 件次品,从这批产品中不放回地依次抽取 n 件样品,则样品中的次品数 $X\sim H(n,M,N)$.

例 2.2.3　盒子中共有 15 只球,其中黑球 2 只,剩下的为白球,

在其中取三次,每次任取一只,做不放回抽样,以 X 表示取出黑球的只数,求 X 的分布律.

解 任取三只,其中包含黑球的只数 X 可能为 $0,1,2$ 个.

$$P(X=0)=\frac{C_{13}^3}{C_{15}^3}=\frac{22}{35},P(X=1)=\frac{C_2^1\times C_{13}^2}{C_{15}^3}=\frac{12}{35},P(X=2)=\frac{C_2^2\times C_{13}^1}{C_{15}^3}=\frac{1}{35}.$$

因此,X 的分布律为

X	0	1	2
P	$\frac{22}{35}$	$\frac{12}{35}$	$\frac{1}{35}$

3. 二项分布

二项分布产生于独立重复试验,是应用最广泛的离散随机变量.

定义 2.2.4 设随机变量 X 的概率函数为
$$p(x)=C_n^x p^x q^{n-x}, \quad x=0,1,2,\cdots,n,$$
其中 n 为正整数,$0<p<1$,$p+q=1$,则称随机变量 X 服从二项分布,记作 $X\sim B(n,p)$,其中 n,p 是分布参数.

注 设一批产品共 N 件,其中有 M 件次品,即次品率 $p=\frac{M}{N}$. 从这批产品中有放回地依次取 n 件产品,则样品中的次品数 $X\sim B\left(n,\frac{M}{N}\right)$.

更一般地,在伯努利概型中,设事件 A 在每次试验中发生的概率为 p,则事件 A 在 n 次独立重复试验中发生的次数 $X\sim B(n,p)$.

特别地,当 $n=1$ 时,二项分布化为 $p(x)=p^x q^{1-x}(x=0,1)$,这就是 0-1 分布.

例 2.2.4 设种子发芽率是 80%,种下 5 粒,用 X 表示发芽的粒数,求 X 的概率分布.

解 种下 5 粒种子可以看作同样条件下的 5 次独立重复试验,故 $X\sim B(5,0.8)$,则有
$$P(X=k)=C_5^k 0.8^k 0.2^{5-k}, \quad k=0,1,2,3,4,5.$$
算出具体数值列表如下:

X	0	1	2	3	4	5
P	0.00032	0.0064	0.0512	0.2048	0.4096	0.32768

例 2.2.5 某人进行射击,设每次射击的命中率为 0.02,独立射击 400 次,试求至少击中两次的概率.

解 将一次射击看成一次试验,设击中的次数为 X,则 $X\sim B(400,0.02)$. X 的概率分布为
$$P(X=k)=C_{400}^k(0.02)^k(0.98)^{400-k}, k=0,1,\cdots,400.$$

于是所求概率为

$$P(X \geqslant 2) = 1 - P(X=0) - P(X=1)$$
$$= 1 - 0.98^{400} - 400 \cdot 0.02 \cdot 0.98^{399}$$
$$\approx 0.9972.$$

注 虽然每次射击的命中率很小,但击中目标至少两次的概率很接近于1,这说明小概率事件虽不易发生,但重复次数多了,就成了大概率事件,这也告诉人们决不能轻视小概率事件.

定理 2.2.1   当 $N \to +\infty$ 时, $\dfrac{M}{N} \to p$, $\dfrac{n}{N} \to 0$,则有

$$\lim_{N \to +\infty} \frac{C_M^k C_{N-M}^{n-k}}{C_N^n} = C_n^k p^k q^{n-k} , \quad k = 0, 1, 2, \cdots, n.$$

证明略.

定理 2.2.1 说明超几何分布的极限分布是二项分布.

由定理 2.2.1 知,当一批产品的总量 N 很大,而抽取样品的数量 n 相对于 N 较小$\left(\dfrac{n}{N} < 10\% \right)$ 时,则不放回抽样(样品中的次品数服从超几何分布)与放回抽样(样品中的次品数服从二项分布)没有多大差异.

4. 泊松分布

泊松分布由法国数学家西莫恩·德尼·泊松在 1838 年提出,是常用的离散型随机变量,在经济与管理科学、运筹学等方面有广泛的应用.

概率统计学者
西莫恩·德尼·泊松

> **定义 2.2.5**   设随机变量 X 的概率函数为
>
> $$p(x) = \frac{\lambda^x}{x!} e^{-\lambda}, x = 0, 1, 2, \cdots,$$
>
> 其中 $\lambda > 0$,则称随机变量 X 服从泊松(Poisson)分布,记作 $X \sim P(\lambda)$,其中 λ 是分布的参数.

在某个时段内大卖场的顾客数、某医院急诊病人数、某地区拨错号的电话呼唤次数、某地区发生的交通事故的次数、放射性物质发射的 α 粒子数、一匹布上的疵点个数、一个容器中的细菌数、一本书单页中的印刷错误数等都服从泊松分布.

例 2.2.6   某一无线寻呼台,每分钟收到寻呼的次数 X 服从参数 $\lambda = 3$ 的泊松分布.求:(1) 1min 内恰好收到 3 次寻呼的概率;(2) 1min 内收到 2~5 次寻呼的概率.

解   (1) $P(X=3) = \dfrac{3^3}{3!} e^{-3} \approx 0.2240$;

(2) $P(2 \leqslant X \leqslant 5) = \dfrac{3^2}{2!} e^{-3} + \dfrac{3^3}{3!} e^{-3} + \dfrac{3^4}{4!} e^{-3} + \dfrac{3^5}{5!} e^{-3} \approx 0.7169.$

下面借助于泊松分布概率函数,给出了二项分布当 n 很大而 p 很小时的近似计算方法.

定理 2.2.2(泊松定理)　在 n 重伯努利试验中,事件 A 在一次试验中出现的概率为 p_n(与试验次数 n 有关),如果当 $n \to +\infty$ 时, $np_n \to \lambda$($\lambda > 0$ 且为常数),则有

$$\lim_{n \to \infty} C_n^k p_n^k (1-p_n)^{n-k} = \frac{\lambda^k}{k!} e^{-\lambda}, \quad k = 0, 1, 2, \cdots, n.$$

证明略.

定理 2.2.2 说明二项分布的极限分布是泊松分布.

第三节　连续型随机变量

一、连续型随机变量的概念

离散型随机变量是不能在某个区间上连续取值的,但在自然和社会的现象中,有许多随机变量是可以在某个区间上连续取值的,我们称这样的随机变量为连续型随机变量.

定义 2.3.1　若随机变量 X 的取值范围是某个实数区间 I(有界或无界),如果存在非负函数 $f(x)$,使得对于任意区间 $[a,b] \subset I$ 有

$$P(a \leqslant X \leqslant b) = \int_a^b f(x) \, dx,$$

则称 X 为连续型随机变量,函数 $f(x)$ 称为连续型随机变量 X 的概率密度函数,简称概率密度.

概率密度函数具有下列性质:

(1) 非负性: $f(x) \geqslant 0$;

(2) 正则性: $\int_{-\infty}^{+\infty} f(x) \, dx = 1$.

由定义 2.3.1 还可以得到概率密度的几何意义:随机变量 X 落入区间 $[a,b]$ 的概率等于由曲线 $y = f(x)$, $x = a$, $x = b$ 及 x 轴所围成的曲边梯形的面积(见图 2.4).性质(2)表明曲线 $y = f(x)$ 与 x 轴之间的平面图形的面积为 1.

注　(1) 满足非负性和正则性的函数 $f(x)$ 必为某一连续型随机变量的概率密度函数.

(2) 对于连续型随机变量 X 来说, $P(X = x_0) = 0$,这表明连续型随机变量取任何实数的概率都为零,因此对于连续型随机变量 X,有

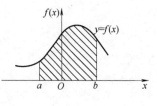

图　2.4

$$P(a < X \leqslant b) = P(a \leqslant X \leqslant b) = P(a < X < b) = P(a \leqslant X < b) = \int_a^b f(x) \, dx.$$

（3）由分布函数的定义可知,连续型随机变量的分布函数可以表示为

$$F(x) = \int_{-\infty}^{x} f(t)\,\mathrm{d}t.$$

（4）由微积分变上限积分函数的性质可知,在 $f(x)$ 的连续点处,有

$$F'(x) = f(x).$$

例 2.3.1 设连续型随机变量 X 的概率密度为

$$f(x) = \begin{cases} Ax, & 0 \leqslant x \leqslant 1, \\ 0, & 其他. \end{cases}$$

求:（1）系数 A;（2）$P\left(\dfrac{1}{4} < X < \dfrac{1}{2}\right)$.

解　（1）由概率密度函数的性质（2）有

$$\int_0^1 Ax\,\mathrm{d}x = 1,$$

即 $\dfrac{1}{2}A = 1$,故有 $A = 2$.

（2）$P\left(\dfrac{1}{4} < X < \dfrac{1}{2}\right) = \int_{\frac{1}{4}}^{\frac{1}{2}} 2x\,\mathrm{d}x = \dfrac{3}{16}.$

例 2.3.2 设随机变量 X 的概率密度为

$$f(x) = \begin{cases} kx, & 0 \leqslant x < 1, \\ x-1, & 1 \leqslant x \leqslant 2, \\ 0, & 其他. \end{cases}$$

（1）确定常数 k;（2）求 $P\left(\dfrac{1}{2} < X \leqslant \dfrac{3}{2}\right)$;（3）$X$ 的分布函数 $F(x)$.

解　（1）由 $\int_{-\infty}^{+\infty} f(x)\,\mathrm{d}x = 1$,得

$$\int_0^1 kx\,\mathrm{d}x + \int_1^2 (x-1)\,\mathrm{d}x = 1,$$

解得 $k = 1$,于是 X 的概率密度为

$$f(x) = \begin{cases} x, & 0 \leqslant x < 1, \\ x-1, & 1 \leqslant x \leqslant 2, \\ 0, & 其他. \end{cases}$$

（2）$P\left(\dfrac{1}{2} < X \leqslant \dfrac{3}{2}\right) = \int_{\frac{1}{2}}^{\frac{3}{2}} f(x)\,\mathrm{d}x = \int_{\frac{1}{2}}^{1} x\,\mathrm{d}x + \int_1^{\frac{3}{2}} (x-1)\,\mathrm{d}x = \dfrac{3}{8} + \dfrac{1}{8} = \dfrac{1}{2}.$

（3）由 $F(x) = \int_{-\infty}^{x} f(t)\,\mathrm{d}t$ 得

$$F(x)=\begin{cases}0, & x<0,\\ \int_0^x t\,\mathrm{d}t, & 0\leqslant x<1,\\ \int_0^1 t\,\mathrm{d}t+\int_1^x(t-1)\,\mathrm{d}t, & 1\leqslant x<2,\\ 1, & x\geqslant 2,\end{cases}$$

即

$$F(x)=\begin{cases}0, & x<0,\\ \dfrac{x^2}{2}, & 0\leqslant x<1,\\ \dfrac{x^2}{2}-x+1, & 1\leqslant x<2,\\ 1, & x\geqslant 2.\end{cases}$$

注　连续型随机变量的分布函数是连续函数.

二、常见的连续型随机变量

1. 均匀分布

定义 2.3.2　设随机变量 X 的概率密度为

$$f(x)=\begin{cases}\dfrac{1}{b-a}, & a\leqslant x\leqslant b,\\ 0, & \text{其他},\end{cases}$$

则称随机变量 X 在区间 $[a,b]$ 上服从均匀分布,记作 $X\sim U(a,b)$,其中 a,b 是分布的参数.

注　(1) 因为对于任意 $(c,d)\subset(a,b)$,$P(c<X<d)=\int_c^d\dfrac{1}{b-a}\mathrm{d}x=\dfrac{d-c}{b-a}$,所以服从均匀分布的随机变量 X 落在 (a,b) 内任何长为 $d-c$ 的小区间内的概率与小区间的位置无关,只与其长度成正比.

(2) 利用刻度器读数时,最后一位数字所引起的随机误差;利用电子计时器计时时,时间最后一位数字所引起的随机误差等都可以认为服从均匀分布.

例 2.3.3　用某刻度器测量机械零件长度,刻度器能准确至 0.1cm,即若以 cm 为长度的计量单位,则小数点后第一位数字是按"四舍五入"原则得到的.求由此刻度器产生的测量误差的概率密度.

解　由题意知,测量误差 X 可能取得区间 $[-0.05,0.05]$ 上的任一数值,并在此区间上服从均匀分布,X 的概率密度为

$$f(x)=\begin{cases}10, & |x|\leqslant 0.05,\\ 0, & |x|>0.05.\end{cases}$$

例 2.3.4　设电阻值 R 是一个随机变量,R 在 $[800,900]$ 上服

从均匀分布,求 R 的概率密度及 R 在 $[850,875]$ 上取值的概率.

解　按题意,R 的概率密度为

$$f(r) = \begin{cases} \dfrac{1}{100}, & 800 \leqslant r \leqslant 900, \\ 0, & \text{其他,} \end{cases}$$

故有

$$P(850 \leqslant R \leqslant 875) = \int_{850}^{875} \frac{1}{100}\mathrm{d}r = 0.25.$$

2. 指数分布

> **定义 2.3.3**　设随机变量 X 的概率密度为
>
> $$f(x) = \begin{cases} \lambda \mathrm{e}^{-\lambda x}, & x>0, \\ 0, & x \leqslant 0, \end{cases}$$
>
> 则称随机变量 X 服从指数分布,记作 $X \sim e(\lambda)$,其中 λ 是分布参数,$\lambda>0$.

可用服从指数分布的随机变量描述的现象有:随机服务系统中的服务时间;电话问题中的通话时间;无线电元件的寿命及动物的寿命,指数分布常作为各种"寿命"分布的近似.

例 2.3.5　某厂生产的电子元件的寿命 X(以 h 为单位)服从指数分布 $e(0.001)$.该厂规定寿命低于 200h 的元件为不合格产品,问该厂生产不合格电子元件的数量大约占总产量的百分之几?

解　因为 X 的概率密度为

$$f(x) = \begin{cases} 0.001\mathrm{e}^{-0.001x}, & x>0, \\ 0, & x \leqslant 0, \end{cases}$$

故有

$$P(X<200) = \int_{0}^{200} 0.001\mathrm{e}^{-0.001x}\mathrm{d}x = 1 - \mathrm{e}^{-0.2} \approx 0.1813,$$

所以,该厂生产不合格电子元件的数量大约占总产量的 18.13%.

3. 正态分布

> **定义 2.3.4**　如果连续型随机变量 X 的概率密度为
>
> $$f(x) = \frac{1}{\sqrt{2\pi}\,\sigma}\mathrm{e}^{-\frac{(x-\mu)^2}{2\sigma^2}}, \quad -\infty<x<+\infty, \qquad (2.2)$$
>
> 则称随机变量 X 服从**正态分布**,记作 $X \sim N(\mu, \sigma^2)$,其中 $\mu, \sigma(\sigma>0)$ 是正态分布的参数.正态分布也称为高斯(Gauss)分布.

利用高等数学中的微积分知识可知,式(2.2)中的概率密度函数 $f(x)$ 的图像如图 2.5 所示,有如下特点:

(1) $f(x)$ 在 $X=\mu$ 处达到最大值 $\dfrac{1}{\sqrt{2\pi}\,\sigma}$.

(2) $f(x)$ 在 $X=\mu \pm \sigma$ 处有拐点,拐点坐标为 $\left(\mu \pm \sigma, \dfrac{1}{\sqrt{2\pi}\,\sigma}\mathrm{e}^{-\frac{1}{2}}\right)$,

概率统计学者
约翰·卡尔·
弗里德里希·高斯

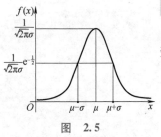

图　2.5

在$(\mu-\sigma,\mu+\sigma)$内是凸的,其他范围内是凹的.

（3）x轴为其水平渐近线.

（4）σ越大,$f(x)$最大值越小.

（5）$f(x)$的图像关于直线$x=\mu$对称.

对于正态随机变量$X\sim N(\mu,\sigma^2)$,它的分布函数为

$$F(x)=P(X\leqslant x)=\frac{1}{\sqrt{2\pi}\,\sigma}\int_{-\infty}^{x}\mathrm{e}^{-\frac{(t-\mu)^2}{2\sigma^2}}\mathrm{d}t.$$

特别地,如果$X\sim N(0,1)$,则称X服从标准正态分布,它的概率密度记为$\varphi(x)$,有

$$\varphi(x)=\frac{1}{\sqrt{2\pi}}\mathrm{e}^{-\frac{x^2}{2}},\quad -\infty<x<+\infty.$$

这个函数的图像如图2.6所示.

对于$X\sim N(0,1)$,记它的分布函数为

$$\Phi(x)=\frac{1}{\sqrt{2\pi}}\int_{-\infty}^{x}\mathrm{e}^{-\frac{t^2}{2}}\mathrm{d}t.$$

根据$\phi(x)$的性质还可以得到:

（1）$\Phi(0)=0.5$;

（2）$\Phi(+\infty)=1,\Phi(-\infty)=0$;

（3）$\Phi(-x)=1-\Phi(x)$.

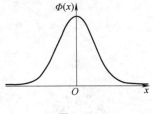

图　2.6

标准正态分布函数表(见附录A)仅给出了$\Phi(x)$在$x>0$时的数值,对于$x<0$的情况,可以根据$\Phi(x)=1-\Phi(-x)$求得.

标准正态分布函数表只是解决标准正态分布的概率计算问题,对于一般的正态分布,该如何计算它的概率呢? 下面的定理可以解决这一问题.

定理2.3.1　若$X\sim N(\mu,\sigma^2)$,则

$$U=\frac{X-\mu}{\sigma}\sim N(0,1).$$

证明　对于随机变量U,它的分布函数为

$$F(u)=P(U\leqslant u)=P\left(\frac{X-\mu}{\sigma}\leqslant u\right)$$

$$=P(X\leqslant\mu+\sigma u)=\frac{1}{\sqrt{2\pi}\,\sigma}\int_{-\infty}^{\mu+\sigma u}\mathrm{e}^{-\frac{(x-\mu)^2}{2\sigma^2}}\mathrm{d}x.$$

利用定积分换元法,令$\frac{x-\mu}{\sigma}=t$,可得

$$F(u)=\frac{1}{\sqrt{2\pi}}\int_{-\infty}^{u}\mathrm{e}^{-\frac{t^2}{2}}\mathrm{d}t.$$

对分布函数关于变量u求导,可得随机变量U的概率密度函数

$$f(u)=\frac{1}{\sqrt{2\pi}}\mathrm{e}^{-\frac{u^2}{2}},-\infty<u<+\infty.$$

因此,$U\sim N(0,1)$.

借助于上述定理,就可以求出一般正态随机变量 X 落在某个区间内的概率,即对于 $X \sim N(\mu, \sigma^2)$,当 $x_1 < x_2$ 时,有

$$P(x_1 < X \leqslant x_2) = P\left(\frac{x_1-\mu}{\sigma} < \frac{X-\mu}{\sigma} \leqslant \frac{x_2-\mu}{\sigma}\right) = \Phi\left(\frac{x_2-\mu}{\sigma}\right) - \Phi\left(\frac{x_1-\mu}{\sigma}\right).$$

例 2.3.6　已知 $X \sim N(1,4)$,求 $P(X<-4)$ 、$P(1<X<3)$ 和 $P(|X|>2)$.

解　因为 $X \sim N(1,4)$,所以

$$P(X<-4) = \Phi\left(\frac{-4-1}{2}\right) = \Phi(-2.5) = 1 - \Phi(2.5) = 0.0062,$$

$$P(1<X<3) = \Phi\left(\frac{3-1}{2}\right) - \Phi\left(\frac{1-1}{2}\right) = \Phi(1) - \Phi(0) = 0.3413,$$

$$P(|X|>2) = P(X<-2) + P(X>2) = P(X<-2) + 1 - P(X \leqslant 2)$$
$$= \Phi\left(\frac{-2-1}{2}\right) + 1 - \Phi\left(\frac{2-1}{2}\right) = \Phi(-1.5) + 1 - \Phi(0.5)$$
$$= 2 - \Phi(1.5) - \Phi(0.5)$$
$$= 0.3753.$$

例 2.3.7　已知 $X \sim N(\mu, \sigma^2)$,求 $P(|X-\mu|<3\sigma)$.

解　$P(|X-\mu|<3\sigma) = P(\mu-3\sigma < X < \mu+3\sigma)$

$$= \Phi\left(\frac{\mu+3\sigma-\mu}{\sigma}\right) - \Phi\left(\frac{\mu-3\sigma-\mu}{\sigma}\right)$$
$$= \Phi(3) - \Phi(-3)$$
$$= 2\Phi(3) - 1$$
$$= 0.9974.$$

拓展阅读
奇异型随机变量

第四节　随机变量函数的分布

一、离散型随机变量函数的分布

一般地,设离散随机变量 X 的分布律为

X	x_1	x_2	$\cdots$	x_k
P	p_1	p_2	$\cdots$	p_k

如何由 X 的概率分布导出 $Y=g(X)$ 的概率分布? 其一般方法是:先根据自变量 X 的可能取值确定因变量 Y 的所有可能取值,然后对 Y 的每一个可能取值 $y_i, i=1,2,\cdots$,确定相应的概率值,从而求得 Y 的概率分布,即 $Y=g(X)$ 的分布律为

Y	$g(x_1)$	$g(x_2)$	$\cdots$	$g(x_k)$
P	p_1	p_2	$\cdots$	p_k

若 $g(x_k)$ 中有值相同的,应将相应的 p_k 合并.

例 2.4.1　设随机变量 X 的分布律如下:

X	-1	0	1	2
P	0.2	0.3	0.1	0.4

,

试求 $Y = X^2 + 1$ 的分布律.

解　由题意, Y 所有可能取的值为 1,2,5,因为

$P(Y=1) = P(X^2+1=1) = P(X=0) = 0.3$,

$P(Y=2) = P(X^2+1=2) = P(X=1) + P(X=-1) = 0.3$,

$P(Y=5) = P(X^2+1=5) = P(X=2) = 0.4$,

所以 Y 的分布律为

Y	1	2	5
P	0.3	0.3	0.4

.

注　上述过程可以简化如下:为了求 $Y = X^2 + 1$ 的概率分布,首先列出下面的表

Y	2	1	2	5
P	0.2	0.3	0.1	0.4

,

因为上表中随机变量 Y 的可能值有相同的,所以应当将它们合并,对应的概率相加,得到 Y 的分布律为

Y	1	2	5
P	0.3	0.3	0.4

.

二、 连续型随机变量函数的分布

1. 分布函数法

设连续型随机变量 X 的分布函数为 $F_X(x)$, $y = g(x)$ 是关于变量 x 的函数,如何求随机变量 $Y = g(X)$ 的分布呢?

首先,求出随机变量 Y 的分布函数

$$F_Y(y) = P(Y \leqslant y) = P\{g(X) \leqslant y\},$$

利用不等式的等价变形,将事件" $g(X) \leqslant y$ "转化成 X 的不等式,则随机变量 Y 的分布函数就可以利用随机变量 X 的分布函数 $F_X(x)$ 表达;其次,利用分布函数与概率密度函数的关系,求得 Y 的概率密度函数.

例 2.4.2　设随机变量 X 具有概率密度

$$f_X(x) = \begin{cases} \dfrac{x}{2}, & 0 < x < 2, \\ 0, & \text{其他.} \end{cases}$$

求随机变量 $Y = 2X + 1$ 的概率密度.

解　因为随机变量 X 在区间 $(0,2)$ 内取值,所以随机变量 $Y = 2X + 1$ 将在区间 $(1,5)$ 内取值.当 $1 < y < 5$ 时,先求 $Y = 2X + 1$ 的分布函

数 $F_Y(y)$，即

$$F_Y(y) = P(Y \leqslant y) = P(2X+1 \leqslant y) = P\left(X \leqslant \frac{y-1}{2}\right)$$

$$= \int_{-\infty}^{\frac{y-1}{2}} f_X(x)\,\mathrm{d}x = \int_0^{\frac{y-1}{2}} \frac{x}{2}\,\mathrm{d}x = \frac{(y-1)^2}{16},$$

上式两端对 y 求导数，得

$$f_Y(y) = F'_Y(y) = \frac{y-1}{8},\ 1 < y < 5,$$

所以随机变量 Y 的概率密度

$$f_Y(y) = \begin{cases} \dfrac{y-1}{8}, & 1 < y < 5, \\ 0, & \text{其他}. \end{cases}$$

注　在求随机变量 Y 的分布函数时，对应积分不能积出或积分较复杂时，可以利用变限积分函数求导直接求得随机变量 Y 的概率密度函数.因此本题也可写成下列形式：

第一步：先求 $Y = 2X+1$ 的分布函数 $F_Y(y)$，即

$$F_Y(y) = P(Y \leqslant y) = P(2X+1 \leqslant y) = P\left(X \leqslant \frac{y-1}{2}\right)$$

$$= \int_{-\infty}^{\frac{y-1}{2}} f_X(x)\,\mathrm{d}x = \int_0^{\frac{y-1}{2}} \frac{x}{2}\,\mathrm{d}x,$$

第二步：由分布函数求导得到概率密度函数

$$f_Y(y) = F'_Y(y) = \left[\int_{-\infty}^{\frac{y-1}{2}} f_X(x)\,\mathrm{d}x\right]' = f_X\left(\frac{y-1}{2}\right)\left(\frac{y-1}{2}\right)',$$

所以

$$f_Y(y) = \begin{cases} \dfrac{y-1}{4} \cdot \dfrac{1}{2}, & 0 < \dfrac{y-1}{2} < 2, \\ 0, & \text{其他} \end{cases} = \begin{cases} \dfrac{y-1}{8}, & 1 < y < 5, \\ 0, & \text{其他}. \end{cases}$$

例 2.4.3　已知 $X \sim N(0,1)$，求随机变量 $Y = X^2$ 的概率密度函数.

解　因为 $X \sim N(0,1)$，所以 X 的密度函数为

$$f_X(x) = \frac{1}{\sqrt{2\pi}} \mathrm{e}^{-\frac{x^2}{2}}, \quad x \in (-\infty, +\infty),$$

则 Y 的分布函数为

$$F_Y(y) = P(Y \leqslant y) = P(X^2 \leqslant y).$$

显然当 $y \leqslant 0$ 时，$F_Y(y) = 0$，此时 $f_Y(y) = F'_Y(y) = 0$.

对于 $y > 0$ 的情况，有

$$F_Y(y) = P(X^2 \leqslant y) = P(-\sqrt{y} \leqslant X \leqslant \sqrt{y})$$

$$= \frac{1}{\sqrt{2\pi}} \int_{-\sqrt{y}}^{\sqrt{y}} \mathrm{e}^{-\frac{x^2}{2}}\,\mathrm{d}x = \frac{2}{\sqrt{2\pi}} \int_0^{\sqrt{y}} \mathrm{e}^{-\frac{x^2}{2}}\,\mathrm{d}x.$$

此时

$$f_Y(y) = F_Y'(y) = \frac{\mathrm{d}}{\mathrm{d}y}\left(\frac{2}{\sqrt{2\pi}}\int_0^{\sqrt{y}} e^{-\frac{x^2}{2}}\mathrm{d}x\right)$$

$$= \frac{2}{\sqrt{2\pi}}e^{-\frac{y}{2}} \cdot \frac{1}{2\sqrt{y}} = \frac{1}{\sqrt{2\pi}}y^{-\frac{1}{2}}e^{-\frac{y}{2}},$$

故随机变量 Y 的概率密度函数为

$$f_Y(y) = \begin{cases} \dfrac{1}{\sqrt{2\pi}}y^{-\frac{1}{2}}e^{-\frac{y}{2}}, & y>0, \\ 0, & y\leqslant 0. \end{cases}$$

注 称上述随机变量 Y 服从自由度为 1 的 χ^2（卡方）分布.

2. 公式法

定理 2.4.1 设随机变量 X 具有概率密度 $f_X(x)$，又设函数 $g(x)$ 处处可导且恒有 $g'(x)>0$［或恒有 $g'(x)<0$］，则 $Y=g(X)$ 是连续型随机变量，其概率密度为

$$f_Y(y) = \begin{cases} f_X[h(y)]\,|\,h'(y)\,|, & \alpha<y<\beta, \\ 0, & \text{其他}, \end{cases} \tag{2.3}$$

其中 $\alpha=\min(g(-\infty),g(+\infty))$，$\beta=\max(g(-\infty),g(+\infty))$，$h(y)$ 是 $g(x)$ 的反函数.

证明略.

例 2.4.4 设随机变量 $X\sim N(\mu,\sigma^2)$，试证明 X 的线性函数 $Y=aX+b,a\neq 0$ 也服从正态分布.

证明 X 的概率密度为

$$f_X(x) = \frac{1}{\sqrt{2\pi}\,\sigma}e^{-\frac{(x-\mu)^2}{2\sigma^2}}, \quad -\infty<x<+\infty.$$

设 $y=g(x)=ax+b$，得 $x=h(y)=\dfrac{y-b}{a}$，知 $h'(y)=\dfrac{1}{a}\neq 0$.

由式（2.3），得 $Y=aX+b$ 的概率密度为

$$f_Y(y) = \frac{1}{|a|}f_X\left(\frac{y-b}{a}\right) = \frac{1}{|a|}\frac{1}{\sqrt{2\pi}\,\sigma}e^{-\frac{\left(\frac{y-b}{a}-\mu\right)^2}{2\sigma^2}}$$

$$= \frac{1}{|a|\,\sigma\sqrt{2\pi}}e^{-\frac{[y-(b+a\mu)]^2}{2(a\sigma)^2}}, \quad -\infty<y<+\infty.$$

第五节 综合例题

例 2.5.1 某栋大楼装有 4 个同类型的供水设备，调查表明在任一时刻 X 每个设备使用的概率为 0.1，求以下事件的概率：（1）在同一时刻恰有 2 个设备被使用；（2）在同一时刻至少有 2 个设备被使用；（3）在同一时刻至多有 2 个设备被使用.

解（1）$P(X=2) = C_4^2 p^2 q^{4-2} = C_4^2\times 0.1^2\times 0.9^2 = 0.0486$；

(2) $P(X \geqslant 2) = C_4^2 \times 0.1^2 \times 0.9^2 + C_4^3 \times 0.1^3 \times 0.9 + C_4^4 \times 0.1^4 = 0.0523$;

(3) $P(X \leqslant 2) = C_4^0 \times 0.9^4 + C_4^1 \times 0.1 \times 0.9^3 + C_4^2 \times 0.1^2 \times 0.9^2 = 0.9963$.

例 2.5.2 一电话交换台每分钟收到呼唤的次数 X 服从参数为 4 的泊松分布. 求:(1) 每分钟恰有 2 次呼唤的概率;(2) 某一分钟的呼唤次数大于 1 的概率.

解 由题意,$X \sim P(4)$,则有:

(1) $P(X=2) = \dfrac{e^{-4} \cdot 4^2}{2!} = 8e^{-4} \approx 0.1465$;

(2) $P(X>1) = P(X \geqslant 2) = 1 - P(X=0) - P(X=1)$

$$= 1 - \frac{e^{-4} \cdot 4^0}{0!} - \frac{e^{-4} \cdot 4^1}{1!} = 1 - 5e^{-4}$$

$$\approx 0.9084.$$

例 2.5.3 设顾客在某银行的窗口等待服务的时间 X(以 min 为单位)服从指数分布,其概率密度为

$$f_X(x) = \begin{cases} \dfrac{1}{6}e^{-\frac{x}{6}}, & x>0, \\ 0, & \text{其他.} \end{cases}$$

某顾客在窗口等待服务超过 12min 就离开,他一个月要到银行 4 次. 以 Y 表示一个月内他未等到服务而离开窗口的次数,写出 Y 的概率分布,并求 $P(Y \geqslant 1)$.

解 该顾客"一次等待服务未成而离开"的概率为

$$P(X>12) = \int_{12}^{+\infty} f_X(x) \, dx = \frac{1}{6} \int_{12}^{+\infty} e^{-\frac{x}{6}} \, dx = -e^{-\frac{x}{6}} \Big|_{12}^{+\infty} = e^{-2},$$

因此,Y 的概率分布为

$$Y \sim B(4, e^{-2}).$$

进而有

$P(Y \geqslant 1) = 1 - P(Y<1) = 1 - P(Y=0) = 1 - (1-e^{-2})^4 \approx 0.4410$.

例 2.5.4 某地区 18 岁的男青年的血压(收缩压,以 mmHg 为单位)服从 $N(115, 12^2)$,在该地区任选一 18 岁男青年,用 X 表示他的血压. 求:(1) $P(X \leqslant 109)$;(2) $P(109<X \leqslant 127)$;(3) 确定最小的 x 使 $P(X>x) \leqslant 0.05$.

解 (1) $P(X \leqslant 109) = \Phi\left(\dfrac{109-115}{12}\right) = \Phi(-0.5)$

$$= 1 - \Phi(0.5) = 1 - 0.6915 = 0.3085;$$

(2) $P(109<X \leqslant 127) = \Phi\left(\dfrac{127-115}{12}\right) - \Phi\left(\dfrac{109-115}{12}\right)$

$$= \Phi(1) - \Phi(-0.5) = \Phi(1) + \Phi(0.5) - 1$$

$$= 0.5328;$$

（3）由 $P(X>x)=1-P(X\le x)=1-\Phi\left(\dfrac{x-115}{12}\right)\le 0.05$ 可知

$$\Phi\left(\dfrac{x-115}{12}\right)\ge 0.95,$$

查表得

$$\dfrac{x-115}{12}\ge 1.645,$$

即 $\qquad x\ge 115+19.74=134.74,$

所以 $P(X>x)\le 0.05$ 成立时，最小的 $x=134.74$.

例 2.5.5 设电流 I 是一个随机变量，它均匀分布在 $0.5\sim 1A$ 之间.若此电流通过 20Ω 的电阻，在其上消耗功率 $P=20I^2$. 求 P 的概率密度.

解 因为 I 在 $[0.5,1]$ 上服从均匀分布，所以 I 的概率密度为

$$f(x)=\begin{cases}2, & 0.5\le x\le 1,\\ 0, & \text{其他},\end{cases}$$

而 $P=20I^2$ 的取值范围是 $5\le P\le 20$，则其分布函数为

$$F_P(p)=P(P\le p)=P(20I^2\le p)=P\left(I^2\le \dfrac{p}{20}\right)$$

$$=P\left(-\sqrt{\dfrac{p}{20}}\le I\le \sqrt{\dfrac{p}{20}}\right)=\int_{-\sqrt{\frac{p}{20}}}^{\sqrt{\frac{p}{20}}}f(x)\,\mathrm{d}x$$

$$=\int_{0.5}^{\sqrt{\frac{p}{20}}}2\mathrm{d}x=\sqrt{\dfrac{p}{5}}-1,$$

所以

$$f_P(p)=F_P'(p)=\begin{cases}\dfrac{1}{2\sqrt{5p}}, & 5\le p\le 20,\\[2mm] 0, & \text{其他}.\end{cases}$$

例 2.5.6 已知随机变量 X 的分布律为

X	$\dfrac{\pi}{4}$	$\dfrac{\pi}{2}$	$\dfrac{3\pi}{4}$
P	0.1	0.8	0.1

求 $Y=\sin X$ 的分布律.

解 由题意可知 Y 的所有可能取值为 $\dfrac{\sqrt{2}}{2}$ 和 1.

$$P\left(Y=\dfrac{\sqrt{2}}{2}\right)=P\left(X=\dfrac{\pi}{4}\right)+P\left(X=\dfrac{3\pi}{4}\right)=0.2,$$

$$P(Y=1)=P\left(X=\dfrac{\pi}{2}\right)=0.8,$$

因此 $Y=\sin X$ 的分布律为

Y	$\frac{\sqrt{2}}{2}$	1
P	0.2	0.8

第六节　实际案例

案例1　公交车车门高度的设计问题

作为公共交通工具,在设计公交车车门的高度时,需确保大部分成年人头部不与车门顶部碰撞,根据统计资料,可以假设人的身高服从正态分布,这里取 $\mu=1.75$,$\sigma=0.05$.现要求上下车时要低头的人不超过 0.5%,那么车门需要设计多高(保留小数点后一位有效数字)?

分析与解答　设公交车车门高度为 h,乘客的身高为 X,则 $X \sim N(1.75,0.05^2)$,根据题意
$$P(X>h) \leqslant 0.5\%,$$
即
$$P(X \leqslant h) \geqslant 99.5\%,$$
结合正态分布的性质,由
$$P(X \leqslant h) = \Phi\left(\frac{h-1.75}{0.05}\right) \geqslant 99.5\%,$$
查表得 $\frac{h-1.75}{0.05} \geqslant 2.575$,故 $h \geqslant 1.87875$,即车门设计高度为 1.9m 即可.

案例2　人寿保险问题

随着国民经济的快速发展,人们越来越关注个人的身心健康、人寿保险日益深入人心,购买人寿保险已经是人们应对自身突发意外的一种重要手段.

人们自然会问,自己交很少的钱,而一旦自己发生变故,保险公司会赔付超过自己所交保金百倍的赔偿金,那么保险公司会不会赔本呢? 答案当然是否定的.下面运用概率论与数理统计的方法分析某人寿保险公司的保费赔偿方案.

假设 2500 个同年龄段同社会阶层的人参加某保险公司的人寿保险.以往的统计资料显示,在一年中,每个人意外死亡的概率为万分之一(0.0001).每个参加保险的人一年付给保险公司 120 元的保险费,而在其意外死亡时其家属可从保险公司领取 2 万元的赔偿.试分析以下几个问题:(1) 保险公司亏损的概率;(2) 保险公司一年获利不少于 10 万元的概率;(3) 给出保险公司亏损的可能性分析.

分析与解答　设随机变量 X_i 表示一年中第 i 个参保人的情况,即

$$X_i = \begin{cases} 1, & \text{第 } i \text{ 个人意外死亡,} \\ 0, & \text{第 } i \text{ 个人未发生意外,} \end{cases} \quad i=1,2,\cdots,2500,$$

因此 X_i 服从两点分布

X_i	0	1
P	0.9999	0.0001

于是一年中意外死亡人数为

$$X = \sum_{i=1}^{2500} X_i \sim B(2500, 0.0001),$$

又由于 n 很大,因此可使用中心极限定理(定理 5.2.2)得

$$X \sim N(0.25, 0.25).$$

(1) $P(20000X > 120 \times 2500) = P(X > 15)$

$$= 1 - \sum_{x=0}^{15} C_{2500}^x 0.0001^x 0.9999^{2500-x}$$

$$\approx 1 - \Phi\left(\frac{15-0.25}{0.5}\right) = 1 - \Phi(29.5) \approx 0,$$

即 2500 人参保时,保险公司亏损的概率为零.

(2) $P(120 \times 2500 - 20000X \geqslant 100000) = P(X \leqslant 10)$

$$= \sum_{x=0}^{10} C_{2500}^x 0.0001^x 0.9999^{2500-x}$$

$$\approx \Phi\left(\frac{10-0.25}{0.5}\right) = \Phi(19.5) \approx 1,$$

即 2500 人参保时,保险公司一年获利不少于 10 万元的概率几乎为 100%.

(3) 分析参保人数 n 与保险公司亏损的关系:

$$X \sim B(n, 0.0001),$$

近似有

$$X \sim N(0.0001n, 0.0001n),$$

所以保险公司在死亡赔付额超过保险费(亏损)的概率为

$$P(20000X > 120n) = P(X > 0.006n)$$

$$\approx 1 - \Phi\left(\frac{0.006n - 0.0001n}{0.01\sqrt{n}}\right)$$

$$= 1 - \Phi(0.59\sqrt{n}).$$

令

$$P(20000X > 120n) \approx 1 - \Phi(0.59\sqrt{n}) \leqslant 0.000001,$$

则

$$\Phi(0.59\sqrt{n}) \geqslant 0.999999.$$

由附录 A 得,$\phi(4.7) = 0.999999870$,$\phi(4.8) = 0.999999207$,则可

取 $0.59\sqrt{n} \geqslant 4.8$，即 $n \geqslant 66.188$，至少要有 67 个人参保才能保证人寿保险公司几乎不会亏损(亏损的概率不超过 0.00001).

中国式现代化是人口规模巨大的现代化.我国 14 亿多人口整体迈进现代化社会，艰巨性和复杂性前所未有.健全社会保障体系是增进民生福祉,提高人民生活品质的主要方式,其中包括:扩大和健全基本医疗保险,积极发展商业保险,促进多层次医疗保障有序衔接等.读者也可以从多个角度入手探讨分析保费定价问题.

习题二:
基础达标题解答

习题二:基础达标题

一、填空题

1. 设随机变量 X 的分布函数为 $F(x)=\begin{cases}0, & x<-1,\\ \dfrac{2}{15}, & -1\leqslant x<0,\\ \dfrac{3}{5}, & 0\leqslant x<1,\\ 1, & x\geqslant 1,\end{cases}$ 则 $P(X^2=1)=$ _____.

2. 设随机变量 X 的密度函数为 $f(x)=\begin{cases}C-x, & 0<x<1,\\ 0, & \text{其他},\end{cases}$ 则常数 $C=$ _____.

3. 设随机变量 X 的概率密度为 $f(x)=\begin{cases}2x, & 0<x<1,\\ 0, & \text{其他}.\end{cases}$ 以 Y 表示对 X 的三次独立重复观察中事件 "$X\leqslant\dfrac{1}{2}$" 出现的次数,则 $P(Y=1)=$ _____.

4. 设 X 服从 $[-1,1]$ 上的均匀分布,则概率 $P\left(X^2-\dfrac{1}{4}X-\dfrac{1}{8}\leqslant 0\right)=$ _____.

5. 设随机变量 $X\sim N(\mu,\sigma^2)$,$F(x)$ 为其分布函数,则对任意实数 a,有 $F(\mu+a)+F(\mu-a)=$ _____.

6. 设连续型随机变量 X 的概率密度为 $f(x)=\begin{cases}x, & 0\leqslant x<1,\\ \dfrac{1}{3}x, & 1\leqslant x\leqslant 2,\\ 0, & \text{其他}.\end{cases}$ 则 $P\left(\dfrac{3}{4}\leqslant X<\dfrac{3}{2}\right)=$ _____.

7. 设随机变量 X 的概率密度为 $f(x)=\begin{cases}3x^2, & 0<x<1,\\ 0, & \text{其他}.\end{cases}$ 如果 $P(X>a)=P(X<a)$,则 $a=$ _____.

8. 若随机变量 X 的分布律为 $\dfrac{X\ |\ -2\ \ -1\ \ 0\ \ 1\ \ 5}{P\ |\ 0.3\ \ 0.2\ \ 0.1\ \ 0.2\ \ 0.2}$,记 $Y=X+2$,$Z=-X+1$,$W=X^2$,则随机变量 Y,Z 和 W 的分布律分别为 _____;

_____;_____.

9. 设随机变量 X 的分布律为 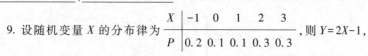，则 $Y=2X-1$，

$Z=X^2+1$ 的分布律为_____;_____.

10. 设 X 服从 $[-1,1]$ 上的均匀分布，则随机变量 $Y=e^X$ 的概率密度为

_____，$Z=-\ln(1-X)$ 的概率密度为_____.

二、选择题

1. 下列函数中能够作为分布函数的是(　　).

A. $F(x)=\begin{cases}0, & x<0, \\ \dfrac{1}{2}, & 0\leqslant x\leqslant 2, \\ 1, & x>2\end{cases}$　　　　B. $F(x)=\begin{cases}0, & x<0, \\ \dfrac{2+x}{1+x^2}, & x\geqslant 0\end{cases}$

C. $F(x)=\begin{cases}0, & x<0, \\ \dfrac{x+2}{4}, & 0\leqslant x<1, \\ 1, & x\geqslant 1\end{cases}$　　　　D. $F(x)=\begin{cases}0, & x<0, \\ 2+\cos x, & 0\leqslant x<\pi, \\ 1, & x\geqslant \pi\end{cases}$

2. 设随机变量 $X\sim N(101,10^2)$，而且 C 满足 $P(X>C)=P(X\leqslant C)$，则 C 等于(　　).

A. 0　　　　　　B. 101　　　　　　C. 111　　　　　　D. 91

3. 设随机变量 X 的概率密度为 $f(x)=\dfrac{k}{1+x^2}$，$-\infty<x<+\infty$，则 k 的值为(　　).

A. $\dfrac{1}{\sqrt{\pi}}$　　　　B. $\dfrac{1}{\pi}$　　　　C. $\dfrac{1}{2}$　　　　D. $\dfrac{\pi}{2}$

4. 下列命题正确的是(　　).

A. 离散型随机变量的分布函数是连续函数

B. 连续型随机变量的密度函数 $f(x)$ 满足 $0\leqslant f(x)\leqslant 1$

C. 连续型随机变量的分布函数是连续函数

D. 两个概率密度函数的乘积还是密度函数

5. 设标准正态随机变量 X 的分布函数为 $\Phi(x)$，则对于任意实数 a，有 $\Phi(-a)=(　　)$.

A. $\Phi(a)$　　　B. $\dfrac{1}{2}-\Phi(a)$　　　C. $2\Phi(a)-1$　　　D. $1-\Phi(a)$

6. 设 $F_1(x)$ 和 $F_2(x)$ 都是随机变量的分布函数，下面哪组值能够使得 $F(x)=aF_1(x)-bF_2(x)$ 一定是某随机变量的分布函数?(　　)

A. $a=\dfrac{3}{5},b=-\dfrac{2}{5}$　　　　　　B. $a=\dfrac{2}{3},b=-\dfrac{2}{3}$

C. $a=-\dfrac{1}{2},b=-\dfrac{3}{2}$　　　　　D. $a=\dfrac{1}{2},b=-\dfrac{3}{2}$

三、解答题

1. 设随机变量 X 的概率密度为

$$f(x)=\begin{cases}xe^{-x}, & x>0, \\ 0, & \text{其他.}\end{cases}$$

求 X 的分布函数 $F(x)$ 和概率 $P(-1<X\leqslant 1)$.

2. 设随机变量 X 的概率密度为

$$f(x) = \begin{cases} \dfrac{1}{2}\sin x, & 0 \leqslant x \leqslant \pi, \\ 0, & \text{其他.} \end{cases}$$

对 X 独立地重复观察 3 次,用 Y 表示观察值大于 $\dfrac{\pi}{2}$ 的次数,试求 Y 的分布律.

3. 一个袋中有 6 只球,编号 1,2,3,4,5,6,在其中同时取 3 只,以 X 表示取出的 3 只球中的最大号码,求 X 的分布律.

4. 设 8 件产品中有 5 件正品、3 件次品,现随机地从中抽取产品,每次抽 1 件,直到抽出正品为止,求:(1) 有放回抽取时,抽取次数 X 的分布律;(2) 无放回抽取时,抽取次数 Y 的分布律.

5. 设随机变量 Y 服从 $[a,4]$ 上的均匀分布,且关于未知量 x 的方程 $x^2 - Yx + \dfrac{1}{4}Y + \dfrac{1}{2} = 0$ 没有实根的概率为 $\dfrac{1}{2}$,试求 a 的值.

6. 设随机变量 X 的概率密度为

$$f_X(x) = \begin{cases} 1+x, & -1 \leqslant x < 0, \\ x, & 0 \leqslant x \leqslant 1, \\ 0, & \text{其他.} \end{cases}$$

求 $Y = X^2$ 的分布函数.

7. 设 X 服从区间 $[0,4]$ 上的均匀分布,试求随机变量 $Y = X^2 - 2X$ 的密度函数.

习题二:
综合提高题解答

习题二:综合提高题

1. 设随机变量 X 的分布函数为

$$F(x) = \begin{cases} 0, & x < -1, \\ \dfrac{2x+6}{15}, & -1 \leqslant x < 1, \\ 1, & x \geqslant 1, \end{cases}$$

求 $P(X^2 = 1)$.

2. 设随机变量 X 的密度函数为

$$f(x) = \begin{cases} C+x, & -1 < x \leqslant 0, \\ C-x, & 0 < x < 1, \\ 0, & \text{其他,} \end{cases}$$

求:(1) 常数 C;(2) 随机变量 X 的分布函数 $F(x)$;(3) $P\left(-\dfrac{1}{2} < X \leqslant \dfrac{1}{2}\right)$.

3. 设 $f(x) = Ce^{-x^2+4x}$ 为某一随机变量的概率密度,求参数 C 的值.

4. 已知 $X \sim U(-1,1)$,$Y = \begin{cases} 0, & X \geqslant \dfrac{1}{2}, \\ 1, & X < \dfrac{1}{2}, \end{cases}$ 试求 Y 的分布律.

5. 设随机变量 X 的分布函数 $F_X(x)$ 为严格单调增加的连续函数,Y 服从 $[0,1]$ 上的均匀分布,证明随机变量 $Z = F_X^{-1}(Y)$ 的分布函数与 X 的分布函数相同.

第三章

多维随机变量及其分布

上一章里,通过引入(单个)随机变量的概念,使我们有了研究随机现象的有力工具.在实际问题中,会出现需同时借助多个随机变量来描述的随机现象.例如,投掷飞镖命中的位置,需要用两个随机变量(命中点的横坐标 X 和纵坐标 Y)来描述;雷达监测飞机(的重心)在空中的位置,需要三个随机变量(重心在空中的坐标 X,Y 和 Z)来描述;为更好地衡量儿童的身体发育情况,需要用到多个随机变量(身高 X、体重 Y、头围 Z、视力 W、$\cdots$)来描述.人们通常将以上例子中与同一随机现象相联系的多个随机变量看作一个整体,称为多维随机变量.在本章接下来的内容中,以二维随机变量为代表进行研究.

第一节 多维随机变量及其分布函数

一、多维随机变量及分布函数的概念

首先考虑两个随机变量组合的情形,下面给出相关的概念和结论.

定义 3.1.1 设 X 和 Y 是定义在同一样本空间 Ω 上的两个随机变量,称由它们组成的向量 (X,Y) 为二维随机变量,亦称为二维随机向量,其中称 X 和 Y 是二维随机变量的分量.

由于采用多个随机变量去描述一个随机现象,所以定义 3.1.1 中的随机变量 X 和 Y 是要求定义在同一个样本空间上.相对于二维随机变量 (X,Y),也称 X 和 Y 是一维随机变量.

一般情况下,随机变量 X 和 Y 之间会有相互关系,因此需要将 (X,Y) 作为一个整体(向量)来进行研究.与一维随机变量类似,用以下的多元函数来描述二维随机变量.

定义 3.1.2 设 (X,Y) 为二维随机变量,对任意的一组实数对 (x,y),称以下的二元函数

$$F(x,y) = P(X \leqslant x, Y \leqslant y)$$

为二维随机变量 (X,Y) 的联合分布函数,简称为 (X,Y) 的分布函数.

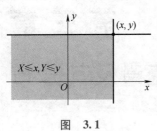

图　3.1

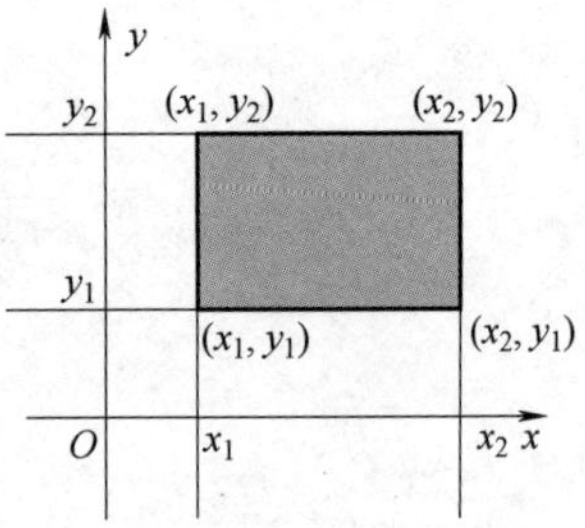

图　3.2

注　(1) 与一维随机变量的分布函数类似,二维随机变量 (X,Y) 的联合分布函数 $F(x,y)$ 表示事件 $\{X\leqslant x,Y\leqslant y\}$ 发生的概率,即事件 $\{X\leqslant x\}$ 与事件 $\{Y\leqslant y\}$ 同时发生的概率.

(2) 如图 3.1 所示,建立平面直角坐标系,将 (X,Y) 看作平面中的随机点,那么二维随机变量 (X,Y) 的联合分布函数 $F(x,y)$ 在点 (x,y) 处的取值就是随机点 (X,Y) 落在以点 (x,y) 为顶点,位于过点 (x,y) 的水平线以下、铅垂线以左公共部分的概率(联合分布函数的几何意义).

(3) 根据分布函数的几何意义,可以得到 (X,Y) 落在图 3.2 所示的矩形区域内的概率为

$$P(x_1<X\leqslant x_2,y_1<Y\leqslant y_2)$$
$$=P(X\leqslant x_2,Y\leqslant y_2)-P(X\leqslant x_1,Y\leqslant y_2)-P(X\leqslant x_2,Y\leqslant y_1)+$$
$$\quad P(X\leqslant x_1,Y\leqslant y_1)$$
$$=F(x_2,y_2)-F(x_1,y_2)-F(x_2,y_1)+F(x_1,y_1).$$

除此之外,还可以证明二维随机变量 (X,Y) 的联合分布函数 $F(x,y)$ 具有以下的四条基本性质.

性质 3.1.1(单调非减性)　对于分布函数 $F(x,y)$,如果固定变量 y,则当 $x_1<x_2$ 时,有

$$F(x_1,y)\leqslant F(x_2,y);$$

同样,如果固定变量 x,则当 $y_1<y_2$ 时,有

$$F(x,y_1)\leqslant F(x,y_2).$$

性质 3.1.2(有界性)　对于任意的实数 x 和 y,有

$$0\leqslant F(x,y)\leqslant 1,$$

且有

$$F(-\infty,y)=\lim_{x\to-\infty}F(x,y)=0,\ F(x,-\infty)=\lim_{y\to-\infty}F(x,y)=0,$$
$$F(+\infty,+\infty)=\lim_{\substack{x\to+\infty\\y\to+\infty}}F(x,y)=1.$$

性质 3.1.3(右连续性)　如果固定变量 y,则分布函数 $F(x,y)$ 是关于变量 x 右连续的函数,即

$$F(x_0^+,y)=\lim_{x\to x_0^+}F(x,y)=F(x_0,y);$$

同样,如果固定变量 x,则分布函数 $F(x,y)$ 是关于变量 y 右连续的函数,即

$$F(x,y_0^+)=\lim_{y\to y_0^+}F(x,y)=F(x,y_0).$$

性质 3.1.4(矩形区域概率非负性)　对任意的 (x_1,y_1) 和 (x_2,y_2),其中 $x_1<x_2,y_1<y_2$,则有

$$F(x_2,y_2)-F(x_1,y_2)-F(x_2,y_1)+F(x_1,y_1)\geqslant0.$$

注　(1) 任意二维随机变量的分布函数一定具有这 4 条基本性质;反过来,满足性质 3.1.1~性质 3.1.4 的二元函数,都可看作某个二维随机变量的分布函数.

（2）对比一维、二维随机变量的分布函数,可以看到:性质 3.1.1~性质 3.1.3 是类似的,性质 3.1.4 是二维随机变量的分布函数所特有的性质.

以上关于二维随机向量的概念和性质,都可以推广至三维及以上的随机向量.

> **定义 3.1.3**　设 $X_1, X_2, \cdots, X_n$ 是定义在同一样本空间 Ω 上的 n 个随机变量,称由它们组成的向量 $(X_1, X_2, \cdots, X_n)$ 为 n 维随机变量,亦称为 n 维随机向量,其中称 $X_i (1 \leqslant i \leqslant n)$ 是 n 维随机向量的第 i 个分量.

> **定义 3.1.4**　设 $(X_1, X_2, \cdots, X_n)$ 为 n 维随机变量,对任意的实数组 $(x_1, x_2, \cdots, x_n)$,称以下的 n 元函数
> $$F(x_1, x_2, \cdots, x_n) = P(X_1 \leqslant x_1, X_2 \leqslant x_2, \cdots, X_n \leqslant x_n)$$
> 为 n 维随机变量 $(X_1, X_2, \cdots, X_n)$ 的联合分布函数,亦简称为 $(X_1, X_2, \cdots, X_n)$ 的分布函数.

仿照上面的性质 3.1.1~性质 3.1.4,可以给出 n 维随机变量 $(X_1, X_2, \cdots, X_n)$ 的联合分布函数 $F(x_1, x_2, \cdots, x_n)$ 相应的性质.

一般情况,我们称二维及以上的随机变量(向量)为多维随机变量(向量).由分布函数的性质可以看到,一维随机变量与二维随机变量存在很大区别,而二维随机变量与 n 维随机变量 $(n \geqslant 3)$ 的分布函数性质是类似的.因此,大多数情况下我们会以二维随机变量为例给出问题的解释,其对应的结论都可以推广至更高维随机变量.

二、二维离散型随机变量

> **定义 3.1.5**　若二维随机变量 (X, Y) 的取值只有有限多对或可列无穷多对,则称 (X, Y) 为二维离散随机变量.

> **定义 3.1.6**　设二维离散随机变量 (X, Y) 所有可能取到的不同值为 $(x_i, y_j), i, j = 1, 2, \cdots$,称
> $$p_{ij} = p(x_i, y_j) = P(X = x_i, Y = y_j)$$
> 为 (X, Y) 的联合概率函数或联合分布律,简称为 (X, Y) 的概率函数或分布律.

容易验证,(X, Y) 的联合概率函数具有以下性质:

（1）非负性:$p_{ij} \geqslant 0, i, j = 1, 2, \cdots$;

（2）规范性:$\sum_{i=1}^{\infty} \sum_{j=1}^{\infty} p_{ij} = 1.$

与一维随机变量的性质类似,具备这两条性质的离散值函数 $p_{ij}, i, j = 1, 2, \cdots$ 可以作为某个二维随机变量的联合概率函数.同样,

联合概率函数也有与一维随机变量类似的分布律表(见表 3.1).

表 3.1　(X,Y) 的联合分布律

(X,Y)		Y				
		y_1	y_2	$\cdots$	y_j	$\cdots$
X	x_1	p_{11}	p_{12}	$\cdots$	p_{1j}	$\cdots$
	x_2	p_{21}	p_{22}	$\cdots$	p_{2j}	$\cdots$
	$\vdots$	$\vdots$	$\vdots$		$\vdots$	
	x_i	p_{i1}	p_{i2}	$\cdots$	p_{ij}	$\cdots$
	$\vdots$	$\vdots$	$\vdots$		$\vdots$	

利用表 3.1 中的数据,容易得到 (X,Y) 落入平面区域 D 中的概率为

$$P\{(X,Y)\in D\}=\sum_{(x_i,y_j)\in D}p_{ij}.$$

因此,二维离散随机变量 (X,Y) 的联合分布函数可以表示为

$$F(x,y)=P(X\leqslant x,Y\leqslant y)=\sum_{\substack{x_i<x\\y_j<y}}p_{ij},$$

这里的和式是关于所有满足 $x_i<x,y_j<y$ 的 i,j 求和.

在实际问题中,当二维离散随机变量的取值为有限多对时,常用列出分布律表的方式来表示其规律.

例 3.1.1　设一抽屉中放有标号为 1,2,3,3 的四只小球,现从中不放回随机抽出,用随机变量 X 表示第一次抽出的小球号码,用随机变量 Y 表示第二次抽出的小球号码,求 (X,Y) 的联合分布律,并计算 $P(X+Y=4)$.

解　由题意,X 的可能取值是 1,2,3,Y 的可能取值也是 1,2,3,则 (X,Y) 的可能取值有 9 对,易知其中

$$P(X=1,Y=1)=0;P(X=2,Y=2)=0;P(X=3,Y=3)=\frac{1}{2}\times\frac{1}{3}=\frac{1}{6};$$

$$P(X=1,Y=2)=P(X=2,Y=1)=\frac{1}{4}\times\frac{1}{3}=\frac{1}{12};$$

$$P(X=1,Y=3)=P(X=2,Y=3)=\frac{1}{4}\times\frac{2}{3}=\frac{1}{6};$$

$$P(X=3,Y=1)=P(X=3,Y=2)=\frac{1}{2}\times\frac{1}{3}=\frac{1}{6}.$$

所以 (X,Y) 的联合分布律为

(X,Y)		Y		
		1	2	3
X	1	0	$\frac{1}{12}$	$\frac{1}{6}$
	2	$\frac{1}{12}$	0	$\frac{1}{6}$
	3	$\frac{1}{6}$	$\frac{1}{6}$	$\frac{1}{6}$

于是,所求的概率为

$$P(X+Y=4)=P\{(X=1,Y=3)\cup(X=3,Y=1)\cup(X=2,Y=2)\}$$
$$=P(X=1,Y=3)+P(X=3,Y=1)+P(X=2,Y=2)$$
$$=\frac{1}{3}.$$

例 3.1.2　设二维随机变量(X,Y)的联合分布律如下:

(X,Y)		Y	
		1	2
X	-1	α	$\frac{1}{6}$
	0	$\frac{1}{3}$	$\frac{1}{4}$

求:(1) α 的值;(2) (X,Y)的联合分布函数.

解　(1) 由联合分布律的规范性,有

$$\alpha+\frac{1}{6}+\frac{1}{3}+\frac{1}{4}=1,$$

解得 $\alpha=\frac{1}{4}$.

(2) 由　　　　$F(x,y)=P(X\leqslant x,Y\leqslant y),$

当 $x<-1$ 或 $y<1$ 时,

$$F(x,y)=P(\varnothing)=0;$$

当 $-1\leqslant x<0$ 且 $1\leqslant y<2$ 时,

$$F(x,y)=P(X=-1,Y=1)=\frac{1}{4};$$

当 $-1\leqslant x<0$ 且 $y\geqslant2$ 时,

$$F(x,y)=P(X=-1,Y=1)+P(X=-1,Y=2)=\frac{5}{12};$$

当 $x\geqslant0$ 且 $1\leqslant y<2$ 时,

$$F(x,y)=P(X=-1,Y=1)+P(X=0,Y=1)=\frac{7}{12};$$

当 $x\geqslant0$ 且 $y\geqslant2$ 时,

$$F(x,y)=P(X=-1,Y=1)+P(X=-1,Y=2)+P(X=0,Y=1)+$$
$$P(X=0,Y=2)=1;$$

因此,(X,Y)的联合分布函数

$$F(x,y)=\begin{cases}0, & x<-1 \text{ 或 } y<1,\\ \dfrac{1}{4}, & -1\leqslant x<0 \text{ 且 } 1\leqslant y<2,\\ \dfrac{5}{12}, & -1\leqslant x<0 \text{ 且 } y\geqslant2,\\ \dfrac{7}{12}, & x\geqslant0 \text{ 且 } 1\leqslant y<2,\\ 1, & x\geqslant0 \text{ 且 } y\geqslant2.\end{cases}$$

三、二维连续型随机变量

定义 3.1.7　设(X,Y)是二维随机变量,$F(x,y)$是其联合分布函数,若存在非负二元函数$f(x,y)$,使得对于任意的实数x和y,有

$$F(x,y)=\int_{-\infty}^{x}\int_{-\infty}^{y}f(u,v)\,\mathrm{d}u\mathrm{d}v,$$

则称(X,Y)为二维连续型随机变量,称$f(x,y)$为(X,Y)的联合概率密度函数,简称为概率密度.

容易验证,(X,Y)的联合概率密度函数具有以下性质:

(1) 非负性:$f(x,y)\geqslant0$;

(2) 规范性:$\int_{-\infty}^{+\infty}\int_{-\infty}^{+\infty}f(x,y)\,\mathrm{d}x\mathrm{d}y=F(-\infty,+\infty)=1$;

(3) 当$f(x,y)$在点(x,y)处连续时,

$$\frac{\partial^2 F(x,y)}{\partial x\partial y}=f(x,y);$$

(4) 对于xOy面上的区域D,随机点(X,Y)落在区域D内的概率为

$$P\{(X,Y)\in D\}=\iint\limits_{D}f(x,y)\,\mathrm{d}x\mathrm{d}y. \tag{3.1}$$

由定义 3.1.7 和以上 4 条性质可知,密度函数$f(x,y)$的几何图形是三维空间中xOy面上方的一个曲面,它的高低反映了(X,Y)出现在该位置处可能性的大小.性质(4)给出了随机点(X,Y)落在区域D内的概率计算方法,其概率值可以看作以区域为D底、曲面$f(x,y)$为顶的曲顶柱体的体积.性质(2)的结论也可以看作曲面$f(x,y)$与xOy面所围成图形的体积是 1.

例 3.1.3　设二维随机变量(X,Y)的密度函数为

$$f(x,y)=\begin{cases}k(x+y^2),&0\leqslant x\leqslant1,0\leqslant y\leqslant1,\\0,&\text{其他}.\end{cases}$$

求:(1) 常数k;(2) $P\left(0\leqslant X\leqslant\frac{1}{2},0\leqslant Y\leqslant\frac{1}{2}\right)$.

解　(1) 由密度函数的性质可知

$$\int_{-\infty}^{+\infty}\int_{-\infty}^{+\infty}f(x,y)\,\mathrm{d}x\mathrm{d}y=1,$$

则由条件得

$$\int_{0}^{1}\int_{0}^{1}k(x+y^2)\,\mathrm{d}x\mathrm{d}y=\frac{5}{6}k=1,$$

易知$k=\frac{6}{5}$.

(2) 记$D=\left\{(X,Y)\mid0\leqslant X\leqslant\frac{1}{2},0\leqslant Y\leqslant\frac{1}{2}\right\}$,则由式(3.1)得

$$P\left(0\leqslant X\leqslant \frac{1}{2},0\leqslant Y\leqslant \frac{1}{2}\right)=\iint\limits_{D}f(x,y)\mathrm{d}x\mathrm{d}y=\iint\limits_{0\leqslant x\leqslant \frac{1}{2},0\leqslant y\leqslant \frac{1}{2}}\frac{6}{5}(x+y^2)\mathrm{d}x\mathrm{d}y$$

$$=\frac{6}{5}\int_0^{\frac{1}{2}}\mathrm{d}x\int_0^{\frac{1}{2}}(x+y^2)\mathrm{d}y=\frac{6}{5}\int_0^{\frac{1}{2}}\left(\frac{1}{2}x+\frac{1}{24}\right)\mathrm{d}x$$

$$=\frac{6}{5}\left[\frac{1}{4}x^2+\frac{1}{24}x\right]_0^{\frac{1}{2}}=\frac{1}{10}.$$

下面介绍几种常用的二维连续型随机变量.

1. 二维均匀分布

定义 3.1.8　设 D 是平面上的一个有界区域,其面积为 σ_D,若二维随机变量 (X,Y) 的密度函数为

$$f(x,y)=\begin{cases}\dfrac{1}{\sigma_D}, & (x,y)\in D, \\ 0, & \text{其他,}\end{cases} \tag{3.2}$$

则称随机变量 (X,Y) 服从区域 D 上的二维均匀分布.

易验证,式(3.2)中的二元函数 $f(x,y)$ 满足密度函数的两个基本性质.这里的"均匀"与(一维)均匀分布类似:对于服从区域 D 上二维均匀分布的随机变量 (X,Y) 来说,(X,Y) 落入区域 D 中任一子区域 D_1(即 $D_1\subset D$)的概率与 D_1 的面积成正比,而与 D_1 的形状和所在位置无关,其概率值为

$$P\{(X,Y)\in D_1\}=\iint\limits_{D_1}f(x,y)\mathrm{d}x\mathrm{d}y=\iint\limits_{D_1}\frac{1}{\sigma_D}\mathrm{d}x\mathrm{d}y=\frac{\sigma_{D_1}}{\sigma_D}.$$

例 3.1.4　设随机变量 (X,Y) 服从单位圆域 C 上的均匀分布,求随机变量 (X,Y) 落入环形区域 $C_1=\left\{(x,y)\mid \dfrac{1}{4^2}\leqslant x^2+y^2\leqslant \dfrac{1}{2^2}\right\}$(见图 3.3)内的概率.

解　易知,单位圆域 C 的面积为 $\sigma_C=\pi$,所以 (X,Y) 的密度函数为

$$f(x,y)=\begin{cases}\dfrac{1}{\pi}, & (x,y)\in C, \\ 0, & \text{其他.}\end{cases}$$

因此,(X,Y) 落入环形区域 C_1 内的概率为

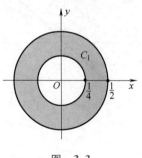

图　3.3

$$P\{(X,Y)\in C_1\}=\iint\limits_{C_1}\frac{1}{\pi}\mathrm{d}x\mathrm{d}y=\frac{\pi\cdot\dfrac{1}{2^2}-\pi\cdot\dfrac{1}{4^2}}{\pi}=\frac{3}{16}.$$

2. 二维指数分布

定义 3.1.9　若二维随机变量 (X,Y) 的密度函数为

$$f(x,y)=\begin{cases}\lambda^2\mathrm{e}^{-\lambda(x+y)}, & x>0,y>0, \\ 0, & \text{其他,}\end{cases}$$

其中 $\lambda > 0$ 为常数,则称随机变量(X,Y)服从参数为 λ 的二维指数分布.

例 3.1.5 设随机变量(X,Y)服从二维指数分布,且概率密度函数为

$$f(x,y)=\begin{cases}6\mathrm{e}^{-(2x+3y)}, & x>0,y>0,\\ 0, & \text{其他}.\end{cases}$$

求:(1) 分布函数 $F(x,y)$;(2) $P(0\leqslant X\leqslant 1,0\leqslant Y\leqslant 2)$;(3) $P(X\leqslant Y)$.

解 (1) 由分布函数的定义

$$F(x,y)=\int_{-\infty}^{x}\int_{-\infty}^{y}f(u,v)\,\mathrm{d}u\mathrm{d}v,$$

当 $x\leqslant 0$ 或 $y\leqslant 0$ 时,

$$F(x,y)=\int_{-\infty}^{x}\int_{-\infty}^{y}f(u,v)\,\mathrm{d}u\mathrm{d}v=\int_{-\infty}^{x}\int_{-\infty}^{y}0\mathrm{d}u\mathrm{d}v=0;$$

当 $x>0$ 且 $y>0$ 时,

$$F(x,y)=\int_{-\infty}^{x}\int_{-\infty}^{y}f(u,v)\,\mathrm{d}u\mathrm{d}v=\int_{0}^{x}\int_{0}^{y}6\mathrm{e}^{-(2u+3v)}\,\mathrm{d}u\mathrm{d}v=(1-\mathrm{e}^{-2x})(1-\mathrm{e}^{-3y}),$$

所以(X,Y)的分布函数 $F(x,y)$ 为

$$F(x,y)=\begin{cases}(1-\mathrm{e}^{-2x})(1-\mathrm{e}^{-3y}), & x>0,y>0,\\ 0, & \text{其他}.\end{cases}$$

(2) 由(1)中求出的分布函数,可得

$$\begin{aligned}P(0\leqslant X\leqslant 1,0\leqslant Y\leqslant 2)&=F(1,2)-F(0,2)-F(1,0)+F(0,0)\\&=(1-\mathrm{e}^{-2})(1-\mathrm{e}^{-6})\approx 0.8625.\end{aligned}$$

(3) 将(X,Y)看作 xOy 坐标面上的随机点坐标,则$(X\leqslant Y)$可看作坐标平面内的直线 $y=x$ 以上的部分(见图 3.4).记 $D=\{(X,Y)\mid X\leqslant Y\}$,则

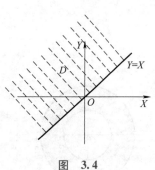

图 3.4

$$P(X\leqslant Y)=P\{(X,Y)\in D\}=\iint\limits_{D}f(x,y)\,\mathrm{d}x\mathrm{d}y$$

$$=\int_{0}^{+\infty}\mathrm{d}x\int_{x}^{+\infty}f(x,y)\,\mathrm{d}y=\int_{0}^{+\infty}\mathrm{d}x\int_{x}^{+\infty}6\mathrm{e}^{-(2x+3y)}\,\mathrm{d}y$$

$$=\frac{2}{5}.$$

3. 二维正态分布

定义 3.1.10 若二维随机变量(X,Y)的密度函数为

$$f(x,y)=\frac{1}{2\pi\sigma_1\sigma_2\sqrt{1-\rho^2}}\exp\Bigg\{-\frac{1}{2(1-\rho^2)}\bigg[\frac{(x-\mu_1)^2}{\sigma_1^2}-$$

$$2\rho\frac{(x-\mu_1)(y-\mu_2)}{\sigma_1\sigma_2}+\frac{(y-\mu_2)^2}{\sigma_2^2}\bigg]\Bigg\},\quad x\in\mathbf{R},y\in\mathbf{R},\quad(3.3)$$

其中 $\mu_1,\mu_2,\sigma_1>0,\sigma_2>0,\rho(\,|\rho|<1)$ 均为常数,则称随机变量 (X,Y) 服从参数为 $\mu_1,\mu_2,\sigma_1,\sigma_2,\rho$ 的**二维正态分布**,记作 $(X,Y)\sim N(\mu_1,\sigma_1^2;\mu_2,\sigma_2^2;\rho)$.

可以证明,式(3.3)中的二元函数 $f(x,y)$ 满足密度函数的两个基本性质.二维正态分布是一种常用的多维分布,与一维正态分布类似,二维正态分布的密度函数也是呈"钟"形的曲面(见图 3.5).

例 3.1.6　设二维随机变量 (X,Y) 服从二维正态分布,且概率密度函数为

$$f(x,y)=\frac{1}{2\pi\sigma^2}\mathrm{e}^{-\frac{x^2+y^2}{2\sigma^2}},\quad x\in\mathbf{R},y\in\mathbf{R},$$

求 $P(X\geqslant Y)$.

解　将 (X,Y) 看作 xOy 坐标面上的随机点坐标,则 $(X\geqslant Y)$ 可看作坐标平面内的直线 $Y=X$ 以下的部分(见图 3.6).记 $D=\{(X,Y)\,|\,X\geqslant Y\}$,则

$$P(X\geqslant Y)=P\{(X,Y)\in D\}=\iint\limits_{D}f(x,y)\mathrm{d}x\mathrm{d}y.$$

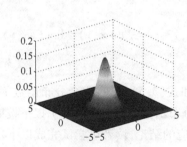

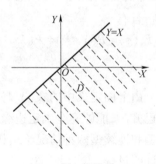

图 3.5　二维正态分布的　　　　图　3.6
　　　　密度函数图形

利用极坐标变换,令 $\begin{cases}x=\rho\cos\theta,\\y=\rho\sin\theta,\end{cases}$ 可得

$$P(X\geqslant Y)=\frac{1}{2\pi\sigma^2}\int_{-\frac{3}{4}\pi}^{\frac{1}{4}\pi}\int_0^{+\infty}\mathrm{e}^{-\frac{\rho^2}{2\sigma^2}}\rho\mathrm{d}\rho$$

$$=\frac{1}{2\delta^2}\int_0^{+\infty}\mathrm{e}^{-\frac{\rho^2}{2\sigma^2}}\rho\mathrm{d}\rho$$

$$=\frac{1}{2}.$$

拓展阅读
多项分布

拓展阅读
多维超几何分布

拓展阅读
多维泊松分布

第二节　边　缘　分　布

上一节主要以二维随机变量为例,讨论了多维随机变量的联合分布函数及其概率密度(分布律),将(X,Y)看作一个整体,研究了二维随机变量(X,Y)的联合分布特征.事实上,X和Y都是(一维)随机变量,都有各自的分布特征,一般称之为二维随机变量(X,Y)关于X和Y的边缘分布.下面以二维随机变量为主来阐述这个问题.

一、边缘分布函数

定义 3.2.1　设有二维随机变量(X,Y),其联合分布函数为$F(x,y)$,称随机变量X的分布函数$F_X(x)$为(X,Y)关于X的边缘分布函数,且有

$$F_X(x)=P(X\leqslant x)=P(X\leqslant x,Y<+\infty)=F(x,+\infty)=\lim_{y\to+\infty}F(x,y);$$

(3.4)

称随机变量Y的分布函数$F_Y(y)$为(X,Y)关于Y的边缘分布函数,且有

$$F_Y(y)=P(Y\leqslant y)=P(X<+\infty,Y\leqslant y)=F(+\infty,y)=\lim_{x\to+\infty}F(x,y).$$

(3.5)

由上面定义中的式(3.4)和式(3.5)可知,联合分布函数$F(x,y)$已知时,能够完全确定边缘分布函数$F_X(x)$和$F_Y(y)$.以下按照离散型和连续型两种情况给出相应的结论,读者可尝试完成以下定理的证明过程.

二、二维离散型随机变量的边缘分布律

定理 3.2.1　如果二维离散型随机变量(X,Y)的联合概率函数(分布律)为

$$P(X=x_i,Y=y_j)=p_{ij},\quad i,j=1,2,\cdots,$$

则(X,Y)关于X的边缘概率函数(分布律)为

$$P(X=x_i)=\sum_{j=1}^{+\infty}p_{ij},\quad i=1,2,\cdots;$$

(X,Y)关于Y的边缘概率函数(分布律)为

$$P(Y=y_j)=\sum_{i=1}^{+\infty}p_{ij},\quad j=1,2,\cdots.$$

习惯上,把以上两个边缘分布律分别记为$p_{i\cdot}=P_X(x_i)=\sum_{j=1}^{+\infty}p_{ij},$

$i=1,2,\cdots,p._j=P_Y(y_j)=\sum\limits_{i=1}^{+\infty}p_{ij},j=1,2,\cdots$，并且常用表 3.2 列出.

表　3.2

(X,Y)		Y					$P(X=x_i)=p_i.$
		y_1	y_2	$\cdots$	y_j	$\cdots$	
X	x_1	p_{11}	p_{12}	$\cdots$	p_{1j}	$\cdots$	$p_1.$
	x_2	p_{21}	p_{22}	$\cdots$	p_{2j}	$\cdots$	$p_2.$
	$\vdots$	$\vdots$	$\vdots$		$\vdots$		$\vdots$
	x_i	p_{i1}	p_{i2}	$\cdots$	p_{ij}	$\cdots$	$p_i.$
	$\vdots$	$\vdots$	$\vdots$		$\vdots$		$\vdots$
$P(Y=y_j)=p._j$		$p._1$	$p._2$	$\cdots$	$p._j$	$\cdots$	1

例 3.2.1（续例 3.1.1）　设一抽屉中放有标号为 1,2,3,3 的四只小球,现从中不放回随机抽出,用随机变量 X 表示第一次抽出的小球号码,用随机变量 Y 表示第二次抽出的小球号码,求二维随机变量(X,Y)的边缘分布律.

解　根据例 3.1.1 的结果,(X,Y)的联合分布律为

(X,Y)		Y		
		1	2	3
X	1	0	$\dfrac{1}{12}$	$\dfrac{1}{6}$
	2	$\dfrac{1}{12}$	0	$\dfrac{1}{6}$
	3	$\dfrac{1}{6}$	$\dfrac{1}{6}$	$\dfrac{1}{6}$

X 的可能取值为 1,2,3,分别计算相应的概率:

$$P(X=1)=P(X=1,Y=1)+P(X=1,Y=2)+P(X=1,Y=3)=\frac{1}{4},$$

$$P(X=2)=P(X=2,Y=1)+P(X=2,Y=2)+P(X=2,Y=3)=\frac{1}{4},$$

$$P(X=3)=P(X=3,Y=1)+P(X=3,Y=2)+P(X=3,Y=3)=\frac{1}{2},$$

所以,二维随机变量(X,Y)关于 X 的边缘分布律为

X	1	2	3
P	$\dfrac{1}{4}$	$\dfrac{1}{4}$	$\dfrac{1}{2}$

同理,可得二维随机变量(X,Y)关于 Y 的边缘分布律为

Y	1	2	3
P	$\dfrac{1}{4}$	$\dfrac{1}{4}$	$\dfrac{1}{2}$

例 3.2.2　一纸箱中装有 3 只红球和 4 只黑球,现从中随机抽取小球两次,分别采取放回和不放回两种方式,每次取出一只.以 X

记第一次取出的红球数,以 Y 记第二次取出的红球数,求 (X,Y) 的联合分布律和相应的边缘分布律.

解 (1) 放回随机取球情形,X 和 Y 的所有可能取值均为 0 或 1,则由事件的条件概率可得

$$P(X=0,Y=0)=P(X=0) \cdot P(Y=0 \mid X=0)=\frac{4}{7} \cdot \frac{4}{7}=\frac{16}{49}.$$

同样计算可得

$$P(X=0,Y=1)=P(X=0) \cdot P(Y=1 \mid X=0)=\frac{4}{7} \cdot \frac{3}{7}=\frac{12}{49},$$

$$P(X=1,Y=0)=P(X=1) \cdot P(Y=0 \mid X=1)=\frac{3}{7} \cdot \frac{4}{7}=\frac{12}{49},$$

$$P(X=1,Y=1)=P(X=1) \cdot P(Y=1 \mid X=1)=\frac{3}{7} \cdot \frac{3}{7}=\frac{9}{49}.$$

因此,列表可得 (X,Y) 的联合分布律和相应的边缘分布律如下:

(X,Y)		Y		$P(X=x_i)=p_i.$
		0	1	
X	0	$\frac{16}{49}$	$\frac{12}{49}$	$\frac{4}{7}$
	1	$\frac{12}{49}$	$\frac{9}{49}$	$\frac{3}{7}$
$P(Y=y_j)=p_{\cdot j}$		$\frac{4}{7}$	$\frac{3}{7}$	1

(2) 不放回随机取球情形,X 和 Y 的所有可能取值也均为 0 或 1,则由事件的条件概率可得

$$P(X=0,Y=0)=P(X=0) \cdot P(Y=0 \mid X=0)=\frac{4}{7} \cdot \frac{3}{6}=\frac{2}{7}.$$

同样计算可得

$$P(X=0,Y=1)=P(X=0) \cdot P(Y=1 \mid X=0)=\frac{4}{7} \cdot \frac{3}{6}=\frac{2}{7},$$

$$P(X=1,Y=0)=P(X=1) \cdot P(Y=0 \mid X=1)=\frac{3}{7} \cdot \frac{4}{6}=\frac{2}{7},$$

$$P(X=1,Y=1)=P(X=1) \cdot P(Y=1 \mid X=1)=\frac{3}{7} \cdot \frac{2}{6}=\frac{1}{7}.$$

因此,列表可得 (X,Y) 的联合分布律和相应的边缘分布律如下:

(X,Y)		Y		$P(X=x_i)=p_i.$
		0	1	
X	0	$\frac{2}{7}$	$\frac{2}{7}$	$\frac{4}{7}$
	1	$\frac{2}{7}$	$\frac{1}{7}$	$\frac{3}{7}$
$P(Y=y_j)=p_{\cdot j}$		$\frac{4}{7}$	$\frac{3}{7}$	1

对比放回情形和不放回情形的结论,可以看到,两种情形下(X,Y)的联合分布律区别很大,但是关于 X 和 Y 的边缘分布律是一样的.这说明:虽然联合分布可以唯一确定边缘分布,但是由边缘分布无法确定联合分布.

三、 二维连续型随机变量的边缘概率密度函数

定理 3.2.2　如果二维连续型随机变量(X,Y)的联合概率密度为$f(x,y)$,则(X,Y)关于 X 的边缘概率密度为

$$f_X(x) = \int_{-\infty}^{+\infty} f(x,y)\,\mathrm{d}y; \qquad (3.6)$$

(X,Y)关于 Y 的边缘概率密度为

$$f_Y(y) = \int_{-\infty}^{+\infty} f(x,y)\,\mathrm{d}x. \qquad (3.7)$$

例 3.2.3　设二维随机变量(X,Y)服从区域 $D = \{(x,y) \mid 0 \leqslant x \leqslant 1, 0 \leqslant y \leqslant \sqrt{x}\}$ 上(见图 3.7)的二维均匀分布,求(X,Y)的边缘概率密度函数.

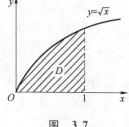

图 3.7

解　区域 D 的面积为 $\int_0^1 \sqrt{x}\,\mathrm{d}x = \dfrac{2}{3}$,所以$(X,Y)$的联合密度函数为

$$f(x,y) = \begin{cases} \dfrac{3}{2}, & (x,y) \in D, \\ 0, & \text{其他}. \end{cases}$$

由式(3.6),可计算(X,Y)关于 X 的边缘概率密度:

当 $x<0$ 或 $x>1$ 时,$f(x,y)=0$,则有

$$f_X(x) = \int_{-\infty}^{+\infty} f(x,y)\,\mathrm{d}y = \int_{-\infty}^{+\infty} 0\,\mathrm{d}y = 0;$$

当 $0 \leqslant x \leqslant 1$ 时,有

$$f_X(x) = \int_{-\infty}^{+\infty} f(x,y)\,\mathrm{d}y = \int_{-\infty}^{0} 0\,\mathrm{d}y + \int_{0}^{\sqrt{x}} \frac{3}{2}\,\mathrm{d}y + \int_{\sqrt{x}}^{+\infty} 0\,\mathrm{d}y = \frac{3}{2}\sqrt{x},$$

因此

$$f_X(x) = \begin{cases} \dfrac{3}{2}\sqrt{x}, & 0 \leqslant x \leqslant 1, \\ 0, & \text{其他}. \end{cases}$$

同理由式(3.7),可计算(X,Y)关于 Y 的边缘概率密度:

当 $y<0$ 或 $y>1$ 时,$f(x,y)=0$,则有

$$f_Y(y) = \int_{-\infty}^{+\infty} f(x,y)\,\mathrm{d}x = \int_{-\infty}^{+\infty} 0\,\mathrm{d}x = 0;$$

当 $0 \leqslant y \leqslant 1$ 时,有

$$f_Y(y) = \int_{-\infty}^{+\infty} f(x,y)\,\mathrm{d}x = \int_{-\infty}^{y^2} 0\,\mathrm{d}x + \int_{y^2}^{1} \frac{3}{2}\,\mathrm{d}x + \int_{1}^{+\infty} 0\,\mathrm{d}x = \frac{3}{2}(1-y^2),$$

因此

$$f_Y(y) = \begin{cases} \dfrac{3}{2}(1-y^2), & 0 \le y \le 1, \\ 0, & \text{其他}. \end{cases}$$

例 3.2.4 求二维正态随机变量 $(X,Y) \sim N(\mu_1, \sigma_1^2; \mu_2, \sigma_2^2; \rho)$ 的边缘概率密度函数.

解 由式(3.6)，(X,Y) 关于 X 的边缘概率密度为

$$f_X(x) = \int_{-\infty}^{+\infty} f(x,y)\,\mathrm{d}y.$$

为了便于处理，令 $\dfrac{x-\mu_1}{\sigma_1} = s$，$\dfrac{y-\mu_2}{\sigma_2} = t$，则有

$$f_X(x) = \int_{-\infty}^{+\infty} f(x,y)\,\mathrm{d}y$$

$$= \frac{1}{2\pi\sigma_1\sigma_2\sqrt{1-\rho^2}} \int_{-\infty}^{+\infty} \exp\left[-\frac{1}{2(1-\rho^2)}(s^2 - 2\rho st + t^2) \right]\sigma_2\,\mathrm{d}t$$

$$= \frac{1}{2\pi\sigma_1\sqrt{1-\rho^2}} \int_{-\infty}^{+\infty} \exp\left[-\frac{1}{2(1-\rho^2)}(s^2 - \rho^2 s^2 + \rho^2 s^2 - 2\rho st + t^2) \right]\mathrm{d}t$$

$$= \frac{1}{2\pi\sigma_1\sqrt{1-\rho^2}} \int_{-\infty}^{+\infty} \exp\left[-\frac{s^2}{2} - \frac{1}{2(1-\rho^2)}(\rho^2 s^2 - 2\rho st + t^2) \right]\mathrm{d}t$$

$$= \frac{1}{\sqrt{2\pi}\,\sigma_1} \mathrm{e}^{-\frac{s^2}{2}} \int_{-\infty}^{+\infty} \frac{1}{\sqrt{2\pi}\sqrt{1-\rho^2}} \mathrm{e}^{-\frac{(t-\rho s)^2}{2(1-\rho^2)}}\,\mathrm{d}t,$$

分析上式中的被积函数 $\dfrac{1}{\sqrt{2\pi}\sqrt{1-\rho^2}} \mathrm{e}^{-\frac{(t-\rho s)^2}{2(1-\rho^2)}}$，可以看到这恰好是服从正态分布 $N(\rho s, 1-\rho^2)$ 的随机变量的密度函数，所以 (X,Y) 关于 X 的边缘概率密度为

$$f_X(x) = \frac{1}{\sqrt{2\pi}\,\sigma_1} \mathrm{e}^{-\frac{s^2}{2}} = \frac{1}{\sqrt{2\pi}\,\sigma_1} \mathrm{e}^{-\frac{(x-\mu_1)^2}{2\sigma_1^2}}, x \in \mathbf{R}.$$

同理可得 (X,Y) 关于 Y 的边缘概率密度为

$$f_Y(y) = \frac{1}{\sqrt{2\pi}\,\sigma_2} \mathrm{e}^{-\frac{(y-\mu_2)^2}{2\sigma_2^2}}, y \in \mathbf{R}.$$

这个例子表明：二维正态分布 $N(\mu_1, \sigma_1^2; \mu_2, \sigma_2^2; \rho)$ 的两个边缘分布是(一维)正态分布 $N(\mu_1, \sigma_1^2)$ 和 $N(\mu_2, \sigma_2^2)$，即由联合分布能够完全确定它的边缘分布；还可以看到，这两个边缘分布中都不包含参数 ρ，所以当 $\rho_1 \neq \rho_2$ 时，二维正态分布 $N(\mu_1, \sigma_1^2; \mu_2, \sigma_2^2; \rho_1)$ 和 $N(\mu_1, \sigma_1^2; \mu_2, \sigma_2^2; \rho_2)$ 不同，但是它们的边缘分布完全相同，即由边缘分布一般无法完全确定它们的联合分布.

以上关于二维离散随机变量型或连续型随机变量的边缘分布的讨论均可推广至 $n(n>2)$ 维随机变量.对 n 维分布来说，可以讨论其 $n-1$ 维、$n-2$ 维、$\cdots$、二维、一维边缘分布，有关的概念和结论也不

难给出,这里只列举 n 维($n>2$)随机变量的一维边缘分布的概念,其他不做进一步说明.

> **定义 3.2.2**　设有 $n(n>2)$ 维随机变量 $(X_1,X_2,\cdots,X_n)$,其联合分布函数为 $F(x_1,x_2,\cdots,x_n)$,称随机变量 $X_i(1\leqslant i\leqslant n)$ 的分布函数 $F_{X_i}(x_i)$ 为 $(X_1,X_2,\cdots,X_n)$ 关于 X_i 的边缘分布函数,且有
>
> $$\begin{aligned} F_{X_i}(x_i) &= P(X_i\leqslant x_i)\\ &= P(X_1<+\infty,\cdots,X_{i-1}<+\infty,X_i\leqslant x_i,X_{i+1}<+\infty,\cdots,X_n<+\infty)\\ &= F(+\infty,\cdots,+\infty,x_i,+\infty,\cdots,+\infty)\\ &= \lim_{\substack{x_j\to+\infty\\(j\neq i,j=1,2,\cdots,n)}} F(x_1,\cdots,x_i,\cdots,x_n). \end{aligned}$$

第三节　随机变量的独立性

在第一章里,我们研究了两个或多个事件之间的相互独立性,由此可以引出两个或多个随机变量之间的相互独立性.下面先介绍两个随机变量相互独立的概念.

一、两个随机变量之间的独立性

定义 3.3.1　设 (X,Y) 是二维随机变量,$F(x,y)$ 是其联合分布函数,$F_X(x)$、$F_Y(y)$ 分别是关于 X 和 Y 的边缘分布函数.若对于任意的实数对 (x,y),都有

$$F(x,y)=F_X(x)\cdot F_Y(y), \tag{3.8}$$

则称随机变量 X 与 Y 相互独立,简称 X 与 Y 独立.

注　(1) 由分布函数的概念,上述定义中的式(3.8)也可化为

$$P(X\leqslant x,Y\leqslant y)=P(X\leqslant x)\cdot P(Y\leqslant y).$$

即随机变量 X 与 Y 相互独立,等价于对于任意的实数 x,y,事件 $(X\leqslant x)$ 与事件 $(Y\leqslant y)$ 相互独立.

(2) 当 (X,Y) 是二维离散型随机变量时,式(3.8)可以等价于

$$P(X=x_i,Y=y_j)=P(X=x_i)\cdot P(Y=y_j), \quad i,j=1,2,\cdots.$$

即

$$p_{ij}=p_{i\cdot}\cdot p_{\cdot j}, \quad i,j=1,2,\cdots,$$

其中 p_{ij} 是 (X,Y) 的联合分布律,$p_{i\cdot}$、$p_{\cdot j}$ 分别是 (X,Y) 关于 X 和 Y 的边缘分布律.

(3) 当 (X,Y) 是二维连续型随机变量时,式(3.8)可等价于

$$f(x,y)=f_X(x)\cdot f_Y(y), \quad x\in\mathbf{R},y\in\mathbf{R}, \tag{3.9}$$

其中 $f(x,y)$ 是 (X,Y) 的联合概率密度函数,$f_X(x)$,$f_Y(y)$ 分别是

(X,Y)关于 X 和 Y 的边缘概率密度函数.

例 3.3.1(续例 3.2.2) 一纸箱中装有 3 只红球和 4 只黑球,现从中随机抽取小球两次,分别采取放回和不放回两种方式,每次取出一只.以 X 记第一次取出的红球数,以 Y 记第二次取出的红球数,分别讨论随机变量 X 与 Y 在放回和不放回两种情形下的独立性.

解 (1) 放回随机取球情形,可以验证,对任意的 $i,j=0,1$,都有
$$P(X=x_i,Y=y_j)=P(X=x_i)\cdot P(Y=y_j),$$
所以,此种情形下随机变量 X 与 Y 相互独立.

(2) 不放回随机取球情形,因为
$$P(X=0,Y=0)=\frac{2}{7}\neq P(X=0)\cdot P(Y=0)=\frac{16}{49},$$
所以,此种情形下随机变量 X 与 Y 不相互独立.从直观上也能够感受到这一点.

例 3.3.2(续例 3.2.3) 设二维随机变量(X,Y)服从区域 $D=\{(x,y)\mid 0\leqslant x\leqslant 1,0\leqslant y\leqslant \sqrt{x}\}$ 上(见图 3.8)的二维均匀分布,讨论随机变量 X 与 Y 的独立性.

解 由例 3.2.3 的结论,(X,Y)的联合概率密度函数为

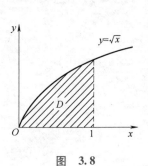

图 3.8

$$f(x,y)=\begin{cases}\dfrac{3}{2}, & (x,y)\in D,\\[2mm] 0, & 其他.\end{cases}$$

而 X 与 Y 的边缘概率密度函数分别为

$$f_X(x)=\begin{cases}\dfrac{3}{2}\sqrt{x}, & 0\leqslant x\leqslant 1,\\[2mm] 0, & 其他,\end{cases}\qquad f_Y(y)=\begin{cases}\dfrac{3}{2}(1-y^2), & 0\leqslant y\leqslant 1,\\[2mm] 0, & 其他.\end{cases}$$

显然,$f(x,y)\neq f_X(x)\cdot f_Y(y)$,所以随机变量 X 与 Y 不相互独立.

例 3.3.3 设随机变量(X,Y)服从二维正态分布 $N(\mu_1,\sigma_1^2;\mu_2,\sigma_2^2;\rho)$,证明:随机变量 X 与 Y 相互独立的充分必要条件是 $\rho=0$.

证明 充分性 设 $\rho=0$,则(X,Y)的密度函数可化为

$$f(x,y)=\frac{1}{2\pi\sigma_1\sigma_2}\exp\left\{-\frac{1}{2}\left[\frac{(x-\mu_1)^2}{\sigma_1^2}+\frac{(y-\mu_2)^2}{\sigma_2^2}\right]\right\}$$

$$=\frac{1}{\sqrt{2\pi}\,\sigma_1}\exp\left[-\frac{(x-\mu_1)^2}{2\sigma_1^2}\right]\cdot\frac{1}{\sqrt{2\pi}\,\sigma_2}\exp\left[-\frac{(y-\mu_2)^2}{2\sigma_2^2}\right]$$

$$=f_X(x)\cdot f_Y(y),$$

所以随机变量 X 与 Y 相互独立,充分性得证.

必要性 设随机变量 X 与 Y 相互独立,则由式(3.9)知,对任意的实数 x 和 y,有
$$f(x,y)=f_X(x)\cdot f_Y(y),$$

即

$$\frac{1}{2\pi\sigma_1\sigma_2\sqrt{1-\rho^2}}\exp\left\{-\frac{1}{2(1-\rho^2)}\left[\frac{(x-\mu_1)^2}{\sigma_1^2}-2\rho\frac{(x-\mu_1)(y-\mu_2)}{\sigma_1\sigma_2}+\frac{(y-\mu_2)^2}{\sigma_2^2}\right]\right\}$$

$$=\frac{1}{\sqrt{2\pi}\sigma_1}\exp\left[-\frac{(x-\mu_1)^2}{2\sigma_1^2}\right]\cdot\frac{1}{\sqrt{2\pi}\sigma_2}\exp\left[-\frac{(y-\mu_2)^2}{2\sigma_2^2}\right],$$

化简可得

$$\frac{1}{\sqrt{1-\rho^2}}\exp\left\{-\frac{\rho}{2(1-\rho^2)}\left[\frac{\rho(x-\mu_1)^2}{\sigma_1^2}-2\frac{(x-\mu_1)(y-\mu_2)}{\sigma_1\sigma_2}+\frac{\rho(y-\mu_2)^2}{\sigma_2^2}\right]\right\}=1,$$

上式仅当 $\rho=0$ 时恒成立,必要性得证.

在前一节中,我们曾指出,仅由 X 与 Y 的边缘分布一般无法完全确定 (X,Y) 的联合分布.然而,当随机变量 X 与 Y 相互独立时,边缘概率密度函数的乘积就是二维随机变量 (X,Y) 的联合概率密度函数,即此时由边缘分布可以完全确定联合分布.

二、多个随机变量之间的独立性

以上关于两个随机变量相互独立的概念可以推广到 n 个随机变量的情形.

定义 3.3.2 设 $(X_1,X_2,\cdots,X_n)$ 是 n 维随机变量,$F(x_1,x_2,\cdots,x_n)$ 是其联合分布函数,$F_{X_i}(x_i)$ 是关于 $X_i(i=1,2,\cdots,n)$ 的边缘分布函数.若对于任意的实数组 $(x_1,x_2,\cdots,x_n)$,都有

$$F(x_1,x_2,\cdots,x_n)=\prod_{i=1}^n F_{X_i}(x_i),$$

则称随机变量 $X_1,X_2,\cdots,X_n$ 相互独立.

显然,如果随机变量 $X_1,X_2,\cdots,X_n$ 相互独立,则其中的任意 $l(2\leqslant l<n)$ 个随机变量也是相互独立的.

以下是两个多维随机变量相互独立的概念.

定义 3.3.3 设 $(X_1,X_2,\cdots,X_m)$ 是 m 维随机变量,$F_1(x_1,x_2,\cdots,x_m)$ 是其联合分布函数;$(Y_1,Y_2,\cdots,Y_n)$ 是 n 维随机变量,$F_2(y_1,y_2,\cdots,y_n)$ 是其联合分布函数;$(X_1,X_2,\cdots,X_m,Y_1,Y_2,\cdots,Y_n)$ 可看作 $m+n$ 维随机变量,$F(x_1,x_2,\cdots,x_m,y_1,y_2,\cdots,y_n)$ 是其联合分布函数.若对于任意的实数组 $(x_1,x_2,\cdots,x_m,y_1,y_2,\cdots,y_n)$,都有

$$F(x_1,x_2,\cdots,x_m,y_1,y_2,\cdots,y_n)=F_1(x_1,x_2,\cdots,x_m)\cdot F_2(y_1,y_2,\cdots,y_n),$$

则称随机变量 $(X_1,X_2,\cdots,X_m)$ 与 $(Y_1,Y_2,\cdots,Y_n)$ 相互独立.

接下来,不做证明,给出几个关于多维随机变量相互独立的结论.

定理 3.3.1　设 $(X_1, X_2, \cdots, X_n)$ 是 n 维连续型随机变量, $f(x_1, x_2, \cdots, x_n)$ 是其联合概率密度函数, $f_{X_i}(x_i)$ 是关于 $X_i(i=1,2,\cdots,n)$ 的边缘概率密度函数, 则随机变量 $X_1, X_2, \cdots, X_n$ 相互独立等价于

$$f(x_1, x_2, \cdots, x_n) = \prod_{i=1}^{n} f_{X_i}(x_i),$$

其中 $(x_1, x_2, \cdots, x_n)$ 为任意的实数组.

定理 3.3.2　若随机变量 $X_1, X_2, \cdots, X_n$ 相互独立, 对任意的 $1 \leqslant r < n$ 和多元连续函数 $g(\cdot), h(\cdot)$, 分别记

$$Y = g(X_1, X_2, \cdots, X_r), Z = h(X_{r+1}, X_{r+2}, \cdots, X_n),$$

则随机变量 Y 与 Z 也是相互独立的.

定理 3.3.3　若随机变量 $(X_1, X_2, \cdots, X_m)$ 与 $(Y_1, Y_2, \cdots, Y_n)$ 相互独立, 对多元连续函数 $g(\cdot), h(\cdot)$, 分别记

$$Y = g(X_1, X_2, \cdots, X_m), Z = h(Y_1, Y_2, \cdots, Y_n),$$

则随机变量 Y 与 Z 也是相互独立的.特别地, 随机变量 $X_i(i=1, 2, \cdots, m)$ 与 $Y_j(j=1,2,\cdots,n)$ 也是相互独立的.

在概率统计中, 随机变量的独立性是一个非常重要的概念, 人们借助于它可以比较方便地研究随机变量的各种相关问题.理论上验证随机变量的独立性时可以借助独立性的定义, 而大多数实际问题中关于随机变量独立性的判别很难用数学上的定义去验证, 常常需要根据问题的实际背景来判定.

第四节　条件分布*

在第一章里, 我们研究了事件的条件概率, 即考虑"在一个事件确定发生的条件下, 另一个事件发生的概率"问题.本章引入多维随机变量, 介绍了联合分布与边缘分布, 接下来可以进一步研究"在一个随机变量的取值确定的条件下, 另一个随机变量取值的分布"问题, 即条件分布.本节以二维随机变量为主, 分别讨论离散型随机变量和连续型随机变量的条件分布.

一、 离散型随机变量的条件分布

由于离散随机变量可能的取值为离散点, 因此能够直接利用条件概率公式给出离散随机变量的条件分布.

定义 3.4.1　设二维离散型随机变量 (X, Y) 的联合分布律为

$$p_{ij} = P(X = x_i, Y = y_j), \quad i, j = 1, 2, \cdots,$$

关于 X 和 Y 的边缘概率分布律分别为

$$p_{i\cdot} = P(X = x_i), \quad i = 1, 2, \cdots,$$

$$p_{\cdot j} = P(Y = y_j), \quad j = 1, 2, \cdots.$$

对于固定的 j，若 $p_{\cdot j}=P(Y=y_j)>0$，则称

$$\frac{p_{ij}}{p_{\cdot j}}=\frac{P(X=x_i,Y=y_j)}{P(Y=y_j)},\quad i=1,2,\cdots$$

为随机变量 X 在 $Y=y_j$ 的条件下的条件概率函数或条件分布律，记为 $P(X=x_i\mid Y=y_j)$ 或 $p_{i\mid j}$。

同样，对于固定的 i，若 $p_{i\cdot}=P(X=x_i)>0$，则称

$$\frac{p_{ij}}{p_{i\cdot}}=\frac{P(X=x_i,Y=y_j)}{P(X=x_i)},\quad j=1,2,\cdots$$

为随机变量 Y 在 $X=x_i$ 的条件下的条件概率函数或条件分布律，记为 $P(Y=y_j\mid X=x_i)$ 或 $p_{j\mid i}$。

例 3.4.1（续例 3.2.2）　一纸箱中装有 3 只红球和 4 只黑球，现从中随机抽取小球两次，采取不放回方式，每次取出一只。以 X 记第一次取出的红球数，以 Y 记第二次取出的红球数，求随机变量 Y 在 $X=1$ 条件下的条件分布律。

解　由例 3.2.2 可得，不放回时 (X,Y) 的联合分布律和相应的边缘分布律为

(X,Y)		Y		$P(X=x_i)=p_{i\cdot}$
		0	1	
X	0	$\frac{2}{7}$	$\frac{2}{7}$	$\frac{4}{7}$
	1	$\frac{2}{7}$	$\frac{1}{7}$	$\frac{3}{7}$
$P(Y=y_j)=p_{\cdot j}$		$\frac{4}{7}$	$\frac{3}{7}$	1

由上表可知

$$P(X=1)=\frac{3}{7},$$

则根据条件分布律的概念，有

$$P(Y=0\mid X=1)=\frac{P(X=1,Y=0)}{P(X=1)}=\frac{2/7}{3/7}=\frac{2}{3},$$
$$P(Y=1\mid X=1)=\frac{P(X=1,Y=1)}{P(X=1)}=\frac{1/7}{3/7}=\frac{1}{3}.$$

因此，随机变量 Y 在 $X=1$ 条件下的条件分布律为

Y	0	1
$P(Y\mid X=1)$	$\frac{2}{3}$	$\frac{1}{3}$

二、连续型随机变量的条件分布

对于二维连续型随机变量 (X,Y) 来说，事件 $\{X=x\}$ 和 $\{Y=y\}$ 的概率均为 0，所以无法直接利用条件概率公式给出相应的条件分布。

为此,从一个随机变量落在某一点的邻域内作为条件出发,研究另一个随机变量的条件概率.

设有二维随机变量(X, Y),由事件的条件概率公式,可得

$$P(X \leqslant x \mid y-h \leqslant Y \leqslant y+h) = \frac{P(X \leqslant x, y-h \leqslant Y \leqslant y+h)}{P(y-h \leqslant Y \leqslant y+h)},$$

其中x, y为任意实数,$h > 0$,且假设$P(y-h \leqslant Y \leqslant y+h) > 0$.若$(X, Y)$的联合概率密度函数为$f(x, y)$,关于$Y$的边缘概率密度函数为$f_Y(y)$,则以上的条件概率可改写为

$$P(X \leqslant x \mid y-h \leqslant Y \leqslant y+h) = \frac{\int_{-\infty}^{x} du \int_{y-h}^{y+h} f(u, v) dv}{\int_{y-h}^{y+h} f_Y(v) dv} = \int_{-\infty}^{x} \frac{\int_{y-h}^{y+h} f(u, v) dv}{\int_{y-h}^{y+h} f_Y(v) dv} du.$$

在上式中,令$h \to 0$,并利用积分中值定理,得

$$P(X \leqslant x \mid Y=y) = \lim_{h \to 0} \int_{-\infty}^{x} \frac{\int_{y-h}^{y+h} f(u, v) dv}{\int_{y-h}^{y+h} f_Y(v) dv} du = \int_{-\infty}^{x} \frac{f(u, y)}{f_Y(y)} du,$$

记$F_{X|Y}(x \mid y) = P(X \leqslant x \mid Y=y)$,称之为$X$在给定$Y=y$条件下的条件分布函数.对$F_{X|Y}(x \mid y)$关于$x$求导,可得$X$在给定$Y=y$条件下的条件概率密度函数为

$$f_{X|Y}(x \mid y) = \frac{f(x, y)}{f_Y(y)} \quad (f_Y(y) > 0). \tag{3.10}$$

类似地,可得Y在给定$X=x$条件下的条件分布函数为

$$F_{Y|X}(y \mid x) = P(Y \leqslant y \mid X=x) = \int_{-\infty}^{y} \frac{f(x, y)}{f_X(x)} dv,$$

Y在给定$X=x$条件下的条件概率密度函数为

$$f_{Y|X}(y \mid x) = \frac{f(x, y)}{f_X(x)} \quad (f_X(x) > 0). \tag{3.11}$$

由式(3.10)和式(3.11)可得

$$f(x, y) = f_X(x) \cdot f_{Y|X}(y \mid x) = f_Y(y) \cdot f_{X|Y}(x \mid y),$$

这也可以认为是"积事件的概率乘法公式"在连续型随机变量中的对应.

例 3.4.2 设(X, Y)服从单位圆域$\{(x, y) \mid x^2+y^2 \leqslant 1\}$内的均匀分布,求条件概率密度函数$f_{X|Y}(x \mid y)$和$f_{Y|X}(y \mid x)$.

解 由题意知,(X, Y)的联合概率密度函数为

$$f(x, y) = \begin{cases} \dfrac{1}{\pi}, & x^2+y^2 \leqslant 1, \\ 0, & \text{其他.} \end{cases}$$

容易得到,(X, Y)关于X的边缘概率密度函数为

$$f_X(x) = \int_{-\infty}^{+\infty} f(x, y) dy = \begin{cases} \dfrac{2}{\pi} \sqrt{1-x^2}, & -1 \leqslant x \leqslant 1, \\ 0, & \text{其他.} \end{cases}$$

(X,Y)关于Y的边缘概率密度函数为

$$f_Y(y) = \int_{-\infty}^{+\infty} f(x,y)\,\mathrm{d}x = \begin{cases} \dfrac{2}{\pi}\sqrt{1-y^2}, & -1 \leqslant y \leqslant 1, \\ 0, & 其他. \end{cases}$$

所以,

$$f_{X|Y}(x\mid y) = \frac{f(x,y)}{f_Y(y)} = \begin{cases} \dfrac{1}{2\sqrt{1-y^2}}, & -\sqrt{1-y^2} \leqslant x \leqslant \sqrt{1-y^2}, \\ 0, & 其他. \end{cases}$$

$$f_{Y|X}(y\mid x) = \frac{f(x,y)}{f_X(x)} = \begin{cases} \dfrac{1}{2\sqrt{1-x^2}}, & -\sqrt{1-x^2} \leqslant y \leqslant \sqrt{1-x^2}, \\ 0, & 其他. \end{cases}$$

例 3.4.3 设(X,Y)服从二维正态分布$(X,Y) \sim N(\mu_1, \sigma_1^2; \mu_2, \sigma_2^2; \rho)$,求条件概率密度函数$f_{X|Y}(x\mid y)$和$f_{Y|X}(y\mid x)$.

解 由题意知,(X,Y)的联合概率密度函数为

$$f(x,y) = \frac{1}{2\pi\sigma_1\sigma_2\sqrt{1-\rho^2}}\exp\left\{-\frac{1}{2(1-\rho^2)}\left[\frac{(x-\mu_1)^2}{\sigma_1^2} - 2\rho\frac{(x-\mu_1)(y-\mu_2)}{\sigma_1\sigma_2} + \frac{(y-\mu_2)^2}{\sigma_2^2}\right]\right\}, \quad x \in \mathbf{R}, y \in \mathbf{R}.$$

根据例 3.2.4,(X,Y)关于X的边缘概率密度函数为

$$f_X(x) = \frac{1}{\sqrt{2\pi}\,\sigma_1}\mathrm{e}^{-\frac{(x-\mu_1)^2}{2\sigma_1^2}}, x \in \mathbf{R};$$

(X,Y)关于Y的边缘概率密度函数为

$$f_Y(y) = \frac{1}{\sqrt{2\pi}\,\sigma_2}\mathrm{e}^{-\frac{(x-\mu_2)^2}{2\sigma_2^2}}, y \in \mathbf{R}.$$

因此,条件概率密度函数分别为

$$f_{X|Y}(x\mid y) = \frac{f(x,y)}{f_Y(y)} = \frac{1}{\sqrt{2\pi}\,\sigma_1\sqrt{1-\rho^2}}\exp\left\{-\frac{[x-(\mu_1+\rho\sigma_1\sigma_2^{-1}(y-\mu_2))]^2}{2\sigma_1^2(1-\rho^2)}\right\},$$

$$f_{Y|X}(y\mid x) = \frac{f(x,y)}{f_X(x)} = \frac{1}{\sqrt{2\pi}\,\sigma_2\sqrt{1-\rho^2}}\exp\left\{-\frac{[y-(\mu_2+\rho\sigma_1^{-1}\sigma_2(x-\mu_1))]^2}{2\sigma_2^2(1-\rho^2)}\right\}.$$

从上面的结论可以看出,二维正态分布的条件分布是一维正态分布:

$$X \mid Y = y \sim N(\mu_1+\rho\sigma_1\sigma_2^{-1}(y-\mu_2), \sigma_1^2(1-\rho^2)),$$
$$Y \mid X = x \sim N(\mu_2+\rho\sigma_1^{-1}\sigma_2(x-\mu_1), \sigma_2^2(1-\rho^2)).$$

以上关于离散型和连续型的条件分布都可以推广至高维的情形. 比如,设$(X_1, X_2, \cdots, X_n)$具有联合概率密度函数$f(x_1, x_2, \cdots, x_n)$,且当$k < n$时,$(X_1, X_2, \cdots, X_k)$具有联合概率密度函数$g(x_1, x_2, \cdots, x_k)$,则可定义$(X_{k+1}, \cdots, X_n)$在给定$(X_1, X_2, \cdots, X_k) = (x_1, x_2, \cdots, x_k)$条件下的条件概率密度函数为

$$f(x_{k+1},\cdots,x_n \mid x_1,x_2,\cdots,x_k) = \frac{f(x_1,x_2,\cdots,x_n)}{g(x_1,x_2,\cdots,x_k)} \quad (g(x_1,x_2,\cdots,x_k)>0).$$

第五节   多维随机变量函数的分布

在上一章里,我们介绍了在已知某一维随机变量 X 的概率分布时,如何去求其给定函数 $Y=g(X)$ 下分布的方法.更一般的情形是,如何由多维随机变量 $(X_1,X_2,\cdots,X_n)$ 的分布去求 $Y=g(X_1,X_2,\cdots,X_n)$ 的分布.下面主要讨论二维随机变量函数的分布.

一、多维离散型随机变量函数的分布

定理 3.5.1   设 (X,Y) 是二维离散型随机变量,其联合分布律为

$$p_{ij}=P(X=x_i,Y=y_j),i,j=1,2,\cdots,$$

则 $Z=g(X,Y)$ 也是离散型随机变量,且 Z 的分布律为

$$P(Z=z_k)=P\{g(X,Y)=z_k\}=\sum_{(i,j):g(x_i,y_j)=z_k}p_{ij},$$

其中 $g(x,y)$ 是二元初等函数.

以上定理的结论可以推广至多维随机变量的情形,读者可尝试给出相应的形式.

例 3.5.1   设 X 和 Y 是两个相互独立的、取值为非负整数值的离散型随机变量,其中 X 的概率分布律为

$$P(X=i)=a_i,i=0,1,2,\cdots,$$

Y 的概率分布律为

$$P(Y=j)=b_j,j=0,1,2,\cdots,$$

求 $Z=X+Y$ 的概率分布律.

解   由题意知,$Z=X+Y$ 也是取值为非负整数值的离散型随机变量,利用独立性可得

$$P(Z=n)=P(X+Y=n)$$
$$=P(X=0,Y=n)+P(X=1,Y=n-1)+\cdots+P(X=n,Y=0)$$
$$=P(X=0)\cdot P(Y=n)+\cdots+P(X=n)\cdot P(Y=0)$$
$$=a_0b_n+a_1b_{n-1}+\cdots+a_nb_0,$$

其中 $n=0,1,2,\cdots$.即

$$P(Z=X+Y=n)=\sum_{k=0}^{n}a_kb_{n-k},n=0,1,2,\cdots.$$

称此公式为离散卷积公式.

利用例 3.16 的方法,可以很容易得到下面的结论,验证过程留给读者.

例 3.5.2   设有两个二项随机变量 $X\sim B(n_1,p),Y\sim B(n_2,p)$,

且 X 与 Y 相互独立，则 $X+Y \sim B(n_1+n_2, p)$.

例 3.5.2 的结论可推广至多个随机变量和的情形：设 $X_i \sim B(n_i, p)$，$i=1,2,\cdots,m$，且 $X_1, X_2, \cdots, X_m$ 相互独立，则有 $\sum_{i=1}^{m} X_i \sim B\left(\sum_{i=1}^{m} n_i, p\right)$. 特别地，若 $Z_1, Z_2, \cdots, Z_n$ 是相互独立的 0-1 随机变量，即 $Z_i \sim B(1, p)$，$i=1,2,\cdots,n$，则 $\sum_{i=1}^{n} Z_i \sim B(n, p)$.

由上述结论可知，通过对相互独立的二项随机变量求和可得到新的二项随机变量，这种特征称为"**再生性**".

二、多维连续随机变量函数的分布

在上一章里，我们用分布函数法研究了一维连续型随机变量函数的分布，这种方法对于多维连续型随机变量函数的分布同样适用.

定理 3.5.2 设 (X, Y) 是二维连续型随机变量，其联合概率密度函数为 $f(x, y)$，则 $Z=g(X, Y)$ 也是随机变量，且 Z 的分布函数为

$$F_Z(z) = P(Z \leqslant z) = P\{g(X, Y) \leqslant z\} = \iint\limits_{g(x,y) \leqslant z} f(x, y) \, \mathrm{d}x\mathrm{d}y,$$

其中 $g(x, y)$ 是二元初等函数.

注 当 $Z=g(X, Y)$ 为连续型随机变量时，Z 的密度函数为 $f_Z(z) = F_Z'(z)$.

利用分布函数法，可以计算两个连续型随机变量之和、差、积、商的密度函数.

定理 3.5.3 设 (X, Y) 是二维连续型随机变量，其联合概率密度函数为 $f(x, y)$，则 $Z=X+Y$ 的概率密度函数 $f_Z(z)$ 为

$$f_Z(z) = \int_{-\infty}^{+\infty} f(x, z-x) \, \mathrm{d}x = \int_{-\infty}^{+\infty} f(z-y, y) \, \mathrm{d}y;$$

$U=X-Y$ 的概率密度函数 $f_U(u)$ 为

$$f_U(u) = \int_{-\infty}^{+\infty} f(x, x-u) \, \mathrm{d}x = \int_{-\infty}^{+\infty} f(u+y, y) \, \mathrm{d}y;$$

$V=XY$ 的概率密度函数 $f_V(v)$ 为

$$f_V(v) = \int_{-\infty}^{+\infty} f\left(x, \frac{v}{x}\right) \frac{1}{|x|} \, \mathrm{d}x = \int_{-\infty}^{+\infty} f\left(\frac{v}{y}, y\right) \frac{1}{|y|} \, \mathrm{d}y;$$

$W=\dfrac{X}{Y}$ 的概率密度函数 $f_W(w)$ 为

$$f_W(w) = \int_{-\infty}^{+\infty} f\left(\frac{x}{z}, x\right) \frac{|x|}{z^2} \, \mathrm{d}x = \int_{-\infty}^{+\infty} f(yw, y) \, |y| \, \mathrm{d}y.$$

注 当 X 与 Y 相互独立时，分别记 X 和 Y 的概率密度函数为 $f_X(x)$、$f_Y(y)$，则联合概率密度函数为 $f(x, y) = f_X(x) \cdot f_Y(y)$. 以两个

随机变量之和为例,可得相互独立时,$Z=X+Y$ 的密度函数为

$$f_Z(z) = \int_{-\infty}^{+\infty} f_X(x) f_Y(z-x) \, \mathrm{d}x = \int_{-\infty}^{+\infty} f_X(z-y) f_Y(y) \, \mathrm{d}y, \quad (3.12)$$

称此公式为连续卷积公式,记为 $f_Z(z) = f_X * f_Y(z)$ 或 $f_Z(z) = f_Y * f_X(z)$.其他情况的结论留给读者.

例 3.5.3　设 $X \sim N(\mu_1, \sigma_1^2)$,$Y \sim N(\mu_2, \sigma_2^2)$,且 X 与 Y 相互独立,证明:$X+Y \sim N(\mu_1+\mu_2, \sigma_1^2+\sigma_2^2)$.

证明　由题意,X 与 Y 的概率密度函数分别为

$$f_X(x) = \frac{1}{\sqrt{2\pi}\sigma_1} \mathrm{e}^{-\frac{(x-\mu_1)^2}{2\sigma_1^2}}, f_Y(y) = \frac{1}{\sqrt{2\pi}\sigma_2} \mathrm{e}^{-\frac{(y-\mu_2)^2}{2\sigma_2^2}},$$

令 $Z=X+Y$,则在 X 与 Y 相互独立时,由卷积公式得

$$f_Z(z) = \frac{1}{2\pi\sigma_1\sigma_2} \int_{-\infty}^{+\infty} \exp\left[-\frac{(x-\mu_1)^2}{2\sigma_1^2} - \frac{(z-x-\mu_2)^2}{2\sigma_2^2} \right] \mathrm{d}x.$$

经计算,上式中被积函数的指数部分可化为

$$-\frac{(x-\mu_1)^2}{2\sigma_1^2} - \frac{(z-x-\mu_2)^2}{2\sigma_2^2} = -\frac{(z-\mu_1-\mu_2)^2}{2(\sigma_1^2+\sigma_2^2)} - \frac{1}{2}(Ax-B)^2,$$

其中 $A = \dfrac{\sqrt{\sigma_1^2+\sigma_2^2}}{\sigma_1\sigma_2}$,$B = \dfrac{\sigma_1\sigma_2}{\sqrt{\sigma_1^2+\sigma_2^2}}\left(\dfrac{\mu_1}{\sigma_1^2} + \dfrac{z-\mu_2}{\sigma_2^2} \right)$,则有

$$f_Z(z) = \frac{1}{2\pi\sigma_1\sigma_2} \exp\left[-\frac{(z-\mu_1-\mu_2)^2}{2(\sigma_1^2+\sigma_2^2)} \right] \int_{-\infty}^{+\infty} \exp\left[-\frac{1}{2}(Ax-B)^2 \right] \mathrm{d}x.$$

再令 $u=Ax-B$,并利用 $\int_{-\infty}^{+\infty} \mathrm{e}^{-\frac{u^2}{2}} \mathrm{d}u = \sqrt{2\pi}$,则上式可化为

$$f_Z(z) = \frac{1}{2\pi\sqrt{\sigma_1^2+\sigma_2^2}} \exp\left[-\frac{(z-\mu_1-\mu_2)^2}{2(\sigma_1^2+\sigma_2^2)} \right] \int_{-\infty}^{+\infty} \mathrm{e}^{-\frac{u^2}{2}} \mathrm{d}u$$

$$= \frac{1}{\sqrt{2\pi(\sigma_1^2+\sigma_2^2)}} \exp\left[-\frac{(z-\mu_1-\mu_2)^2}{2(\sigma_1^2+\sigma_2^2)} \right],$$

即 $X+Y \sim N(\mu_1+\mu_2, \sigma_1^2+\sigma_2^2)$.

注　由例 3.5.3 可见,两个相互独立的正态随机变量之和仍为正态随机变量,其参数是有关的参数相加.这说明正态分布也具有"**再生性**",此结论可推广至多个正态随机变量的情形.接下来,不做证明,给出四条在数理统计中经常遇到的 n 维正态分布的重要性质:

(1) 若 $X_1, X_2, \cdots, X_n$ 都是正态随机变量,且相互独立,则 $(X_1, X_2, \cdots, X_n)$ 是 n 维正态随机变量;反之,n 维正态随机变量 $(X_1, X_2, \cdots, X_n)$ 的每一个分量 $X_i (i=1, 2, \cdots, n)$ 都是正态随机变量.

(2) n 维随机变量 $(X_1, X_2, \cdots, X_n)$ 服从 n 维正态分布的充要条件是 $X_1, X_2, \cdots, X_n$ 的任意线性组合

$$k_1X_1 + k_2X_2 + \cdots + k_nX_n (k_1, k_2, \cdots, k_n \text{ 不全为零})$$

服从一维正态分布.

（3）若 $(X_1,X_2,\cdots,X_n)$ 服从 n 维正态分布，设 $Y_1,Y_2,\cdots,Y_m$ 都是 $X_i(i=1,2,\cdots,n)$ 的线性组合，则 $(Y_1,Y_2,\cdots,Y_m)$ 服从 m 维正态分布.（正态分布的线性变换不变性）

（4）设 $(X_1,X_2,\cdots,X_n)$ 服从 n 维正态分布，则"$X_1,X_2,\cdots,X_n$ 相互独立"与"$X_1,X_2,\cdots,X_n$ 两两不相关"是等价的.

例 3.5.3 的结论可推广至多个正态随机变量的线性组合的情形：若 $X_1,X_2,\cdots,X_n$ 相互独立，且 $X_i\sim N(\mu_i,\sigma_i^2),i=1,2,\cdots,n$，则它们的线性组合也是正态随机变量，且 $\sum_{i=1}^n \lambda_i X_i+\eta\sim N\left(\sum_{i=1}^n \lambda_i\mu_i+\eta,\ \sum_{i=1}^n \lambda_i^2\sigma_i^2\right)$，其中常数 $\lambda_1,\lambda_2,\cdots,\lambda_n$ 不全为 0.

利用类似例 3.5.3 的证明方法，可验证：当 $(X,Y)\sim N(\mu_1,\mu_2,\sigma_1^2,\sigma_2^2,\rho)$ 时，即使 X 与 Y 不相互独立，也有随机变量 $Z=X+Y$ 服从正态分布，且 $X+Y\sim N(\mu_1+\mu_2,\sigma_1^2+\sigma_2^2+2\rho\sigma_1\sigma_2)$.证明的细节留给读者.

在概率统计中，也经常需要求多个随机变量的最大值和最小值的分布.

定理 3.5.4 设 $X_1,X_2,\cdots,X_n$ 是相互独立的随机变量，其分布函数分别为 $F_{X_1}(x_1),F_{X_2}(x_2),\cdots,F_{X_n}(x_n)$.令

$$X_{\max}=\max(X_1,X_2,\cdots,X_n),X_{\min}=\min(X_1,X_2,\cdots,X_n),$$

则 $X_{\max}$ 与 $X_{\min}$ 也是随机变量，它们的分布函数分别为

$$F_{X_{\max}}(x)=F_{X_1}(x)F_{X_2}(x)\cdots F_{X_n}(x),\tag{3.13}$$

$$F_{X_{\min}}(x)=1-[1-F_{X_1}(x)][1-F_{X_2}(x)]\cdots[1-F_{X_n}(x)].\tag{3.14}$$

证明 根据分布函数的定义及独立性，先求 $X_{\max}$ 的分布函数，得

$$\begin{aligned}
F_{X_{\max}}(x)&=P(X_{\max}\leqslant x)=P(X_1\leqslant x,X_2\leqslant x,\cdots,X_n\leqslant x)\\
&=P(X_1\leqslant x)P(X_2\leqslant x)\cdots P(X_n\leqslant x)\\
&=F_{X_1}(x)F_{X_2}(x)\cdots F_{X_n}(x).
\end{aligned}$$

再求 $X_{\min}$ 的分布函数，得

$$\begin{aligned}
F_{X_{\min}}(x)&=P(X_{\min}\leqslant x)=1-P(X_{\min}>x)\\
&=1-P(X_1>x,X_2>x,\cdots,X_n>x)\\
&=1-P(X_1>x)P(X_2>x)\cdots P(X_n>x)\\
&=1-[1-F_{X_1}(x)][1-F_{X_2}(x)]\cdots[1-F_{X_n}(x)].
\end{aligned}$$

注 （1）如果 $X_1,X_2,\cdots,X_n$ 为独立同分布的随机变量，记它们的分布函数为 $F(x)$，则有

$$F_{X_{\max}}(x)=[F(x)]^n,F_{X_{\min}}(x)=1-[1-F(x)]^n.$$

（2）如果 $X_1,X_2,\cdots,X_n$ 为独立同分布的连续型随机变量，记它们的概率密度函数为 $f(x)$，则有

$$f_{X_{\max}}(x)=n[F(x)]^{n-1}f(x),f_{X_{\min}}(x)=n[1-F(x)]^{n-1}f(x).$$

例 3.5.4 设 $X_1, X_2, \cdots, X_n$ 相互独立,且均服从指数分布,参数分别为 $\lambda_1, \lambda_2, \cdots, \lambda_n$,证明:$X_{\min} = \min(X_1, X_2, \cdots, X_n)$ 仍服从指数分布.

证明 由式(3.14),$X_{\min} = \min(X_1, X_2, \cdots, X_n)$ 的分布函数为

$$F_{X_{\min}}(x) = 1 - [1 - F_{X_1}(x)][1 - F_{X_2}(x)] \cdots [1 - F_{X_n}(x)]$$

$$= \begin{cases} 1 - \mathrm{e}^{-\lambda_1 x} \mathrm{e}^{-\lambda_2 x} \cdots \mathrm{e}^{-\lambda_n x}, & x > 0, \\ 0, & x \leqslant 0, \end{cases}$$

$$= \begin{cases} 1 - \mathrm{e}^{-(\lambda_1 + \lambda_2 + \cdots + \lambda_n)x}, & x > 0, \\ 0, & x \leqslant 0, \end{cases}$$

则 $X_{\min}$ 的概率密度函数为

$$f_{X_{\min}}(x) = \begin{cases} \left(\sum\limits_{i=1}^n \lambda_i \right) \mathrm{e}^{-\left(\sum\limits_{i=1}^n \lambda_i \right)x}, & x > 0, \\ 0, & x \leqslant 0, \end{cases}$$

即 $X_{\min}$ 服从参数为 $\sum\limits_{i=1}^n \lambda_i$ 的指数分布.

第六节 综合例题

例 3.6.1 设二维随机变量 (X, Y) 的联合概率密度函数为

$$f(x, y) = \frac{2}{\pi^2 (1 + x^2)(4 + y^2)}, \quad -\infty < x, y < +\infty,$$

求关于 X 和 Y 的边缘概率密度函数,并判断它们之间的独立性.

解 先求关于 X 的边缘概率密度函数

$$f_X(x) = \int_{-\infty}^{+\infty} f(x, y) \, \mathrm{d}y = \int_{-\infty}^{+\infty} \frac{2}{\pi^2 (1 + x^2)(4 + y^2)} \, \mathrm{d}y$$

$$= \frac{2}{\pi^2 (1 + x^2)} \int_{-\infty}^{+\infty} \frac{1}{4 + y^2} \, \mathrm{d}y = \frac{1}{\pi(1 + x^2)},$$

即

$$f_X(x) = \frac{1}{\pi(1 + x^2)}, \quad -\infty < x < +\infty.$$

再求关于 Y 的边缘概率密度函数

$$f_Y(y) = \int_{-\infty}^{+\infty} f(x, y) \, \mathrm{d}x = \int_{-\infty}^{+\infty} \frac{2}{\pi^2 (1 + x^2)(4 + y^2)} \, \mathrm{d}x$$

$$= \frac{2}{\pi^2 (4 + y^2)} \int_{-\infty}^{+\infty} \frac{1}{1 + x^2} \, \mathrm{d}x = \frac{2}{\pi(4 + y^2)},$$

即

$$f_Y(y) = \frac{2}{\pi(4 + y^2)}, \quad -\infty < y < +\infty.$$

综上,显然有

$$f_X(x)f_Y(y)=\frac{2}{\pi^2(1+x^2)(4+y^2)}=f(x,y)\,,\ -\infty<x,y<+\infty\,,$$

所以随机变量 X 与 Y 相互独立.

例 3.6.2 设 (X,Y) 的联合概率密度函数为

$$f(x,y)=\begin{cases}1,&|x|<y,0<y<1,\\0,&\text{其他.}\end{cases}$$

求:(1) X 和 Y 的边缘概率密度函数;(2) $P\left(X>\dfrac{1}{2}\right)$ 及 $P\left(Y<\dfrac{2}{3}\right)$.

解 (1) 先求关于 X 的边缘概率密度函数

$$f_X(x)=\int_{-\infty}^{+\infty}f(x,y)\,\mathrm{d}y.$$

当 $|x|\geqslant1$ 时,$f_X(x)=\displaystyle\int_{-\infty}^{+\infty}0\mathrm{d}y=0$;

当 $-1<x<0$ 时,$f_X(x)=\displaystyle\int_{-\infty}^{-x}0\mathrm{d}y+\int_{-x}^{1}1\mathrm{d}y+\int_{1}^{+\infty}0\mathrm{d}y=1+x$;

当 $0\leqslant x<1$ 时,$f_X(x)=\displaystyle\int_{-\infty}^{x}0\mathrm{d}y+\int_{x}^{1}1\mathrm{d}y+\int_{1}^{+\infty}0\mathrm{d}y=1-x$;

所以,关于 X 的边缘概率密度函数为

$$f_X(x)=\begin{cases}1-|x|,&|x|<1,\\0,&|x|\geqslant1.\end{cases}$$

再求关于 Y 的边缘概率密度函数 $f_Y(y)=\displaystyle\int_{-\infty}^{+\infty}f(x,y)\,\mathrm{d}x$.

当 $y\leqslant0$ 或 $y\geqslant1$ 时,$f_Y(y)=\displaystyle\int_{-\infty}^{+\infty}0\mathrm{d}x=0$;

当 $0<y<1$ 时,$f_Y(y)=\displaystyle\int_{-\infty}^{-y}0\mathrm{d}x+\int_{-y}^{y}1\mathrm{d}x+\int_{y}^{+\infty}0\mathrm{d}x=2y$;

所以,关于 Y 的边缘概率密度函数为

$$f_Y(y)=\begin{cases}2y,&0<y<1,\\0,&\text{其他.}\end{cases}$$

(2) $P\left(X>\dfrac{1}{2}\right)=\displaystyle\int_{\frac{1}{2}}^{+\infty}f_X(x)\,\mathrm{d}x=\int_{\frac{1}{2}}^{1}(1-x)\,\mathrm{d}x=\dfrac{1}{8}$;

$$P\left(Y<\frac{2}{3}\right)=\int_{-\infty}^{\frac{2}{3}}f_Y(y)\,\mathrm{d}x=\int_{0}^{\frac{2}{3}}2y\mathrm{d}x=\frac{4}{9}.$$

例 3.6.3 设 (X,Y) 的联合概率密度函数为

$$f(x,y)=\begin{cases}\mathrm{e}^{-x},&x>0,0\leqslant y\leqslant1,\\0,&\text{其他.}\end{cases}$$

(1) 问 X 与 Y 是否相互独立?(2) 求 $Z=X+2Y$ 的概率密度函数 $f_Z(z)$ 和分布函数 $F_Z(z)$;(3) 求 $P(Z>4)$.

解 (1) 先求两个边缘概率密度函数 $f_X(x),f_Y(y)$:

$$f_X(x)=\int_{-\infty}^{+\infty}f(x,y)\,\mathrm{d}y=\int_{0}^{1}f(x,y)\,\mathrm{d}y$$

$$=\begin{cases}\iint_0^1 e^{-x}dy, & x>0,\\0, & 其他\end{cases}=\begin{cases}e^{-x}, & x>0,\\0, & 其他,\end{cases}$$

所以 X 服从参数为 1 的指数分布,即 $X\sim e(1)$;

$$f_Y(y)=\int_{-\infty}^{+\infty}f(x,y)dx=\int_0^{+\infty}f(x,y)dx$$

$$=\begin{cases}\iint_0^{+\infty}e^{-x}dx, & 0\leq y\leq 1,\\0, & 其他\end{cases}=\begin{cases}1, & 0\leq y\leq 1,\\0, & 其他,\end{cases}$$

所以 Y 服从区间 $[0,1]$ 上的均匀分布,即 $Y\sim U(0,1)$.

综上,显然有

$$f_X(x)f_Y(y)=\begin{cases}e^{-x}, & x>0,0\leq y\leq 1,\\0, & 其他\end{cases}=f(x,y),$$

所以 X 与 Y 相互独立.

(2) 先求 $Z=X+2Y$ 的分布函数 $F_Z(z)$,得

$$F_Z(z)=P(Z\leq z)=P(X+2Y\leq z)=\iint_{x+2y\leq z}f(x,y)dxdy$$

$$=\begin{cases}\iint_{x+2y\leq z}e^{-x}dxdy, & z>0,\\0, & z\leq 0.\end{cases}$$

当 $z\leq 0$ 时,$F_Z(z)=\iint_{x+2y\leq z}0dxdy=0$;

当 $0<z<2$ 时,

$$F_Z(z)=\int_0^{\frac{z}{2}}dy\int_0^{z-2y}e^{-x}dx=\int_0^{\frac{z}{2}}(1-e^{2y-z})dy=\frac{1}{2}(z-1+e^{-z});$$

当 $z\geq 2$ 时,

$$F_Z(z)=\int_0^1 dy\int_0^{z-2y}e^{-x}dx=\int_0^1(1-e^{2y-z})dy=1-\frac{1}{2}(e^2-1)e^{-z},$$

所以,$Z=X+2Y$ 的分布函数 $F_Z(z)$ 为

$$F_Z(z)=\begin{cases}0, & z\leq 0,\\\frac{1}{2}(z-1+e^{-z}), & 0<z<2,\\1-\frac{1}{2}(e^2-1)e^{-z}, & z\geq 2.\end{cases}$$

于是,$Z=X+2Y$ 的概率密度函数 $f_Z(z)$ 为

$$f_Z(z)=F_Z'(z)=\begin{cases}0, & z\leq 0,\\\frac{1}{2}(1-e^{-z}), & 0<z<2,\\\frac{1}{2}(e^2-1)e^{-z}, & z\geq 2.\end{cases}$$

(3) 利用分布函数 $F_Z(z)$ 求 $P(Z>4)$.

$$P(Z>4)=1-P(Z\leqslant 4)=1-F_Z(4)=1-\left[1-\frac{1}{2}(e^2-1)e^{-4}\right]$$

$$=\frac{1}{2}(e^{-2}-e^{-4})\approx 0.0585.$$

例 3.6.4 设某系统 S 由两个子系统 S_1 和 S_2 组成,已知 S_1 和 S_2 的寿命都是服从指数分布的随机变量,分别记为 $X_1\sim e(\lambda_1)$,$X_2\sim e(\lambda_2)$,其中 $\lambda_1>0$,$\lambda_2>0$、$\lambda_1\neq\lambda_2$.试就下面三种不同的组成方式,求出系统 S 的寿命 L 的概率密度函数:(1) 串联;(2) 并联;(3) 一个工作,一个备用.

解 (1) 串联情形,此时系统 S 的寿命 $L=X_{\min}=\min(X_1,X_2)$.

由于 $X_1\sim e(\lambda_1)$、$X_2\sim e(\lambda_2)$,由式 (3.14) 知,$X_{\min}=\min(X_1,X_2)$ 的分布函数为

$$F_{X_{\min}}(x)=1-[1-F_{X_1}(x)][1-F_{X_2}(x)]$$

$$=\begin{cases}1-e^{-(\lambda_1+\lambda_2)x}, & x>0,\\ 0, & x\leqslant 0,\end{cases}$$

则此时系统 S 的寿命 $L=X_{\min}$ 的概率密度函数为

$$f_{X_{\min}}(x)=\begin{cases}(\lambda_1+\lambda_2)e^{-(\lambda_1+\lambda_2)x}, & x>0,\\ 0, & x\leqslant 0,\end{cases}$$

即 $X_{\min}$ 服从参数为 $\lambda_1+\lambda_2$ 的指数分布.

(2) 并联情形,此时系统 S 的寿命 $L=X_{\max}=\max(X_1,X_2)$.

由于 $X_1\sim e(\lambda_1)$,$X_2\sim e(\lambda_2)$,由式 (3.13) 知,$X_{\max}=\max(X_1,X_2)$ 的分布函数为

$$F_{X_{\max}}(x)=F_{X_1}(x)F_{X_2}(x)=\begin{cases}(1-e^{-\lambda_1 x})(1-e^{-\lambda_2 x}), & x>0,\\ 0, & x\leqslant 0,\end{cases}$$

则此时系统 S 的寿命 $L=X_{\max}$ 的概率密度函数为

$$f_{X_{\max}}(x)=\begin{cases}\lambda_1 e^{-\lambda_1 x}+\lambda_2 e^{-\lambda_2 x}-(\lambda_1+\lambda_2)e^{-(\lambda_1+\lambda_2)x}, & x>0,\\ 0, & x\leqslant 0.\end{cases}$$

(3) 备用情形,一个工作时,另一个备用,两个子系统的寿命互不影响,此时系统 S 的寿命 $L=X_1+X_2$,可认为 X_1 与 X_2 相互独立.

由于 $X_1\sim e(\lambda_1)$,$X_2\sim e(\lambda_2)$,由卷积公式 (3.12) 知,当 $x>0$ 时,

$$f_L(x)=\int_{-\infty}^{+\infty}f_{X_1}(x_1)f_{X_2}(x-x_1)\mathrm{d}x_1=\int_0^x\lambda_1 e^{-\lambda_1 x_1}\lambda_2 e^{-\lambda_2(x-x_1)}\mathrm{d}x_1$$

$$=\lambda_1\lambda_2 e^{-\lambda_2 x}\int_0^x e^{-(\lambda_1-\lambda_2)x_1}\mathrm{d}x_1=\frac{\lambda_1\lambda_2}{\lambda_2-\lambda_1}(e^{-\lambda_1 x}-e^{-\lambda_2 x});$$

当 $x\leqslant 0$ 时,$f_L(x)=0$.

因此,一个工作,一个备用时,系统 S 的寿命 $L=X_1+X_2$ 的概率密度函数为

$$f_{X_1+X_2}(x)=\begin{cases}\dfrac{\lambda_1\lambda_2}{\lambda_2-\lambda_1}(e^{-\lambda_1 x}-e^{-\lambda_2 x}), & x>0,\\ 0, & x\leqslant 0.\end{cases}$$

习题三:
基础达标题解答

习题三:基础达标题

一、填空题

1. 在一个箱子中装有 12 只开关,其中 2 只是次品,从中有放回取两次,每次任取一只开关,定义随机变量

$$X=\begin{cases} 0, & \text{若第一次取出的是正品,} \\ 1, & \text{若第一次取出的是次品,} \end{cases} Y=\begin{cases} 0, & \text{若第二次取出的是正品,} \\ 1, & \text{若第二次取出的是次品,} \end{cases}$$

试写出二维随机变量 (X,Y) 的联合分布律与 X 的边缘分布律

＿＿＿＿＿＿＿＿＿＿＿＿＿＿＿＿;＿＿＿＿＿＿＿＿＿＿＿＿＿＿＿.

2. 若二维随机变量 (X,Y) 的联合分布律为

(X,Y)		Y	
		1	2	3
X	1	$\dfrac{1}{6}$	$\dfrac{1}{9}$	$\dfrac{1}{18}$
	2	$\dfrac{1}{3}$	α	β

且 X 与 Y 相互独立,则 $\alpha=$ ＿＿＿＿＿＿;$\beta=$ ＿＿＿＿＿＿.

3. 设相互独立的随机变量 X 与 Y 都服从 $(0,2)$ 上的均匀分布,则它们的联合密度函数 $f(x,y)=$ ＿＿＿＿＿＿;$P(|X-Y|\leqslant 1)=$ ＿＿＿＿＿＿.

4. 设随机变量 X 与 Y 相互独立,它们的概率密度函数分别为 $f_X(x)=\begin{cases} 2\mathrm{e}^{-2x}, & x>0, \\ 0, & x\leqslant 0, \end{cases}$ $f_Y(y)=\begin{cases} 3\mathrm{e}^{-3y}, & y>0, \\ 0, & y\leqslant 0, \end{cases}$ 则 $P(X<2,Y>1)=$ ＿＿＿＿＿＿.

二、选择题

1. 设 X 的分布函数为 $F_X(x)$,则 $Y=3X+1$ 的分布函数为(　　).

A. $F_X\left(\dfrac{y-1}{3}\right)$　　B. $F_X(3y+1)$　　C. $3F_X(y)+1$　　D. $\dfrac{1}{3}F_X(y)-\dfrac{1}{3}$

2. 设随机变量 $X\sim U(0,6)$,则 $Y=X-3$ 的概率密度函数为(　　).

A. $f_Y(y)=\begin{cases} 6, & -3\leqslant y\leqslant 3, \\ 0, & \text{其他} \end{cases}$　　B. $f_Y(y)=\begin{cases} \dfrac{1}{6}, & -3\leqslant y\leqslant 3, \\ 0, & \text{其他} \end{cases}$

C. $f_Y(y)=\begin{cases} \dfrac{1}{6}, & 0\leqslant y\leqslant 6, \\ 0, & \text{其他} \end{cases}$　　D. $f_Y(y)=\begin{cases} 6, & 0\leqslant y\leqslant 6, \\ 0, & \text{其他} \end{cases}$

三、解答题

1. 设随机变量 X 在正整数 1,2,3,4 中等可能取值,另一随机变量 Y 在 $1\sim X$ 中等可能地取一整数值,试求 (X,Y) 的联合分布律.

2. 设二维随机变量 (X,Y) 的密度函数为

$$f(x,y)=\begin{cases} k(6-x-y), & 0<x<2,2<y<4, \\ 0, & \text{其他.} \end{cases}$$

(1) 确定常数 k;(2) 求 $P(X<1,Y<3)$;(3) 求 $P(X+Y<4)$.

3. 设二维随机变量 (X,Y) 的密度函数为

$$f(x,y)=\begin{cases} \dfrac{1}{2}, & 0<x<2,0<y<1, \\ 0, & \text{其他.} \end{cases}$$

求随机变量 X 与 Y 中至少有一个小于 0.5 的概率.

4. 设随机变量 X 与 Y 相互独立, $X \sim U(0,2)$, Y 的概率密度

$$f(y) = \begin{cases} \dfrac{1}{2}\mathrm{e}^{-\frac{y}{2}}, & y>0, \\ 0, & y \leqslant 0. \end{cases}$$

写出二维随机变量 (X,Y) 的联合概率密度 $f(x,y)$, 并求概率 $P(X \leqslant Y)$.

习题三:综合提高题

习题三:
综合提高题解答

1. 函数

$$H(x,y) = \begin{cases} 1, & x+y \geqslant 0, \\ 0, & x+y<0 \end{cases}$$

能否作为某个二维随机变量 (X,Y) 的联合分布函数?

2. 设二维随机变量 (X,Y) 的联合概率密度函数为

$$f(x,y) = \frac{1}{2\pi}\mathrm{e}^{\frac{x^2+y^2}{2}}(1+\sin x \sin y), x \in \mathbf{R}, y \in \mathbf{R},$$

求 (X,Y) 分别关于 X 和 Y 的边缘概率密度.

3. 设 X_1, X_2 相互独立, 且分别服从泊松分布 $P(\lambda_1)$, $P(\lambda_2)$, 证明: $Y = X_1 + X_2$ 服从泊松分布 $P(\lambda_1 + \lambda_2)$. (泊松分布具有"再生性")

4. 设 X 服从参数为 2 的指数分布, $Y \sim U(0,1)$, 且 X 和 Y 相互独立, 求 $Z = X-Y$ 的概率密度函数 $f_z(Z)$ 和概率 $P(X \leqslant Y)$.

5. 设 X 与 Y 相互独立, 且都服从参数为 1 的指数分布, 求 $Z = \dfrac{X}{Y}$ 的概率密度函数.

6. 设二维随机变量 (X,Y) 的联合概率密度函数为

$$f(x,y) = \begin{cases} \mathrm{e}^{-(x+y)}, & x \geqslant 0, y \geqslant 0, \\ 0, & 其他, \end{cases}$$

先验证 X 与 Y 的独立性, 再求 $Z = X-Y$ 的概率密度函数.

第四章

随机变量的数字特征

分布函数、分布律或概率密度能完整描述随机变量的统计规律性,但是在实际问题中,随机变量的完整分布不易确定,且有些问题并不需要知道随机变量分布规律的全貌,只需知道它的某些特征就可以了.例如,在评价某地区粮食产量的水平时,通常只需知道该地区粮食的平均产量即可.又如,在评价某次大型考试结果时,既要注意参加考试的考生的平均成绩,又要注意考生的分数与总体平均分的偏离程度,偏离程度越小,则表明考生全体的差异性越小等.这些刻画随机变量某种特征的数量指标称为随机变量的数字特征,它们在理论和实践中均具有重要意义.本章将首先引入表征平均概念的数学期望,其次介绍刻画随机变量取值密集程度的方差,接着介绍描述两个随机变量之间线性关联程度的协方差和相关系数,最后对随机变量的矩加以介绍.

第一节 数 学 期 望

一、随机变量的数学期望

为了更直观地认识和理解数学期望的概念,我们先看一个例子.

引例 某班有 50 位同学,年龄组成是这样的:17 岁的同学有 5位,18 岁的同学有 30 位,19 岁的同学有 15 位,则该班同学的平均年龄是多少?

解 不难计算,平均年龄=全班的总年龄/全班总人数,即

$$\frac{17\times5+18\times30+19\times15}{50}.$$

利用分配律性质,平均年龄又可写作

$$17\times\frac{5}{50}+18\times\frac{30}{50}+19\times\frac{15}{50},$$

也就是说,平均年龄等于班上各年龄的加权平均,而权重值就是各个年龄的同学在全班所占的比例.

这个例题让我们看到,平均值其实就是各个取值的加权平均,

而权重则是每个值出现的频率.依此,下面给出离散型随机变量数学期望的定义.

> **定义 4.1.1**　设离散型随机变量 X 的分布律是 $p(x_i)$,$i=1$,$2,\cdots$,若 $\sum\limits_i |x_i| p(x_i) < +\infty$,则称
> $$\sum_i x_i p(x_i)$$
> 为离散型随机变量 X 的数学期望,简称期望或均值,记为 $E(X)$.

定义 4.1.1 中需要条件 $\sum\limits_i |x_i| p(x_i) < +\infty$,即 $\sum\limits_i x_i p(x_i)$ 若为无穷级数则要求绝对收敛(当然,如果累加和是有限项自然满足条件),原因是考虑到随机变量 X 的数学期望应该只由其分布律决定,而不应受 X 可能取值的排列次序的影响.为使无穷级数收敛的结果与一般项的排列次序无关,则应要求该级数绝对收敛.

本书中不做特别说明,所涉及的无穷级数均绝对收敛,所以在求数学期望时就不做绝对收敛的检验了.

例 4.1.1　甲、乙两人进行打靶,所得分数分别记为 X_1,X_2,它们的分布律分别是

X_1	0	1	2
P	0	0.2	0.8

X_2	0	1	2
P	0.4	0.4	0.2

试比较他们成绩的好坏.

解　比较他们的平均成绩.$E(X_1) = 0 \times 0 + 1 \times 0.2 + 2 \times 0.8 = 1.8$,这表明甲多次射击的平均成绩是 1.8 分.$E(X_2) = 0 \times 0.4 + 1 \times 0.4 + 2 \times 0.2 = 0.8$,这表明乙多次射击的平均成绩是 0.8 分.显然,甲的成绩要比乙的好.

例 4.1.2　随机变量 $X \sim B(n,p)$,求 $E(X)$.

解　因为 $X \sim B(n,p)$,故其概率函数为
$$P_n(k) = C_n^k p^k (1-p)^{n-k}, k = 0,1,2,\cdots,n,$$
于是按照数学期望的定义有
$$E(X) = \sum_{k=0}^{n} k \cdot C_n^k p^k (1-p)^{n-k} = \sum_{k=1}^{n} k \cdot C_n^k p^k (1-p)^{n-k}$$
$$= np \sum_{k=1}^{n} C_{n-1}^{k-1} p^{k-1} (1-p)^{n-k} = np \sum_{k=0}^{n-1} C_{n-1}^k p^k (1-p)^{(n-1)-k}$$
$$= np [p + (1-p)]^{n-1} = np,$$
即二项分布的数学期望是其两个参数的乘积 np.

例 4.1.3　随机变量 $X \sim P(\lambda)$,$\lambda > 0$,求 $E(X)$.

解　因为 $X \sim P(\lambda)$,故其概率函数为
$$P_\lambda(k) = \frac{\lambda^k}{k!} e^{-\lambda}, k = 0,1,2,\cdots,$$

于是按照数学期望的定义有

$$E(X) = \sum_{k=0}^{\infty} k \cdot \frac{\lambda^k}{k!} e^{-\lambda} = \sum_{k=1}^{\infty} k \cdot \frac{\lambda^k}{k!} e^{-\lambda}$$

$$= \lambda e^{-\lambda} \sum_{k=1}^{\infty} \frac{\lambda^{k-1}}{(k-1)!} = \lambda e^{-\lambda} e^{\lambda} = \lambda,$$

即泊松分布的数学期望是其参数 λ.

连续型随机变量数学期望的定义可以类比离散型随机变量的情形,只是把加和变成了积分.

> **定义 4.1.2**　设连续型随机变量 X 的概率密度是 $f(x)$,若 $\int_{-\infty}^{+\infty} |x| f(x) dx < +\infty$,则称
>
> $$\int_{-\infty}^{+\infty} x f(x) dx$$
>
> 为连续型随机变量 X 的数学期望,简称期望或均值,记为 $E(X)$.

定义 4.1.2 中要求 $\int_{-\infty}^{+\infty} |x| f(x) dx < +\infty$ 也是源于随机变量 X 的取值顺序问题,同离散型随机变量的情形.本书中不做特别说明,所涉及的无穷积分均绝对收敛,所以在求数学期望时就不做绝对收敛的检验了.

例 4.1.4　随机变量 $X \sim U(a,b)$,求 $E(X)$.

解　因为 $X \sim U(a,b)$,故其概率密度为

$$f(x) = \begin{cases} \dfrac{1}{b-a}, & a \leqslant x \leqslant b, \\ 0, & \text{其他}, \end{cases}$$

于是按照数学期望的定义有

$$E(X) = \int_{-\infty}^{+\infty} x f(x) dx = \int_a^b x \cdot \frac{1}{b-a} dx = \frac{a+b}{2},$$

即均匀分布的数学期望是其区间的中点 $\dfrac{a+b}{2}$.

例 4.1.5　随机变量 $X \sim e(\lambda)$,$\lambda > 0$,求 $E(X)$.

解　因为 $X \sim e(\lambda)$,故其概率密度为

$$f(x) = \begin{cases} \lambda e^{-\lambda x}, & x > 0, \\ 0, & x \leqslant 0, \end{cases}$$

于是按照数学期望的定义有

$$E(X) = \int_{-\infty}^{+\infty} x f(x) dx = \int_0^{+\infty} x \cdot \lambda e^{-\lambda x} dx = \frac{1}{\lambda},$$

即指数分布的数学期望是其参数的倒数 $\dfrac{1}{\lambda}$.

例 4.1.6　随机变量 $X \sim N(\mu, \sigma^2)$,$\sigma > 0$,求 $E(X)$.

解　因为 $X \sim N(\mu, \sigma^2)$,故其概率密度为

$$f(x) = \frac{1}{\sqrt{2\pi}\,\sigma}\mathrm{e}^{-\frac{(x-\mu)^2}{2\sigma^2}},$$

于是按照数学期望的定义有

$$E(X) = \int_{-\infty}^{+\infty} xf(x)\,\mathrm{d}x = \int_{-\infty}^{+\infty} x \cdot \frac{1}{\sqrt{2\pi}\,\sigma}\mathrm{e}^{-\frac{(x-\mu)^2}{2\sigma^2}}\,\mathrm{d}x$$

$$\xlongequal{t=\frac{x-\mu}{\sigma}} \int_{-\infty}^{+\infty} (\sigma t+\mu) \cdot \frac{1}{\sqrt{2\pi}}\mathrm{e}^{-\frac{t^2}{2}}\,\mathrm{d}t$$

$$= \sigma \int_{-\infty}^{+\infty} t\varphi(t)\,\mathrm{d}t + \mu \int_{-\infty}^{+\infty} \varphi(t)\,\mathrm{d}t$$

$$= 0+\mu = \mu,$$

即正态分布的数学期望是其第一参数 μ.

我们举一个数学期望不存在的例子.

例 4.1.7　随机变量 X 服从柯西(Cauchy)分布,概率密度为

$$f(x) = \frac{1}{\pi(1+x^2)}, \quad -\infty < x < +\infty,$$

求 $E(X)$.

解　因为 $\displaystyle\int_{-\infty}^{+\infty} |x|f(x)\,\mathrm{d}x = \int_{-\infty}^{+\infty} \frac{|x|}{\pi(1+x^2)}\,\mathrm{d}x = +\infty$,故其数学期望 $E(X)$ 不存在.

二、随机变量函数的数学期望

随机变量的函数依然是随机变量,故随机变量函数的数学期望一般可以通过求得其概率分布再进行数学期望的求解.但是这种方法一般比较烦琐,况且有时我们并不想知道随机变量函数的具体分布,这时我们可利用如下定理直接计算随机变量函数的数学期望.

定理 4.1.1　设 X 是一个随机变量,$Y=g(X)$ 且 $E(Y)$ 存在,则

(1) 若 X 是离散型随机变量,其概率函数为 $p(x_i), i=1,2,\cdots$,则 Y 的数学期望为

$$E(Y) = E[g(X)] = \sum_i g(x_i)p(x_i). \tag{4.1}$$

(2) 若 X 是连续型随机变量,其概率密度为 $f(x)$,则 Y 的数学期望为

$$E(Y) = E[g(X)] = \int_{-\infty}^{+\infty} g(x)f(x)\,\mathrm{d}x.$$

此处我们不予证明.本定理的重要性在于,求 $E[g(X)]$ 时无须知道 $g(X)$ 的分布,只需要知道 X 的分布即可.这将给求随机变量函数的数学期望带来很大便利.

例 4.1.8　设随机变量 X 的概率分布如下:

X	-1	0	1	2
P	0.2	0.1	0.3	0.4

求随机变量函数 $Y=X^2-2X$ 的数学期望.

解 我们采用两种方法计算 Y 的数学期望.

方法一:易求得 Y 的概率分布为

Y	-1	0	3
P	0.3	0.5	0.2

于是 Y 的数学期望是

$$E(Y)=(-1)\times0.3+0\times0.5+3\times0.2=0.3.$$

方法二:按照式(4.1),Y 的数学期望是

$$E(Y)=[(-1)^2-2\times(-1)]\times0.2+(0^2-2\times0)\times0.1+(1^2-2\times1)\times$$
$$0.3+(2^2-2\times2)\times0.4$$
$$=0.3.$$

例 4.1.9 设随机变量 $X\sim U(0,\pi)$,求 $E(\sin X)$ 及 $E[X-E(X)]^2$.

解 随机变量 X 函数的概率密度不易求解且比较麻烦,若借助于上述定理则会简单很多.因为随机变量 $X\sim U(0,\pi)$,则其概率密度为

$$f(x)=\begin{cases}\dfrac{1}{\pi}, & 0\leqslant x\leqslant\pi,\\ 0, & 其他.\end{cases}$$

于是

$$E(\sin X)=\int_{-\infty}^{+\infty}\sin xf(x)\mathrm{d}x=\int_0^{\pi}\sin x\cdot\frac{1}{\pi}\mathrm{d}x=\frac{2}{\pi},$$

$$E[X-E(X)]^2=E\left(X-\frac{\pi}{2}\right)^2=\int_{-\infty}^{+\infty}\left(x-\frac{\pi}{2}\right)^2f(x)\mathrm{d}x$$
$$=\int_0^{\pi}\left(x-\frac{\pi}{2}\right)^2\cdot\frac{1}{\pi}\mathrm{d}x=\frac{\pi^2}{12}.$$

例 4.1.10 国际市场每年对我国某种出口商品的需求量是随机变量 X(单位:t),其服从区间 [2000,4000] 上的均匀分布,每售出 1t 该商品,可为国家赚取外汇 3 万美元;若销售不出去,则每吨商品需要贮存费 1 万美元.问该商品应出口多少吨才能使国家的平均收益最大?

解 设该商品应出口 tt,显然 $2000\leqslant t\leqslant4000$.国家收益 Y(单位:万美元)是需求量 X 的函数,记为 $Y=g(X)$,于是有

$$Y=g(X)=\begin{cases}3t, & X\geqslant t,\\ 4X-t, & X<t.\end{cases}$$

由题意,X 的概率密度为 $f(x)=\begin{cases} \dfrac{1}{2000}, & 2000\leqslant x\leqslant 4000,\\ 0, & \text{其他}, \end{cases}$ 则 Y

的数学期望为

$$E(Y)=E[g(X)]=\int_{-\infty}^{+\infty}g(x)f(x)\,\mathrm{d}x=\int_{2000}^{4000}\frac{1}{2000}g(x)\,\mathrm{d}x$$

$$=\frac{1}{2000}\Big[\int_{2000}^{t}(4x-t)\,\mathrm{d}x+\int_{t}^{4000}3t\,\mathrm{d}x\Big]$$

$$=\frac{1}{2000}(-2t^2+14000t-8\times10^6).$$

$E(Y)$ 是 t 的函数,为使 $E(Y)$ 最大,易知 $t=3500$,于是,该商品应出口 3500t 才能使国家的平均收益最大.

当随机变量的函数是二元函数时,有如下定理.

定理 4.1.2　设 (X,Y) 是二维随机变量,$Z=g(X,Y)$ 且 $E(Z)$ 存在,则

(1) 若 (X,Y) 是离散型随机变量,其概率函数为 $p(x_i,y_j)$,$i,j=1,2,\cdots$,则 Z 的数学期望为

$$E(Z)=E[g(X,Y)]=\sum_i\sum_j g(x_i,y_j)p(x_i,y_j).$$

(2) 若 (X,Y) 是连续型随机变量,其联合概率密度为 $f(x,y)$,则 Z 的数学期望为

$$E(Z)=E[g(X,Y)]=\int_{-\infty}^{+\infty}\int_{-\infty}^{+\infty}g(x,y)f(x,y)\,\mathrm{d}x\mathrm{d}y.$$

三、数学期望的性质

利用性质求解数学期望往往比用直接求法更简洁,下面不加证明地列出随机变量的数学期望的性质.

(1) 设 C 为常量,则 $E(C)=C$.

(2) 设 C 为常量,则 $E(CX)=CE(X)$.

(3) $E(X+Y)=E(X)+E(Y)$.

(4) 设随机变量 X,Y 独立,则 $E(XY)=E(X)E(Y)$.

结合性质(2)和性质(3),有

$$E\Big(\sum_{i=1}^{n}C_iX_i\Big)=\sum_{i=1}^{n}C_iE(X_i),$$ 其中 $C_i(i=1,2,\cdots,n)$ 为常数.

注　性质(4)也可以推广到有限多个情形,即

$$E\Big(\prod_{i=1}^{n}X_i\Big)=\prod_{i=1}^{n}E(X_i),$$ 其中 $X_i(i=1,2,\cdots,n)$ 相互独立.

例 4.1.11　随机变量 $X\sim B(n,p)$,求 $E(X)$.

解　引入 0-1 随机变量 $X_i(i=1,2,\cdots,n)$ 且 $P(X_i=0)=1-p$,$P(X_i=1)=p$,并设其相互独立,则 $X=\sum_{i=1}^{n}X_i$.因为 $E(X_i)=p$,于是

$$E(X) = \sum_{i=1}^{n} E(X_i) = \sum_{i=1}^{n} p = np.$$

例 4.1.12　随机变量 $X \sim H(n, M, N)$，求 $E(X)$.

解　因为 $X \sim H(n, M, N)$，故其概率函数为

$$p(k) = \frac{C_M^k C_{N-M}^{n-k}}{C_N^n}, k = 0, 1, 2, \cdots, n.$$

如果直接按照定义求数学期望是比较困难的，接下来我们采用性质来求解数学期望.

设有一批产品共 N 件，其中有 M 件次品，分次不放回地抽取产品 n 件，则抽出的次品数就是随机变量 X.引入随机变量 X_i 表示第 i 次抽取到的次品数，则其服从参数为 $\dfrac{M}{N}$ 的 0-1 分布，因而 $X = \sum\limits_{i=1}^{n} X_i$（注意：$X_i$ 之间并不独立），于是

$$E(X) = \sum_{i=1}^{n} E(X_i) = \sum_{i=1}^{n} \frac{M}{N} = \frac{M}{N} \cdot n = \frac{nM}{N}.$$

例 4.1.13　随机变量 $X \sim N(\mu, \sigma^2)$，求 $Y = \dfrac{X-\mu}{\sigma}$ 的数学期望 $E(Y)$.

解　由例 4.1.6 知 $E(X) = \mu$，于是

$$E(Y) = E\left(\frac{X-\mu}{\sigma}\right) = \frac{1}{\sigma}[E(X) - \mu] = 0.$$

第二节　方　差

随机变量的数学期望是对随机变量取值水平的综合评价，而随机变量取值的稳定性则是判断随机现象的另一个重要数字指标.例如在一次考试中，两个班的平均分相同，不过甲班大多数同学分数比较均匀而乙班同学分数高低差异过大，这样我们会认为甲班考试效果比乙班的好.如果把考试分数视作随机变量，则其取值在均值附近的偏离程度很好地刻画了随机变量取值的稳定性，这就是随机变量的另一个数字特征——方差.

一、随机变量的方差

定义 4.2.1　设随机变量 X 的数学期望 $E(X)$ 存在，称
$$E[X - E(X)]^2$$
为随机变量 X 的**方差**，记为 $D(X)$ 或 $\mathrm{Var}(X)$.

由定义 4.2.1，随机变量 X 的方差反映了 X 的取值与其数学期望的偏离程度.若 $D(X)$ 较小，则 X 的取值比较集中；反之，则 X 的

取值比较分散.因此,方差 $D(X)$ 是刻画 X 取值分散程度的一个数字特征.

方差的取值是非负的,但是其量纲却是随机变量 X 的平方,为了与 X 保持量纲一致,我们用方差的平方根来描述随机变量的密集程度.

> **定义 4.2.2** 设随机变量 X 的数学期望 $E(X)$ 存在,称
> $$\sqrt{D(X)} = \sqrt{E[X-E(X)]^2}$$
> 为随机变量 X 的标准差或均方差,记为 $\sigma(X)$.

随机变量的方差本质上是随机变量特殊函数的数学期望,所以方差计算可以依据随机变量数学期望的方法进行.若随机变量 X 的方差 $D(X)$ 存在,则

(1) 若 X 为离散型随机变量,其概率函数为 $p(x_i)$,$i = 1,2,\cdots$,则
$$D(X) = E[X-E(X)]^2 = \sum_i [x_i - E(X)]^2 p(x_i).$$

(2) 若 X 为连续型随机变量,其概率密度为 $f(x)$,则
$$D(X) = E[X-E(X)]^2 = \int_{-\infty}^{+\infty} [x-E(X)]^2 f(x)\,\mathrm{d}x.$$

因为 $[X-E(X)]^2 = X^2 - 2XE(X) + E^2(X)$,利用数学期望的性质,则可以得到方差计算的另一个公式方法.

定理 4.2.1 设随机变量 X 的数学期望 $E(X)$ 和 $E(X^2)$ 均存在,则
$$D(X) = E(X^2) - E^2(X).$$

例 4.2.1 随机变量 X 的数学期望 $E(X) = \mu$,方差 $D(X) = \sigma^2 > 0$. 记 $X^* = \dfrac{X-\mu}{\sigma}$,求 $E(X^*)$,$D(X^*)$.

解 由已知得
$$E(X^*) = E\left(\frac{X-\mu}{\sigma}\right) = \frac{1}{\sigma}E(X-\mu) = \frac{1}{\sigma}[E(X) - \mu] = 0,$$

$$D(X^*) = E(X^{*2}) - E^2(X^*) = E\left(\frac{X-\mu}{\sigma}\right)^2 = \frac{1}{\sigma^2}E(X-\mu)^2 = \frac{\sigma^2}{\sigma^2} = 1.$$

随机变量 $X^* = \dfrac{X-\mu}{\sigma}$ 的数学期望为 0,方差为 1,称 X^* 为 X 的**标准化随机变量**.

例 4.2.2 随机变量 $X \sim B(1,p)$,即 X 服从参数为 p 的 0-1 分布,求 $D(X)$.

解 因为 $X \sim B(1,p)$,所以 $E(X) = p$,又 $E(X^2) = 0^2 \cdot (1-p) + 1^2 \cdot p = p$,故 X 的方差为 $D(X) = E(X^2) - E^2(X) = p - p^2 = p(1-p)$.

另解 直接按照定义,有 $D(X) = (0-p)^2(1-p) + (1-p)^2 p = p(1-p)$.

例 4.2.3 随机变量 $X \sim P(\lambda)$,$\lambda > 0$,求 $D(X)$.

解 因为 $X \sim P(\lambda)$,所以 $E(X) = \lambda$.又 $E(X^2) = E[X(X-1)] +$

$E(X)$, 而

$$E[X(X-1)] = \sum_{k=0}^{\infty} k(k-1)\frac{\lambda^k}{k!}e^{-\lambda} = \sum_{k=2}^{\infty} k(k-1)\frac{\lambda^k}{k!}e^{-\lambda}$$

$$= \lambda^2 e^{-\lambda} \sum_{k=2}^{\infty} \frac{\lambda^{k-2}}{(k-2)!} = \lambda^2,$$

故 $D(X) = E(X^2) - E^2(X) = (\lambda^2+\lambda) - \lambda^2 = \lambda$.

例 4.2.4 随机变量 $X \sim U(a,b)$, 求 $D(X)$.

解 因为 $X \sim U(a,b)$, 所以 $E(X) = \dfrac{a+b}{2}$. 于是

$$D(X) = \int_{-\infty}^{+\infty} [x-E(X)]^2 f(x)\,dx = \int_a^b \left(x-\frac{a+b}{2}\right)^2 \frac{1}{a+b}\,dx = \frac{(b-a)^2}{12}.$$

例 4.2.5 随机变量 $X \sim e(\lambda)$, $\lambda>0$, 求 $D(X)$.

解 因为 $X \sim e(\lambda)$, 故 $E(X) = \dfrac{1}{\lambda}$. 而

$$E(X^2) = \int_{-\infty}^{+\infty} x^2 f(x)\,dx = \int_0^{+\infty} x^2 \lambda e^{-\lambda x}\,dx = \frac{2}{\lambda^2},$$

所以

$$D(X) = E(X^2) - E^2(X) = \frac{2}{\lambda^2} - \frac{1}{\lambda^2} = \frac{1}{\lambda^2}.$$

例 4.2.6 随机变量 $X \sim N(\mu,\sigma^2)$, $\sigma>0$, 求 $D(X)$.

解 因为 $X \sim N(\mu,\sigma^2)$, 故 $E(X) = \mu$. 于是

$$D(X) = \int_{-\infty}^{+\infty} [x-E(X)]^2 f(x)\,dx$$

$$= \int_{-\infty}^{+\infty} (x-\mu)^2 \frac{1}{\sqrt{2\pi}\,\sigma} e^{-\frac{(x-\mu)^2}{2\sigma^2}}\,dx$$

$$\xeq{t=\frac{x-\mu}{\sigma}} \sigma^2 \int_{-\infty}^{+\infty} t \frac{1}{\sqrt{2\pi}} e^{-\frac{t^2}{2}}\,dt$$

$$= \sigma^2 \left(-\frac{1}{\sqrt{2\pi}} t^2 e^{-\frac{t^2}{2}} \Big|_{-\infty}^{+\infty} + \int_{-\infty}^{+\infty} \frac{1}{\sqrt{2\pi}} e^{-\frac{t^2}{2}}\,dt \right)$$

$$= \sigma^2.$$

二、方差的性质

利用性质求解方差有时比用直接求法更简洁, 下面不加证明地列出随机变量的方差的性质.

(1) 设 C 为常量, 则 $D(C) = 0$.

(2) 设 C 为常量, 则 $D(CX) = C^2 D(X)$.

(3) 对于随机变量 X,Y, 有

$$D(X\pm Y) = D(X) + D(Y) \pm 2E\{[X-E(X)][Y-E(Y)]\}, \quad (4.2)$$

或者

$$D(X \pm Y) = D(X) + D(Y) \pm 2[E(XY) - E(X)E(Y)]. \quad (4.3)$$

特别地,若 X, Y 独立,则 $D(X \pm Y) = D(X) + D(Y)$.自然有 $D(X + C) = D(X)$.

利用性质(2)和性质(3)独立情形,若随机变量 $X_1, X_2, \cdots, X_n$ 相互独立,则有

$$D\left(\sum_{i=1}^{n} C_i X_i\right) = \sum_{i=1}^{n} C_i^2 D(X_i) , 其中 C_i (i = 1, 2, \cdots, n) 为常数.$$

例 4.2.7　随机变量 $X \sim B(n, p)$,求 $D(X)$.

解　引入相互独立的随机变量序列 $X_i \sim B(1, p) (i = 1, 2, \cdots, n)$,

则 $X = \sum_{i=1}^{n} X_i$.又因为 $D(X_i) = p(1-p)$,于是

$$D(X) = \sum_{i=1}^{n} D(X_i) = \sum_{i=1}^{n} p(1-p) = np(1-p).$$

第三节　协方差与相关系数

一、协方差与相关系数的概念

数学期望和方差是随机变量自身取值的平均水平和波动程度的度量,那么随机变量之间的关联又如何刻画呢?我们一般会从整体上关注一个随机变量随着另一个随机变量的变化而变化的趋势性,这就需要考虑两个变量之间的某种线性关联程度.

考察前面方差性质式(4.2)或式(4.3),我们会发现两个随机变量的叠加波动性除了各自的波动影响之外,还有关于变量之间的影响,于是就有了协方差的概念.

定义 4.3.1　若随机变量 X 与 Y 的函数 $[X-E(X)][Y-E(Y)]$ 的数学期望存在,则称

$$E\{[X-E(X)][Y-E(Y)]\}$$

为随机变量 X 与 Y 的协方差,记为 $\mathrm{Cov}(X, Y)$ 或 σ_{XY} .

协方差本质上是随机变量函数的数学期望,因此关于协方差的计算可以遵循数学期望的计算方法进行.

设 (X, Y) 是二维随机变量,函数 $[X-E(X)][Y-E(Y)]$ 的数学期望存在,则

(1) 若 (X, Y) 是离散型随机变量,其联合概率函数为 $p(x_i, y_j)$, $i, j = 1, 2, \cdots$,则

$$\mathrm{Cov}(X, Y) = \sum_i \sum_j [x_i - E(X)][y_j - E(Y)] p(x_i, y_j).$$

(2) 若 (X, Y) 是连续型随机变量,其联合概率密度为 $f(x, y)$,则

$$\text{Cov}(X,Y) = \int_{-\infty}^{+\infty} \int_{-\infty}^{+\infty} [x-E(X)][y-E(Y)]f(x,y)\,dxdy.$$

利用数学期望的性质,易得如下结论.

定理 4.3.1 若随机变量 X 与 Y 的函数 $[X-E(X)][Y-E(Y)]$ 的数学期望存在,则

$$\text{Cov}(X,Y) = E(XY) - E(X)E(Y). \tag{4.4}$$

由于计算协方差一般需要处理有关二维随机变量函数的数学期望,除了一般方法(先将这些随机变量函数的分布求出,然后再求数学期望),利用前面有关数学期望的性质来计算将会更加方便,这里直接列出.

设 (X,Y) 是二维随机变量,$E(X)$,$E(Y)$,$E(XY)$ 均存在,则

(1) 若 (X,Y) 是二维离散型随机变量,其联合概率函数为 $p(x_i,y_j)$,$i,j=1,2,\cdots$,则

$$E(X) = \sum_i x_i p_X(x_i) = \sum_i \sum_j x_i p(x_i,y_j), \tag{4.5}$$

$$E(Y) = \sum_j y_j p_Y(y_j) = \sum_i \sum_j y_j p(x_i,y_j), \tag{4.6}$$

$$E(XY) = \sum_i \sum_j x_i y_j p(x_i,y_j). \tag{4.7}$$

(2) 若 (X,Y) 是连续型随机变量,其联合概率密度为 $f(x,y)$,则

$$E(X) = \int_{-\infty}^{+\infty} x f_X(x)\,dx = \int_{-\infty}^{+\infty} \int_{-\infty}^{+\infty} x f(x,y)\,dxdy, \tag{4.8}$$

$$E(Y) = \int_{-\infty}^{+\infty} y f_Y(y)\,dy = \int_{-\infty}^{+\infty} \int_{-\infty}^{+\infty} y f(x,y)\,dxdy, \tag{4.9}$$

$$E(XY) = \int_{-\infty}^{+\infty} \int_{-\infty}^{+\infty} xy f(x,y)\,dxdy. \tag{4.10}$$

例 4.3.1 设二维离散型随机变量 (X,Y) 的联合分布律如下:

X	Y		
	−1	0	1
0	0.1	0.1	0.2
1	0.2	0.3	0.1

求 $\text{Cov}(X,Y)$.

解 对于离散型随机变量一般可以采用下面两种方法求解协方差.

方法一:先求各自的分布及数学期望,再利用式(4.4)求出协方差.易知关于 X 的边缘分布为

X	0	1
$p_X(x_i)$	0.4	0.6

关于 Y 的边缘分布为

Y	-1	0	1
$p_Y(y_j)$	0.3	0.4	0.3

XY 的分布为

XY	-1	0	1
$p_{XY}(z_k)$	0.2	0.7	0.1

因为 $E(X)=0.6,E(Y)=0,E(XY)=-0.1$,故
$$\mathrm{Cov}(X,Y)=E(XY)-E(X)E(Y)=-0.1.$$

方法二:先利用式(4.5)~式(4.7)求各自的数学期望,再利用式(4.4)求协方差.易知
$$E(X)=0\times(0.1+0.1+0.2)+1\times(0.2+0.3+0.1)=0.6,$$
$$E(Y)=-1\times(0.1+0.2)+0\times(0.1+0.3)+1\times(0.2+0.1)=0,$$
$$E(XY)=0\times(-1)\times0.1+0\times0\times0.1+0\times1\times0.2+1\times(-1)\times0.2+$$
$$1\times0\times0.3+1\times1\times0.1=-0.1,$$

所以
$$\mathrm{Cov}(X,Y)=E(XY)-E(X)E(Y)=-0.1.$$

例 4.3.2　设二维连续型随机变量 (X,Y) 在区域 $D=\{(x,y)\mid x\geqslant0,y\geqslant0,x+y\leqslant1\}$ 上服从均匀分布,求 $\mathrm{Cov}(X,Y)$.

解　因为区域 D 的面积是 0.5,所以 (X,Y) 的联合概率密度为
$$f(x,y)=\begin{cases}2, & (x,y)\in D,\\0, & (x,y)\notin D.\end{cases}$$

利用式(4.8)~式(4.10)有
$$E(X)=\int_{-\infty}^{+\infty}\int_{-\infty}^{+\infty}xf(x,y)\,\mathrm{d}x\mathrm{d}y=\int_0^1\mathrm{d}x\int_0^{1-x}2x\mathrm{d}y=\frac{1}{3},$$
$$E(Y)=\int_{-\infty}^{+\infty}\int_{-\infty}^{+\infty}yf(x,y)\,\mathrm{d}x\mathrm{d}y=\int_0^1\mathrm{d}y\int_0^{1-y}2y\mathrm{d}x=\frac{1}{3},$$
$$E(XY)=\int_{-\infty}^{+\infty}\int_{-\infty}^{+\infty}xyf(x,y)\,\mathrm{d}x\mathrm{d}y=\int_0^1\mathrm{d}x\int_0^{1-x}2xy\mathrm{d}y=\frac{1}{12},$$

所以
$$\mathrm{Cov}(X,Y)=E(XY)-E(X)E(Y)=-\frac{1}{36}.$$

协方差的结果中含有两个随机变量的量纲,且是绝对的数值,有时无法表现出两个随机变量之间的相对关联程度.为了避免量纲对于描述两个变量间关联程度的影响,可以采用无量纲的标准化随机变量.

定义 4.3.2　设 X,Y 的数学期望和方差均存在且方差不为 $0,X^*,Y^*$ 分别是 X,Y 的标准化随机变量,称
$$\mathrm{Cov}(X^*,Y^*)=\frac{\mathrm{Cov}(X,Y)}{\sqrt{D(X)}\sqrt{D(Y)}}$$
为 X,Y 的相关系数,记为 $R(X,Y)$.

从定义可以看出,X,Y 的相关系数本质上是协方差,只是前者没有量纲,是一个相对值.关于各自变量方差的计算方法,以下不加证明地列出.

设(X,Y)是二维随机变量,$E(X),E(Y),D(X),D(Y)$均存在,则

(1) 若(X,Y)是离散型随机变量,其概率函数为 $p(x_i,y_j),i,j=1,2,\cdots$,则

$$D(X)=\sum_i\sum_j\left[x_i-E(X)\right]^2p(x_i,y_j)=\sum_i\sum_j x_i^2 p(x_i,y_j)-E^2(X),$$

$$D(Y)=\sum_i\sum_j\left[y_j-E(Y)\right]^2p(x_i,y_j)=\sum_i\sum_j y_j^2 p(x_i,y_j)-E^2(Y).$$

(2) 若(X,Y)是连续型随机变量,其联合概率密度为$f(x,y)$,则

$$D(X)=\int_{-\infty}^{+\infty}\int_{-\infty}^{+\infty}\left[x-E(X)\right]^2 f(x,y)\,\mathrm{d}x\mathrm{d}y$$

$$=\int_{-\infty}^{+\infty}\int_{-\infty}^{+\infty}x^2 f(x,y)\,\mathrm{d}x\mathrm{d}y-E^2(X),$$

$$D(Y)=\int_{-\infty}^{+\infty}\int_{-\infty}^{+\infty}\left[y-E(Y)\right]^2 f(x,y)\,\mathrm{d}x\mathrm{d}y$$

$$=\int_{-\infty}^{+\infty}\int_{-\infty}^{+\infty}y^2 f(x,y)\,\mathrm{d}x\mathrm{d}y-E^2(Y).$$

二、 协方差与相关系数的性质

由协方差和相关系数的定义,很容易得出下列性质.

(1) $\mathrm{Cov}(X,X)=D(X)$.

(2) $\mathrm{Cov}(X,Y)=\mathrm{Cov}(Y,X)$.

(3) $\mathrm{Cov}(aX,bY)=ab\mathrm{Cov}(X,Y)$,其中 a,b 为常数.

(4) $\mathrm{Cov}(X+Y,Z)=\mathrm{Cov}(X,Z)+\mathrm{Cov}(Y,Z)$.

(5) $\mathrm{Cov}(X,Y)=R(X,Y)\sqrt{D(X)}\sqrt{D(Y)}$,于是

$$D(X\pm Y)=D(X)+D(Y)\pm2\mathrm{Cov}(X,Y)$$
$$=D(X)+D(Y)\pm2R(X,Y)\sqrt{D(X)}\sqrt{D(Y)}.$$

(6) $|R(X,Y)|\leqslant1$.

考察$\min\limits_{a,b\in\mathbf{R}}E\left[Y-(aX+b)\right]^2$,选取恰当的 a,b,使得 Y 与关于 X 的直线 $aX+b$ 平均的偏差平方和达到最小.事实上,当 $a=R(X,Y)\dfrac{\sqrt{D(Y)}}{\sqrt{D(X)}},b=E(Y)-aE(X)$时,有

$$\min_{a,b\in\mathbf{R}}E\left[Y-(aX+b)\right]^2=D(Y)\left[1-R^2(X,Y)\right]. \qquad (4.11)$$

因式(4.11)非负,考虑到 Y 非常数情形时 $D(Y)>0$,可得性质(6)结论[否则 Y 为常数,显然结论(6)成立].

我们还可以接着分析,当 $R(X,Y)=\pm1$ 时,式(4.11)右端为 0,意味着随机变量 Y 与 X 几乎处处就是一条直线! 即 Y 是 X 的线性函数,而此时 $R(X,Y)$ 的取值为 1 或-1.当 $R(X,Y)=1$ 时,称 Y 与 X

正相关,此时 $a>0$,它反映的是随着 X 的增加或减少 Y 也跟着增加或减少,即 Y 与 X 的变化趋势一致;当 $R(X,Y)=-1$ 时,称 Y 与 X 负相关,此时 $a<0$,它反映的是随着 X 的增加或减少 Y 跟着减少或增加,即 Y 与 X 的变化趋势相反.

当 $R(X,Y)=0$ 时,式(4.11)右端为 $D(Y)$,无法反映出 Y 与 X 的这种线性变化趋势,或者说从 X 的增大或减小无法得出 Y 的增大或减小的变化趋势.

定义 4.3.3　当 $R(X,Y)=0$ 时,称 X 与 Y 不相关.

X 与 Y 不相关反映的是 X 与 Y 之间没有线性变化趋势,但并不代表没有其他的关系(比如平方关系或其他非线性关系等).

例 4.3.3　设随机变量 $\theta \sim U(-\pi,\pi)$,且 $X=\cos\theta$, $Y=\sin\theta$,求 $R(X,Y)$.

解　利用随机变量函数的数学期望求法,有

$$E(X)=\frac{1}{2\pi}\int_{-\pi}^{\pi}\cos\theta \mathrm{d}\theta=0, E(Y)=\frac{1}{2\pi}\int_{-\pi}^{\pi}\sin\theta \mathrm{d}\theta=0,$$

$$E(XY)=\frac{1}{2\pi}\int_{-\pi}^{\pi}\sin\theta\cos\theta \mathrm{d}\theta=0,$$

因此

$$\mathrm{Cov}(X,Y)=E(XY)-E(X)E(Y)=0,$$

从而

$$R(X,Y)=0.$$

例 4.3.3 中,随机变量 X 与 Y 是不相关的,它们之间是否相互独立? 由 $X^2+Y^2=1$ 可知, X 与 Y 不独立.

(7) 若 X 与 Y 独立,则 X 与 Y 不相关;反之则不然,即若 X 与 Y 不相关,不一定有 X 与 Y 独立.

(8) 以下结论彼此等价:

1) X 与 Y 不相关;

2) $R(X,Y)=0$;

3) $\mathrm{Cov}(X,Y)=0$;

4) $D(X\pm Y)=D(X)+D(Y)$.

相关系数除了 $R(X,Y)=0$ 以及 $|R(X,Y)|=1$,大多数情形下是 $0<|R(X,Y)|<1$.从这个角度看,相关系数反映的是两个随机变量之间的线性关联程度,随着 $|R(X,Y)|$ 从 0 变化到 1,其线性趋势越来越明显.当然协方差同样体现了两个随机变量之间的线性关联程度.

第四节　随机变量的矩

数学期望、方差、协方差和相关系数都是随机变量常用的数字

特征,而本质上它们都是某种形式的矩,矩是描述随机变量分布的位置以及形态的度量.

定义 4.4.1 设 X 和 Y 都是随机变量,若
$$E(X^k), k=1,2,\cdots$$
存在,则称其为 X 的 k 阶原点矩,记为 $\nu_k(X)$.

若
$$E[X-E(X)]^k, k=1,2,\cdots$$
存在,则称其为 X 的 k 阶中心矩,记为 $\mu_k(X)$.

若
$$E(X^k Y^l), k,l=1,2,\cdots$$
存在,则称其为 X 与 Y 的 $k+l$ 阶混合原点矩,记为 $\nu_{k,l}(X,Y)$.

若
$$E\{[X-E(X)]^k [Y-E(Y)]^l\}, k,l=1,2,\cdots$$
存在,则称其为 X 与 Y 的 $k+l$ 阶混合中心矩,记为 $\mu_{k,l}(X,Y)$.

注 由矩的定义知,数学期望是一阶原点矩,方差是二阶中心矩,协方差是二阶混合中心矩,即
$$\nu_1(X)=E(X), \mu_2(X)=D(X), \mu_{1,1}(X,Y)=\mathrm{cov}(X,Y).$$

第五节 综 合 例 题

例 4.5.1 一民航送客车载有 20 位乘客自机场开出,乘客有 10 个车站可下车,如果到达一个车站没有乘客下车就不停车.以 X 表示停车的次数,求 $E(X)$(设每位乘客在各车站下车是等可能的,并设乘客是否下车互相独立).

解 引入随机变量
$$X_i=\begin{cases} 0, & \text{在第 } i \text{ 站没有人下车,} \\ 1, & \text{在第 } i \text{ 站有人下车,} \end{cases} \quad i=1,2,\cdots,10.$$

易知,$X=\sum_{i=1}^{10} X_i$.由题意可以求出 X_i 的分布
$$P(X_i=0)=\left(\frac{9}{10}\right)^{20}, \quad P(X_i=1)=1-\left(\frac{9}{10}\right)^{20}.$$
因此,
$$E(X)=E\left(\sum_{i=1}^{10} X_i\right)=\sum_{i=1}^{10} E(X_i)=10E(X_1)=10\left[1-\left(\frac{9}{10}\right)^{20}\right]\approx 8.784,$$
即平均停车次数约是 8.784 次.

例 4.5.2 设 X 为随机变量且 $D(X)$ 存在,C 为常数,证明
$$D(X)\leqslant E(X-C)^2.$$

证明 因为

$$E(X-C)^2 = E[X-E(X)+E(X)-C]^2$$
$$= E[X-E(X)]^2 + [E(X)-C]^2 + 2E\{[X-E(X)][E(X)-C]\}$$
$$= E[X-E(X)]^2 + [E(X)-C]^2$$
$$\geqslant E[X-E(X)]^2 = D(X),$$

故有结论成立.

例 4.5.3　随机变量 X 与 Y 独立,X 的概率分布为 $P(X=1)=P(X=-1)=0.5$,Y 服从参数为 λ 的泊松分布.令 $Z=XY$,求 $\mathrm{Cov}(X,Z)$.

解　因为

$$\mathrm{Cov}(X,Z) = E(XZ) - E(X)E(Z) = E(X^2Y) - E(X)E(XY)$$
$$= E(X^2)E(Y) - E^2(X)E(Y)$$
$$= D(X)E(Y),$$

又 $D(X)=1,E(Y)=\lambda$,故 $\mathrm{Cov}(X,Z)=\lambda$.

例 4.5.4　设 $D(X)>0,D(Y)>0$,求 a,b 使 $E[Y-(aX+b)]^2$ 达到最小.

解　设

$$f(a,b) = E[Y-(aX+b)]^2$$
$$= E(Y^2) + a^2E(X^2) + b^2 - 2aE(XY) + 2abE(X) - 2bE(Y),$$

令

$$\begin{cases} \dfrac{\partial f}{\partial a} = 2aE(X^2) + 2bE(X) - 2E(XY) = 0, \\[2mm] \dfrac{\partial f}{\partial b} = 2aE(X) + 2b - 2E(Y) = 0, \end{cases}$$

解得方程唯一解

$$a = R(X,Y)\frac{\sqrt{D(Y)}}{\sqrt{D(X)}}, b = E(Y) - aE(X),$$

由实际问题知,该解即为所求.

例 4.5.5　设 $X \sim N(\mu,\sigma^2)$,求其三阶和四阶中心矩.

解　因为 $X \sim N(\mu,\sigma^2)$,所以概率密度为

$$f(x) = \frac{1}{\sqrt{2\pi}\,\sigma} \mathrm{e}^{-\frac{(x-\mu)^2}{2\sigma^2}}, -\infty < x < +\infty,$$

故三阶中心矩为

$$E[X-E(X)]^3 = E(X-\mu)^3 = \int_{-\infty}^{+\infty} (x-\mu)^3 \frac{1}{\sqrt{2\pi}\,\sigma} \mathrm{e}^{-\frac{(x-\mu)^2}{2\sigma^2}} \mathrm{d}x$$

$$\xlongequal{t=\frac{x-\mu}{\sigma}} \sigma^3 \int_{-\infty}^{+\infty} t^3 \frac{1}{\sqrt{2\pi}} \mathrm{e}^{-\frac{t^2}{2}} \mathrm{d}t$$

$$= 0.$$

四阶中心矩为

$$E[X-E(X)]^4 = E(X-\mu)^4 = \int_{-\infty}^{+\infty}(x-\mu)^4\frac{1}{\sqrt{2\pi}\,\sigma}e^{-\frac{(x-\mu)^2}{2\sigma^2}}\mathrm{d}x$$

$$\xrightarrow{t=\frac{x-\mu}{\sigma}}\sigma^4\int_{-\infty}^{+\infty}t^4\frac{1}{\sqrt{2\pi}}e^{-\frac{t^2}{2}}\mathrm{d}t$$

$$=3\sigma^4.$$

注   设随机变量 X 服从某一分布,其各阶矩均存在,且 $E(X)=\mu,D(X)=\sigma^2$,则称其标准化变量的三阶矩为**偏度系数**(coefficient of skewness),即 $E\left(\dfrac{X-\mu}{\sigma}\right)^3$;称其标准化变量的四阶矩为**峰度系数** (coefficient of kurtosis),即 $E\left(\dfrac{X-\mu}{\sigma}\right)^4$.正态分布的偏度系数为 0,而峰度系数为 3.

第六节   实际案例

案例 1   检验方案的确定问题

在某地区为了进行某种疾病普查,需要检验 N 个人的血液.可用两种方法进行.方法一:对每个人的血液逐个检验,这时需要检验 N 次;方法二:将 N 个检验者分组,每组 k 个人,把一组的 k 个人抽出的血液混合在一起进行一次检验,如果检验结果为阴性,则说明这 k 个人的血液均为阴性,这时这 k 个人总共检验了一次;如果检验结果为阳性,为了明确这 k 个人中哪些人为阳性,就要对这 k 个人再逐个进行检验,这时这 k 个人总共进行了 $k+1$ 次检验.假设每个人的检验结果是否为阳性是独立的,且每个人为阴性的概率为 q.问哪种检验方法检验次数少些?

分析与解答   对方法二,设每个人所需检验次数是一个随机变量 X,则 X 的分布律为

X	$\dfrac{1}{k}$	$1+\dfrac{1}{k}$
P	q^k	$1-q^k$

则

$$E(X)=\frac{1}{k}q^k+\left(1+\frac{1}{k}\right)(1-q^k)=1-q^k+\frac{1}{k}.$$

那么,N 个人平均需要检验的次数为

$$N\left(1-q^k+\frac{1}{k}\right).$$

由此可知,适当选择 k,使得 $E(X)<1$,即当 $q>\dfrac{1}{\sqrt[k]{k}}$ 时,则 N 个人的平均需要检验的次数小于 N,这时方法二比方法一检验次数少.

如果 q 已知,还可以根据 $E(X)=1-q^k+\dfrac{1}{k}$ 选出使其最小的整数 k_0,从而使得检验次数最少.比如,若需检验 1000 人,且 $q=0.9$,则 $k_0=4$,按方法二平均只需进行检验 $1000\times\left(1-0.9^4+\dfrac{1}{4}\right)\approx594$ 次,这样可以减少约 40% 的工作量,为检验工作节约大量的人力、物力、财力.

案例 2　交货时间为随机变量的存贮模型

某商场为了不断货,必须及时组织订货并存储一定量的商品.设商品订货费为 c_1,每件商品单位时间的贮存费为 c_2,缺货费为 c_3,单位时间需求量为 r.图 4.1 所示为贮存量随时间的变化图,L 值称为订货点.当贮存量降到 L 时订货,而交货时间 x 是随机的,如图 4.1 所示的 $x_1,x_2,\cdots$.设 x 的概率密度函数为 $p(x)$.订货量使下一周期初的贮存量达到固定值 Q.为了使总费用最小,选择合适的目标函数建立数学模型,确定最佳订货点 L.

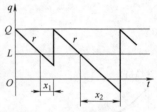

图 4.1　贮存量随时间的变化图

分析与解答　由贮存量 $q(t)$ 的变化图可知,当恰好及时补货时有

$$x=\frac{L}{r},$$

所以,当 $x<\dfrac{L}{r}$ 时,只需要付相应的贮存费即可,即

$$\frac{c_2}{2r}\left[Q^2-(L-rx)^2\right];$$

当 $x>\dfrac{L}{r}$ 时,还需要有缺货费,因此费用为

$$c_2\frac{Q^2}{2r}+c_3\frac{(rx-L)^2}{2r}.$$

而 x 的概率密度函数为 $p(x)$,因此,可得到一个交货周期的期望费用

$$C(L)=c_1+\int_0^{\frac{L}{r}}\frac{c_2}{2r}\left[Q^2-(L-rx)^2\right]p(x)\mathrm{d}x+$$

$$\int_{\frac{L}{r}}^{+\infty}\left[c_2\frac{Q^2}{2r}+c_3\frac{(rx-L)^2}{2r}\right]p(x)\mathrm{d}x,$$

求导得

$$\frac{\mathrm{d}C}{\mathrm{d}L}=-\frac{c_2}{r}\int_0^{\frac{L}{r}}(L-rx)p(x)\mathrm{d}x-\frac{c_3}{r}\int_{\frac{L}{r}}^{+\infty}(rx-L)p(x)\mathrm{d}x,$$

显然有

$$\frac{\mathrm{d}C}{\mathrm{d}L}<0,$$

所以当 $L=Q$ 时,$C(L)$ 最小,这个结果是自然的.

实际上,本题的指标函数应取单位时间的期望费用.因为进货周期的期望为

$$T(L) = \frac{Q-L}{r} + E(x),$$

其中 $E(x)$ 为交货时间的期望,所以可定义指标函数 $S(L) = \frac{C(L)}{T(L)}$.由

$$\left. \frac{\mathrm{d}S}{\mathrm{d}L} \right|_{L^*} = 0,$$

得到

$$C'(L^*)T(L^*) = T'(L^*)C(L^*).$$

又有 $T(L^*) = \frac{Q-L^*}{r} + E(x)$, $T'(L^*) = -\frac{1}{r}$,可以得到

$$L^* = \frac{C(L^*)}{C'(L^*)} + Q + rE(x).$$

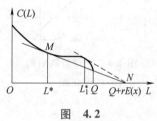

图　4.2

由 $C(L)$ 求 L^* 的图解方法如图 4.2 所示:先作 $C(L)$ 图形,计算 $C''(L)$ 可知 $C(L)$ 由凹弧变凸弧,然后通过 x 轴上 $L = Q + rE(x)$ 的点 N 作曲线的切线,切点 M 的横坐标记为 L^*.另一条切线,即图 4.2 中的虚线,得到的 L_1^* 不是极小值点.

习题四:
基础达标题解答

习题四:基础达标题

一、填空题

1. 若随机变量 X 的概率分布为

X	0	1	2	3	4
P	0.1	0.2	0.3	0.3	0.1

,则 $E(X) = $ _____;$E(X^2) = $ _____;$D(X) = $ _____;$E(3X^2 + 5) = $ _____.

2. 设 $X \sim P(4)$,则 $D(X) = $ _____,$E(X^2) = $ _____.

3. 已知随机变量 X 服从二项分布 $B(n,p)$,且 $E(X) = 2.4$,$D(X) = 1.68$,二项分布的参数 $n = $ _____,$p = $ _____.

4. 设随机变量 X 的概率密度为 $f(x) = \begin{cases} kx^\alpha, & 0 < x < 1, \\ 0, & 其他, \end{cases}$ 且 $E(X) = 0.75$,则 $k = $ _____;$\alpha = $ _____.

5. 若相互独立的随机变量 X 与 Y 满足 $E(X) = 2$,$D(X) = 1$,$E(Y) = 1$,$D(Y) = 4$,则 $E(X - 2Y) = $ _____;$D(2X - Y) = $ _____.

6. 若随机变量 X 服从区间 $(0,1)$ 上的均匀分布,则 X 的 k 阶原点矩 $\nu_k(X) = $ _____.

7. 若随机变量 X 与 Y 满足 $D(X) = D(Y) = 1$,相关系数 $R(X,Y) = -\frac{1}{2}$,则 $D(X - Y) = $ _____;$D(3X + 2Y) = $ _____.

8. 若随机变量 X 与 Y 的协方差 $\mathrm{Cov}(X,Y) = 0$,则 X 与 Y _____.

9. 设随机变量 X_1, X_2, X_3 相互独立,其中 $X_1 \sim U(0,6)$,$X_2 \sim N(0,2^2)$,$X_3 \sim P(3)$,记 $Y = X_1 - 2X_2 + 3X_3$,则 $D(Y) = $ _____.

二、选择题

1. 已知随机变量 $X \sim P(2)$,设 $Y = 3X - 2$,则 $E(Y) = ($ 　　$)$.

A. 2   B. 4   C. $\dfrac{1}{4}$ D. $\dfrac{1}{2}$

2. 设 X 为一随机变量,若 $D(10X)=10$,则 $D(X)=($).

A. 0.1   B. 1   C. 10   D. 100

3. 设随机变量 X 和 Y 相互独立,且方差分别为 4 和 2,则 $3X-2Y$ 的方差是(   ).

A. 8   B. 16   C. 28   D. 44

4. 若随机变量 X 与 Y 满足 $Y=1-X$,且方差均不为 0,则相关系数 $R(X,Y)=($).

A. 1   B. -1 C. 0.5   D. -0.5

5. 随机变量 X 与 Y 相互独立是 $\mathrm{Cov}(X,Y)=0$ 的(   )条件.

A. 充要   B. 充分   C. 必要   D. 即非充分又非必要

6. 若随机变量 X,Y 相互独立,且都服从正态分布 $N(12,4^2)$.设 $\xi=X+Y$,$\eta=X-Y$,则 $\mathrm{Cov}(\xi,\eta)=($).

A. 12   B. 4   C. -16 D. 0

三、解答题

1. 设随机变量 X 的概率密度为 $f(x)=\begin{cases} 2x, & 0\leqslant x\leqslant 1, \\ 0, & \text{其他,} \end{cases}$ 求 X 的数学期望 $E(X)$ 和方差 $D(X)$.

2. 设随机变量 (X,Y) 的联合分布律为

X	Y	
	0	1
0	0.25	0.125
1	0.125	0.5

求:(1) $\mathrm{Cov}(X,Y)$;(2) $R(X,Y)$.

3. 已知随机变量 X 与 Y 都服从二项分布 $B(20,0.1)$,并且 X 与 Y 的相关系数 $R(X,Y)=0.5$,试求 $D(X+Y)$ 及 $\mathrm{Cov}(X,2Y-X)$.

4. 若二维随机变量 (X,Y) 的概率密度 $f(x,y)=\begin{cases} 4xy, & 0\leqslant x\leqslant 1,0\leqslant y\leqslant 1, \\ 0, & \text{其他,} \end{cases}$ 求相关系数 $R(X,Y)$.

习题四:综合提高题

1. 设随机变量 X 的概率密度函数为 $f(x)=\begin{cases} x, & 0<x\leqslant 1, \\ 2-x, & 1<x\leqslant 2, \\ 0, & \text{其他,} \end{cases}$ 求 X 的数学期望 $E(X)$ 和方差 $D(X)$.

2. 设随机变量 X 有均值 4 和方差 25.为了使得 $rX-s$ 有均值 0 和方差 1,应该怎样选择 r,s 的值?

3. 已知随机变量 $X\sim N(-3,1)$,$Y\sim N(2,1)$,且 X 与 Y 相互独立,设随机变量 $Z=X-2Y+7$,试求 $E(Z)$ 和 $D(Z)$,并求出 Z 的概率密度函数.

习题四:
综合提高题解答

第 五 章
大数定律与中心极限定理

概率论与数理统计主要研究随机现象的统计规律性,而随机现象的规律是通过大量重复试验呈现出来的.为了精确地描述这种规律性,本章将引入极限定理,其中最主要的是大数定律与中心极限定理.它们在概率论与数理统计的理论研究和实际应用中具有重要的意义.

第一节　切比雪夫不等式与大数定律

一、切比雪夫不等式

概率统计学者
帕夫努季·利沃维奇·
切比雪夫

方差 $D(X)$ 是用来描述随机变量 X 的取值在其数学期望 $E(X)$ 附近的离散程度的,因此,对任意的正数 ε,事件 $\{|X-E(X)|\geqslant\varepsilon\}$ 发生的概率应该与 $D(X)$ 有关,而这种关系用数学形式表示出来,就是下面我们要学习的切比雪夫不等式.

定理 5.1.1　设随机变量 X 的数学期望 $E(X)$ 与方差 $D(X)$ 存在,则对于任意正数 ε,不等式

$$P(|X-E(X)|\geqslant\varepsilon)\leqslant\frac{D(X)}{\varepsilon^2} \qquad (5.1)$$

或

$$P(|X-E(X)|<\varepsilon)\geqslant1-\frac{D(X)}{\varepsilon^2} \qquad (5.2)$$

都成立.不等式(5.1)和不等式(5.2)称为切比雪夫(Chebyshev)不等式.

证明　下面分别在离散型随机变量和连续型随机变量两种情形证明不等式.

第一种情形:设离散随机变量 X 的概率函数为 $p(x)$,则有

$$P(|X-E(X)|\geqslant\varepsilon)=\sum_{|x_i-E(X)|\geqslant\varepsilon}p(x_i)\leqslant\sum_{|x_i-E(X)|\geqslant\varepsilon}\frac{[x_i-E(X)]^2}{\varepsilon^2}p(x_i)$$

$$\leqslant\frac{1}{\varepsilon^2}\sum_{i=1}^{\infty}[x_i-E(X)]^2p(x_i)=\frac{D(X)}{\varepsilon^2}.$$

第二种情形:设连续型随机变量 X 的密度函数为 $f(x)$,则有

$$P(|X-E(X)| \geqslant \varepsilon) = \int_{|x-E(X)| \geqslant \varepsilon} f(x)\,dx \leqslant \int_{|x-E(X)| \geqslant \varepsilon} \frac{[x-E(X)]^2}{\varepsilon^2} f(x)\,dx$$

$$\leqslant \frac{1}{\varepsilon^2} \int_{-\infty}^{+\infty} [x-E(X)]^2 f(x)\,dx = \frac{D(X)}{\varepsilon^2}.$$

下面利用不等式(5.1)证明不等式(5.2).

由于 $\{|X-E(X)| \geqslant \varepsilon\}$ 与 $\{|X-E(X)| < \varepsilon\}$ 是对立事件,故有

$$P(|X-E(X)| < \varepsilon) = 1 - P(|X-E(X)| \geqslant \varepsilon) \geqslant 1 - \frac{D(X)}{\varepsilon^2}.$$

切比雪夫不等式给出了在随机变量 X 分布未知的情况下,只利用 X 的数学期望和方差即可对 X 的概率分布进行估值的方法,这就是切比雪夫不等式的重要性所在.

例 5.1.1　已知正常男性成人血液中,每毫升含白细胞数的平均值是 7300,标准差是 700,利用切比雪夫不等式估计每毫升血液含白细胞数在 5900~8700 之间的概率.

解　设 X 表示每毫升血液中含白细胞的个数,则

$$E(X) = 7300, \sigma(X) = \sqrt{D(X)} = 700.$$

因为

$$P(5900 < X < 8700) = P(|X-7300| < 1400)$$
$$= 1 - P(|X-7300| \geqslant 1400),$$

并且

$$P(|X-7300| \geqslant 1400) \leqslant \frac{700^2}{1400^2} = \frac{1}{4},$$

所以

$$P(5900 < X < 8700) \geqslant \frac{3}{4}.$$

二、大数定律

下面利用切比雪夫不等式,给出切比雪夫大数定律的证明.

定理 5.1.2(切比雪夫大数定律)　设独立随机变量序列 $X_1, X_2, \cdots, X_n, \cdots$ 的数学期望和方差都存在,并且方差是一致有上界的,即存在常数 C,使得

$$D(X_i) \leqslant C, \quad i = 1, 2, \cdots,$$

则对于任意的正数 ε,有

$$\lim_{n \to \infty} P\left(\left| \frac{1}{n} \sum_{i=1}^{n} X_i - \frac{1}{n} \sum_{i=1}^{n} E(X_i) \right| < \varepsilon \right) = 1.$$

证明　下面用切比雪夫不等式证明该定理.

因为 $X_1, X_2, \cdots, X_n$ 相互独立,所以

$$D\left(\frac{1}{n} \sum_{i=1}^{n} X_i \right) = \frac{1}{n^2} \sum_{i=1}^{n} D(X_i).$$

而

$$E\left(\frac{1}{n}\sum_{i=1}^{n}X_i\right)=\frac{1}{n}\sum_{i=1}^{n}E(X_i),$$

因此,应用切比雪夫不等式得

$$P\left(\left|\frac{1}{n}\sum_{i=1}^{n}X_i-\frac{1}{n}\sum_{i=1}^{n}E(X_i)\right|<\varepsilon\right)\geqslant 1-\frac{1}{n^2\varepsilon^2}\sum_{i=1}^{n}D(X_i).$$

又由于概率不能大于1,有

$$1-\frac{1}{n^2\varepsilon^2}\sum_{i=1}^{n}D(X_i)\leqslant P\left(\left|\frac{1}{n}\sum_{i=1}^{n}X_i-\frac{1}{n}\sum_{i=1}^{n}E(X_i)\right|<\varepsilon\right)\leqslant 1.$$

因为$D(X_i)\leqslant C(i=1,2,\cdots,n)$,所以$\sum_{i=1}^{n}D(X_i)\leqslant nC$,进而

$$1-\frac{C}{n\varepsilon^2}\leqslant P\left(\left|\frac{1}{n}\sum_{i=1}^{n}X_i-\frac{1}{n}\sum_{i=1}^{n}E(X_i)\right|<\varepsilon\right)\leqslant 1.$$

因此,当$n\to\infty$时,利用夹逼准则可得

$$\lim_{n\to\infty}P\left(\left|\frac{1}{n}\sum_{i=1}^{n}X_i-\frac{1}{n}\sum_{i=1}^{n}E(X_i)\right|<\varepsilon\right)=1.$$

切比雪夫大数定律表明:对于数学期望和方差都存在的独立随机变量序列$X_1,X_2,\cdots,X_n,\cdots$,如果方差一致有上界,则当$n$充分大时,随机变量序列的算数平均$\overline{X}=\frac{1}{n}\sum_{i=1}^{n}X_i$的值将比较紧密地聚集在它的数学期望$E(\overline{X})$的附近,这就是大数定律的统计意义.

定理 5.1.3(伯努利大数定律) 在独立试验序列中,设事件A的概率$P(A)=p$,$f_n(A)$表示事件A在n次试验中发生的频率,则对于任意的正数ε,有

$$\lim_{n\to\infty}P(|f_n(A)-p|<\varepsilon)=1.$$

证明 设随机变量X_i表示事件A在第i次试验中发生的次数$(i=1,2,\cdots)$,则这些随机变量相互独立,都服从"0-1"分布,并有数学期望与方差:

$$E(X_i)=p,D(X_i)=p(1-p)\leqslant\frac{1}{4},i=1,2,\cdots.$$

进而

$$E\left(\frac{1}{n}\sum_{i=1}^{n}X_i\right)=\frac{1}{n}\sum_{i=1}^{n}E(X_i)=p.$$

于是,由切比雪夫大数定律得

$$\lim_{n\to\infty}P\left(\left|\frac{1}{n}\sum_{i=1}^{n}X_i-p\right|<\varepsilon\right)=1.$$

显然,$\sum_{i=1}^{n}X_i$就是事件A在n次试验中发生的次数n_A,由此可知

$$\frac{1}{n}\sum_{i=1}^{n}X_i=\frac{n_A}{n}=f_n(A),$$

所以

$$\lim_{n \to \infty} P(|f_n(A) - p| < \varepsilon) = 1.$$

伯努利大数定律表明:当试验在相同的条件下重复进行很多次时,随机事件 A 的频率 $f_n(A)$ 将稳定在事件 A 的概率 $P(A)$ 附近.因此,我们就可以通过做大量的试验确定某事件发生的频率并把它作为相应概率的估计值.

切比雪夫大数定律和伯努利大数定律均要求随机变量序列方差存在,但在随机变量序列为独立同分布时,并不需要这一条件.

定理 5.1.4(辛钦大数定律)　设随机变量序列 $X_1, X_2, \cdots,$ $X_n, \cdots$ 独立同分布,并且有

$$E(X_i) = \mu, i = 1, 2, \cdots,$$

则对于任意的正数 ε,有

$$\lim_{n \to \infty} P\left(\left| \frac{1}{n} \sum_{i=1}^{n} X_i - \mu \right| < \varepsilon \right) = 1.$$

概率统计学者
亚历山大·雅科夫列
维奇·辛钦

辛钦大数定律表明:在试验次数无限增多时,具有独立同分布的随机变量序列的算术平均值将无限接近其数学期望,故可以用算术平均值来估计数学期望.这种方法在第七章参数估计中会有所体现.

第二节　中心极限定理

中心极限定理主要研究在不同的条件下大量随机变量和的极限分布是正态分布的问题.下面不加证明地给出两个中心极限定理,并举例说明它们在实际中的应用.

定理 5.2.1(林德伯格-勒维中心极限定理)　设相互独立的随机变量序列 $X_1, X_2, \cdots, X_n, \cdots$ 服从相同的分布,且

$$E(X_i) = \mu, D(X_i) = \sigma^2 > 0, \ i = 1, 2, \cdots,$$

则对于任意实数 x,有

$$\lim_{n \to \infty} P\left(\frac{\sum_{i=1}^{n} X_i - n\mu}{\sqrt{n}\,\sigma} \leqslant x \right) = \int_{-\infty}^{x} \frac{1}{\sqrt{2\pi}} e^{-\frac{t^2}{2}} \, dt.$$

下面仅对定理的含义做一些说明.

设 $Y_n = \sum_{i=1}^{n} X_i$,则有

$$E(Y_n) = E\left(\sum_{i=1}^{n} X_i \right) = \sum_{i=1}^{n} E(X_i) = n\mu,$$

$$D(Y_n) = D\left(\sum_{i=1}^{n} X_i \right) = \sum_{i=1}^{n} D(X_i) = n\sigma^2,$$

$$\sigma(Y_n) = \sqrt{n\sigma^2} = \sqrt{n}\,\sigma.$$

又设随机变量 $Z_n = \dfrac{Y_n - E(Y_n)}{\sigma(Y_n)} = \dfrac{\sum\limits_{i=1}^{n} X_i - n\mu}{\sqrt{n}\,\sigma} = \dfrac{\dfrac{1}{n}\sum\limits_{i=1}^{n} X_i - \mu}{\sigma/\sqrt{n}}$,则根据定理 5.2.1 可知,随机变量 Z_n 近似服从标准正态分布.因此,当 n 充分大时,随机变量 $X_1, X_2, \cdots, X_n$ 的和 $Y_n = n\mu + \sqrt{n}\,\sigma Z_n$ 将近似地服从正态分布 $N(n\mu, n\sigma^2)$,随机变量 $X_1, X_2, \cdots, X_n$ 的算数平均 $\overline{X} = \mu + \dfrac{\sigma}{\sqrt{n}} Z_n$ 近似服从正态分布 $N\left(\mu, \dfrac{\sigma^2}{n}\right)$.

例 5.2.1 用机器包装味精,每袋净重为随机变量,期望值为 100g,标准差为 10g,100 袋味精装成一箱.求一箱味精净重大于 10250g 的概率.

解 设一箱味精净重为 Xg,箱中第 k 袋味精的净重为 X_kg,$k = 1, 2, \cdots, 100$,则 $X_1, X_2, \cdots, X_{100}$ 是相互独立的随机变量,且 $E(X_k) = 100, D(X_k) = 100, k = 1, 2, \cdots, 100.$ 故

$$E(X) = \sum_{k=1}^{100} E(X_k) = 10000, D(X) = \sum_{k=1}^{100} D(X_k) = 10000, \sqrt{D(X)} = 100.$$

因而,

$$
\begin{aligned}
P(X > 10250) &= 1 - P(X \leqslant 10250) \\
&= 1 - P\left(\frac{X - 10000}{100} \leqslant \frac{250}{100}\right) \\
&\approx 1 - \Phi(2.5) \\
&= 0.0062.
\end{aligned}
$$

在定理 5.2.1 中,如果相互独立的随机变量序列 $X_1, X_2, \cdots, X_n, \cdots$ 服从 0-1 分布时,可以得到下述定理.

定理 5.2.2(棣莫佛-拉普拉斯中心极限定理) 设在独立试验序列中,事件 A 发生的概率为 $p(0 < p < 1)$,随机变量 Y_n 表示事件 A 在 n 次试验中发生的次数,则对任意实数 x,有

$$\lim_{n \to \infty} P\left(\frac{Y_n - np}{\sqrt{np(1-p)}} \leqslant x\right) = \int_{-\infty}^{x} \frac{1}{\sqrt{2\pi}} e^{-\frac{t^2}{2}} \mathrm{d}t.$$

定理 5.2.2 表明,正态分布是二项分布的近似,即当 n 充分大时,服从二项分布的随机变量 Y_n 将近似地服从正态分布 $N(np, np(1-p))$.一般来说,当 n 较大时,二项分布的概率计算非常复杂,这时我们可以用正态分布来近似地计算二项分布,计算公式为

$$
\sum_{k=n_1}^{n_2} C_n^k p^k (1-p)^{n-k} = P(n_1 \leqslant Y_n \leqslant n_2)
$$

$$
= P\left(\frac{n_1 - np}{\sqrt{np(1-p)}} \leqslant \frac{Y_n - np}{\sqrt{np(1-p)}} \leqslant \frac{n_2 - np}{\sqrt{np(1-p)}}\right)
$$

$$\approx \Phi\left(\frac{n_2-np}{\sqrt{np(1-p)}}\right)-\Phi\left(\frac{n_1-np}{\sqrt{np(1-p)}}\right).$$

例 5.2.2 设随机变量 X 服从 $B(100,0.8)$，求 $P(70\leqslant X\leqslant 90)$.

解 由棣莫佛-拉普拉斯中心极限定理可知

$$P(70\leqslant X\leqslant 90)=P\left(\frac{70-np}{\sqrt{np(1-p)}}\leqslant \frac{X-np}{\sqrt{np(1-p)}}\leqslant \frac{90-np}{\sqrt{np(1-p)}}\right)$$

$$\approx \Phi\left(\frac{90-80}{\sqrt{100\times 0.8\times 0.2}}\right)-\Phi\left(\frac{70-80}{\sqrt{100\times 0.8\times 0.2}}\right)$$

$$=\Phi(2.5)-\Phi(-2.5)$$

$$=0.9876.$$

例 5.2.3 一个复杂系统由 100 个相互独立的电子元件构成，在系统运行期间，每个电子元件损坏的概率为 0.1，用 X 表示系统运行时正常工作的元件数.(1) 写出 X 的概率函数；(2) 利用棣莫佛-拉普拉斯中心极限定理，求系统运行时正常工作的电子元件数不少于 87 个的概率的近似值.

解 (1) 因为 $X\sim B(100,0.9)$，则概率函数为

$$P(X=k)=C_{100}^{k}(0.9)^{k}(0.1)^{100-k},k=0,1,2,\cdots,100.$$

(2) $E(X)=100\times 0.9=90,D(X)=100\times 0.9\times 0.1=9$，由棣莫佛-拉普拉斯中心极限定理得

$$P(87\leqslant X\leqslant 100)=P\left(\frac{87-90}{3}\leqslant \frac{X-90}{3}\leqslant \frac{100-90}{3}\right)$$

$$=P\left(-1\leqslant \frac{X-90}{3}\leqslant \frac{10}{3}\right)$$

$$\approx \Phi\left(\frac{10}{3}\right)-\Phi(-1)$$

$$=0.8413.$$

第三节　综合例题

例 5.3.1 设随机变量 $X\sim N(-2,1),Y\sim N(2,4)$，且相关系数 $R(X,Y)=-0.5$，根据切比雪夫不等式估算 $P(|X+Y|\geqslant 6)$.

解 因 $E(X)=-2,E(Y)=2$，故 $E(X+Y)=0$，因而由切比雪夫不等式得到

$$P(|X+Y|\geqslant 6)=P(|X+Y-0|\geqslant 6)\leqslant \frac{D(X+Y)}{36}.$$

而

$$D(X+Y)=D(X)+D(Y)+2\mathrm{Cov}(X,Y)$$

$$=D(X)+D(Y)+2R(X,Y)\sqrt{D(X)}\sqrt{D(Y)}$$

$$=1+4-2\times 0.5\times 2=3,$$

因此 $$P(|X+Y|\geqslant 6)\leqslant \frac{3}{36}=\frac{1}{12}.$$

例 5.3.2 一加法器同时收到 300 个噪声电压 $V_k(k=1,2,\cdots,300)$，设它们是相互独立的随机变量，且都在区间 $(0,6)$ 上服从均匀分布，记 $V=\sum_{k=1}^{300}V_k$，求 $P\{V>930\}$ 的近似值.

解 易知 $E(V_k)=3$，$D(V_k)=36/12=3(k=1,2,\cdots,300)$. 由林德柏格-勒维中心极限定理，随机变量 $Z=\dfrac{\sum\limits_{k=1}^{300}V_k-300\times 3}{\sqrt{300\times 3}}=\dfrac{V-900}{30}$ 近似服从标准正态分布 $N(0,1)$. 于是

$$P(V>930)=P\left(\frac{V-900}{30}>\frac{930-900}{30}\right)=1-P\left(\frac{V-900}{30}\leqslant 1\right)$$
$$\approx 1-\Phi(1)=0.1587.$$

例 5.3.3 某电站供应当地 10000 户居民用电，在用电高峰时每户用电的概率为 0.9，且各户用电量多少是相互独立的. 求：(1) 用电高峰时刻有 9060 户以上用电的概率；(2) 若每户用电功率为 100W，则在用电高峰时刻电站至少需要多少电功率才能保证以 0.975 的概率供应居民用电？

解 (1) 设随机变量 Y_n 表示在 10000 户居民中同时用电的用户，则 $Y_n\sim B(10000,0.9)$，于是

$$np=10000\times 0.9=9000,$$
$$\sqrt{np(1-p)}=\sqrt{10000\times 0.9\times 0.1}=30.$$

因此，所求概率为

$$P(9060\leqslant Y_n\leqslant 10000)=P\left(2\leqslant \frac{Y_n-np}{\sqrt{np(1-p)}}\leqslant \frac{100}{3}\right)\approx \Phi\left(\frac{100}{3}\right)-\Phi(2)$$
$$=0.0228.$$

(2) 若每户用电功率为 100W，则 Y_n 户用电功率为 $100Y_n$W. 设供电站功率为 QW，则由题意得

$$P(100Y_n\leqslant Q)=P\left(Y_n\leqslant \frac{Q}{100}\right)=P\left(\frac{Y_n-np}{\sqrt{np(1-p)}}\leqslant \frac{Q/100-9000}{30}\right)$$
$$\approx \Phi\left(\frac{Q/100-9000}{30}\right)=0.975.$$

查表可知 $\Phi(1.96)=0.975$，故

$$\frac{Q/100-9000}{30}=1.96,$$

则有

$$Q=905880,$$

因此，电站供电功率不应少于 905.88kW.

习题五:基础达标题

习题五:
基础达标题解答

1. 设随机变量 X 服从泊松分布 $P(\lambda)$,根据切比雪夫不等式估算 $P\left(|X-\lambda| \geqslant \dfrac{1}{\lambda}\right)$.

2. 设 $X_1, X_2, \cdots, X_{10}$ 是相互独立、同分布的随机变量序列,且 $E(X_i)=10$, $D(X_i)=1, i=1,2,\cdots,10$,利用切比雪夫不等式估算 $P\left(90<\sum\limits_{i=1}^{10} X_i<110\right)$.

3. 设 $X_1, X_2, \cdots, X_{100}$ 是相互独立的随机变量,且都服从参数为 0.01 的泊松分布,记 $Y=\sum\limits_{i=1}^{100} X_i$,试利用中心极限定理计算 $P(Y>2)$.

4. 计算机在进行加法运算时对每个加数取整,若每个加数产生的误差 X_i 相互独立且服从区间 $[-0.5,0.5]$ 上的均匀分布.求将 1200 个数相加时,误差总和的绝对值超过 20 的概率.

5. 车间有 100 台机床,它们独立工作着,每台机床正常工作的概率均为 0.8,正常工作时耗电功率各为 1kW,问供电所供给这个车间 88.4kW,能够以多大的概率保证这个车间不会因供电不足而影响生产?

6. 一个复杂的系统由 100 个相互独立的部件所组成,每个部件的可靠性(部件正常工作的概率)为 90%,且在整个运行期间,至少需要 84% 的部件工作,才能使整个系统正常工作.问系统的可靠度(即系统正常工作的概率)为多少?

习题五:综合提高题

习题五:
综合提高题解答

1. 设随机变量 X 和 Y 的数学期望分别为 -5 和 5,方差分别为 4 和 16,而相关系数为 0.5,根据切比雪夫不等式估算 $P(|X+Y| \geqslant 6)$.

2. 某单位内部有 216 部电话分机,每个分机有 4% 的时间要与外线通话,可以认为每个电话分机用不同的外线是相互独立的.问总机需备多少条外线才能以 95.05% 的概率满足每个分机在用外线时不用等候?

3. 某商店负责供应某地区 10000 人商品,某种商品在一段时间内每人需用一件的概率为 0.64,假定在这一段时间内各人购买与否彼此无关,问商店应预备多少件这种商品,才能以 99.38% 的概率保证不会脱销(假定该商品在某一段时间内每人最多可以买一件)?

4. 已知某工厂生产无线电元件,合格品占 $\dfrac{1}{5}$,某商店从该厂任意选购 10000 个这种元件,问在这 10000 个元件中合格品的比例与 $\dfrac{1}{5}$ 之差小于 1% 的概率是多少?

第 六 章
数理统计的基本概念与抽样分布

在前面五章里,我们给出了概率论的基本内容,包括从随机现象出发,引入随机试验、随机事件、样本空间、随机变量等概念,以及在此基础上研究了随机事件的概率、随机变量的分布与数字特征等问题.概率论中通常假定涉及的概率分布为已知,并以此为基础进行计算推理;然而,实际问题中遇到的往往是分布未知或分布部分未知的情形.人们只是能够通过独立重复观测,得到许多的观测值,需要对这些数据进行整理分析,以便推断随机现象的统计规律性,进而给出决策和行动的依据、建议等,这些做法都属于数理统计的范畴.数理统计是以概率论为理论基础,研究如何有效收集、整理与分析带有随机性的部分数据,对所涉及随机现象的统计规律(分布函数、分布参数、数字特征等)做出推断,以提供尽可能精确和可靠的决策依据和建议,具有"利用部分推断整体"的特征.在接下来的几章里我们将依次介绍数理统计中所涉及的重要内容:参数估计、假设检验、方差分析、回归分析.

本章我们将介绍总体、样本、统计量及三大抽样分布等基本知识,并在此基础上给出常用的统计量、常用的抽样分布等,为后面的统计推断建立基础.

第一节　总体与样本

一、总体与个体

通常称研究对象的全体为**总体**,称组成总体的每个元素为**个体**,总体中包含个体的个数称为**总体容量**.

例如,要研究某地区 2021 年新出生婴儿身高情况,可认为该地区所有 2021 年新出生婴儿的身高为总体,每个新出生婴儿的身高为个体.又如,要研究某军工厂生产的一批 5000 枚某型号炮弹的质量,这里只考虑炮弹被发射后的射程,则可认为这一批 5000 枚炮弹被发射后的射程是总体,每一枚炮弹被发射后的射程是个体,总体容量为 5000,是有限的.再如,要研究某日午时渤海海域任意地点的海水深度,可认为这一日渤海海域所有点处的海水深度为总体,每一点处的海水深度为个体,此时总体容量是无限的.

按总体容量的多少可分为有限总体和无限总体.在实际应用中,有时也将个体的数量很大的有限总体视作无限总体.

抛开以上例子中的实际背景,总体就是一些取值(数),如身高、射程、深度等.因此可以用某一随机变量 X 的取值去描述总体的取值,或者说将总体对应于某一随机变量 X,把对总体的研究变成对某一随机变量 X 的研究,**总体的分布对应于某一随机变量 X 的分布**.由于每一个个体在被观测之前,取值不确定,且都在总体的取值范围内取值,所以也可将个体看作某一个随机变量(记作 X_i),其与总体具有相同的分布.

二、抽样与样本

一般来说,为更好地研究总体的规律,需对每一个个体进行测试或观测.但在多数情况下,由于时间、费用或其他因素的影响,无法对全部个体进行逐个研究.因此,人们通常是在相同的条件下从总体中随机抽取若干个体,根据这些个体的观测值来推断总体的特征.从总体抽取个体的过程称为**抽样**,抽取出的个体称为**样本**,样本中含有个体的数量称为**样本容量**.

抽出样本是为了更好地研究总体,因此就需要所抽取的样本能够尽可能地反映总体的特征,通常采取符合以下两个条件的简单随机抽样方式进行:

(1)**独立性**:需要保证每个个体被抽到与否,不受其他个体的被抽取情况影响;

(2)**随机性**:需要保证每个个体都有相同被抽到的可能性,以使抽样具有代表性.

采用简单随机抽样方式抽出的样本,称为简单随机样本.用 X 表示总体,简单随机样本可记作 $X_1, X_2, \cdots, X_n$,则有:

(1) $X_1, X_2, \cdots, X_n$ 之间相互独立;

(2) 每个个体 X_i 与总体 X 有相同的分布.

如果对总体进行放回随机抽样,得到的样本一定是简单随机样本.如果对总体进行不放回随机抽样,则无法完全保证相互之间的独立性.但当样本容量远小于总体容量时,可将此种情况的抽样近似看作简单随机抽样.

对于简单随机样本 $X_1, X_2, \cdots, X_n$,可得:

(1) 若总体 X 的期望、方差都存在,则
$$E(X_i) = E(X), D(X_i) = D(X), i = 1, 2, \cdots, n;$$

(2) 若总体 X 的分布函数为 $F(x)$,则 $X_1, X_2, \cdots, X_n$ 的联合分布函数为
$$F_n(x_1, x_2, \cdots, x_n) = \prod_{i=1}^{n} F(x_i);$$

（3）若总体 X 为离散型随机变量(也称为离散型总体 X)，且其概率函数为 $p(x)$，则 $X_1, X_2, \cdots, X_n$ 的联合概率函数为

$$P(X_1 = x_1, X_2 = x_2, \cdots, X_n = x_n) = \prod_{i=1}^{n} p(x_i);$$

（4）若总体 X 为连续型随机变量(也称为连续型总体 X)，且其概率密度函数为 $f(x)$，则 $X_1, X_2, \cdots, X_n$ 的联合概率密度函数为

$$f(x_1, x_2, \cdots, x_n) = \prod_{i=1}^{n} f(x_i).$$

三、 统计量

抽出样本的目的是为了更好地推断总体，而抽出的样本观测值往往看起来杂乱无章，因此需要对样本数据进行加工处理，从中提取出所需要的信息.关于样本观测值的加工方法，常用的有两种：一种是列表或作图(将在本章第四节中给出)，另一种是构造适当的样本函数，即统计量.下面给出统计量的概念和常用的统计量.

定义 6.1.1 设 $X_1, X_2, \cdots, X_n$ 是来自总体 X 的一个样本，T 是样本 $X_1, X_2, \cdots, X_n$ 的函数，记为 $T = g(X_1, X_2, \cdots, X_n)$，若 T 中不含有未知的参数，则称 $T = g(X_1, X_2, \cdots, X_n)$ 为统计量.统计量的分布称为抽样分布.

注 （1）统计量是样本函数，但样本函数不一定是统计量；

（2）统计量 $T = g(X_1, X_2, \cdots, X_n)$ 是一个随机变量，当样本 $X_1, X_2, \cdots, X_n$ 的观测值为 $x_1, x_2, \cdots, x_n$ 时，称 $T = g(x_1, x_2, \cdots, x_n)$ 为统计量 $T = g(X_1, X_2, \cdots, X_n)$ 的观测值.

例如，对于正态总体 $X \sim N(\mu, \sigma^2)$，其中 μ 为已知，σ^2 为未知.取总体 X 的一组样本 $X_1, X_2, X_3, X_4, X_5, X_6$，则 $\frac{1}{4} \sum_{i=1}^{4} X_i, X_5^2 + X_6^2$，$\frac{1}{6} \sum_{i=1}^{6} (X_i - \mu)^2$ 都是统计量，而 $\frac{X_1 - \mu}{\sigma}, \frac{X_2 + X_3}{\sigma}$ 就不是统计量.

一般地，对于不同的问题需要构造不同的统计量，接下来介绍一些常用的统计量.

定义 6.1.2 设 $X_1, X_2, \cdots, X_n$ 是来自总体 X 的一个样本，$x_1, x_2, \cdots, x_n$ 是相应的样本观测值，则常用的统计量有

样本均值：$\overline{X} = \dfrac{1}{n} \sum_{i=1}^{n} X_i$；

样本方差：$S^2 = \dfrac{1}{n-1} \sum_{i=1}^{n} (X_i - \overline{X})^2 = \dfrac{1}{n-1} \left(\sum_{i=1}^{n} X_i^2 - n\overline{X}^2 \right)$；

样本标准差：$S = \sqrt{S^2} = \sqrt{\dfrac{1}{n-1} \sum\limits_{i=1}^{n} (X_i - \overline{X})^2}$；

样本 k 阶原点矩：$V_k = \dfrac{1}{n} \sum\limits_{i=1}^{n} X_i^k, k = 1, 2, \cdots$；

样本 k 阶中心矩：$U_k = \dfrac{1}{n} \sum\limits_{i=1}^{n} (X_i - \overline{X})^k, k = 2, 3, \cdots$.

定义 6.1.2 中常用统计量的观测值分别记作

样本均值：$\overline{x} = \dfrac{1}{n} \sum\limits_{i=1}^{n} x_i$；

样本方差：$s^2 = \dfrac{1}{n-1} \sum\limits_{i=1}^{n} (x_i - \overline{x})^2 = \dfrac{1}{n-1} \left(\sum\limits_{i=1}^{n} x_i^2 - n\overline{x}^2 \right)$；

样本标准差：$s = \sqrt{s^2} = \sqrt{\dfrac{1}{n-1} \sum\limits_{i=1}^{n} (x_i - \overline{x})^2}$；

样本 k 阶原点矩：$v_k = \dfrac{1}{n} \sum\limits_{i=1}^{n} x_i^k, k = 1, 2, \cdots$；

样本 k 阶中心矩：$u_k = \dfrac{1}{n} \sum\limits_{i=1}^{n} (x_i - \overline{x})^k, k = 2, 3, \cdots$.

注　除样本均值与样本方差（标准差）是最常用到的统计量之外，样本的三、四阶矩也有一些应用，四阶以上的矩则很少用到：

（1）易知，$\overline{X} = V_1$，$S^2 = \dfrac{n}{n-1} U_2$，且当 n 较大时，S^2 与 U_2 相差不大；

（2）称 $\gamma_s = \dfrac{U_3}{(\sqrt{U_2})^3} = \dfrac{\sqrt{n} \sum\limits_{i=1}^{n} (X_i - \overline{X})^3}{\left[\sum\limits_{i=1}^{n} (X_i - \overline{X})^2 \right]^{\frac{3}{2}}}$ 为样本偏度（skewness），

是用来描述总体取值分布的对称性的统计量；

（3）称 $\gamma_k = \dfrac{U_4}{(\sqrt{U_2})^4} - 3 = \dfrac{n \sum\limits_{i=1}^{n} (X_i - \overline{X})^4}{\left[\sum\limits_{i=1}^{n} (X_i - \overline{X})^2 \right]^2} - 3$ 为**样本峰度**

（kurtosis），是用来描述总体取值分布的形态陡缓程度的统计量.

在有些实际问题中，需要考虑样本的极大和极小相关的情况，比如质量管理、可靠性等方面，为此引入顺序统计量的概念.

定义 6.1.3　设 $X_1, X_2, \cdots, X_n$ 是来自总体 X 的一个样本，将相应的样本观测值 $(x_1, x_2, \cdots, x_n)$ 由小到大排列为 $x_{(1)} \leqslant x_{(2)} \leqslant \cdots \leqslant x_{(n)}$.当 $X_1, X_2, \cdots, X_n$ 的观测值为 $x_1, x_2, \cdots, x_n$ 时，规定一组新的随

机变量 $X_{(1)}, X_{(2)}, \cdots, X_{(n)}$ 使得 $X_{(k)} = x_{(k)}$，$k = 1, 2, \cdots, n$，则称 $X_{(1)} \leqslant X_{(2)} \leqslant \cdots \leqslant X_{(n)}$ 为顺序统计量.称 $X_{(1)}$ 为极小顺序统计量，称 $X_{(n)}$ 为极大顺序统计量，称 $X_{(k)}$ 为第 k 个顺序统计量（$k = 1, 2, \cdots, n$）.称 $R = X_{(n)} - X_{(1)}$ 为极差，称

$$X_p = \begin{cases} X_{([np+1])}, & \text{当 } np \text{ 不是整数,} \\ \dfrac{1}{2}\left\{X_{(np)} + X_{(np+1)}\right\}, & \text{当 } np \text{ 是整数} \end{cases}$$

为样本 p 分位数，其中 $0 < p < 1$.特别地，当 $p = 0.5$ 时，有

$$X_{0.5} = \begin{cases} X_{\left(\frac{n+1}{2}\right)}, & \text{当 } n \text{ 是奇数,} \\ \dfrac{1}{2}\left\{X_{\left(\frac{n}{2}\right)} + X_{\left(\frac{n}{2}+1\right)}\right\}, & \text{当 } n \text{ 是偶数,} \end{cases}$$

样本 0.5 分位数 $X_{0.5}$ 也称为样本中位数，又记为 M 或 Q_2.当 $p = 0.25$ 时，样本 0.25 分位数 $X_{0.25}$ 也称为样本的第一四分位数，又记为 Q_1；当 $p = 0.75$ 时，样本 0.75 分位数 $X_{0.75}$ 也称为样本的第三四分位数，又记为 Q_3；同理，样本中位数也称为样本的第二四分位数.本定义中出现的记号 $[\cdot]$ 表示向下取整运算.

例 6.1.1 记总体 X 的一组样本为随机变量 $(X_1, X_2, X_3, X_4, X_5)$，具体到一次抽样可得一组样本观测值，设经过三次抽样得到三组样本观测值：

样本	X_1	X_2	X_3	X_4	X_5
组 1	2.5	2.1	1.7	2.0	1.8
组 2	2.1	2.2	1.9	1.7	2.3
组 3	1.6	2.4	1.8	2.0	2.1

将每一组样本观测值由小到大依次排列，看成新的随机变量的观测值，即顺序统计量 $(X_{(1)}, X_{(2)}, X_{(3)}, X_{(4)}, X_{(5)})$ 的观测值：

拓展阅读
统计学院士——
陈希孺

样本	$X_{(1)}$	$X_{(2)}$	$X_{(3)}$	$X_{(4)}$	$X_{(5)}$
组 1	1.7	1.8	2.0	2.1	2.5
组 2	1.7	1.9	2.1	2.2	2.3
组 3	1.6	1.8	2.0	2.1	2.4

显然，顺序统计量的任意一组观测值是按由小到大的顺序排列的，则它的各个分量不是相互独立的.

第二节　统计量与三大抽样分布

我们知道，抽取样本是为了推断总体，而构造适当的统计量能

够更好地推断总体.由于统计量是样本(随机变量)的函数,所以也有相应的概率分布(称之为抽样分布).除正态分布外,还有三种分布在数理统计中经常用到,它们分别是:χ^2(卡方)分布、t分布、F分布.

一、χ^2分布

定义 6.2.1 设 $X_1, X_2, \cdots, X_n$ 是相互独立的随机变量,且均服从标准正态分布(即 $X_1, X_2, \cdots, X_n \overset{\text{i.i.d.}}{\sim} N(0,1)$),则称

$$\chi^2 = \sum_{i=1}^{n} X_i^2$$

是服从自由度为 n 的 χ^2 分布的随机变量,记作 $\chi^2 = \sum_{i=1}^{n} X_i^2 \sim \chi^2(n)$.

定义 6.2.1 中的 i.i.d. 是英文 independent identically distributed 的缩写,表示独立同分布,有时也记作 iid.

注 (1) χ^2 分布的概率密度函数为

$$g_n(x) = \begin{cases} \dfrac{1}{2^{\frac{n}{2}}\Gamma\left(\dfrac{n}{2}\right)} x^{\frac{n}{2}-1} \mathrm{e}^{-\frac{x}{2}}, & x>0, \\ 0, & x\leqslant 0, \end{cases}$$

其中 $\Gamma\left(\dfrac{n}{2}\right)$ 是 Γ 函数 $\Gamma(x) = \int_0^{+\infty} t^{x-1}\mathrm{e}^{-t}\mathrm{d}t$ 在 $\dfrac{n}{2}$ 处的值.图 6.1 给出了几种特定自由度时密度函数 $g_n(x)$ 的形状图;

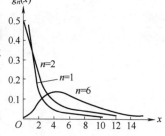

图 6.1 χ^2 分布的密度函数 $g_n(x)$ 的形状图

(2) 当 $n=1$ 时,$\chi^2(1)$ 分布是标准正态分布的平方;当 $n=2$ 时,$\chi^2(2)$ 分布就是参数为 $\dfrac{1}{2}$ 的指数分布;

(3) χ^2 分布的可加性:若 $\chi_1^2 \sim \chi^2(n_1)$,$\chi_2^2 \sim \chi^2(n_2)$,且相互独立,则

$$\chi_1^2 + \chi_2^2 \sim \chi^2(n_1+n_2);$$

(4) χ^2 分布的期望与方差:若 $\chi^2 \sim \chi^2(n)$,则 $E(\chi^2) = n$,$D(\chi^2) = 2n$.

二、t分布

定义 6.2.2 设 $X \sim N(0,1)$,$Y \sim \chi^2(n)$,且 X 与 Y 相互独立,则称

$$T = \frac{X}{\sqrt{Y/n}}$$

是服从自由度为 n 的 t 分布的随机变量,记作 $T \sim t(n)$.

注　（1）t 分布又称学生（Student）分布，当 $T \sim t(n)$ 时，T 的概率密度函数为

$$t_n(x) = \frac{\Gamma\left[\dfrac{n+1}{2}\right]}{\sqrt{\pi n}\,\Gamma\left(\dfrac{n}{2}\right)} \left(1+\frac{x^2}{n}\right)^{-\frac{n+1}{2}}, x \in \mathbf{R}.$$

图 6.2 给出了几种特定自由度时密度函数 $t_n(x)$ 的形状图.可以看到，图形关于 $x=0$ 对称，且当 n 无限增大时，t 分布无限接近 $N(0,1)$ 分布（一般当 $n \geqslant 30$ 时，t 分布可近似看作标准正态分布）.但对于较小的 n，t 分布与 $N(0,1)$ 分布相差较大.

（2）t 分布的期望与方差：若 $T \sim t(n)$，则 $E(T) = 0 (n>1)$，$D(T) = \dfrac{n}{n-2} (n>2)$.

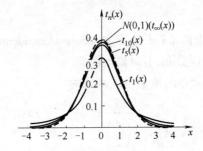

图 6.2　t 分布的密度函数 $t_n(x)$ 的形状图

三、F 分布

定义 6.2.3　设 $X \sim \chi^2(n_1)$，$Y \sim \chi^2(n_2)$，且 X 与 Y 相互独立，则称

$$F = \frac{X/n_1}{Y/n_2}$$

是服从第一自由度为 n_1，第二自由度为 n_2 的 F 分布的随机变量，记作 $F \sim F(n_1, n_2)$.

注　（1）当 $F \sim F(n_1, n_2)$ 时，F 的概率密度函数为

$$f_{n_1, n_2}(x) = \begin{cases} \dfrac{\Gamma\left(\dfrac{n_1+n_2}{2}\right)}{\Gamma\left(\dfrac{n_1}{2}\right)\Gamma\left(\dfrac{n_2}{2}\right)} m^{\frac{n_1}{2}} n^{\frac{n_2}{2}} x^{\frac{n_1}{2}-1}(n_2+n_1 x)^{-\frac{n_1+n_2}{2}}, & x>0, \\ 0, & x \leqslant 0. \end{cases}$$

图 6.3 给出了几组特定自由度时密度函数 $f_{n_1, n_2}(x)$ 的形状图，其形状与 χ^2 分布的密度函数图形类似.

（2）由定义可知,若 $F \sim F(n_1, n_2)$,则

$$\frac{1}{F} \sim F(n_2, n_1).$$

（3）F 分布的期望与方差:若 $F \sim F(n_1, n_2)$,则

$$E(F) = \frac{n_2}{n_2-2}(n_2>2), D(F) = \frac{2n_2^2(n_1+n_2-2)}{n_1(n_2-2)^2(n_2-4)}(n_2>4).$$

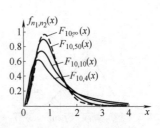

图 6.3　F 分布的密度函数 $f_{n_1,n_2}(x)$ 的形状图

例 6.2.1 已知 $T \sim t(n)$,证明: $T^2 \sim F(1, n)$.

证明　因为 $T \sim t(n)$,根据 t 分布的概念(见定义 6.2.2)可知,必存在相互独立的随机变量 X 和 Y,使得

$$T = \frac{X}{\sqrt{\dfrac{Y}{n}}},$$

其中 $X \sim N(0,1)$, $Y \sim \chi^2(n)$.

再由 $X \sim N(0,1)$,得 $X^2 \sim \chi^2(1)$,且 X^2 与 Y 也独立,则有

$$T^2 = \frac{\dfrac{X^2}{1}}{\dfrac{Y}{n}} \sim F(1, n).$$

四、上分位数（点）

> **定义 6.2.4**　设随机变量 X 的概率密度函数为 $f(x)$,对给定的 $0<\alpha<1$,称满足下列等式
>
> $$P(X>x_\alpha) = \int_{x_\alpha}^{+\infty} f(x)\,dx = \alpha$$
>
> 的实数 x_α 为 X 的上 α 分位数（点）.

可以看到,上 α 分位数就是一个"临界值",随机变量超过这个"临界值"的概率为 α,相当于把概率值和随机变量的取值联系起来.上 α 分位数是数理统计中经常用到的一个概念,主要涉及的分布有:标准正态分布、χ^2 分布、t 分布、F 分布.下面分别进行介绍($0<\alpha<1$).

1. 若 $U \sim N(0,1)$,则其上 α 分位数记作 u_α,即有

$$P(U>u_\alpha) = \int_{u_\alpha}^{+\infty} \varphi(x)\,dx = 1-\Phi(u_\alpha) = \alpha,$$

其中 u_α 的示意图如图 6.4 所示.

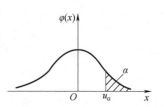

图 6.4　标准正态分布的 上 α 分位数

2. 若 $X \sim \chi^2(n)$,则其上 α 分位数记作 $\chi^2_\alpha(n)$,即有

$$P(X>\chi^2_\alpha(n)) = \int_{\chi^2_\alpha(n)}^{+\infty} g_n(x)\,dx = \alpha,$$

其中 $\chi^2_\alpha(n)$ 的示意图如图 6.5 所示.

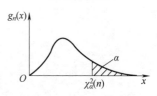

图 6.5　$\chi^2(n)$ 分布的 上 α 分位数

3. 若 $T \sim t(n)$,则其上 α 分位数记作 $t_\alpha(n)$,即有

$$P(T>t_\alpha(n))=\int_{t_\alpha(n)}^{+\infty}t_n(x)\,\mathrm{d}x=\alpha,$$

其中 $t_\alpha(n)$ 的示意图如图 6.6 所示.

4. 若 $F\sim F(n_1,n_2)$，则其上 α 分位数记作 $F_\alpha(n_1,n_2)$，即有

$$P(F>F_\alpha(n_1,n_2))=\int_{F_\alpha(n_1,n_2)}^{+\infty}f_{n_1,n_2}(x)\,\mathrm{d}x=\alpha,$$

其中 $F_\alpha(n_1,n_2)$ 的示意图如图 6.7 所示.

图 6.6　t 分布的上 α 分位数

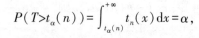

图 6.7　F 分布的上 α 分位数

注　（1）u_α 可利用书后的附录 A（标准正态分布函数表）查询的结果推导得出，即

$$\Phi(u_\alpha)=1-\alpha;$$

（2）$t_\alpha(n)$、$\chi_\alpha^2(n)$、$F_\alpha(n_1,n_2)$ 可通过查表（见附录 B～附录 D）得到. 一般地，当 $n\leqslant 45$ 时，可直接查表得到；当 $n>45$ 时，可用以下的近似公式：

$$\chi_\alpha^2(n)\approx\frac{1}{2}(u_\alpha+\sqrt{2n-1})^2\ 或\ \chi_\alpha^2(n)\approx n+\sqrt{2n}\cdot u_\alpha,$$

$$t_\alpha(n)\approx u_\alpha;$$

（3）根据标准正态分布和 t 分布的对称性，可得

$$u_{1-\alpha}=-u_\alpha,t_{1-\alpha}(n)=-t_\alpha(n);$$

（4）根据 F 分布的特点，可得

$$F_{1-\alpha}(n_1,n_2)=\frac{1}{F_\alpha(n_2,n_1)}.$$

第三节　正态总体的抽样分布

一般来说，当总体的分布已知时，样本的分布就可以确定，进而可得到统计量的分布. 但是当涉及复杂运算时，很难求出统计量分布的明确表达式，这就限制了统计量的应用. 然而当总体服从正态分布时，容易得到某些常用统计量的分布.

先给出一般总体的一个结论.

定理 6.3.1　对于任意总体 X，若它的期望和方差都存在，记 $E(X)=\mu,D(X)=\sigma^2$. 设 $X_1,X_2,\cdots,X_n$ 是取自 X 的一个样本，$\overline{X},S^2$ 分别是样本均值和样本方差，则有

$$E(\overline{X})=\mu,D(\overline{X})=\frac{\sigma^2}{n},E(S^2)=\sigma^2.$$

证明　由条件可知，$E(X_i)=\mu,D(X_i)=\sigma^2,i=1,2,\cdots,n$，所以

$$E(\overline{X})=E\left(\frac{1}{n}\sum_{i=1}^n X_i\right)=\frac{1}{n}\sum_{i=1}^n E(X_i)=\mu,$$

$$D(\overline{X})=D\left(\frac{1}{n}\sum_{i=1}^n X_i\right)=\frac{1}{n^2}\sum_{i=1}^n D(X_i)=\frac{\sigma^2}{n},$$

$$E(S^2) = E\left[\frac{1}{n-1}\sum_{i=1}^{n}(X_i-\overline{X})^2\right] = E\left[\frac{1}{n-1}\left(\sum_{i=1}^{n}X_i^2 - n\overline{X}^2\right)\right]$$

$$= \frac{1}{n-1}\left[\sum_{i=1}^{n}E(X_i^2) - nE(\overline{X}^2)\right]$$

$$= \frac{1}{n-1}\left[\sum_{i=1}^{n}(\sigma^2+\mu^2) - n\left(\frac{\sigma^2}{n}+\mu^2\right)\right] = \sigma^2.$$

由于正态分布是应用十分广泛的分布类型,接下来主要看总体服从正态分布时常用统计量的抽样分布.

一、单个正态总体的统计量的分布

定理 6.3.2　设 $X_1, X_2, \cdots, X_n$ 是取自正态总体 $X \sim N(\mu, \sigma^2)$ 的一个样本,$\overline{X}, S^2$ 分别是样本均值和样本方差,则有:

(1) $\overline{X} \sim N\left(\mu, \dfrac{\sigma^2}{n}\right)$,进而有 $\dfrac{\overline{X}-\mu}{\sigma/\sqrt{n}} \sim N(0,1)$;

(2) $\displaystyle\sum_{i=1}^{n}\dfrac{(X_i-\mu)^2}{\sigma^2} \sim \chi^2(n)$;

(3) $\dfrac{(n-1)S^2}{\sigma^2} \sim \chi^2(n-1)$;

(4) $\overline{X}$ 与 S^2 相互独立;

(5) $\dfrac{\overline{X}-\mu}{S/\sqrt{n}} \sim t(n-1)$.

证明　(1) 因为 $X_1, X_2, \cdots, X_n$ 是正态总体 $X \sim N(\mu, \sigma^2)$ 的一个样本,则

$$X_i \overset{\text{i.i.d.}}{\sim} N(\mu, \sigma^2), i=1,2,\cdots,n.$$

而 $\overline{X} = \dfrac{1}{n}\displaystyle\sum_{i=1}^{n}X_i$ 可看作相互独立的正态随机变量的线性组合,根据正态分布的线性变换不变性(见第三章第五节中的注 3.5.3(3)),可知 $\overline{X}$ 也是正态随机变量.再由定理 6.3.1 得 $E(\overline{X}) = \mu, D(\overline{X}) = \dfrac{\sigma^2}{n}$,所以

$$\overline{X} \sim N\left(\mu, \frac{\sigma^2}{n}\right),$$

将 $\overline{X}$ 标准化可得

$$\frac{\overline{X}-\mu}{\sigma/\sqrt{n}} \sim N(0,1).$$

(2) 因为 $X_1, X_2, \cdots, X_n$ 是正态总体 $X \sim N(\mu, \sigma^2)$ 的一个样本,则

$$X_i \overset{\text{i.i.d.}}{\sim} N(\mu, \sigma^2), i=1,2,\cdots,n,$$

所以

$$\frac{X_i - \mu}{\sigma} \overset{\text{i.i.d.}}{\sim} N(0,1).$$

根据 χ^2 分布的定义,可得

$$\sum_{i=1}^{n} \frac{(X_i - \mu)^2}{\sigma^2} \sim \chi^2(n).$$

(3) 令 $Z_i = \dfrac{X_i - \mu}{\sigma}, i = 1, 2, \cdots, n$,则

$$Z_i = \frac{X_i - \mu}{\sigma} \overset{\text{i.i.d.}}{\sim} N(0,1), i = 1, 2, \cdots, n,$$

从而有

$$\overline{Z} = \frac{1}{n} \sum_{i=1}^{n} Z_i = \frac{\overline{X} - \mu}{\sigma},$$

$$\begin{aligned}
\frac{(n-1)S^2}{\sigma^2} &= \frac{\sum_{i=1}^{n} (X_i - \overline{X})^2}{\sigma^2} = \sum_{i=1}^{n} \left(\frac{X_i - \overline{X}}{\sigma} \right)^2 \\
&= \sum_{i=1}^{n} \left[\frac{(X_i - \mu) - (\overline{X} - \mu)}{\sigma} \right]^2 \\
&= \sum_{i=1}^{n} (Z_i - \overline{Z})^2 = \sum_{i=1}^{n} Z_i^2 - n\overline{Z}^2.
\end{aligned}$$

取一 n 阶正交矩阵 $\boldsymbol{A} = (a_{ij})_{n \times n}$,其中第 n 行元素均为 $\dfrac{1}{\sqrt{n}}$,作正交变换

$$\boldsymbol{Y} = \boldsymbol{A}\boldsymbol{Z},$$

其中 $\boldsymbol{Y} = (Y_1, Y_2, \cdots, Y_n)^{\text{T}}, \boldsymbol{Z} = (Z_1, Z_2, \cdots, Z_n)^{\text{T}}$.

由于 $Y_i = \sum_{j=1}^{n} a_{ij} Z_j (i = 1, 2, \cdots, n)$,所以 $Y_1, Y_2, \cdots, Y_n$ 也服从正态分布. 由 $Z_i \overset{\text{i.i.d.}}{\sim} N(0,1), i = 1, 2, \cdots, n$ 知

$$E(Y_i) = E\left(\sum_{j=1}^{n} a_{ij} Z_j \right) = \sum_{j=1}^{n} a_{ij} E(Z_j) = 0 (i = 1, 2, \cdots, n).$$

对于任意的 $i, j = 1, 2, \cdots, n$,由于当 $i \neq j$ 时,

$$\text{Cov}(Z_i, Z_j) = 0,$$

当 $i = j$ 时,

$$\text{Cov}(Z_i, Z_j) = D(Z_i) = 1.$$

再利用正交矩阵的性质,可得当 $i \neq k$ 时,

$$\text{Cov}(Y_i, Y_k) = \text{Cov}\left(\sum_{j=1}^{n} a_{ij} Z_j, \sum_{l=1}^{n} a_{kl} Z_l \right) = \sum_{j=1}^{n} \sum_{l=1}^{n} a_{ij} a_{kl} \text{Cov}(Z_j, Z_l)$$

$$= \sum_{j=1}^{n} a_{ij} a_{kj} = 0,$$

当 $i = k$ 时,

$$\mathrm{Cov}(Y_i, Y_k) = \sum_{j=1}^{n} a_{ij} a_{kj} = 1,$$

因此有 $Y_1, Y_2, \cdots, Y_n$ 两两不相关.

又由于 $(Y_1, Y_2, \cdots, Y_n)$ 是 n 维正态随机变量 $(Z_1, Z_2, \cdots, Z_n)$ 经过线性变换得到的,因此 $(Y_1, Y_2, \cdots, Y_n)$ 也是 n 维正态随机变量.于是由 $Y_1, Y_2, \cdots, Y_n$ 两两不相关可得 $Y_1, Y_2, \cdots, Y_n$ 相互独立,且有 $Y_i \sim N(0,1)$, $i = 1, 2, \cdots, n$. 而

$$Y_n = \sum_{j=1}^{n} a_{nj} Z_j = \sum_{j=1}^{n} \frac{1}{\sqrt{n}} Z_j = \sqrt{n}\, \overline{Z},$$

$$\sum_{i=1}^{n} Y_i^2 = \mathbf{Y}^{\mathrm{T}} \mathbf{Y} = (\mathbf{AZ})^{\mathrm{T}} (\mathbf{AZ}) = \mathbf{Z}^{\mathrm{T}} (\mathbf{A}^{\mathrm{T}} \mathbf{A}) \mathbf{Z} = \mathbf{Z}^{\mathrm{T}} \mathbf{Z} = \sum_{i=1}^{n} Z_i^2,$$

则有

$$\frac{(n-1)S^2}{\sigma^2} = \sum_{i=1}^{n} Z_i^2 - n\overline{Z}^2 = \sum_{i=1}^{n} Y_i^2 - Y_n^2 = \sum_{i=1}^{n-1} Y_i^2.$$

综上,根据 $Y_1, Y_2, \cdots, Y_{n-1}$ 相互独立,且有 $Y_i \sim N(0,1)$, $i = 1, 2, \cdots, n-1$,可知 $\sum\limits_{i=1}^{n-1} Y_i^2$ 服从自由度为 $n-1$ 的 χ^2 分布,故

$$\frac{(n-1)S^2}{\sigma^2} \sim \chi^2(n-1).$$

(4) 由 $\overline{Z} = \dfrac{\overline{X} - \mu}{\sigma}$ 和 $Y_n = \sqrt{n}\, \overline{Z}$,可得 $\overline{X} = \sigma \overline{Z} + \mu = \dfrac{\sigma}{\sqrt{n}} Y_n + \mu$,则 $\overline{X}$ 只依赖于 Y_n,而 $S^2 = \dfrac{\sigma^2}{n-1} \sum\limits_{i=1}^{n-1} Y_i^2$ 仅依赖于 $Y_1, Y_2, \cdots, Y_{n-1}$,所以 $\overline{X}$ 与 S^2 相互独立.

(5) 由于 $\dfrac{\overline{X} - \mu}{\sigma / \sqrt{n}} \sim N(0,1)$, $\dfrac{(n-1)S^2}{\sigma^2} \sim \chi^2(n-1)$,且它们相互独立,根据 t 分布的定义可得

$$\frac{\dfrac{\overline{X} - \mu}{\sigma / \sqrt{n}}}{\sqrt{\dfrac{(n-1)S^2}{\sigma^2} \Big/ (n-1)}} = \frac{\overline{X} - \mu}{S / \sqrt{n}} \sim t(n-1).$$

例 6.3.1 设 $X_1, X_2, \cdots, X_n$ 是取自正态总体 $X \sim N(\mu, \sigma^2)$ 的一个样本,$\overline{X}$ 是样本均值,求 $P\left(|\overline{X} - \mu| \leqslant 1.96 \sqrt{\dfrac{\sigma^2}{n}} \right)$.

解 因为 $X \sim N(\mu, \sigma^2)$,则 $\overline{X} \sim N\left(\mu, \dfrac{\sigma^2}{n} \right)$,进而有 $\dfrac{\overline{X} - \mu}{\sigma / \sqrt{n}} \sim N(0, 1)$,所以

$$P\left(|\overline{X} - \mu| \leqslant 1.96 \sqrt{\frac{\sigma^2}{n}} \right) = P\left(\frac{|\overline{X} - \mu|}{\sqrt{\sigma^2 / n}} \leqslant 1.96 \right)$$
$$= 2\Phi(1.96) - 1$$
$$= 0.95.$$

二、　两个正态总体的统计量的分布

定理 6.3.3　设 $X_1, X_2, \cdots, X_n$ 是取自正态总体 $X \sim N(\mu_x, \sigma_x^2)$ 的一个样本,$Y_1, Y_2, \cdots, Y_m$ 是取自正态总体 $Y \sim N(\mu_y, \sigma_y^2)$ 的一个样本,且这两个样本相互独立.样本均值和样本方差分别记为

$$\overline{X} = \frac{1}{n} \sum_{i=1}^{n} X_i, \overline{Y} = \frac{1}{m} \sum_{i=1}^{m} Y_i,$$

$$S_x^2 = \frac{1}{n-1} \sum_{i=1}^{n} (X_i - \overline{X})^2, S_y^2 = \frac{1}{m-1} \sum_{i=1}^{m} (Y_i - \overline{Y})^2,$$

则

(1) $\overline{X} \pm \overline{Y} \sim N\left(\mu_x \pm \mu_y, \frac{\sigma_x^2}{n} + \frac{\sigma_y^2}{m}\right)$,进而有 $\dfrac{(\overline{X} \pm \overline{Y}) - (\mu_x \pm \mu_y)}{\sqrt{\dfrac{\sigma_x^2}{n} + \dfrac{\sigma_y^2}{m}}} \sim N(0,1)$;

(2) 当 $\sigma_x^2 = \sigma_y^2 = \sigma^2$ 时,

$$T = \frac{(\overline{X} - \overline{Y}) - (\mu_x - \mu_y)}{S_w \sqrt{\dfrac{1}{n} + \dfrac{1}{m}}} \sim t(n+m-2),$$

其中 $S_w^2 = \dfrac{(n-1)S_x^2 + (m-1)S_y^2}{n+m-2}$;

(3) $F_1 = \dfrac{\displaystyle\sum_{i=1}^{n} (X_i - \mu_x)^2 \Big/ n\sigma_x^2}{\displaystyle\sum_{i=1}^{m} (Y_i - \mu_y)^2 \Big/ m\sigma_y^2} \sim F(n,m)$;

(4) $F_2 = \dfrac{S_x^2/\sigma_x^2}{S_y^2/\sigma_y^2} = \dfrac{\displaystyle\sum_{i=1}^{n} (X_i - \overline{X})^2 \Big/ (n-1)\sigma_x^2}{\displaystyle\sum_{i=1}^{m} (Y_i - \overline{Y})^2 \Big/ (m-1)\sigma_y^2} \sim F(n-1,m-1)$.

证明　(1) 由于 $X_1, X_2, \cdots, X_n \overset{i.i.d.}{\sim} N(\mu_x, \sigma_x^2)$,$Y_1, Y_2, \cdots, Y_m \overset{i.i.d.}{\sim} N(\mu_y, \sigma_y^2)$,且这两个样本相互独立,而 $\overline{X} \pm \overline{Y}$ 是 $X_1, X_2, \cdots, X_n$ 和 $Y_1, Y_2, \cdots, Y_m$ 的线性组合,所以由正态分布的线性变换不变性(见第三章第五节中的注 3.5.3(3))知,$\overline{X} \pm \overline{Y}$ 也服从正态分布.又 $E(\overline{X} \pm \overline{Y}) = \mu_x \pm \mu_y$,$D(\overline{X} \pm \overline{Y}) = \dfrac{\sigma_x^2}{n} + \dfrac{\sigma_y^2}{m}$,则

$$\overline{X} \pm \overline{Y} \sim N\left(\mu_x \pm \mu_y, \frac{\sigma_x^2}{n} + \frac{\sigma_y^2}{m}\right),$$

将 $\overline{X} \pm \overline{Y}$ 进行标准化,则有

$$\frac{(\overline{X} \pm \overline{Y}) - (\mu_x \pm \mu_y)}{\sqrt{\dfrac{\sigma_x^2}{n} + \dfrac{\sigma_y^2}{m}}} \sim N(0,1).$$

（2）由（1）可知

$$\frac{(\overline{X}-\overline{Y})-(\mu_x-\mu_y)}{\sqrt{\dfrac{\sigma_x^2}{n}+\dfrac{\sigma_y^2}{m}}}\sim N(0,1).$$

根据定理 6.3.2,可得

$$\frac{(n-1)S_x^2}{\sigma_x^2}\sim\chi^2(n-1),\frac{(m-1)S_y^2}{\sigma_y^2}\sim\chi^2(m-1),$$

且 $\overline{X}$ 与 S_x^2 相互独立,$\overline{Y}$ 与 S_y^2 相互独立.再由两样本之间的独立性,有

$$\frac{(n-1)S_x^2}{\sigma_x^2}+\frac{(m-1)S_y^2}{\sigma_y^2}\sim\chi^2(n+m-2),$$

且 $\overline{X}-\overline{Y}$ 与 $\dfrac{(n-1)S_x^2}{\sigma_x^2}+\dfrac{(m-1)S_y^2}{\sigma_y^2}$ 相互独立.因此,当 $\sigma_x^2=\sigma_y^2=\sigma^2$ 时,

$$\frac{(\overline{X}-\overline{Y})-(\mu_x-\mu_y)\left/\sqrt{\dfrac{\sigma^2}{n}+\dfrac{\sigma^2}{m}}\right.}{\sqrt{\left.\dfrac{(n-1)S_x^2}{\sigma^2}+\dfrac{(m-1)S_y^2}{\sigma^2}\right/(n+m-2)}}\sim t(n+m-2),$$

即

$$T=\frac{(\overline{X}-\overline{Y})-(\mu_x-\mu_y)}{S_w\sqrt{\dfrac{1}{n}+\dfrac{1}{m}}}\sim t(n+m-2),$$

其中 $S_w^2=\dfrac{(n-1)S_x^2+(m-1)S_y^2}{n+m-2}$.

（3）由定理中给定的条件及定理 6.3.2 可知

$$\frac{\sum_{i=1}^{n}(X_i-\mu_x)^2}{\sigma_x^2}\sim\chi^2(n),\frac{\sum_{i=1}^{m}(Y_i-\mu_y)^2}{\sigma_y^2}\sim\chi^2(m),$$

且它们相互独立,从而根据 F 分布的定义知

$$F_1=\frac{\sum_{i=1}^{n}(X_i-\mu_x)^2\left/n\sigma_x^2\right.}{\sum_{i=1}^{m}(Y_i-\mu_y)^2\left/m\sigma_y^2\right.}\sim F(n,m).$$

（4）由定理中给定的条件及定理 6.3.2 可知

$$\frac{(n-1)S_x^2}{\sigma_x^2}\sim\chi^2(n-1),\frac{(m-1)S_y^2}{\sigma_y^2}\sim\chi^2(m-1),$$

且它们相互独立,从而根据 F 分布的定义知

$$\frac{\dfrac{(n-1)S_x^2}{\sigma_x^2}\Big/(n-1)}{\dfrac{(m-1)S_y^2}{\sigma_y^2}\Big/(m-1)}=\frac{S_x^2/\sigma_x^2}{S_y^2/\sigma_y^2}\sim F(n-1,m-1),$$

即

$$F_2=\frac{S_x^2/\sigma_x^2}{S_y^2/\sigma_y^2}=\frac{\sum\limits_{i=1}^{n}(X_i-\overline{X})^2\Big/(n-1)\sigma_x^2}{\sum\limits_{i=1}^{m}(Y_i-\overline{Y})^2\Big/(m-1)\sigma_y^2}\sim F(n-1,m-1).$$

第四节   常用的数据描述方法

我们知道,数理统计的主要任务是利用获得的样本数据来对总体中未知的方面进行分析、估计或推断.简单随机抽样是一种"如何有效收集总体的数据"的抽样方式,因此需要对样本数据进行整理、加工,以便更好地研究总体.先给出两组数据.

例 6.4.1   经调查,得到某高校某专业 701 班、702 班、703 班和 704 班共四个班的高等数学成绩(以分计),共计 120 个,具体信息如下:

```
701 班:81   51   70   79   63   59   48   86   29   72
       83   84   93   76   44   79   89   71   62   79
       84   88   65   76   70   75   72   71   54   73
702 班:98   78   63   54   78   74   63   86   60   77
       60   73   55   52   60   54   60   75   68   93
       83   69   63   68   60   73   64   45   62   70
703 班:92   90   44   52   61   73   74   82   68   63
       60   64   85   88   73   67   87   65   90   94
       86   83   65   79   66   69   73   83   61   83
704 班:74   82   79   60   82   76   75   88   87   68
       60   88   65   65   65   46   91   78   88   74
       63   70   69   77   80   87   65   90   48   70
```

例 6.4.2   为考察运动员水平,现随机调查甲(男)、乙(女)两名跳远运动员的跳远数据各 50 次,得详细信息如下:

```
甲:7.94   7.58   7.75   7.79   7.66   7.57   7.35   8.03   7.29   7.87
   7.99   7.97   8.04   7.79   7.33   7.79   8.03   7.77   7.49   7.86
   7.91   8      7.57   7.83   7.7    7.74   7.88   7.77   7.36   7.72
   8.17   7.85   7.6    7.52   7.75   7.73   7.59   8      7.52   7.77
   7.71   7.75   7.55   7.48   7.47   7.5    7.57   7.91   7.72   8.11
```

乙: 6.18　5.67　6.12　6.27　5.96　5.96　5.78　6.24　5.64　6.01
　　 6.28　6.27　6.44　6.2　5.63　6.32　6.36　6.06　6.04　6.21
　　 6.3　6.33　6.08　6.11　6.11　6.18　6　6.06　5.88　6.15
　　 6.46　6.19　5.98　5.8　6.27　6.23　5.96　6.3　5.96　6.23
　　 5.91　6.12　5.75　5.72　5.95　5.82　5.84　6.03　6.01　6.38

从以上两例中很难直接看出数据的某些特征,如各班成绩的分布、各班间成绩差异、运动员的稳定性等.接下来,我们结合以上的两个例子给出常用的样本数据描述方法.

一、折线图与直方图

将例6.4.1中所有学生的成绩分为五类:优(90~100分)、良(80~89分)、中(70~79分)、及格(60~69分)、不及格(0~59分),分别用1,2,3,4,5表示,这样120名学生的高等数学成绩的频数、频率和累积频率分布见表6.1.

表6.1 120名学生的高等数学成绩频数、频率及累积频率分布表

成绩	频数	频率	累积频率
1	9	0.075	0.075
2	25	0.208	0.283
3	35	0.292	0.575
4	36	0.300	0.875
5	15	0.125	1.000
合计	120	1.000	

从表6.1可以看出,成绩为优等的学生有9人,占7.5%,成绩为中等的学生有35人,占29.2%,及格率为87.5%.如更直观地表示上述情形,可采用折线图,如图6.8~图6.10所示.

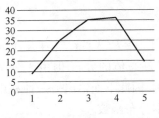

图6.8 频数分布折线图

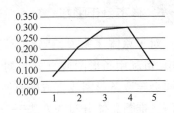

图6.9 频率分布折线图

与折线图类似,也可用直方图(若干矩形构成的图)来描述数据的分布.一般将数据值域等分成若干个区间,然后利用这些区间将数据分组,以区间为底,以落入每组的数据的频数为高作矩形,可得频数直方图.同样可作出频率直方图和累积频率直方图.

根据例6.4.2中运动员甲的跳远数据,可绘出频数直方图、频率直方图及累计频率直方图,以频数直方图为例作图.

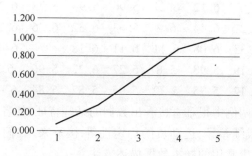

图 6.10   累积频率分布折线图

先找出这组数据中的最小值 $m=7.29$ 和最大值 $M=8.17$,进而得到极差 $R=M-m=8.17-7.29=0.88$.如将数据所在区间平均分成10 个小区间,每个小区间的宽为 0.088,可得运动员甲的频数直方图(见图 6.11).实际操作中可根据数据的具体情况进行分组,如按每个小区间中数据的个数占数据总数的比率(频率)作图,可得频率直方图;如依次计算各个小区间的频率之和,可得累积频率直方图.

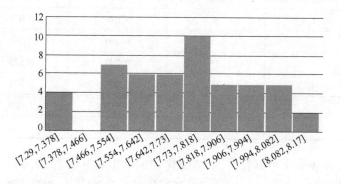

图 6.11   运动员甲频数直方图

二、样本分布函数

对于总体 X 来说,其分布函数 $F(x)=P(X\leqslant x)$ 往往是不完全知道,可利用条形图或直方图初步推断总体的分布.但由于分组的不同会导致条形图或直方图有所区别,因此下面给出另一种利用样本信息推断总体分布的方法——样本分布函数.

定义 6.4.1   对于总体 X,设 $X_1,X_2,\cdots,X_n$ 为一组样本,$x_1,x_2,\cdots,x_n$ 为样本观测值,将 $x_1,x_2,\cdots,x_n$ 从小到大排列成 $x_{(1)}\leqslant x_{(2)}\leqslant\cdots\leqslant x_{(n)}$,合并其中相同的项,设共有 l 个互不相同的数,分别为 $x_{(1)}^*<x_{(2)}^*<\cdots<x_{(l)}^*$,每个数的个数分别为 $n_1,n_2,\cdots,n_l$,$\sum_{i=1}^{l}n_i=n$,令

$$F_n(x) = \begin{cases} 0, & x < x^*_{(1)}, \\ n_1/n, & x^*_{(1)} \leqslant x < x^*_{(2)}, \\ (n_1+n_2)/n, & x^*_{(2)} \leqslant x < x^*_{(3)}, \\ \vdots & \vdots \\ (n_1+n_2+\cdots+n_k)/n, & x^*_{(k)} \leqslant x < x^*_{(k+1)}, (k \leqslant l-1), \\ \vdots & \vdots \\ 1, & x \geqslant x^*_{(l)}, \end{cases}$$

则称 $F_n(x)$ 为该样本分布函数,亦称为样本的经验分布函数.

易知,样本分布函数 $F_n(x)$ 和总体分布函数 $F(x)$ 有类似的性质:

(1) **单调非减性**:当 $x_1 \leqslant x_2$ 时,$F_n(x_1) \leqslant F_n(x_2)$;

(2) **有界性**:$0 \leqslant F_n(x) \leqslant 1$,且 $F_n(-\infty) = \lim\limits_{x \to -\infty} F_n(x) = 0, F_n(+\infty) = \lim\limits_{x \to +\infty} F_n(x) = 1$;

(3) **右连续性**:$F_n(x)$ 在每个样本观测值 $x^*_{(k)}$ 处都是右连续的,点 $x^*_{(k)}$ 是 $F_n(x)$ 的跳跃间断点,且相应的跃度为 $\dfrac{n_k}{n}$.

例 6.4.3　从某总体 X 中抽取样本容量为 10 的一个样本,经测量,得到观测值分别为-5,2,0,2,0,-4,3,-5,1,2,求样本分布函数.

解　将样本观测值从小到大排列为

$$-5, -5, -4, 0, 0, 1, 2, 2, 2, 3,$$

则样本分布函数为

$$F_n(x) = \begin{cases} 0, & x < -5, \\ 0.2, & -5 \leqslant x < -4, \\ 0.3, & -4 \leqslant x < 0, \\ 0.5, & 0 \leqslant x < 1, \\ 0.6, & 1 \leqslant x < 2, \\ 0.9, & 2 \leqslant x < 3, \\ 1, & x \geqslant 3. \end{cases}$$

可以看到,对任意的实数 x,样本分布函数 $F_n(x)$ 表示事件 $\{X \leqslant x\}$ 发生的频率,而总体分布函数 $F(x)$ 表示事件 $\{X \leqslant x\}$ 发生的概率.由大数定律可知,在满足一定条件下,事件发生的频率依概率收敛于该事件发生的概率.而格里汶科(Glivenko)和坎泰利(Cantelli)于 1933 年从理论上严格地证明了样本分布函数与总体分布函数之间关系的结论.

定理 6.4.1(格里汶科-坎泰利定理)　设总体 X 的分布函数为 $F(x)$,样本分布函数为 $F_n(x)$,则 $F_n(x)$ 关于 x 均匀地依概率 1 收敛于 $F(x)$.即对任意的实数 x,

$$P(\underset{n\to\infty}{\limsup}\mid F_n(x)-F(x)\mid=0)=1.$$

格里汶科-坎泰利定理表明,当样本容量 n 充分大时,样本分布函数与总体分布函数十分接近.在一定条件下,可利用样本分布函数近似代替总体分布函数,这正是利用样本推断总体的理论依据,因此格里汶科-坎泰利定理也被认为是"**数理统计基本定理**".

三、箱线图(Box plot)

接下来介绍箱线图,箱线图于 1977 年由美国著名统计学家约翰·图基(John Tukey)发明,是一种利用数据排序分组来发现异常值和比较不同部分的分布特征的统计图形,也称为盒式图或箱形图.**箱线图是利用样本的五个数**(最小值 Min、第一四分位数 Q_1、中位数 M、第三四分位数 Q_3、最大值 Max)进行描述概括,由箱子和线段组成的图形.

如图 6.12 所示是根据一组样本观测值得到的箱线图,它的作法如下:

(1) 作出一个上、下边界分别为 Q_1、Q_3 的箱子;

(2) 用实线标出中位数 M;

(3) 在箱子的上下两边作出一对"触角",分别连线至上边缘 x_u 和下边缘 x_1 对应的两条水平线段;

(4) 上、下边缘的计算法:记 IQR $=Q_3-Q_1$,称为**四分位数间距**,其中

$$x_u=\min\{Max,Q_3+1.5IQR\},x_1=\max\{Min,Q_1-1.5IQR\};$$

(5) 若一个数据小于 $Q_1-1.5IQR$ 或大于 $Q_3+1.5IQR$,则认为它是一个异常值,并用"圆圈"或"星号"标示出这些异常值.

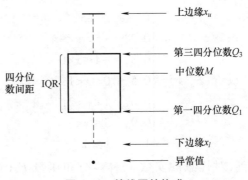

图 6.12 箱线图的构成

以例 6.4.1 中 701 班的高等数学成绩为例,按以上的作法给出相应的箱线图.

从图 6.13 可以看出:701 班大部分同学的成绩介于 44 分与 93 分之间,有一个异常值 29 分,数据的下半部分(中位数以下)比上半部分(中位数以上)的跨度大.

箱线图多用在比较不同批量的数据,将几组数据的箱线图画在同一个数轴上,能够更好地体现不同批量数据之间的区别.以

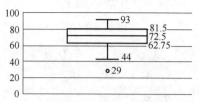

图 6.13　701 班的高等数学成绩的箱线图

例 6.4.1 中 701 班~704 班的高等数学成绩为例,按以上的作法给出相应的箱线图.

从图 6.14 可以比较清楚地看到,最高分出现在 702 班,但总体来说 702 班成绩偏低,703 班成绩较好.

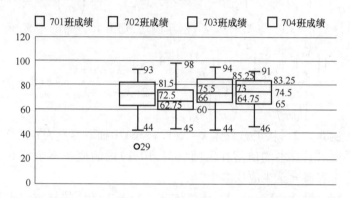

图 6.14　701 班~704 班的高等数学成绩的箱线图

以例 6.4.2 中运动员甲、乙的跳远数据为例,按上面的做法给出相应的箱线图(见图 6.15).从图 6.15 可以看到,甲、乙两人的跳远数据具有明显差距.

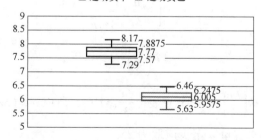

图 6.15　运动员甲、乙跳远数据的箱线图

第五节　综　合　例　题

例 6.5.1　设 $X_1, X_2, \cdots, X_{12}$ 是取自正态总体 $X \sim N(0, \sigma^2)$ 的一个样本,求

$$Y = \frac{X_1^2 + X_2^2 + \cdots + X_8^2}{2(X_9^2 + \cdots + X_{12}^2)}$$

的分布.

解 由条件知 $X_1, X_2, \cdots, X_{12} \overset{\text{i.i.d.}}{\sim} N(0, \sigma^2)$,则

$$\frac{X_1}{\sigma}, \frac{X_2}{\sigma}, \cdots, \frac{X_{12}}{\sigma} \overset{\text{i.i.d.}}{\sim} N(0, 1),$$

进而有

$$\left(\frac{X_1}{\sigma}\right)^2, \left(\frac{X_2}{\sigma}\right)^2, \cdots, \left(\frac{X_{12}}{\sigma}\right)^2 \overset{\text{i.i.d.}}{\sim} \chi^2(1),$$

再根据 χ^2 分布的可加性,得

$$\left(\frac{X_1}{\sigma}\right)^2 + \left(\frac{X_2}{\sigma}\right)^2 + \cdots + \left(\frac{X_8}{\sigma}\right)^2 \sim \chi^2(8), \quad \left(\frac{X_9}{\sigma}\right)^2 + \cdots + \left(\frac{X_{12}}{\sigma}\right)^2 \sim \chi^2(4),$$

而 $X_1^2 + X_2^2 + \cdots + X_8^2$ 与 $X_9^2 + \cdots + X_{12}^2$ 相互独立,则由 F 分布的定义知

$$Y = \frac{\left[\left(\frac{X_1}{\sigma}\right)^2 + \left(\frac{X_2}{\sigma}\right)^2 + \cdots + \left(\frac{X_8}{\sigma}\right)^2\right] \big/ 8}{\left[\left(\frac{X_9}{\sigma}\right)^2 + \cdots + \left(\frac{X_{12}}{\sigma}\right)^2\right] \big/ 4} = \frac{X_1^2 + X_2^2 + \cdots + X_8^2}{2(X_9^2 + \cdots + X_{12}^2)} \sim F(8, 4).$$

例 6.5.2 从正态总体 $X \sim N(8.1, 36)$ 中抽取容量为 n 的样本,如果要求其样本均值落在区间 $(6.1, 10.1)$ 内的概率不小于 0.90,问样本容量 n 至少应取多少?

解 设 $X_1, X_2, \cdots, X_n$ 是总体 $X \sim N(8.1, 36)$ 的样本,则 $\overline{X} \sim N\left(8.1, \frac{36}{n}\right)$.由题意知

$$P(6.1 < \overline{X} < 10.1) = P\left(\frac{6.1 - 8.1}{6/\sqrt{n}} < \frac{\overline{X} - 8.1}{6/\sqrt{n}} < \frac{10.1 - 8.1}{6/\sqrt{n}}\right)$$

$$= P\left(-\frac{\sqrt{n}}{3} < \frac{\overline{X} - 8.1}{6/\sqrt{n}} < \frac{\sqrt{n}}{3}\right)$$

$$= 2\Phi\left(\frac{\sqrt{n}}{3}\right) - 1 \geqslant 0.90,$$

上式可化为 $\Phi\left(\frac{\sqrt{n}}{3}\right) \geqslant 0.95$,查表得 $\frac{\sqrt{n}}{3} \geqslant 1.645$,所以 $n \geqslant (3 \times 1.645)^2 \approx 24.35$,即样本容量 n 至少应取为 25.

例 6.5.3 设总体 X 与 Y 相互独立,且都服从正态分布 $N(40, 3^2)$,$X_1, X_2, \cdots, X_{25}$ 和 $Y_1, Y_2, \cdots, Y_{20}$ 是分别来自 X 和 Y 的样本,求 $|\overline{X} - \overline{Y}| > 0.45$ 的概率.

解 由题意知,$\overline{X} \sim N\left(40, \frac{9}{25}\right)$,$\overline{Y} \sim N\left(40, \frac{9}{20}\right)$,则由定理 6.3.3 可得

$$\overline{X} - \overline{Y} \sim N(0, 0.9^2),$$

进而有

$$\frac{\overline{X}-\overline{Y}}{0.9}\sim N(0,1),$$

所以

$$P(|\overline{X}-\overline{Y}|>0.45)=P\left(\frac{|\overline{X}-\overline{Y}|}{0.9}>0.5\right)$$

$$=1-P\left(\frac{|\overline{X}-\overline{Y}|}{0.9}\leqslant 0.5\right)$$

$$=1-[2\Phi(0.5)-1]$$

$$=0.617.$$

例 6.5.4　设从正态总体 $N(\mu,\sigma^2)$ 中抽取样本容量为 21 的样本,这里 μ,σ^2 均未知,$S^2=\dfrac{1}{n-1}\sum\limits_{i=1}^{n}(X_i-X)^n$ 为样本方差,求:(1) $P\left(\dfrac{S^2}{\sigma^2}\leqslant 1.8783\right)$;(2) $D\left(\dfrac{S^2}{\sigma^2}\right)$.

解　(1) 由 $\dfrac{(n-1)S^2}{\sigma^2}\sim\chi^2(n-1)$,则

$$P\left(\frac{S^2}{\sigma^2}\leqslant 1.8783\right)=P\left\{\frac{(n-1)S^2}{\sigma^2}\leqslant 1.8783(n-1)\right\}=P\left\{\frac{20S^2}{\sigma^2}\leqslant 37.566\right\},$$

查表得 $\chi^2_{0.01}(20)=37.566$,即 $P\left\{\dfrac{20S^2}{\sigma^2}>\chi^2_{0.01}(20)\right\}=0.01$,所以

$$P\left(\frac{S^2}{\sigma^2}\leqslant 1.8783\right)=1-P\left\{\frac{20S^2}{\sigma^2}>\chi^2_{0.01}(20)\right\}=0.99.$$

(2) 由 $\dfrac{(n-1)S^2}{\sigma^2}\sim\chi^2(n-1)$,知 $D\left[\dfrac{(n-1)S^2}{\sigma^2}\right]=2(n-1)$,再根据方差的性质,得

$$D\left[\frac{(n-1)S^2}{\sigma^2}\right]=(n-1)^2 D\left(\frac{S^2}{\sigma^2}\right)=2(n-1),$$

所以

$$D\left(\frac{S^2}{\sigma^2}\right)=\frac{2}{n-1}=\frac{1}{10}.$$

例 6.5.5　设总体 X 的密度函数为

$$f(x)=\begin{cases}\lambda e^{-\lambda x}, & x>0,\\ 0, & x\leqslant 0,\end{cases}$$

$X_1,X_2,\cdots,X_n$ 是 X 的一个样本,求 $Y=X_{(1)}$ 的期望和方差.

解　由题意,总体 X 的分布函数为

$$F(x)=\begin{cases}1-e^{-\lambda x}, & x>0,\\ 0, & x\leqslant 0,\end{cases}$$

则 $Y=X_{(1)}$ 的分布函数为

$$F_Y(y) = P(Y \leqslant y) = P(X_{(1)} \leqslant y)$$
$$= 1 - P(X_{(1)} > y)$$
$$= 1 - P(X_1 > y, X_2 > y, \cdots, X_n > y)$$
$$= 1 - [1 - F(y)]^n$$
$$= \begin{cases} 1 - e^{-n\lambda y}, & y > 0, \\ 0, & y \leqslant 0, \end{cases}$$

因此 $Y = X_{(1)}$ 的密度函数为

$$f_Y(y) = \begin{cases} n\lambda e^{-n\lambda y}, & y > 0, \\ 0, & y \leqslant 0, \end{cases}$$

即 $Y = X_{(1)}$ 服从参数为 $n\lambda$ 的指数分布,所以

$$E(X_{(1)}) = \frac{1}{n\lambda}, D(X_{(1)}) = \frac{1}{(n\lambda)^2}.$$

例 6.5.6 设总体 X 的分布函数为 $F(x)$,样本分布函数为 $F_n(x)$,试证:

$$E[F_n(x)] = F(x), D[F_n(x)] = \frac{1}{n} F(x)[1 - F(x)].$$

证明 设 $X_1, X_2, \cdots, X_n$ 是取自总体分布函数为 $F(x)$ 的样本,则样本分布函数为

$$F_n(x) = \begin{cases} 0, & x < x_{(1)}, \\ \dfrac{k}{n}, & x_{(k)} \leqslant x < x_{(k+1)}, \quad k = 1, 2, \cdots, n-1, \\ 1, & x \geqslant x_{(n)}. \end{cases}$$

令 $Y_i = I_{\{X_i \leqslant x\}}, i = 1, 2, \cdots, n$,则 $Y_1, Y_2, \cdots, Y_n$ 是独立同分布的随机变量,且

$$E(Y_i) = P(X_i \leqslant x) = F(x), E(Y_i^2) = P(X_i \leqslant x) = F(x),$$

于是

$$D(Y_i) = E(Y_i^2) - [E(Y_i)]^2 = F(x) - F^2(x) = F(x)[1 - F(x)].$$

又因为 $F_n(x)$ 可写为 $\dfrac{1}{n} \sum_{i=1}^{n} Y_i$,所以

$$E[F_n(x)] = E(Y_i) = F(x),$$
$$D[F_n(x)] = \frac{1}{n} D(Y_1) = \frac{1}{n} F(x)[1 - F(x)].$$

习题六:
基础达标题解答

习题六:基础达标题

一、填空题

1. 设总体 X 具有分布函数 $F(x)$,$X_1, X_2, \cdots, X_n$ 是总体 X 的一组样本,则样本的联合分布函数为_____.

2. 为了解统计学专业本科毕业生的就业情况,调查某地区 30 名 2020 年

毕业的统计学专业本科生实习期满后的月薪情况,则总体是_____,样本是
_____,样本容量是_____.

3. 设 x_1, x_2 是总体容量为 2 的样本观测值,则样本方差 $s^2 =$ _____.

4. 设 $X_1, X_2, \cdots, X_8$ 是取自正态总体 $N(10,9)$ 的样本,则 $E(\overline{X}) =$ ____,
$D(\overline{X}) =$ ____.

5. 设 X_1, X_2, X_3, X_4 相互独立且服从相同分布 $\chi^2(6)$,则 $\dfrac{X_1+X_2+X_3}{3X_4} \sim$ _____.

6. 设总体 $X \sim N(0,1)$,随机抽取样本 X_1, X_2, X_3, X_4, X_5,则
$\dfrac{\sqrt{3/2}(X_1+X_2)}{(X_3^2+X_4^2+X_5^2)^{1/2}} \sim$ _____.

7. 设总体 $X \sim N(\mu,4)$,从中抽取容量为 16 的样本 $X_1, X_2, \cdots, X_{16}$,则
$P(-0.5 < \overline{X}-\mu < 0.5) =$ _____,$P(S^2 < 6.6656) =$ _____.

二、选择题

1. 设总体 $X \sim N(\mu,\sigma^2)$,其中 σ^2 已知,但 μ 未知,而 $X_1, X_2, \cdots, X_n$ 为它
的一个简单随机样本,则下列量中,( )是统计量,( )不是统计量.

A. $\dfrac{1}{n}\sum_{i=1}^{n} X_i$ B. $\dfrac{1}{n}\sum_{i=1}^{n}(X_i-\mu)^2$

C. $\dfrac{1}{n}\sum_{i=1}^{n}(X_i-\overline{X})^2$ D. $\dfrac{\overline{X}-5}{\sigma}\sqrt{n}$

E. $\dfrac{\overline{X}-\mu}{\sigma/\sqrt{n}}$ F. $\dfrac{\overline{X}-3}{\sqrt{\dfrac{1}{n(n-1)}\sum_{i=1}^{n}(X_i-\overline{X})^2}}$

2. 设总体 $X \sim N(\mu,\sigma^2)$,$\overline{X}$ 为该总体的样本均值,则 $P(\overline{X}>\mu)$( ).

A. $< \dfrac{1}{4}$ B. $= \dfrac{1}{4}$ C. $> \dfrac{1}{2}$ D. $= \dfrac{1}{2}$

3. 设随机变量 $X \sim t(n)$,则 $Y = X^2 \sim$( ).

A. $\chi^2(n)$ B. $F(n,n)$ C. $F(n,1)$ D. $F(1,n)$

三、解答题

1. 证明公式:$\sum_{i=1}^{n}(X_i-\overline{X})^2 = \sum_{i=1}^{n} X_i^2 - n\overline{X}^2$,其中 $\overline{X} = \dfrac{1}{n}\sum_{i=1}^{n} X_i$.

2. 设总体 X 的密度函数为 $f(x;\theta) = \begin{cases} \theta x^{\theta-1}, & 0<x<1 \\ 0, & \text{其他}, \end{cases}$ 其中 $\theta>0$. $X_1, X_2, \cdots,$
X_n 为取自总体 X 的简单随机样本,试写出样本的联合密度函数.

3. 对下列数据

433	419	441	381	443	387	386	379
425	399	366	400	382	384	423	398
418	374	372	418	392	428	439	385
377	341	447	472	425	419	412	369
413	405	430	429	428	479	403	381

构造箱线图.

4. 设总体 $X \sim N(\mu,\sigma^2)$,而 $X_1, X_2, \cdots, X_n$ 为它的一个简单随机样本,$\overline{X}$ 和

S^2 分别是样本均值和样本方差,证明:$E(\overline{X})=\mu$;$D(\overline{X})=\dfrac{\sigma^2}{n}$;$E(S^2)=\sigma^2$.

5. 设总体 $X \sim N(0,1)$,X_1,X_2,X_3,X_4 是来自总体 X 的简单随机样本,试证明统计量 $\left(\dfrac{X_1-X_2}{X_3-X_4}\right)^2 \sim F(1,1)$.

6. 设总体 $X \sim N(\mu,\sigma^2)$,从中取得样本 $X_1,X_2,\cdots,X_n$,样本均值 $\overline{X}=\dfrac{1}{n}\sum_{i=1}^{n}X_i$,样本方差 $S^2=\dfrac{1}{n-1}\sum_{i=1}^{n}(X_i-\overline{X})^2$,若再取一个样本 X_{n+1},试判断统计量 $\sqrt{\dfrac{n}{n+1}}\dfrac{X_{n+1}-\overline{X}}{S}$ 所服从的分布,并证明之.

7. 设总体 $X \sim N(\mu,\sigma^2)$,$X_1,X_2,\cdots,X_{10}$ 是取自总体 X 的样本,试求下列概率:(1) $P\left(0.256\sigma^2 \le \dfrac{1}{10}\sum_{i=1}^{10}(X_i-\mu)^2 \le 2.321\sigma^2\right)$;(2) $P\left(0.27\sigma^2 \le \dfrac{1}{10}\sum_{i=1}^{10}(X_i-\overline{X})^2 \le 2.36\sigma^2\right)$.

习题六:
综合提高题解答

习题六:综合提高题

1. 设有 N 个产品,其中有 M 个次品.进行放回抽样,定义 X_i 如下:

$$X_i=\begin{cases}1, & \text{第 } i \text{ 次取得次品,}\\ 0, & \text{第 } i \text{ 次取得正品.}\end{cases}$$

求样本 $X_1,X_2,\cdots,X_n$ 的联合概率分布.

2. 证明:对任意常数 c,d,有

$$\sum_{i=1}^{n}(x_i-c)(y_i-d)=\sum_{i=1}^{n}(x_i-\overline{x})(y_i-\overline{y})+n(\overline{x}-c)(\overline{y}-d).$$

3. 设 $X_1,X_2,\cdots,X_n$ 是来自正态总体 $N(\mu,1)$ 的样本,试确定最大的常数 C,使得对任意的 $\mu \ge 0$,有 $P(|\overline{X}|<C) \le \alpha$.

4. 某厂生产的灯泡使用寿命(单位:h)$X \sim N(2250,250^2)$,现进行质量检查,方法如下:随机抽取若干个灯泡,如果这些灯泡的平均寿命超过 2200h,就认为该厂生产的灯泡质量合格,若要使检查能通过的概率不低于 0.997,问至少应检查多少个灯泡?

5. 设总体 $X \sim N(\mu_1,\sigma^2)$,$X_1,X_2,\cdots,X_m$ 是它的一个样本,$\overline{X}$,S_1^2 分别为其样本均值和样本方差;又总体 $Y \sim N(\mu_2,\sigma^2)$,$Y_1,Y_2,\cdots,Y_n$ 是它的一个样本,$\overline{Y}$,S_2^2 分别为其样本均值和样本方差.设两个样本相互独立,C_1 和 C_2 为任意两个实数,证明:

$$T=\dfrac{[C_1(\overline{X}-\mu_1)+C_2(\overline{Y}-\mu_2)]}{\left[\left(\dfrac{C_1^2}{m}+\dfrac{C_2^2}{n}\right)\left(\dfrac{(m-1)S_1^2+(n-1)S_2^2}{m+n-2}\right)\right]^{\frac{1}{2}}}$$

服从 t 分布.

第 七 章

参 数 估 计

7

统计推断是数理统计研究的重要内容,具有很强的实践指导价值.我们通过分析和挖掘数据,做出推断和决策以反映这些数据背后的客观规律.所谓统计推断是指根据样本对总体的分布或数字特征等给出合理的推断,其两大核心内容是:参数估计和假设检验.本章先介绍参数估计.

参数估计是从总体中抽取样本,估计总体分布中未知参数的方法.它分为两种形式:点估计和区间估计.以研究市场中某种型号灯泡的使用寿命为例,假设随机抽取 50 只灯泡进行检测,利用这 50 只灯泡的使用寿命数据来估计这种型号灯泡的平均使用寿命.如果要找到一个具体的数值去估计平均使用寿命,就属于点估计的问题.如果要找一个范围去估计平均使用寿命,就属于区间估计的问题.下面详细介绍点估计与区间估计.

第一节 点 估 计

如果总体 X 的分布类型已知,但它的一个或多个参数是未知的,则需要对未知的参数做出估计,这属于参数估计的问题.

设 $F(x;\theta_1,\theta_2,\cdots,\theta_k)$ 是总体 X 的分布函数,其中 $\theta_1,\theta_2,\cdots,\theta_k$ 是未知参数,$X_1,X_2,\cdots,X_n$ 为总体的一个样本,参数估计就是利用样本 $X_1,X_2,\cdots,X_n$ 提供的信息对参数做出估计,或对参数的某个函数做出估计.例如,根据样本构造 k 个统计量 $\hat{\theta}_1(X_1,X_2,\cdots,X_n)$,$\hat{\theta}_2(X_1,X_2,\cdots,X_n),\cdots,\hat{\theta}_k(X_1,X_2,\cdots,X_n)$ 来作为未知参数的估计,这种方法称为点估计.称 $\hat{\theta}_1(X_1,X_2,\cdots,X_n),\hat{\theta}_2(X_1,X_2,\cdots,X_n),\cdots,\hat{\theta}_k(X_1,X_2,\cdots,X_n)$ 为未知参数 $\theta_1,\theta_2,\cdots,\theta_k$ 的估计量;如果已知样本观测值 $x_1,x_2,\cdots,x_n$,则称 $\hat{\theta}_1(x_1,x_2,\cdots,x_n),\hat{\theta}_2(x_1,x_2,\cdots,x_n),\cdots,\hat{\theta}_k(x_1,x_2,\cdots,x_n)$ 是未知参数 $\theta_1,\theta_2,\cdots,\theta_k$ 的估计值.

下面介绍两种获得点估计的常用方法:矩估计法和最大似然估计法.

一、矩估计法

矩估计法是英国统计学家卡尔·皮尔逊(Karl Pearson)在 1900

概率统计学者
卡尔·皮尔逊

年提出的,其基本思想是:用样本矩作为相应总体矩的估计,即用样本矩替换相应的总体矩.这里的矩可以是原点矩,也可以是中心矩,具体的做法如下.

设总体 X 的分布中含有 k 个未知参数 $\theta_1,\theta_2,\cdots,\theta_k,X_1,X_2,\cdots,X_n$ 为总体的一个样本,假设总体 X 的 $1\sim k$ 阶原点矩都存在,它们都是参数 $\theta_1,\theta_2,\cdots,\theta_k$ 的函数,即

$$\begin{cases} v_1=v_1(\theta_1,\theta_2,\cdots,\theta_k)=E(X), \\ v_2=v_2(\theta_1,\theta_2,\cdots,\theta_k)=E(X^2), \\ \vdots \\ v_k=v_k(\theta_1,\theta_2,\cdots,\theta_k)=E(X^k). \end{cases}$$

用样本的 r 阶原点矩 $V_r=\dfrac{1}{n}\sum_{i=1}^{n}X_i^r$ 作为总体 X 的 r 阶原点矩 $v_r(r=1,2,\cdots,k)$ 的估计量,由此得到含有 $\theta_1,\theta_2,\cdots,\theta_k$ 的方程组

$$\begin{cases} v_1(\theta_1,\theta_2,\cdots,\theta_k)=V_1, \\ v_2(\theta_1,\theta_2,\cdots,\theta_k)=V_2, \\ \vdots \\ v_k(\theta_1,\theta_2,\cdots,\theta_k)=V_k. \end{cases}$$

求解方程组,得

$$\begin{cases} \hat\theta_1=\hat\theta_1(X_1,X_2,\cdots,X_n), \\ \hat\theta_2=\hat\theta_2(X_1,X_2,\cdots,X_n), \\ \vdots \\ \hat\theta_k=\hat\theta_k(X_1,X_2,\cdots,X_n). \end{cases}$$

这就是未知参数 $\theta_1,\theta_2,\cdots,\theta_k$ 的**矩估计量**.代入样本观测值得到 k 个数,即

$$\begin{cases} \hat\theta_1=\hat\theta_1(x_1,x_2,\cdots,x_n), \\ \hat\theta_2=\hat\theta_2(x_1,x_2,\cdots,x_n), \\ \vdots \\ \hat\theta_k=\hat\theta_k(x_1,x_2,\cdots,x_n). \end{cases}$$

这就是未知参数 $\theta_1,\theta_2,\cdots,\theta_k$ 的**矩估计值**.

例 7.1.1 设总体 $X\sim P(\lambda)$,其中 λ 为未知参数,$X_1,X_2,\cdots,X_n$ 是来自总体 X 的一个样本,求参数 λ 的矩估计量.

解 由于 $v_1=E(X)=\lambda$,$V_1=\dfrac{1}{n}\sum_{i=1}^{n}X_i=\overline{X}$,令 $v_1=V_1$,即 $\lambda=\dfrac{1}{n}\sum_{i=1}^{n}X_i=\overline{X}$,所以参数 λ 的矩估计量为

$$\hat\lambda=\overline{X}=\frac{1}{n}\sum_{i=1}^{n}X_i.$$

例 7.1.2 设总体 X 服从区间 $[0,\theta]$ 上的均匀分布,其中 $\theta>0$

是未知参数,若取得样本观测值 $x_1, x_2, \cdots, x_n$,试计算参数 θ 的矩估计值.

解　由于总体 X 服从区间 $[0, \theta]$ 上的均匀分布,故其概率密度函数为

$$f(x, \theta) = \begin{cases} \dfrac{1}{\theta}, & 0 \leqslant x \leqslant \theta, \\ 0, & \text{其他}. \end{cases}$$

由于只有一个未知参数 θ,所以只需计算总体 X 的一阶原点矩

$$v_1(X) = E(X) = \int_{-\infty}^{+\infty} x f(x) \mathrm{d}x = \int_0^\theta \frac{x}{\theta} \mathrm{d}x = \frac{\theta}{2},$$

而样本的一阶原点矩为

$$V_1 = \frac{1}{n} \sum_{i=1}^n X_i = \overline{X},$$

故有

$$\frac{\theta}{2} = \frac{1}{n} \sum_{i=1}^n X_i = \overline{X},$$

所以 θ 的矩估计量为

$$\hat{\theta} = \frac{2}{n} \sum_{i=1}^n X_i = 2\overline{X},$$

进而得到 θ 的矩估计值

$$\hat{\theta} = \frac{2}{n} \sum_{i=1}^n x_i = 2\overline{x}.$$

例 7.1.3　设总体 X 的均值 μ 及方差 σ^2 都存在,且有 $\sigma^2 > 0$,但 μ, σ^2 均未知,又设 $X_1, X_2, \cdots, X_n$ 是来自总体 X 的样本,试求 μ, σ^2 的矩估计值.

解　由于总体 X 的分布中有两个未知参数,故应考虑一阶、二阶原点矩,从而有

$$v_1(X) = E(X) = \mu,$$
$$v_2(X) = E(X^2) = D(X) + [E(X)]^2 = \sigma^2 + \mu^2,$$

于是,由矩估计的方法得方程组

$$\begin{cases} \mu = V_1 = \dfrac{1}{n} \sum_{i=1}^n X_i, \\ \sigma^2 + \mu^2 = V_2 = \dfrac{1}{n} \sum_{i=1}^n X_i^2. \end{cases}$$

解得 μ 及 σ^2 的矩估计量分别为

$$\begin{cases} \hat{\mu} = \dfrac{1}{n} \sum_{i=1}^n X_i = \overline{X}, \\ \hat{\sigma}^2 = \dfrac{1}{n} \sum_{i=1}^n X_i^2 - \overline{X}^2 = \dfrac{1}{n} \sum_{i=1}^n (X_i - \overline{X})^2. \end{cases}$$

进一步得到 μ 及 σ^2 的矩估计值分别为

$$\begin{cases} \hat{\mu} = \dfrac{1}{n}\sum_{i=1}^{n}x_i = \bar{x}, \\ \hat{\sigma}^2 = \dfrac{1}{n}\sum_{i=1}^{n}(x_i-\bar{x})^2 = \tilde{\sigma}^2. \end{cases}$$

以上结果表明:无论总体 X 服从何种分布,只要总体的均值和方差存在,总体均值的矩估计量就是样本均值,总体方差的矩估计量就是样本的二阶中心矩,即

$$\hat{\mu} = \frac{1}{n}\sum_{i=1}^{n}X_i = \bar{X} = V_1, \quad \hat{\sigma}^2 = \frac{1}{n}\sum_{i=1}^{n}(X_i-\bar{X})^2 = U_2,$$

其矩估计值为

$$\hat{\mu} = \frac{1}{n}\sum_{i=1}^{n}x_i = \bar{x} = v_1, \quad \hat{\sigma}^2 = \frac{1}{n}\sum_{i=1}^{n}(x_i-\bar{x})^2 = u_2.$$

例 7.1.4　用仪器测量某零件的长度 X(单位:mm),设零件长度服从正态分布 $X \sim N(\mu,\sigma^2)$,现进行 5 次测量,其结果如下:

$$92 \quad 94 \quad 103 \quad 105 \quad 106$$

试计算参数 μ 及 σ^2 的矩估计值.

解　由例 7.1.3 可知 μ,σ^2 的矩估计量分别为 $\bar{X}$ 及 U_2,故 μ,σ^2 的矩估计值分别为 $\bar{x}$ 与 u_2,即

$$\hat{\mu} = \frac{1}{5}(92+94+103+105+106) = 100,$$

$$\hat{\sigma}^2 = \frac{1}{5}\left[(92-100)^2+(94-100)^2+\cdots+(106-100)^2\right] = 34.$$

矩估计法的优点是:简便、直观,不需要事先知道总体是什么分布.缺点是:一般情形下,矩估计量不具有唯一性,而且对于总体矩不存在的情形不适用.

二、　最大似然估计法

最大似然估计又称极大似然估计,是一种利用给定样本观测值来评估模型参数的方法,其基本原理为:利用已知的样本结果信息,反推最具有可能(最大概率)导致这些样本结果出现的模型参数值.下面分两种情况介绍最大似然估计的方法和步骤.

1. 离散型总体

设离散型总体 X 的分布律为

$$P(X=x) = p(x;\theta),$$

其中 $\theta \in \Theta$ 为未知参数,Θ 为 θ 的所有可能取值范围(称为参数空间),则对于给定的样本观测值 $x_1,x_2,\cdots,x_n$,样本的联合分布律为

$$P(X_1=x_1,X_2=x_2,\cdots,X_n=x_n) = \prod_{i=1}^{n}p(x_i;\theta).$$

令

$$L(\theta) = \prod_{i=1}^{n} p(x_i;\theta),$$

我们称 $L(\theta)$ 为似然函数,它是未知参数 θ 的函数.

2. 连续型总体

设连续型总体 X 的概率密度函数为 $f(x;\theta)$,其中 $\theta \in \Theta$ 为未知参数,Θ 为 θ 的所有可能取值范围(称为参数空间),则对于给定的样本观测值 $x_1, x_2, \cdots, x_n$,样本的联合概率密度为 $\prod_{i=1}^{n} f(x_i;\theta)$,从而随机变量 X_i 落在点 x_i 的邻域(其半径为 Δx_i)内的概率可近似为

$$\prod_{i=1}^{n} f(x_i;\theta)\Delta x_i.$$

当 $x_i(i=1,2,\cdots,n)$ 取定时,它是 θ 的函数,记为 $L(\theta)$,我们称

$$L(\theta) = \prod_{i=1}^{n} f(x_i;\theta)\Delta x_i, \theta \in \Theta$$

为似然函数.由于 $\Delta x_i(i=1,2,\cdots,n)$ 与 θ 无关,故似然函数常取为

$$L(\theta) = \prod_{i=1}^{n} f(x_i;\theta), \theta \in \Theta.$$

最大似然估计法就是,根据抽样得到的样本观测值 $x_1, x_2, \cdots, x_n$ 来选取参数 θ 的值,使样本观测值出现的可能性最大,也就是使似然函数 $L(\theta)$ 达到最大值,从而求得参数 θ 的最大似然估计 $\hat{\theta}$.

当 $L(\theta)$ 是可微函数时,要使 $L(\theta)$ 取到最大值,θ 必须满足方程

$$\frac{\mathrm{d}L(\theta)}{\mathrm{d}\theta} = 0,$$

此方程称为**似然方程**.由于 $L(\theta)$ 是 n 个函数的乘积,在求导时比较复杂,而 $\ln L(\theta)$ 是 $L(\theta)$ 的单调递增函数,$\ln L(\theta)$ 与 $L(\theta)$ 在同一点处取得最大值,因此求解上述似然方程可以转化为求解方程

$$\frac{\mathrm{d}\ln L(\theta)}{\mathrm{d}\theta} = 0,$$

这个方程称为**对数似然方程**.

例 7.1.5 设总体 $X \sim B(1,p)$,$X_1, X_2, \cdots, X_n$ 是来自总体 X 的样本,求 p 的最大似然估计量.

解 总体 X 的分布律为

$$P(X=x) = p^x(1-p)^{1-x}, \quad x=0,1.$$

设 $x_1, x_2, \cdots, x_n$ 是相应的样本值,则似然函数为

$$L(p) = \prod_{i=1}^{n} p^{x_i}(1-p)^{1-x_i} = p^{\sum\limits_{i=1}^{n} x_i}(1-p)^{n-\sum\limits_{i=1}^{n} x_i}.$$

对上式两边取对数,得对数似然方程

$$\ln L(p) = \ln \prod_{i=1}^{n} p^{x_i}(1-p)^{1-x_i} = \left(\sum_{i=1}^{n} x_i\right)\ln p + \left(n-\sum_{i=1}^{n} x_i\right)\ln(1-p).$$

令

$$\frac{\mathrm{d}\ln L(p)}{\mathrm{d}p} = \frac{\sum\limits_{i=1}^{n} x_i}{p} - \frac{n - \sum\limits_{i=1}^{n} x_i}{1-p} = 0,$$

可得参数 p 的最大似然估计值

$$\hat{p} = \frac{1}{n}\sum_{i=1}^{n} x_i = \bar{x}.$$

因此参数 p 的最大似然估计量为

$$\hat{p} = \frac{1}{n}\sum_{i=1}^{n} X_i = \bar{X}.$$

例 7.1.6　设 $X_1, X_2, \cdots, X_n$ 是来自总体 X 的样本,总体 X 的概率密度函数为

$$f(x) = \begin{cases} \theta x^{\theta-1}, & 0 < x < 1, \\ 0, & \text{其他}, \end{cases}$$

其中 $\theta > 0$ 是未知参数,求 θ 的最大似然估计量.

解　设 $x_1, x_2, \cdots, x_n$ 是相应的样本观测值,则似然函数为

$$L(\theta) = \begin{cases} \prod\limits_{i=1}^{n} \theta x_i^{\theta-1}, & 0 < x_1, x_2, \cdots, x_n < 1, \\ 0, & \text{其他}. \end{cases}$$

在这里,最大似然估计只需考虑非零部分量最大就可以了,似然函数可改写为

$$L(\theta) = \prod_{i=1}^{n} \theta x_i^{\theta-1} = \theta^n \left(\prod_{i=1}^{n} x_i \right)^{\theta-1},$$

对上式两边取对数,得

$$\ln L(\theta) = n\ln\theta + (\theta-1)\sum_{i=1}^{n} \ln x_i,$$

令

$$\frac{\mathrm{d}\ln L(\theta)}{\mathrm{d}\theta} = \frac{n}{\theta} + \sum_{i=1}^{n} \ln x_i = 0,$$

可得参数 θ 的最大似然估计值

$$\hat{\theta} = \frac{-n}{\sum\limits_{i=1}^{n} \ln x_i}.$$

因此参数 θ 的最大似然估计量为

$$\hat{\theta} = \frac{-n}{\sum\limits_{i=1}^{n} \ln X_i}.$$

当总体 X 的分布中有多个未知参数 $\theta_1, \theta_2, \cdots, \theta_m$ 时,似然函数就是这些参数的多元函数 $L(\theta_1, \theta_2, \cdots, \theta_m)$,则相应地有方程组

$$\begin{cases} \dfrac{\partial \ln L(\theta_1,\theta_2,\cdots,\theta_m)}{\partial \theta_1}=0,\\[2mm] \dfrac{\partial \ln L(\theta_1,\theta_2,\cdots,\theta_m)}{\partial \theta_2}=0,\\[1mm] \qquad\qquad\vdots\\[1mm] \dfrac{\partial \ln L(\theta_1,\theta_2,\cdots,\theta_m)}{\partial \theta_m}=0, \end{cases}$$

由此方程组解得 $\theta_1,\theta_2,\cdots,\theta_m$ 的最大似然估计值 $\hat{\theta}_1,\hat{\theta}_2,\cdots,\hat{\theta}_m$.

例 7.1.7　设总体 $X \sim N(\mu,\sigma^2)$,其中 μ 和 σ^2 是未知参数,取样本观测值为 $x_1,x_2,\cdots,x_n$,求参数 μ 和 σ^2 的最大似然估计.

解　总体 X 的概率密度函数为

$$f(x;\mu,\sigma^2)=\frac{1}{\sqrt{2\pi}\,\sigma}\mathrm{e}^{-\frac{(x_i-\mu)^2}{2\sigma^2}}\quad(-\infty<x<+\infty),$$

则似然函数为

$$L(\mu,\sigma^2)=\prod_{i=1}^{n}\frac{1}{\sqrt{2\pi}\,\sigma}\mathrm{e}^{-\frac{(x_i-\mu)^2}{2\sigma^2}}=(2\pi\sigma^2)^{-\frac{n}{2}}\mathrm{e}^{-\frac{1}{2\sigma^2}\sum\limits_{i=1}^{n}(x_i-\mu)^2},$$

取对数,得对数似然函数

$$\ln L(\mu,\sigma^2)=-\frac{n}{2}\ln 2\pi-\frac{n}{2}\ln\sigma^2-\frac{1}{2\sigma^2}\sum_{i=1}^{n}(x_i-\mu)^2,$$

关于 μ 和 σ^2 分别求偏导,得似然方程组

$$\begin{cases} \dfrac{\partial \ln L(\mu,\sigma^2)}{\partial \mu}=\dfrac{1}{\sigma^2}\sum\limits_{i=1}^{n}(x_i-\mu)=0,\\[3mm] \dfrac{\partial \ln L(\mu,\sigma^2)}{\partial \sigma^2}=-\dfrac{n}{2\sigma^2}+\dfrac{1}{2\sigma^4}\sum\limits_{i=1}^{n}(x_i-\mu)^2=0. \end{cases}$$

由此解得 μ 及 σ^2 的最大似然估计值分别为

$$\begin{cases} \hat{\mu}=\dfrac{1}{n}\sum\limits_{i=1}^{n}x_i=\bar{x},\\[3mm] \hat{\sigma}^2=\dfrac{1}{n}\sum\limits_{i=1}^{n}(x_i-\bar{x})^2, \end{cases}$$

最大似然估计量分别为

$$\begin{cases} \hat{\mu}=\dfrac{1}{n}\sum\limits_{i=1}^{n}X_i=\bar{X},\\[3mm] \hat{\sigma}^2=\dfrac{1}{n}\sum\limits_{i=1}^{n}(X_i-\bar{X})^2. \end{cases}$$

从例 7.1.7 可以看到,正态总体参数的最大似然估计与矩估计是相同的.

例 7.1.8　设总体 X 服从均匀分布 $U(a,b)$,其中 a 和 b 是未知参数,取样本观测值为 $x_1,x_2,\cdots,x_n$,求参数 a 和 b 的最大似然

估计.

解 总体 X 的概率密度函数为

$$f(x;a,b) = \begin{cases} \dfrac{1}{b-a}, & a \leqslant x \leqslant b, \\ 0, & \text{其他}. \end{cases}$$

似然函数为

$$L(a,b) = \begin{cases} \dfrac{1}{(b-a)^n}, & a \leqslant x_1, x_2, \cdots, x_n \leqslant b, \\ 0, & \text{其他}. \end{cases}$$

令 $x_{(1)} = \min\{x_1, x_2, \cdots, x_n\}$，$x_{(n)} = \max\{x_1, x_2, \cdots, x_n\}$，则似然函数可以写为

$$L(a,b) = \begin{cases} \dfrac{1}{(b-a)^n}, & a \leqslant x_{(1)} \leqslant x_{(n)} \leqslant b, \\ 0, & \text{其他}. \end{cases}$$

由于当 $a \leqslant x_{(1)}$ 及 $b \geqslant x_{(n)}$ 时，似然函数的偏导数不为零，故按照最大似然原理来确定 $L(a,b)$ 的最大值. 对于满足 $a \leqslant x_{(1)}$ 及 $b \geqslant x_{(n)}$ 的任意 a 和 b，有

$$L(a,b) = \frac{1}{(b-a)^n} \leqslant \frac{1}{(x_{(n)} - x_{(1)})^n}.$$

即似然函数 $L(a,b)$ 在 $a = x_{(1)}$，$b = x_{(n)}$ 时取得最大值. 故 a,b 的最大似然估计值分别为

$$\begin{cases} \hat{a} = x_{(1)} = \min\{x_1, x_2, \cdots, x_n\}, \\ \hat{b} = x_{(n)} = \max\{x_1, x_2, \cdots, x_n\}. \end{cases}$$

因此，最大似然估计量分别为

$$\begin{cases} \hat{a} = X_{(1)} = \min\{X_1, X_2, \cdots, X_n\}, \\ \hat{b} = X_{(n)} = \max\{X_1, X_2, \cdots, X_n\}. \end{cases}$$

下面不做证明，给出最大似然估计的不变性原理：设 $\hat{\theta}$ 是 θ 的最大似然估计，$u = u(\theta)$ 是 θ 的函数，且具有单值的反函数 $\theta = \theta(u)$，则 $\hat{u} = u(\hat{\theta})$ 是 $u(\theta)$ 的最大似然估计.

例如，正态分布总体 $N(\mu, \sigma^2)$ 中，σ^2 的最大似然估计值为

$$\hat{\sigma}^2 = \frac{1}{n} \sum_{i=1}^{n} (x_i - \bar{x})^2,$$

$\sigma = \sqrt{\sigma^2}$ 是 σ^2 的函数，且具有单值的反函数，故 σ 的最大似然估计值为

$$\hat{\sigma} = \sqrt{\frac{1}{n} \sum_{i=1}^{n} (x_i - \bar{x})^2}.$$

类似地，$\ln\sigma$ 的最大似然估计值为

$$\ln\hat{\sigma} = \ln \sqrt{\frac{1}{n} \sum_{i=1}^{n} (x_i - \bar{x})^2}.$$

综上,可得求最大似然估计的一般步骤:

(1) 写出似然函数 $L(\theta)=L(x_1,x_2,\cdots,x_n,\theta)$;

(2) 令 $\dfrac{\mathrm{d}L(\theta)}{\mathrm{d}\theta}=0$ 或 $\dfrac{\mathrm{d}\ln L(\theta)}{\mathrm{d}\theta}=0$,求出驻点;

(3) 判断并求出最大值点,用样本值代入就是参数的最大似然估计值.

注 (1) 当似然函数关于未知参数不可微时,只能按最大似然原理计算最大值点;

(2) 上述的一般步骤对含有多个未知参数的情形同样适用,只需将求导数变为求偏导数;

(3) 称 $\dfrac{\mathrm{d}\ln L(\theta)}{\mathrm{d}\theta}=0$ 为对数似然方程,称 $\dfrac{\partial\ln L(\theta_1,\theta_2,\cdots,\theta_n)}{\partial\theta_i}=0$, $i=1,2,\cdots,n$ 为对数似然方程组.

第二节　估计量的评价标准

从上一节的讨论中可知,对于同一个参数,用不同的点估计方法得出的估计量可能不同,即使利用同一种方法,也可能得到多个估计量.这就涉及评价估计量好坏的标准问题,本节我们讨论评价估计量常用的三条标准:①无偏性;②有效性;③一致性(相合性).

一、无偏性

由于估计量是随机变量,所以根据不同的样本观测值会得到不同的参数估计值,具有随机性.人们往往希望估计量的取值与参数的真实值越接近越好,应该在参数真实值附近波动,由此可引出无偏性的概念.

定义 7.2.1 设 $X_1,X_2,\cdots,X_n$ 是从总体 X 中抽取的样本,$\hat{\theta}=\hat{\theta}(X_1,X_2,\cdots,X_n)$ 是总体分布中未知参数 θ 的估计量,如果 $E(\hat{\theta})$ 存在,且
$$E(\hat{\theta})=\theta,$$
则称 $\hat{\theta}$ 是 θ 的无偏估计量.

无偏性的意义:对于某些样本值,用估计量 $\hat{\theta}$ 得到的估计值相对于真值 θ 来说有的偏大,有的偏小,但是平均值等于未知参数 θ.

注 (1) 如果 $E(\hat{\theta})\neq\theta$,则称 $\hat{\theta}$ 为 θ 的有偏估计量,称 $E(\hat{\theta})-\theta$ 为估计量 $\hat{\theta}$ 的偏差;

(2) 如果 $\hat{\theta}$ 是 θ 的有偏估计量,但 $\lim_{n\to\infty}E(\hat{\theta})=\theta$,则称 $\hat{\theta}$ 是 θ 的渐近无偏估计量;

（3）无偏性是对估计量一个常见而重要的要求,它的实际意义指估计量没有系统偏差,只有随机偏差.在科学技术中,称 $E(\hat{\theta})-\theta$ 是用 $\hat{\theta}$ 估计 θ 产生的系统误差.

定理 7.2.1 设 $X_1,X_2,\cdots,X_n$ 是取自总体 X 的样本,总体 X 的均值为 μ,方差为 σ^2.则

（1）样本均值 $\overline{X}$ 是总体均值 μ 的无偏估计量;

（2）样本方差 $S^2=\dfrac{1}{n-1}\sum_{i=1}^{n}(X_i-\overline{X})^2$ 是总体方差 σ^2 的无偏估计量;

（3）样本二阶中心矩 $U_2=\dfrac{1}{n}\sum_{i=1}^{n}(X_i-\overline{X})^2$ 不是总体 σ^2 的无偏估计量,而是渐近无偏估计量.

证明 因为样本 $X_1,X_2,\cdots,X_n$ 相互独立且与总体 X 服从相同的分布,故有

$$E(X_i)=\mu,D(X_i)=\sigma^2,i=1,2,\cdots,n.$$

由数学期望和方差的性质可知:

（1）$E(\overline{X})=E\left(\dfrac{1}{n}\sum_{i=1}^{n}X_i\right)=\dfrac{1}{n}E\left(\sum_{i=1}^{n}X_i\right)=\dfrac{1}{n}\sum_{i=1}^{n}E(X_i)$

$$=\dfrac{1}{n}\cdot n\mu=\mu.$$

故样本均值 $\overline{X}$ 是总体均值 μ 的无偏估计量.

（2）由于

$$S^2=\dfrac{1}{n-1}\sum_{i=1}^{n}(X_i-\overline{X})^2=\dfrac{1}{n-1}\left[\sum_{i=1}^{n}X_i^2-2\left(\sum_{i=1}^{n}X_i\right)\overline{X}+n\overline{X}^2\right]$$

$$=\dfrac{1}{n-1}\left(\sum_{i=1}^{n}X_i^2-n\overline{X}^2\right),$$

则

$$E(S^2)=E\left[\dfrac{1}{n-1}\left(\sum_{i=1}^{n}X_i^2-n\overline{X}^2\right)\right]=\dfrac{1}{n-1}\left[\sum_{i=1}^{n}E(X_i^2)-nE(\overline{X}^2)\right].$$

再由公式 $D(X)=E(X^2)-[E(X)]^2$,可得

$$E(X_i^2)=D(X_i)+[E(X_i)]^2=\sigma^2+\mu^2,i=1,2,\cdots,n,$$

$$E(\overline{X}^2)=D(\overline{X})+[E(\overline{X})]^2=D\left(\dfrac{1}{n}\sum_{i=1}^{n}X_i\right)+\mu^2$$

$$=\dfrac{1}{n^2}\sum_{i=1}^{n}D(X_i)+\mu^2=\dfrac{1}{n^2}\cdot n\sigma^2+\mu^2=\dfrac{1}{n}\sigma^2+\mu^2.$$

因此

$$E(S^2)=\dfrac{1}{n-1}\left[n(\sigma^2+\mu^2)-n\left(\dfrac{\sigma^2}{n}+\mu^2\right)\right]=\sigma^2,$$

即样本方差 $S^2=\dfrac{1}{n-1}\sum_{i=1}^{n}(X_i-\overline{X})^2$ 是总体方差 σ^2 的无偏估计量.

（3）由于

$$U_2 = \frac{1}{n}\sum_{i=1}^{n}(X_i-\overline{X})^2 = \frac{n-1}{n}S^2,$$

$$E(U_2) = \frac{n-1}{n}E(S^2) = \frac{n-1}{n}\sigma^2 \neq \sigma^2,$$

所以 U_2 不是 σ^2 的无偏估计量.但是

$$\lim_{n\to\infty}E(U_2) = \lim_{n\to\infty}\frac{n-1}{n}\sigma^2 = \sigma^2,$$

所以 U_2 是 σ^2 的渐近无偏估计量.

二、有效性

对于同一个未知参数 θ,它可能有多个无偏估计量,在这些估计量中自然选用对 θ 的平均偏离程度较小者为好,也就是说一个较好的估计量应有较小的方差.由此我们引入评价估计量好坏的第二个标准:有效性.

定义 7.2.2 设 $\hat{\theta}_1 = \hat{\theta}_1(X_1,X_2,\cdots,X_n)$ 和 $\hat{\theta}_2 = \hat{\theta}_2(X_1,X_2,\cdots,X_n)$ 都是参数 θ 的无偏估计量,且

$$D(\hat{\theta}_1) < D(\hat{\theta}_2),$$

则称 $\hat{\theta}_1$ 较 $\hat{\theta}_2$ 有效.当样本容量 n 一定时,若在 θ 的所有无偏估计量中,$\hat{\theta}$ 的方差 $D(\hat{\theta})$ 最小,则称 $\hat{\theta}$ 是 θ 的有效估计量.

例 7.2.1 设 X_1,X_2,X_3 是总体 X 的样本,证明

$$\hat{\mu}_1 = \frac{1}{3}(X_1+X_2+X_3),\hat{\mu}_2 = \frac{1}{2}(X_1-X_2)+X_3,\hat{\mu}_3 = \frac{1}{4}(X_1+X_2)+\frac{X_3}{2}$$

都是总体均值 $E(X)$ 的无偏估计量,并比较哪个估计量更有效.

解 由于

$$E(\hat{\mu}_1) = \frac{1}{3}[E(X_1)+E(X_2)+E(X_3)] = \frac{1}{3}[E(X)+E(X)+E(X)] = E(X),$$

$$E(\hat{\mu}_2) = \frac{1}{2}E(X_1)-\frac{1}{2}E(X_2)+E(X_3) = E(X),$$

$$E(\hat{\mu}_3) = \frac{1}{4}E(X_1)+\frac{1}{4}E(X_2)+\frac{1}{2}E(X_3) = E(X),$$

所以 $\hat{\mu}_1,\hat{\mu}_2,\hat{\mu}_3$ 都是总体均值 $E(X)$ 的无偏估计量.

又因为

$$D(\hat{\mu}_1) = \frac{1}{9}[D(X_1)+D(X_2)+D(X_3)] = \frac{1}{3}D(X),$$

$$D(\hat{\mu}_2) = \frac{1}{4}[D(X_1)+D(X_2)]+D(X_3) = \frac{3}{2}D(X),$$

$$D(\hat{\mu}_3) = \frac{1}{16}[D(X_1)+D(X_2)]+\frac{1}{4}D(X_3) = \frac{3}{8}D(X),$$

则
$$D(\hat{\mu}_1)<D(\hat{\mu}_3)<D(\hat{\mu}_2),$$
所以 $\hat{\mu}_1$ 比 $\hat{\mu}_2$ 和 $\hat{\mu}_3$ 更有效.

三、一致性(相合性)

在样本容量 n 一定的情况下,无偏性和有效性能够较好地反映估计量的好坏.随着样本容量的增加,我们希望估计值在某种意义下稳定在真值附近.这就是第三个评价标准:一致性(相合性).

定义 7.2.3 设 $\hat{\theta}=\hat{\theta}(X_1,X_2,\cdots,X_n)$ 是总体参数 θ 的估计量,如果对于任意 $\theta\in\Theta$,当 $n\to\infty$ 时,$\hat{\theta}=\hat{\theta}(X_1,X_2,\cdots,X_n)$ 依概率收敛于 θ,即对于任意 $\varepsilon>0$,有
$$\lim_{n\to\infty}P(|\hat{\theta}-\theta|<\varepsilon)=1,$$
则称 $\hat{\theta}=\hat{\theta}(X_1,X_2,\cdots,X_n)$ 是总体参数 θ 的一致估计量或相合估计量.

例 7.2.2 设 $X_1,X_2,\cdots,X_n$ 是总体 X 的样本,且 $E(X)=\mu$,$D(X)=\sigma^2$,证明:样本均值 $\overline{X}$ 是总体均值 μ 的一致估计量.

证明 由于样本 $X_1,X_2,\cdots,X_n$ 是相互独立的,且与总体 X 服从相同的分布,故有
$$E(X_i)=\mu,D(X_i)=\sigma^2,i=1,2,\cdots,n.$$
再由第五章第一节中的定理 5.1.2(切比雪夫大数定律),
$$\lim_{n\to\infty}P\left(\left|\frac{1}{n}\sum_{i=1}^n X_i-\frac{1}{n}\sum_{i=1}^n E(X_i)\right|<\varepsilon\right)=1,$$
其中 $\overline{X}=\frac{1}{n}\sum_{i=1}^n X_i$,$\frac{1}{n}\sum_{i=1}^n E(X_i)=\frac{1}{n}\cdot n\mu=\mu$,则有
$$\lim_{n\to\infty}P(|\overline{X}-\mu|<\varepsilon)=1,$$
所以,样本均值 $\overline{X}$ 是总体均值 μ 的一致估计量.

注 (1) 样本方差 S^2 是总体方差 σ^2 的一致估计量.用样本的 k 阶原点矩与样本方差作为总体的 k 阶原点矩与总体方差的估计是无偏的、一致的,且是较好的估计.

(2) 若 $u=u(t_1,t_2,\cdots,t_s)$ 是连续函数,$\hat{\theta}_i=\hat{\theta}_i(X_1,X_2,\cdots,X_n)$ 是 $\theta_i(i=1,2,\cdots,s)$ 的一致估计量,则 $u(\hat{\theta}_1,\hat{\theta}_2,\cdots,\hat{\theta}_s)$ 是 $u(\theta_1,\theta_2,\cdots,\theta_s)$ 的一致估计量,故用矩估计法得到的统计量一般是一致估计量.在大多数情况下,最大似然估计量也是一致估计量.

第三节　正态总体参数的区间估计

上一节我们讨论了参数的点估计,点估计虽然可以直观地得出未知参数的估计量(或估计值),但是不能反映出估计的误差范围.

在实际问题中,我们不仅需要计算参数 θ 的近似值,还需要大致估计这个近似值的精确性和可靠性.

一、置信区间的概念

定义 7.3.1 设总体 X 的分布函数 $F(x;\theta)$ 中含有一个未知参数 $\theta,\theta \in \Theta$ (Θ 是 θ 所有可能取值的范围),由总体 X 的样本 $X_1,X_2,\cdots,X_n$ 确定的两个统计量 $\hat{\theta}_1 = \hat{\theta}_1(X_1,X_2,\cdots,X_n)$ 和 $\hat{\theta}_2 = \hat{\theta}_2(X_1,X_2,\cdots,X_n)$,其中 $\hat{\theta}_1 < \hat{\theta}_2$,若对于给定的 α ($0 < \alpha < 1$),使得

$$P(\hat{\theta}_1 < \theta < \hat{\theta}_2) = 1 - \alpha,$$

则称随机区间 $(\hat{\theta}_1,\hat{\theta}_2)$ 是 θ 的置信水平为 $1-\alpha$ 的置信区间,称 $1-\alpha$ 为置信水平(置信度),$\hat{\theta}_1$ 和 $\hat{\theta}_2$ 分别称为 θ 的双侧置信上限和双侧置信下限.

注 (1) 置信区间 $(\hat{\theta}_1,\hat{\theta}_2)$ 的长度 $\hat{\theta}_2 - \hat{\theta}_1$ 反映了估计的精度;

(2) α 反映估计的可靠性,α 越小,$1-\alpha$ 越大,估计的可靠性越高,但这时的 $\hat{\theta}_2 - \hat{\theta}_1$ 会增大,从而造成估计的精度降低,α 确定后,置信区间的选取方法不唯一,一般选取区间长度最小的;

(3) 置信水平 $1-\alpha$ 的含义:在随机抽样中,如果进行 N 次抽样,则随机得到 N 个区间,这 N 个区间中有的包含未知参数 θ 的真值,有的不包含.当抽样次数 N 充分大时,这些区间中包含 θ 真值的区间大约有 $N(1-\alpha)$ 个,不包含 θ 真值的区间大约有 $N\alpha$ 个.例如,若令 $1-\alpha = 0.9$,重复抽样 $N = 100$,则包含真值 θ 的区间大约有 90 个,不包含 θ 的真值的区间大约有 10 个.

二、单个正态总体参数的区间估计

设总体 $X \sim N(\mu,\sigma^2)$,$X_1,X_2,\cdots,X_n$ 是总体 X 的样本,$\overline{X}$ 和 S^2 分别是样本均值和样本方差,置信水平为 $1-\alpha$.

1. 正态总体均值 μ 的区间估计

(1) σ^2 已知时,μ 的置信区间

我们知道 $\overline{X}$ 是 μ 的无偏估计,且有样本函数

$$U = \frac{\overline{X} - \mu}{\sigma/\sqrt{n}} \sim N(0,1).$$

如图 7.1 所示,根据标准正态分布的上 α 分位点的定义,有

$$P\left(\left| \frac{\overline{X} - \mu}{\sigma/\sqrt{n}} \right| < u_{\alpha/2} \right) = 1 - \alpha,$$

即

$$P\left(\overline{X} - \frac{\sigma}{\sqrt{n}} u_{\alpha/2} < \mu < \overline{X} + \frac{\sigma}{\sqrt{n}} u_{\alpha/2} \right) = 1 - \alpha.$$

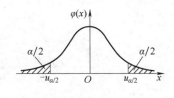

图 7.1

于是,得到 μ 的一个置信水平为 $1-\alpha$ 的置信区间

$$\left(\overline{X}-\frac{\sigma}{\sqrt{n}}u_{\alpha/2},\overline{X}+\frac{\sigma}{\sqrt{n}}u_{\alpha/2}\right),$$

这样的置信区间也可以写成

$$\left(\overline{X}\pm\frac{\sigma}{\sqrt{n}}u_{\alpha/2}\right).$$

例 7.3.1 从某厂生产的滚珠中随机抽取 10 个,测得滚珠的直径(单位:mm)如下:

14.6 15.0 14.7 15.1 14.9 14.8 15.0 15.1 15.2 14.8
若滚珠直径服从正态分布 $N(\mu,\sigma^2)$,并且已知 $\sigma=0.16(\mathrm{mm})$,求滚珠直径均值 μ 的置信水平为 95% 的置信区间.

解   计算样本均值 $\bar{x}=14.92$,置信水平 $1-\alpha=0.95,\alpha=0.05$,查表得 $u_{\alpha/2}=u_{0.025}=1.96$(也可利用 $u_{\alpha}=t_{\alpha}(\infty)$ 查表).由此得 μ 的置信水平为 95% 的置信区间为

$$\left(\overline{X}\pm\frac{\sigma}{\sqrt{n}}u_{\alpha/2}\right)=\left(14.92\pm\frac{0.16}{\sqrt{10}}\times1.96\right),$$

即

$$(14.92-0.0992,14.92+0.0992),$$

所以滚珠直径均值 μ 的置信水平为 95% 的置信区间为 $(14.8208,15.0192)(\mathrm{mm})$.

注   未知参数的置信水平为 $1-\alpha$ 的置信区间并不是唯一的.如例 7.3.1,对于给定的 $\alpha=0.05$,则又有

$$P\left(-u_{0.04}<\frac{\overline{X}-\mu}{\sigma/\sqrt{n}}<u_{0.01}\right)=0.95,$$

故

$$\left(\overline{X}-\frac{\sigma}{\sqrt{n}}u_{0.01},\overline{X}+\frac{\sigma}{\sqrt{n}}u_{0.04}\right)$$

也是未知参数 μ 的置信水平 95% 的置信区间,其区间长度为

$\dfrac{\sigma}{\sqrt{n}}(u_{0.04}+u_{0.01})=4.08\times\dfrac{\sigma}{\sqrt{n}}$.而在对称区间 $\left(\overline{X}\pm\dfrac{\sigma}{\sqrt{n}}u_{0.05}\right)$ 上,区间长度

为 $2\times\dfrac{\sigma}{\sqrt{n}}u_{0.025}=3.92\times\dfrac{\sigma}{\sqrt{n}}$,比非对称区间长度要短,进而精度较高,因此大多选择关于原点对称的区间作为置信区间.

(2) σ^2 未知时,μ 的置信区间

当 σ^2 未知时,由于 $\left(\overline{X}\pm\dfrac{\sigma}{\sqrt{n}}u_{\alpha/2}\right)$ 中包含了未知的参数 σ,无法作为置信区间.考虑到 S^2 是 σ^2 的无偏估计,可选取样本函数

$$t=\frac{\overline{X}-\mu}{S/\sqrt{n}}\sim t(n-1).$$

由于 t 分布的分布曲线对称于纵坐标轴,故对给定的置信水平 $1-\alpha$,选取关于原点对称的区间 $(-t_{\alpha/2}(n-1),t_{\alpha/2}(n-1))$(见图 7.2),使得

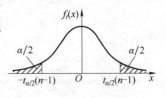

图 7.2

$$P(|t|<t_{\alpha/2}(n-1))=1-\alpha,$$

即

$$P\left(\frac{|\overline{X}-\mu|}{S/\sqrt{n}}<t_{\alpha/2}(n-1)\right)=1-\alpha,$$

则

$$P\left(\overline{X}-\frac{S}{\sqrt{n}}t_{\alpha/2}(n-1)<\mu<\overline{X}+\frac{S}{\sqrt{n}}t_{\alpha/2}(n-1)\right)=1-\alpha.$$

于是得到 μ 的置信水平为 $1-\alpha$ 的置信区间

$$\left(\overline{X}-\frac{S}{\sqrt{n}}t_{\alpha/2}(n-1),\overline{X}+\frac{S}{\sqrt{n}}t_{\alpha/2}(n-1)\right).$$

例 7.3.2 从某厂生产的滚珠中随机抽取 10 个,测得滚珠的直径(单位:mm)如下:

14.6   15.0   14.7   15.1   14.9   14.8   15.0   15.1   15.2   14.8

若滚珠直径服从正态分布 $N(\mu,\sigma^2)$,求滚珠直径均值 μ 的置信水平为 95% 的置信区间.

解 可以看到,与例 7.3.1 相比,此例中 σ^2 是未知的.

先计算样本均值 $\bar{x}=14.92$,样本标准差 $s=0.1932$.置信水平 $1-\alpha=0.95$,$\alpha=0.05$,自由度 $n-1=10-1=9$,查表得 $t_{\alpha/2}(n-1)=t_{0.025}(9)=2.2622$.由此得 μ 的置信水平为 95% 的置信区间为

$$\left(\overline{X}\pm\frac{S}{\sqrt{n}}t_{\alpha/2}(n-1)\right)=\left(14.92\pm\frac{0.1932}{\sqrt{10}}\times2.2622\right),$$

即

$$(14.92-0.1382,14.92+0.1382),$$

所以滚珠直径均值 μ 的置信水平为 95% 的置信区间为 $(14.7818,15.0582)$(mm).

注 比较例 7.3.1 和例 7.3.2 中 μ 的置信区间,可以发现:σ^2 未知时 μ 的置信区间长度要比 σ^2 已知时 μ 的置信区间长一些,这表明当未知条件增多时,估计的精确程度会变低一些.

2. 正态总体方差 σ^2 的区间估计

(1) μ 已知时,σ^2 的置信区间

由 $\dfrac{X_i-\mu}{\sigma}\sim N(0,1)$,构造样本函数

$$\chi^2=\sum_{i=1}^{n}\left(\frac{X_i-\mu}{\sigma}\right)^2=\frac{1}{\sigma^2}\sum_{i=1}^{n}(X_i-\mu)^2\sim\chi^2(n).$$

由于 χ^2 分布的分布曲线不是对称的,对于已给的置信水平 $1-\alpha$,要想找到最短的置信区间是比较困难的.因此,我们仿照上述

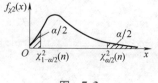

图 7.3

分布曲线为对称的情形选取区间为 $(\chi^2_{1-\alpha/2}(n),\chi^2_{\alpha/2}(n))$（见图 7.3），使得

$$P(\chi^2 \geqslant \chi^2_{1-\alpha/2}(n)) = 1-\frac{\alpha}{2}, P(\chi^2 \geqslant \chi^2_{\alpha/2}(n)) = \frac{\alpha}{2}$$

是合理的. 于是有

$$P(\chi^2_{1-\alpha/2}(n) < \chi^2 < \chi^2_{\alpha/2}(n)) = 1-\alpha,$$

即

$$P\left(\chi^2_{1-\alpha/2}(n) < \frac{1}{\sigma^2}\sum_{i=1}^{n}(X_i-\mu)^2 < \chi^2_{\alpha/2}(n)\right) = 1-\alpha,$$

则有

$$P\left(\frac{\sum_{i=1}^{n}(X_i-\mu)^2}{\chi^2_{\alpha/2}(n)} < \sigma^2 < \frac{\sum_{i=1}^{n}(X_i-\mu)^2}{\chi^2_{1-\alpha/2}(n)}\right) = 1-\alpha,$$

从而得到总体方差 σ^2 的置信水平为 $1-\alpha$ 的置信区间

$$\left(\frac{\sum_{i=1}^{n}(X_i-\mu)^2}{\chi^2_{\alpha/2}(n)}, \frac{\sum_{i=1}^{n}(X_i-\mu)^2}{\chi^2_{1-\alpha/2}(n)}\right).$$

例 7.3.3 从某厂生产的滚珠中随机抽取 10 个，测得滚珠的直径（单位：mm）如下：

14.6　15.0　14.7　15.1　14.9　14.8　15.0　15.1　15.2　14.8

若滚珠直径服从正态分布 $N(\mu,\sigma^2)$，并且已知 $\mu=14.9$（mm），求滚珠直径方差 σ^2 的置信水平为 95% 的置信区间.

解 已知 $\mu=14.9$，置信水平 $1-\alpha=0.95$，$\alpha=0.05$，自由度 $n=10$，查表得 $\chi^2_{\alpha/2}(n) = \chi^2_{0.025}(10) = 20.483$，$\chi^2_{1-\alpha/2}(n) = \chi^2_{0.975}(10) = 3.247$，则方差 σ^2 的置信水平为 95% 的置信区间为

$$\left(\frac{\sum_{i=1}^{n}(X_i-\mu)^2}{\chi^2_{\alpha/2}(n)}, \frac{\sum_{i=1}^{n}(X_i-\mu)^2}{\chi^2_{1-\alpha/2}(n)}\right) = \left(\frac{\sum_{i=1}^{10}(x_i-14.9)^2}{20.483}, \frac{\sum_{i=1}^{10}(x_i-14.9)^2}{3.247}\right),$$

即

$$\left(\frac{0.34}{20.483}, \frac{0.34}{3.247}\right),$$

所以，滚珠直径方差 σ^2 的置信水平为 95% 的置信区间为 (0.0166, 0.1047)（mm）.

（2）μ 未知时，σ^2 的置信区间

我们知道，σ^2 的无偏估计为 S^2，且样本函数 $\frac{(n-1)S^2}{\sigma^2} \sim \chi^2(n-1)$.

选取分位点 $\chi^2_{1-\alpha/2}(n-1)$ 和 $\chi^2_{\alpha/2}(n-1)$ 可得

$$P\left(\chi^2_{1-\alpha/2}(n-1) < \frac{(n-1)S^2}{\sigma^2} < \chi^2_{\alpha/2}(n-1)\right) = 1-\alpha,$$

即

$$P\left(\frac{(n-1)S^2}{\chi^2_{\alpha/2}(n-1)}<\sigma^2<\frac{(n-1)S^2}{\chi^2_{1-\alpha/2}(n-1)}\right)=1-\alpha.$$

于是得到方差 σ^2 的置信水平为 $1-\alpha$ 的置信区间

$$\left(\frac{(n-1)S^2}{\chi^2_{\alpha/2}(n-1)},\frac{(n-1)S^2}{\chi^2_{1-\alpha/2}(n-1)}\right).$$

由此,还可以得到标准差 σ 的置信水平为 $1-\alpha$ 的置信区间

$$\left(\sqrt{\frac{(n-1)S^2}{\chi^2_{\alpha/2}(n-1)}},\sqrt{\frac{(n-1)S^2}{\chi^2_{1-\alpha/2}(n-1)}}\right)=\left(\frac{S\sqrt{n-1}}{\sqrt{\chi^2_{\alpha/2}(n-1)}},\frac{S\sqrt{n-1}}{\sqrt{\chi^2_{1-\alpha/2}(n-1)}}\right).$$

例 7.3.4 从某厂生产的滚珠中随机抽取 10 个,测得滚珠的直径(单位:mm)如下:

14.6　15.0　14.7　15.1　14.9　14.8　15.0　15.1　15.2　14.8

若滚珠直径服从正态分布 $N(\mu,\sigma^2)$,若 μ 未知,求滚珠直径方差 σ^2 的置信水平为 95% 的置信区间.

解 μ 未知,计算样本方差 $s^2=0.0373$,置信水平 $1-\alpha=0.95$,$\alpha=0.05$,自由度 $n-1=9$,查表可得 $\chi^2_{\alpha/2}(n-1)=\chi^2_{0.025}(9)=19.023$,$\chi^2_{1-\alpha/2}(n-1)=\chi^2_{0.975}(9)=2.700$,则方差 σ^2 的置信水平为 95% 的置信区间为

$$\left(\frac{(n-1)S^2}{\chi^2_{\alpha/2}(n-1)},\frac{(n-1)S^2}{\chi^2_{1-\alpha/2}(n-1)}\right)=\left(\frac{9\times0.0373}{19.023},\frac{9\times0.0373}{2.700}\right),$$

即

$$(0.0176,0.1243).$$

三、两个正态总体参数的区间估计

在实际问题中,有时需要研究两个正态总体均值或方差之间的差异问题,接下来我们讨论关于两个正态总体的均值差和方差比的区间估计问题.

设总体 $X\sim N(\mu_1,\sigma_1^2)$,$X_1,X_2,\cdots,X_{n_1}$ 是总体 X 的样本,$\overline{X}$ 和 S_1^2 分别是样本均值和样本方差;设 $Y\sim N(\mu_2,\sigma_2^2)$,$Y_1,Y_2,\cdots,Y_{n_2}$ 是总体 Y 的样本,$\overline{Y}$ 和 S_2^2 分别是样本均值和样本方差,且两总体相互独立.

1. 两个正态总体均值差 $\mu_1-\mu_2$ 的区间估计

(1) σ_1^2,σ_2^2 已知时,$\mu_1-\mu_2$ 的置信区间

由于 $\overline{X}$ 和 $\overline{Y}$ 是 μ_1 和 μ_2 的无偏估计,且 σ_1^2,σ_2^2 已知,则有

$$\overline{X}-\overline{Y}\sim N\left(\mu_1-\mu_2,\frac{\sigma_1^2}{n_1}+\frac{\sigma_2^2}{n_2}\right),$$

从而样本函数

$$U=\frac{(\overline{X}-\overline{Y})-(\mu_1-\mu_2)}{\sqrt{\dfrac{\sigma_1^2}{n_1}+\dfrac{\sigma_2^2}{n_2}}}\sim N(0,1).$$

对于给定的置信水平 $1-\alpha$,有

$$P(|U| < u_{\alpha/2}) = 1 - \alpha,$$

即

$$P\left(\frac{|(\overline{X} - \overline{Y}) - (\mu_1 - \mu_2)|}{\sqrt{\dfrac{\sigma_1^2}{n_1} + \dfrac{\sigma_2^2}{n_2}}} < u_{\alpha/2}\right) = 1 - \alpha,$$

则有

$$P\left(|(\overline{X} - \overline{Y}) - (\mu_1 - \mu_2)| < u_{\alpha/2} \cdot \sqrt{\dfrac{\sigma_1^2}{n_1} + \dfrac{\sigma_2^2}{n_2}}\right) = 1 - \alpha,$$

因此,两个正态总体均值差 $\mu_1 - \mu_2$ 的置信水平为 $1-\alpha$ 的置信区间为

$$\left((\overline{X} - \overline{Y}) - u_{\alpha/2} \cdot \sqrt{\dfrac{\sigma_1^2}{n_1} + \dfrac{\sigma_2^2}{n_2}}, (\overline{X} - \overline{Y}) + u_{\alpha/2} \cdot \sqrt{\dfrac{\sigma_1^2}{n_1} + \dfrac{\sigma_2^2}{n_2}}\right).$$

例 7.3.5 在某种制造过程中需要比较两种钢板的强度:一种是冷轧钢板;另一种是双面镀锌钢板.现从冷轧钢板中抽取 20 个样品,测得强度的均值为 $\overline{x} = 20.5(\text{GPa})$;从双面镀锌钢板中抽取 25 个样品,测得强度的均值为 $\overline{y} = 23.9(\text{GPa})$.设两种钢板的强度都服从正态分布,其方差分别为 $\sigma_1^2 = 2.53^2, \sigma_2^2 = 3.5^2$,试计算两种钢板均值差的置信水平为 90% 的置信区间.

解 由于 $\sigma_1^2 = 2.53^2, \sigma_2^2 = 3.5^2$ 已知,且 $\overline{x} = 20.5, \overline{y} = 23.9$,置信水平 $1-\alpha = 0.90, \alpha = 0.10, n_1 = 20, n_2 = 25$,查表得 $u_{\alpha/2} = u_{0.05} = 1.645$. 将数据代入

$$\left((\overline{X} - \overline{Y}) - u_{\alpha/2} \cdot \sqrt{\dfrac{\sigma_1^2}{n_1} + \dfrac{\sigma_2^2}{n_2}}, (\overline{X} - \overline{Y}) + u_{\alpha/2} \cdot \sqrt{\dfrac{\sigma_1^2}{n_1} + \dfrac{\sigma_2^2}{n_2}}\right),$$

得 $\mu_1 - \mu_2$ 的置信水平为 90% 的置信区间为 $(-4.8805, -1.9195)$.

(2) σ_1^2, σ_2^2 均未知,但 $\sigma_1^2 = \sigma_2^2 = \sigma^2$ 时, $\mu_1 - \mu_2$ 的置信区间

当 σ_1^2, σ_2^2 未知,但 $\sigma_1^2 = \sigma_2^2 = \sigma^2$ 时,选取样本函数

$$T = \frac{\overline{X} - \overline{Y} - (\mu_1 - \mu_2)}{S_w \sqrt{\dfrac{1}{n_1} + \dfrac{1}{n_2}}} \sim t(n_1 + n_2 - 2),$$

其中 $S_w = \sqrt{\dfrac{(n_1 - 1)S_1^2 + (n_2 - 1)S_2^2}{n_1 + n_2 - 2}}$. 于是对于给定的置信水平 $1-\alpha$,有

$$P(|T| < t_{\alpha/2}) = 1 - \alpha,$$

即

$$P\left(\left|\frac{\overline{X} - \overline{Y} - (\mu_1 - \mu_2)}{S_w \sqrt{\dfrac{1}{n_1} + \dfrac{1}{n_2}}}\right| < t_{\alpha/2}\right) = 1 - \alpha,$$

则有

$$P\left(|(\overline{X} - \overline{Y}) - (\mu_1 - \mu_2)| < t_{\alpha/2} \cdot S_w \sqrt{\dfrac{1}{n_1} + \dfrac{1}{n_2}}\right) = 1 - \alpha,$$

因此,两个正态总体均值差 $\mu_1-\mu_2$ 的置信水平为 $1-\alpha$ 的置信区间为

$$\left((\overline{X}-\overline{Y})-t_{\alpha/2}(n_1+n_2-2)\cdot S_w\sqrt{\frac{1}{n_1}+\frac{1}{n_2}},\ (\overline{X}-\overline{Y})+t_{\alpha/2}(n_1+n_2-2)\cdot S_w\sqrt{\frac{1}{n_1}+\frac{1}{n_2}}\right).$$

例 7.3.6 两批导线,从第一批中抽取 4 根,从第二批中抽取 5 根,测得它们的电阻(单位:Ω)如下:

第一批:0.143　0.142　0.143　0.138

第二批:0.140　0.142　0.136　0.140　0.138

设第一批导线的电阻 $X\sim N(\mu_1,\sigma_1^2)$,第二批导线的电阻 $Y\sim N(\mu_2,\sigma_2^2)$,由实践经验可以认为 $\sigma_1^2=\sigma_2^2$,其中参数 $\mu_1,\mu_2,\sigma_1,\sigma_2$ 都是未知的,试计算这两批导线电阻的均值差 $\mu_1-\mu_2$ 的置信水平为 90% 的置信区间.

解 由已知的样本观测数据经计算可得

$n_1=4,\ \bar{x}=0.1415,\ s_1^2=5.67\times10^{-6};\ n_2=5,\ \bar{y}=0.1392,\ s_2^2=5.20\times10^{-6}.$

代入 $s_w=\sqrt{\dfrac{(n_1-1)s_1^2+(n_2-1)s_2^2}{n_1+n_2-2}}$ 可以得到

$$s_w=\sqrt{\frac{(4-1)\times5.67\times10^{-6}+(5-1)\times5.20\times10^{-6}}{4+5-2}}\approx2.324\times10^{-3}.$$

由于置信水平 $1-\alpha=0.90,\ \alpha=0.10$,自由度 $k=4+5-2=7$,查表得 $t_{\alpha/2}(k)=t_{0.05}(7)=1.8946$,则有

$$t_{\alpha/2}(n_1+n_2-2)\cdot s_w\sqrt{\frac{1}{n_1}+\frac{1}{n_2}}=1.8946\times2.324\times10^{-3}\times\sqrt{\frac{1}{4}+\frac{1}{5}}\approx0.0030.$$

将数据代入

$$\left((\overline{X}-\overline{Y})-t_{\alpha/2}(n_1+n_2-2)\cdot s_w\sqrt{\frac{1}{n_1}+\frac{1}{n_2}},\ (\overline{X}-\overline{Y})+t_{\alpha/2}(n_1+n_2-2)\cdot s_w\sqrt{\frac{1}{n_1}+\frac{1}{n_2}}\right),$$

得到置信区间为

$$(0.1415-0.1392-0.0030,\ 0.1415-0.1392+0.0030),$$

因此,$\mu_1-\mu_2$ 的置信水平为 90% 的置信区间 $(-0.0007,0.0053)(\Omega)$.

2. 两个正态总体方差比 $\dfrac{\sigma_1^2}{\sigma_2^2}$ 的区间估计

(1) μ_1,μ_2 已知时,$\dfrac{\sigma_1^2}{\sigma_2^2}$ 的置信区间

μ_1,μ_2 已知时,由于

$$\frac{1}{\sigma_1^2}\sum_{i=1}^{n_1}(X_i-\mu_1)^2\sim\chi^2(n_1),\ \frac{1}{\sigma_2^2}\sum_{j=1}^{n_2}(Y_j-\mu_2)^2\sim\chi^2(n_2),$$

且上述两个变量独立,所以选取样本函数

$$F=\frac{\dfrac{1}{n_1\sigma_1^2}\displaystyle\sum_{i=1}^{n_1}(X_i-\mu_1)^2}{\dfrac{1}{n_2\sigma_2^2}\displaystyle\sum_{j=1}^{n_2}(Y_j-\mu_2)^2}\sim F(n_1,n_2).$$

对于给定的置信水平 $1-\alpha$,可以确定分位数 $F_{1-\alpha/2}(n_1,n_2)$, $F_{\alpha/2}(n_1,n_2)$,使得

$$P\left(F_{1-\alpha/2}(n_1,n_2)<\frac{\dfrac{1}{n_1\sigma_1^2}\sum_{i=1}^{n_1}(X_i-\mu_1)^2}{\dfrac{1}{n_2\sigma_2^2}\sum_{j=1}^{n_2}(Y_j-\mu_2)^2}<F_{\alpha/2}(n_1,n_2)\right)=1-\alpha.$$

将上式整理后得到

$$P\left(\frac{n_2}{n_1F_{\alpha/2}(n_1,n_2)}\cdot\frac{\sum_{i=1}^{n_1}(X_i-\mu_1)^2}{\sum_{j=1}^{n_2}(Y_j-\mu_2)^2}<\frac{\sigma_1^2}{\sigma_2^2}<\frac{n_2}{n_1F_{1-\alpha/2}(n_1,n_2)}\cdot\frac{\sum_{i=1}^{n_1}(X_i-\mu_1)^2}{\sum_{j=1}^{n_2}(Y_j-\mu_2)^2}\right)$$

$$=1-\alpha,$$

因此,方差比 $\dfrac{\sigma_1^2}{\sigma_2^2}$ 的置信水平为 $1-\alpha$ 的置信区间为

$$\left(\frac{n_2}{n_1F_{\alpha/2}(n_1,n_2)}\cdot\frac{\sum_{i=1}^{n_1}(X_i-\mu_1)^2}{\sum_{j=1}^{n_2}(Y_j-\mu_2)^2},\frac{n_2}{n_1F_{1-\alpha/2}(n_1,n_2)}\cdot\frac{\sum_{i=1}^{n_1}(X_i-\mu_1)^2}{\sum_{j=1}^{n_2}(Y_j-\mu_2)^2}\right).$$

（2）μ_1,μ_2 未知时,$\dfrac{\sigma_1^2}{\sigma_2^2}$ 的置信区间

μ_1,μ_2 未知时,由于

$$\frac{(n_1-1)S_1^2}{\sigma_1^2}\sim\chi^2(n_1-1),\frac{(n_2-1)S_2^2}{\sigma_2^2}\sim\chi^2(n_2-1),$$

且上述两个变量独立,所以选取样本函数

$$F=\frac{S_1^2/\sigma_1^2}{S_2^2/\sigma_2^2}\sim F(n_1-1,n_2-1).$$

对于给定的置信水平 $1-\alpha$,可以确定分位数 $F_{1-\alpha/2}(n_1-1,n_2-1)$, $F_{\alpha/2}(n_1-1,n_2-1)$,使得

$$P\left(F_{1-\alpha/2}(n_1-1,n_2-1)<\frac{S_1^2/\sigma_1^2}{S_2^2/\sigma_2^2}<F_{\alpha/2}(n_1-1,n_2-1)\right)=1-\alpha.$$

将上式整理后得到

$$P\left(\frac{S_1^2}{S_2^2F_{\alpha/2}(n_1-1,n_2-1)}<\frac{\sigma_1^2}{\sigma_2^2}<\frac{S_1^2}{S_2^2F_{1-\alpha/2}(n_1-1,n_2-1)}\right)=1-\alpha,$$

因此,方差比 $\dfrac{\sigma_1^2}{\sigma_2^2}$ 的置信水平为 $1-\alpha$ 的置信区间为

$$\left(\frac{S_1^2}{S_2^2F_{\alpha/2}(n_1-1,n_2-1)},\frac{S_1^2}{S_2^2F_{1-\alpha/2}(n_1-1,n_2-1)}\right).$$

例 7.3.7 两批导线,从第一批中抽取 4 根,从第二批中抽取 5

根,测得它们的电阻(单位:Ω)如下:

第一批:0.143　0.142　0.143　0.138

第二批:0.140　0.142　0.136　0.140　0.138

设第一批导线的电阻 $X \sim N(\mu_1, \sigma_1^2)$,第二批导线的电阻 $Y \sim N(\mu_2, \sigma_2^2)$,其中参数 $\mu_1, \mu_2, \sigma_1, \sigma_2$ 都是未知的,试计算两批导线电阻的方差比 $\dfrac{\sigma_1^2}{\sigma_2^2}$ 的置信水平为 90% 的置信区间.

解 由已知的样本观测数据经计算可得

$$n_1 = 4, s_1^2 = 5.67 \times 10^{-6}, n_2 = 5, s_2^2 = 5.20 \times 10^{-6}.$$

由于置信水平 $1-\alpha = 0.90, \alpha = 0.10$,第一自由度 $k_1 = 4-1 = 3$,第二自由度 $k_2 = 5-1 = 4$,查表得 $F_{\alpha/2}(k_1, k_2) = F_{0.05}(3,4) = 6.59, F_{1-\alpha/2}(k_1, k_2) = F_{0.95}(3,4) = \dfrac{1}{F_{0.05}(4,3)} = \dfrac{1}{9.12}.$ 将数据代入

$$\left(\frac{s_1^2}{s_2^2 F_{\alpha/2}(n_1-1, n_2-1)}, \frac{s_1^2}{s_2^2 F_{1-\alpha/2}(n_1-1, n_2-1)} \right),$$

得到置信区间为

$$\left(\frac{5.67 \times 10^{-6}}{6.59 \times 5.20 \times 10^{-6}}, \frac{5.67 \times 10^{-6}}{5.20 \times 10^{-6}/9.12} \right),$$

因此,$\dfrac{\sigma_1^2}{\sigma_2^2}$ 的置信水平为 90% 的置信区间为 (0.165, 9.944).

第四节　单侧置信区间

上一节我们讨论了未知参数 θ 的双侧置信区间 $(\hat{\theta}_1, \hat{\theta}_2)$,但是在一些实际问题中,人们往往只关心未知参数的置信下限或置信上限.例如,估计机器设备零件的使用寿命,大家主要关心平均寿命的下限是多少;又如,在购买家具用品时,其中甲醛含量越小越好,我们关心的是甲醛含量均值的上限是多少.这就是涉及所谓单侧置信区间的问题.

定义 7.4.1 设总体 X 的分布函数 $F(x;\theta)$ 中含有未知参数 $\theta, \theta \in \Theta(\Theta$ 是 θ 所有可能取值的范围$), X_1, X_2, \cdots, X_n$ 是来自总体 X 中的样本,α 是一个给定的数,$0 < \alpha < 1$,若统计量 $\hat{\theta}_1 = \hat{\theta}_1(X_1, X_2, \cdots, X_n)$ 满足

$$P(\hat{\theta}_1 < \theta) = 1 - \alpha,$$

则称区间 $(\hat{\theta}_1, +\infty)$ 为参数 θ 的置信水平为 $1-\alpha$ 的单侧置信区间,称 $\hat{\theta}_1$ 为单侧置信下限.

若统计量 $\hat{\theta}_u = \hat{\theta}_u(X_1, X_2, \cdots, X_n)$ 满足

$$P(\theta < \hat{\theta}_\mathrm{u}) = 1 - \alpha,$$

也称区间 $(-\infty, \hat{\theta}_\mathrm{u})$ 为参数 θ 的置信水平为 $1-\alpha$ 的单侧置信区间,称 $\hat{\theta}_\mathrm{u}$ 为单侧置信上限.

单侧置信区间的求法与双侧置信区间求法类似,其核心就是使用与双侧置信区间相同的样本函数.在前面的讨论中,我们已经给出了正态总体参数的双侧置信区间的公式.实际上,只要取相应的上侧或下侧,用 α 替换其中的 $\dfrac{\alpha}{2}$,就可以得到相应的单侧置信下限或单侧置信上限.

例 7.4.1 已知灯泡的使用寿命 X(单位:h)服从正态分布 $N(\mu, \sigma^2)$,其中 μ 及 σ^2 都是未知参数,从一批灯泡中随机抽取 6 只进行寿命测试,测得样本的观测值分别为

　　　15.6　14.9　16.0　14.8　15.3　15.5

求:(1) 灯泡使用寿命均值 μ 的置信水平为 95% 的单侧置信下限;(2) 灯泡使用寿命方差 σ^2 的置信水平为 90% 的单侧置信上限.

解 (1) 由题设条件,$X \sim N(\mu, \sigma^2)$,其中 μ, σ^2 未知,故选取样本函数

$$T = \frac{\overline{X} - \mu}{S/\sqrt{n}} \sim t(n-1).$$

于是

$$P(T < t_\alpha(n-1)) = 1 - P(T \geqslant t_\alpha(n-1)) = 1 - \alpha,$$

即

$$P\left(\frac{\overline{X} - \mu}{S/\sqrt{n}} < t_\alpha(n-1)\right) = 1 - \alpha,$$

计算得

$$P\left(\mu > \overline{X} - \frac{S}{\sqrt{n}} \cdot t_\alpha(n-1)\right) = 1 - \alpha,$$

因此,μ 的置信水平为 $1-\alpha$ 的单侧置信下限为

$$\hat{\mu}_1 = \overline{X} - \frac{S}{\sqrt{n}} \cdot t_\alpha(n-1).$$

由样本观测数据经计算可得

$$n = 6, \bar{x} = \frac{1}{6}\sum_{i=1}^{6} x_i = 15.35, s^2 = \frac{1}{5}\sum_{i=1}^{6}(x_i - \bar{x})^2 = 0.203.$$

对于给定的置信水平 $1-\alpha = 0.95$,$\alpha = 0.05$,查表得 $t_\alpha(n-1) = t_{0.05}(5) = 2.0150$,将数据代入得

$$\hat{\mu}_1 = 15.35 - \frac{\sqrt{0.203}}{\sqrt{6}} \times 2.0150 \approx 14.9794,$$

因此,灯泡的使用寿命均值 μ 的置信水平为 95% 的单侧置信下限为

14.9794(h).

(2) 由题设条件，$X \sim N(\mu, \sigma^2)$，其中 μ, σ^2 未知，故选取样本函数

$$\chi^2 = \frac{(n-1)S^2}{\sigma^2} \sim \chi^2(n-1).$$

于是

$$P(\chi^2 \geqslant \chi^2_{1-\alpha}(n-1)) = 1-\alpha,$$

即

$$P\left(\frac{(n-1)S^2}{\sigma^2} \geqslant \chi^2_{1-\alpha}(n-1)\right) = 1-\alpha,$$

计算得

$$P\left(\sigma^2 \leqslant \frac{(n-1)S^2}{\chi^2_{1-\alpha}(n-1)}\right) = 1-\alpha,$$

因此，σ^2 的置信水平为 $1-\alpha$ 的单侧置信上限为

$$\hat{\sigma}^2_u = \frac{(n-1)S^2}{\chi^2_{1-\alpha}(n-1)}.$$

对于给定的置信水平 $1-\alpha = 0.90$，$\alpha = 0.10$，查表得 $\chi^2_{1-\alpha}(n-1) = \chi^2_{0.90}(5) = 1.610$，将数据代入得

$$\hat{\sigma}^2_u = \frac{5 \times 0.203}{1.610} \approx 0.6304.$$

因此，灯泡的使用寿命方差 σ^2 的置信水平为 90% 的单侧置信上限为 0.6304。

第五节　综合例题

例 7.5.1　设总体 $X \sim N(\mu, \sigma^2)$，抽取样本 $X_1, X_2, \cdots, X_n$，(1) 若 σ^2 已知，计算未知参数 μ 的矩估计量与最大似然估计量，并讨论它们的无偏性；(2) 若 μ 已知，计算未知参数 σ^2 的矩估计量与最大似然估计量，并讨论它们的无偏性。

解　(1) 由于 $\mu = E(X)$，所以参数 μ 的矩估计量为

$$\hat{\mu} = \frac{1}{n} \sum_{i=1}^{n} X_i = \overline{X}.$$

下面计算 μ 的最大似然估计量。因为 σ^2 已知，所以似然函数为

$$L(\mu) = \prod_{i=1}^{n} \frac{1}{\sqrt{2\pi}\sigma} e^{\frac{(x_i-\mu)^2}{2\sigma^2}} = (2\pi\sigma^2)^{-\frac{n}{2}} e^{-\sum\limits_{i=1}^{n} \frac{(x_i-\mu)^2}{2\sigma^2}},$$

上式两边取对数，得

$$\ln L(\mu) = -\frac{n}{2}\ln(2\pi\sigma^2) - \frac{1}{2\sigma^2}\sum_{i=1}^{n}(x_i-\mu)^2,$$

上式两侧关于参数 μ 求一阶导数,并令一阶导数等于零,得

$$\frac{\mathrm{d}\ln L(\mu)}{\mathrm{d}\mu}=\frac{1}{\sigma^2}\sum_{i=1}^{n}(x_i-\mu)=\frac{1}{\sigma^2}\left(\sum_{i=1}^{n}x_i-n\mu\right)=0,$$

由此解得 μ 的最大似然估计值为

$$\hat{\mu}=\frac{1}{n}\sum_{i=1}^{n}x_i=\bar{x},$$

所以, μ 的最大似然估计量为

$$\hat{\mu}=\bar{X}.$$

因为 μ 是总体均值, $\bar{X}$ 是样本均值,所以由本章第二节定理 7.2.1 可知, μ 的矩估计量与最大似然估计量都是无偏估计量.

(2) 由于 $\sigma^2=D(X)$,且 μ 已知,根据 $D(X)=E(X^2)-E^2(X)$,有

$$\sigma^2=E(X^2)-\mu^2.$$

由矩估计法得到参数 σ^2 的矩估计量为

$$\hat{\sigma}^2=\frac{1}{n}\sum_{i=1}^{n}X_i^2-\mu^2.$$

又由于

$$E(\hat{\sigma}^2)=\frac{1}{n}\sum_{i=1}^{n}E(X_i^2)-E(\mu^2)=\frac{1}{n}\sum_{i=1}^{n}[D(X_i)+E^2(X_i)]-E(\mu^2)$$

$$=\frac{1}{n}\sum_{i=1}^{n}(\sigma^2+\mu^2)-\mu^2=\sigma^2,$$

所以, σ^2 的矩估计量是无偏估计量.

下面计算 σ^2 的最大似然估计量.由于 μ 已知,所以似然函数为

$$L(\sigma^2)=\prod_{i=1}^{n}\frac{1}{\sqrt{2\pi}\,\sigma}\mathrm{e}^{-\frac{(x_i-\mu)^2}{2\sigma^2}}=(2\pi\sigma^2)^{-\frac{n}{2}}\mathrm{e}^{-\sum_{i=1}^{n}\frac{(x_i-\mu)^2}{2\sigma^2}},$$

上式两边取对数,得

$$\ln L(\sigma^2)=-\frac{n}{2}\ln(2\pi\sigma^2)-\frac{1}{2\sigma^2}\sum_{i=1}^{n}(x_i-\mu)^2,$$

上式两侧关于参数 σ^2 求一阶导数,并令一阶导数等于零,得

$$\frac{\mathrm{d}\ln L(\sigma^2)}{\mathrm{d}(\sigma^2)}=-\frac{n}{2\sigma^2}+\frac{1}{2(\sigma^2)^2}\sum_{i=1}^{n}(x_i-\mu)^2=0,$$

由此解得 σ^2 的最大似然估计值为

$$\hat{\sigma}^2=\frac{1}{n}\sum_{i=1}^{n}(x_i-\mu)^2,$$

所以, σ^2 的最大似然估计量为

$$\hat{\sigma}^2=\frac{1}{n}\sum_{i=1}^{n}(X_i-\mu)^2.$$

又由 $E(X_i)=\mu$,有

$$E(\hat{\sigma}^2)=\frac{1}{n}\sum_{i=1}^{n}E[(X_i-\mu)^2]=\frac{1}{n}\sum_{i=1}^{n}D(X_i)=\frac{1}{n}\sum_{i=1}^{n}\sigma^2$$

$$=\frac{1}{n}\cdot n\sigma^2=\sigma^2,$$

所以，σ^2 的最大似然估计量也是无偏估计量.

例 7.5.2　设 $X_1,X_2,\cdots,X_n$ 为正态总体 $X\sim N(\mu,\sigma^2)$ 的一个样本，试确定常数 c 的值，使 $Q=c\sum_{i=1}^{n-1}(x_{i+1}-x_i)^2$ 为 σ^2 的无偏估计.

解　$E(Q)=E\left[c\sum_{i=1}^{n-1}(x_{i+1}-x_i)^2\right]=c\sum_{i=1}^{n-1}E\left[(x_{i+1}-\mu)-(x_i-\mu)\right]^2$

$$=c\sum_{i=1}^{n-1}E\left[(x_{i+1}-\mu)^2-2(x_{i+1}-\mu)(x_i-\mu)+(x_i-\mu)^2\right]$$

$$=c\sum_{i=1}^{n-1}\left[E(x_{i+1}-\mu)^2-2E(x_{i+1}-\mu)E(x_i-\mu)+E(x_i-\mu)^2\right],$$

由于 $E(x_i-\mu)=E(x_i)-\mu=\mu-\mu=0$，所以

$$E(Q)=c\sum_{i=1}^{n-1}\left[D(x_{i+1})-0+D(x_i)\right]=c\sum_{i=1}^{n-1}(2\sigma^2)=c2(n-1)\sigma^2,$$

再由 $E(Q)=\sigma^2$（无偏性），故有 $2c(n-1)=1$，因此

$$c=\frac{1}{2(n-1)}.$$

例 7.5.3　对方差 σ^2 为已知的正态总体 $N(\mu,\sigma^2)$ 来说，问取容量 n 为多大的样本，才能使总体均值 μ 的置信水平为 $1-\alpha$ 的置信区间的长度不大于 L？

解　由于 μ 的置信区间为

$$\left(\bar{x}-\frac{\sigma}{\sqrt{n}}u_{\alpha/2},\bar{x}+\frac{\sigma}{\sqrt{n}}u_{\alpha/2}\right),$$

故 μ 的置信区间长度为 $2\dfrac{\sigma}{\sqrt{n}}u_{\alpha/2}$，要使其不大于 L，需有

$$2\frac{\sigma}{\sqrt{n}}u_{\alpha/2}\leqslant L,$$

从而

$$n\geqslant\left(\frac{2\sigma}{L}u_{\alpha/2}\right)^2,$$

即样本容量为 n 至少是不小于 $\left(\dfrac{2\sigma}{L}u_{\alpha/2}\right)^2$ 的整数，才能使总体均值 μ 的置信水平为 $1-\alpha$ 的置信区间的长度不大于 L.

例 7.5.4　设 $\hat{\theta}_1$ 和 $\hat{\theta}_2$ 为参数 θ 的两个独立的无偏估计量，且假设 $D(\hat{\theta}_1)=2D(\hat{\theta}_2)$，求常数 c 和 d，使 $\hat{\theta}=c\hat{\theta}_1+d\hat{\theta}_2$ 为 θ 的无偏估计，并使方差 $D(\hat{\theta})$ 最小.

解　由于

$$E(\hat{\theta})=E(c\hat{\theta}_1+d\hat{\theta}_2)=cE(\hat{\theta}_1)+dE(\hat{\theta}_2)=(c+d)\theta,$$

且知 $E(\hat{\theta})=\theta$，故得 $c+d=1$. 又由于

$$D(\hat{\theta}) = D(c\hat{\theta}_1 + d\hat{\theta}_2) = c^2 D(\hat{\theta}_1) + d^2 D(\hat{\theta}_2)$$
$$= 2c^2 D(\hat{\theta}_2) + d^2 D(\hat{\theta}_2) = (2c^2 + d^2) D(\hat{\theta}_2),$$

要使方差达到最小,需在满足 $c+d=1$ 的条件下,使 $f = 2c^2 + d^2$ 达到最小.令 $d = 1-c$,代入得

$$f = 2c^2 + (1-c)^2.$$

求 f 关于 c 的一阶导数,并令其等于零,得

$$f'_c = 4c - 2(1-c) = 0,$$

从而解得

$$c = \frac{1}{3}, d = 1 - c = \frac{2}{3}.$$

例 7.5.5　设总体 $X \sim U(\theta, 2\theta)$,其中 $\theta > 0$ 为未知参数,X_1, $X_2, \cdots, X_n$ 是 X 的样本,试证明:$\hat{\theta} = \dfrac{2}{3}\overline{X}$ 是 θ 的一致估计量.

证明　由于 $X \sim U(\theta, 2\theta)$,所以

$$E(X) = \frac{3\theta}{2}, D(X) = \frac{\theta^2}{12},$$

进而有

$$E(\hat{\theta}) = E\left(\frac{2}{3}\overline{X}\right) = \frac{2}{3}E(\overline{X}) = \frac{2}{3}E(X) = \frac{2}{3} \times \frac{3}{2}\theta = \theta,$$

$$D(\hat{\theta}) = D\left(\frac{2}{3}\overline{X}\right) = \frac{4}{9}D(\overline{X}) = \frac{4}{9} \times \frac{D(X)}{n} = \frac{4}{9n} \times \frac{\theta^2}{12} = \frac{\theta^2}{27n}.$$

再根据第五章第一节中的定理 5.1.1(切比雪夫不等式),有

$$P(|\hat{\theta} - E(\hat{\theta})| < \varepsilon) \geqslant 1 - \frac{D(\hat{\theta})}{\varepsilon^2},$$

即

$$P(|\hat{\theta} - \theta| < \varepsilon) \geqslant 1 - \frac{\theta^2}{n\varepsilon^2},$$

从而

$$\lim_{n \to \infty} P(|\hat{\theta} - \theta| < \varepsilon) \geqslant 1.$$

又由于概率不能大于 1,所以有

$$\lim_{n \to \infty} P(|\hat{\theta} - \theta| < \varepsilon) = 1,$$

故 $\hat{\theta} = \dfrac{2}{3}\overline{X}$ 是 θ 的一致估计量.

第六节　实 际 案 例

案例 1　如何估计湖中黑、白鱼的比例

某水产养殖场两年前在人工湖中混养了黑、白两种鱼.现在需要对黑、白鱼数目的比例进行估计.设湖中有黑鱼 a 条,则白鱼有

$b=ka$ 条,其中 k 为待估计参数.

分析与解答 本案例是一个估计比例的统计模型.从湖中任捕一条鱼,记

$$X=\begin{cases}1, & \text{若是黑鱼},\\0, & \text{若是白鱼},\end{cases}$$

则

$$P(X=1)=\frac{a}{a+ka}=\frac{1}{1+k},P(X=0)=1-P(X=1)=\frac{k}{1+k}.$$

为使抽取的样本为简单随机样本,我们从湖中有放回地捕鱼 n 条(即任捕一条,记下其颜色后放回湖中.任其自由游动,稍后再捕第二条,重复前一过程),得样本 $X_1,X_2,\cdots,X_n$,显然诸 X_i 相互独立,且均与 X 同分布.设在这 n 次抽样中,捕得 m 条黑鱼.下面分别用矩估计法和最大似然估计法估计比例参数 k.

(1) 矩估计法.令

$$\overline{X}=E(X)=\frac{1}{1+k},$$

可求得参数 k 的矩估计量

$$\hat{k}_M=\frac{1}{\overline{X}}-1.$$

由具体抽样结果知,X 的观测值为 $\overline{X}=\frac{m}{n}$,故 k 的矩估计值为

$$\hat{k}_M=\frac{n}{m}-1.$$

(2) 最大似然估计法.由于每个 X_i 的分布为

$$P(X_i=x_i)=\left(\frac{k}{1+k}\right)^{1-x_i}\left(\frac{1}{1+k}\right)^{x_i},x_i=0,1.$$

设 $x_1,x_2,\cdots,x_n$ 为相应抽样结果(样本观测值),则似然函数为

$$L(k;x_1,x_2,\cdots,x_n)=\left(\frac{k}{1+k}\right)^{n-\sum_{i=1}^{n}x_i}\left(\frac{1}{1+k}\right)^{\sum_{i=1}^{n}x_i}=\frac{k^{n-m}}{(1+k)^n},$$

取对数

$$\ln L(k;x_1,x_2,\cdots,x_n)=(n-m)\ln k-n\ln(1+k),$$

令

$$\frac{\mathrm{d}\ln L(k;x_1,x_2,\cdots,x_n)}{\mathrm{d}k}=\frac{n-m}{k}-\frac{n}{1+k}=0,$$

可求得参数 k 的最大似然估计值为

$$\hat{k}_{\mathrm{MLE}}=\frac{n}{m}-1.$$

对本题而言,两种方法所得估计结果相同.

案例2　预测水稻总产量

某县多年来一直种植水稻,并沿用传统的耕作方法,平均亩[⊖]产 600kg.今年换了新的稻种,耕作方法也做了改进.收获前,为了预测产量高低,先抽查了具有一定代表性的 30 亩水稻的产量,平均亩产 642.5kg,标准差为 160kg.如何预测总产量?

分析与解答　要预测总产量,只要预测出平均亩产量.如果能够算出平均亩产量的置信区间,那么对总产量的最保守估计就是置信下限与种植面积的乘积,对总产量最乐观估计就是置信上限与种植面积的乘积.

设水稻亩产量 X 为一随机变量,由于它受众多随机因素的影响,故可设 $X \sim N(\mu, \sigma^2)$.根据正态分布关于均值的区间估计,在方差 σ^2 已知时,μ 的置信水平为 95% 的置信区间为

$$\left(\overline{X} - 1.96 \frac{\sigma}{\sqrt{n}}, \overline{X} + 1.96 \frac{\sigma}{\sqrt{n}} \right).$$

用 S^2 代替 σ^2,将 $n = 30, \overline{x} = 642.5, s = 160$ 代入,有

$$\overline{X} \pm 1.96 \frac{S}{\sqrt{n}} = 642.5 \pm 57.25,$$

故得 μ 的置信水平为 95% 的置信区间为

$$(585.25, 699.75).$$

所以,最保守的估计为亩产 585.25kg,比往年略低;最乐观的估计为亩产可能达到 700kg,比往年高出 100kg.

因上下差距太大,影响预测的准确度.要解决这个问题,可再抽查 70 亩,即前后共抽样 100 亩.若设 $n = 100, \overline{x} = 642.5, s = 160$,则 μ 的 95% 的置信区间为

$$\left(\overline{X} - 1.96 \frac{S}{\sqrt{n}}, \overline{X} + 1.96 \frac{S}{\sqrt{n}} \right) = (611.1, 673.9).$$

置信下限比往年亩产多 11.1kg.这就可以预测:在很大程度上,今年水稻平均亩产至少比往年高出 11kg,当然这是最保守的估计.

习题七:
基础达标题解答

习题七:基础达标题

一、填空题

1. 设总体 $X \sim B(6, p), X_1, X_2, \cdots, X_n$ 为来自总体 X 的样本,则未知参数 p 的矩估计量为_____.

2. 设 X_1, X_2, X_3, X_4 为来自总体 X 的样本,$\hat{\mu} = \theta(X_1 + 2X_2 + X_3 - X_4)$ 是总体均值 μ 的无偏估计量,则 $\theta = $_____.

3. 设随机变量 X 与 Y 相互独立,已知 $E(X) = 3, E(Y) = 4, D(X) = D(Y) = $

⊖ 亩为非法定计量单位　1 亩 = 666.6 平方米。

σ^2, 当 $k=$ _____ 时, $Z=k(X^2-Y^2)+Y^2$ 是 σ^2 的无偏估计.

4. 设 $x_1,x_2,\cdots,x_n$ 为正态总体 $N(\mu,\sigma^2)$ 的一组样本观测值, 若 σ 已知, 则参数 μ 的置信水平为 $1-\alpha$ 的置信区间为 _____; 假设样本容量为 16, 样本均值 $\bar{x}=4.364, \sigma=0.108$, 则参数 μ 的置信水平为 0.95 的置信区间为 _____.

5. 设 $x_1,x_2,\cdots,x_n$ 为正态总体 $N(\mu,\sigma^2)$ 的一组样本观测值, 若 σ 未知, 则参数 μ 的置信水平为 $1-\alpha$ 的置信区间为 _____; 若样本容量为 16, 样本均值 $\bar{x}=2.705$, 样本标准差 $s=0.029$, 则参数 μ 的置信水平为 0.95 的置信区间为 _____.

6. 设 $x_1,x_2,\cdots,x_n$ 为正态总体 $N(\mu,\sigma^2)$ 的一组样本观测值, 若 μ 未知, 则参数 σ^2 的置信水平为 $1-\alpha$ 的置信区间为 _____; 若样本容量为 25, 样本方差 $s^2=0.81$, 则参数 σ^2 的置信水平为 0.95 的置信区间的区间长度为 _____.

二、选择题

1. 设总体 X 的均值 $E(X)=\mu$, 方差 $D(X)=\sigma^2, \mu, \sigma^2$ 未知, $X_1, X_2, \cdots, X_{10}$ 为来自总体 X 的样本, 下列说法正确的是 （　　）.

A. 总体未知参数的矩估计量必存在

B. 总体未知参数的最大似然估计值与矩估计值可能不相等

C. $\dfrac{1}{10}\sum\limits_{i=1}^{10}(X_i-\bar{X})^2$ 是未知参数 σ^2 的无偏估计量

D. X_1 和 $\bar{X}$ 均为 μ 的无偏估计, 且 X_1 比 $\bar{X}$ 有效

2. 样本 X_1, X_2, X_3 取自总体 $X, E(X)=\mu, D(X)=\sigma^2$, 则有（　　）.

A. $X_1+X_2+X_3$ 是 μ 的无偏估计　　B. $\dfrac{X_1+X_2+X_3}{3}$ 是 μ 的无偏估计

C. X_2^2 是 σ^2 的无偏估计　　D. $\left(\dfrac{X_1+X_2+X_3}{3}\right)^2$ 是 σ^2 的无偏估计

3. 下列关于正态总体均值 μ 的 $1-\alpha$ 的置信区间叙述正确的是（　　）.

A. 一定包含 μ　　　　　　B. 一定不包含 μ

C. 不一定包含 μ　　　　　D. 与 μ 无关

4. 若总体 $X \sim N(\mu,\sigma^2)$, 其中 σ^2 已知, 当置信水平 $1-\alpha$ 保持不变时, 如果样本容量 n 增大, 则 μ 的置信区间长度会（　　）.

A. 变小　　　　B. 变大　　　　C. 不变　　　　D. 无法确定

5. 区间估计的置信水平 $1-\alpha$ 的提高会使区间估计的精确度（　　）.

A. 降低　　　　B. 升高　　　　C. 不变　　　　D. 无法确定

6. 设一批零件的长度服从正态分布 $N(\mu,\sigma^2)$, 其中 μ, σ^2 均未知. 现从中随机抽取 16 个零件, 测得样本均值 $\bar{x}=20\text{cm}$, 样本标准差 $s=1\text{cm}$, 则 μ 的置信水平为 0.90 的置信区间是（　　）.

A. $\left(20-\dfrac{1}{4}t_{0.05}(16), 20+\dfrac{1}{4}t_{0.05}(16)\right)$

B. $\left(20-\dfrac{1}{4}t_{0.1}(16), 20+\dfrac{1}{4}t_{0.1}(16)\right)$

C. $\left(20-\dfrac{1}{4}t_{0.05}(15), 20+\dfrac{1}{4}t_{0.05}(15)\right)$

D. $\left(20-\dfrac{1}{4}t_{0.1}(15), 20+\dfrac{1}{4}t_{0.1}(15)\right)$

三、解答题

1. 设离散型总体 X 的概率函数为 $p(x;p)=(1-p)^{x-1}p, x=1,2,\cdots$. 若样本观测值为 $x_1,x_2,\cdots,x_n$, 求未知参数 p 的最大似然估计值.

2. 设连续型总体 X 的概率密度函数为

$$f(x;\theta)=\begin{cases}\theta x^{\theta-1}, & 0<x<1, \\ 0, & \text{其他},\end{cases}$$

其中 $\theta>0$. $X_1,X_2,\cdots,X_n$ 为来自总体 X 的样本, 求未知参数 θ 的矩估计量和最大似然估计量.

3. 设 $X \sim f(x,\theta)=\begin{cases}\dfrac{1}{\theta}\mathrm{e}^{-\frac{x}{\theta}}, & x>0, \\ 0, & \text{其他},\end{cases}$ $\theta>0, x_1,x_2,\cdots,x_n$ 为 X 的一组样本观测值, 求 θ 的最大似然估计, 并判断所求最大似然估计是否为参数 θ 的无偏估计.

4. 从总体 X 中抽取样本 X_1,X_2,X_3, 证明以下的统计量

$$\hat{\mu}_1=\frac{X_1}{2}+\frac{X_2}{3}+\frac{X_3}{6}, \hat{\mu}_2=\frac{X_1}{2}+\frac{X_2}{4}+\frac{X_3}{4}, \hat{\mu}_3=\frac{X_1}{3}+\frac{X_2}{3}+\frac{X_3}{3}$$

都是总体均值 $E(X)=\mu$ 的无偏估计量, 并确定哪个估计量更有效.

5. 设总体 X 的概率密度函数为

$$f(x)=\begin{cases}\dfrac{1}{2\theta}, & 0<x<\theta, \\ \dfrac{1}{2(1-\theta)}, & \theta \leqslant x<1, \\ 0 & \text{其他},\end{cases}$$

$X_1,X_2,\cdots,X_n$ 是来自总体 X 的简单随机样本, $\overline{X}$ 是样本均值. (1) 求参数 θ 的矩估计量 $\hat{\theta}$; (2) 判断 $4\overline{X}^2$ 是否为 θ^2 的无偏估计量, 并说明理由.

6. 某品牌清漆的干燥时间(以 h 计)$X \sim N(\mu,\sigma^2)$, 现随机抽取 5 个样品, 样品观测值为

    6.88 9.02 6.54 8.20 7.56

(1) 若已知 $\sigma=1.2$, 求总体均值 μ 的置信水平为 95% 的置信区间; (2) 若 σ 未知, 求总体均值 μ 的置信水平为 95% 的置信区间.

7. 设灯泡的使用寿命 X 服从正态分布 $N(\mu,\sigma^2)$, 随机抽取 10 个灯泡, 测得样品的均值 $\overline{x}=1500(\mathrm{h})$, 样本的标准差为 $s=14(\mathrm{h})$, 求: (1) 总体均值 μ 的置信水平为 99% 的置信区间; (2) 用 $\overline{x}$ 作为 μ 的估计值, 误差绝对值不大于 10(h) 的概率.

8. 从一批燃料中随机抽取 10 个进行试验, 测得燃烧时间(以 s 计)如下:

    66.1 44.8 69.8 42.2 50.7 53.4 54.3 34.5 48.1 44.8

设燃烧时间服从正态分布 $N(\mu,\sigma^2)$, 计算燃烧时间的方差 σ^2 的置信水平为 90% 的双侧置信区间.

9. 某种品牌油漆的 9 个样品, 其干燥时间(以 h 计)服从正态分布 $N(\mu,\sigma^2)$, 测得样品的方差 $s^2=0.33$, 求这种油漆的标准差 σ 的置信水平为 95% 的置信区间.

习题七:
综合提高题解答

习题七:综合提高题

1. 设总体 X 的概率密度函数为

$$f(x) = \begin{cases} \dfrac{\theta^2}{x^3} e^{-\frac{\theta}{x}}, & x>0, \\ 0, & \text{其他}, \end{cases}$$

其中未知参数 $\theta>0$，$X_1, X_2, \cdots, X_n$ 是来自总体 X 的简单随机样本. 求：(1) θ 的矩估计量；(2) θ 的最大似然估计量.

2. 设总体 X 的概率密度函数为

$$f(x) = \begin{cases} \dfrac{1}{1-\theta}, & \theta \leqslant x \leqslant 1, \\ 0, & \text{其他}, \end{cases}$$

其中未知参数 $\theta<1$，$X_1, X_2, \cdots, X_n$ 是来自总体 X 的简单随机样本. 求 θ 的矩估计量.

3. 从正态总体 $X \sim N(\mu, 4^2)$ 中抽取容量为 n 的样本，要保证 μ 的置信水平为 95% 的置信区间的长度小于 3，则样本容量 n 至少应该取多大？

4. 设总体 $X \sim N(\mu, \sigma^2)$，$X_1, X_2, \cdots, X_{16}$ 为总体的样本，$s=3.7532$ 是样本标准差，如果将 $(\overline{X}-2, \overline{X}+2)$ 作为参数 μ 的置信区间，求置信水平.

5. 从甲、乙两条生产线生产的产品中，分别抽取一些样品，测得该产品的重量如下：

甲生产线：137　138　144　141　142　143　141　138

乙生产线：136　140　141　138　142　141　138　139　143　140

设两批产品的重量分别服从 $N(\mu_1, \sigma_1^2)$ 和 $N(\mu_2, \sigma_2^2)$，求：(1) 方差比 $\dfrac{\sigma_1^2}{\sigma_2^2}$ 的置信水平 95% 的置信区间；(2) 均值差 $\mu_1-\mu_2$ 的置信水平为 95% 的置信区间（假定 $\sigma_1^2 = \sigma_2^2$）.

6. 从汽车轮胎厂生产的某种轮胎中随机抽取 10 个样品进行磨损试验，直至轮胎行驶到磨坏为止，测得它们的行驶里程（以 km 计）如下：

40400　43500　39800　41870　42500　41010　40200　41250　42650　38970

设汽车轮胎行驶路程服从正态分布 $N(\mu, \sigma^2)$，求：(1) μ 的置信水平为 95% 的单侧置信下限；(2) σ 的置信水平为 95% 的单侧置信上限.

8

第八章

假设检验

前一章我们讨论了统计推断的一种类型——参数估计.生产实践中,经常会遇到对总体的分布或总体参数做出某种假设,并利用抽取到的样本值检验这种假设是否合理,从而决定是否接受或拒绝该假设,这就是本章要介绍的统计推断的另一个重要类型——假设检验.

第一节　假设检验的基本概念

假设检验又称统计假设检验,是用来判断样本与样本、样本与总体的差异是由抽样误差引起的还是本质差别造成的统计推断方法.假设检验分为参数假设检验和非参数假设检验.参数假设检验通常是指总体的分布类型已知时,先假设其中的未知参数 θ 为某个确定的值 θ_0,再根据样本来检验该假设的可靠性;非参数假设检验通常是指总体的分布类型未知时,先假设总体的分布为某个确定的分布,再由样本来检验该假设的可靠性.显著性检验是假设检验中最常用的一种方法,也是一种最基本的统计推断形式,其基本原理是先对总体的特征做出某种假设,然后通过抽样研究的统计推理,对此假设应该被拒绝还是接受做出推断.

一、假设检验的基本思想

首先结合例子来说明假设检验的基本思想和做法.

例 8.1.1　某车间用一台包装机包装葡萄糖,袋装葡萄糖的净重是一个随机变量,它服从正态分布,当机器正常时,其平均值为 0.5kg,标准差为 0.015kg.某日开工后为检验包装机是否正常,随机抽取其所包装的葡萄糖 9 袋,测得样品的平均值为 0.511kg,这些数据是否表明实际的袋装葡萄糖净重与目标值有显著性的差异呢?

由提出的问题可知,检验的目的是:如何利用抽查的样本的数据去检验袋装葡萄糖净重的平均值是否为 0.5kg?

为解决这个问题我们要做到:①明确要解决的问题,答案只能为"是"或"否";②取得样本,同时要知道样本的分布;③把"是"转化到样本分布上得到一个命题,称为假设;④根据样本值,按照一定的规则,做出接受或拒绝假设的决定,再回到原问题上就回答了"是"或"否".这里所说的"规则"就是人们在实践中普遍采用的实际推断原理,也称小概率原理,即小概率事件在一次试验中几乎不会发生.

小概率值记为 α,称为**显著性水平(检验水平)**,α 的大小由实践来确定,不同问题对 α 的要求不同,精度要求越高,α 的值就越小.一般取 $\alpha=0.01,0.025,0.05,0.1$ 等.

按照小概率原理,首先对总体的分布参数做出假设 H_0,称为**原假设**,其对立面称为**备择假设**,记为 H_1.在假设 H_0 为真的前提下,构造一个小概率事件,若在一次试验中,小概率事件发生了,就拒绝 H_0,否则就接受 H_0.这就是假设检验的基本思想.

上述的思路可以说是一种概率意义下的"反证法"思想,它与我们在纯数学中常用的反证法不能完全等同.由于小概率事件在一次试验中几乎不发生,并不表示一定不发生,所以依据小概率原理进行检验在逻辑上不是十分严谨,假设检验的结论不一定可靠.即如果在原假设成立的前提下,使得一个"不合理"的现象出现,这就说明原假设不成立,此时应拒绝原假设;如果没有"不合理"的现象出现,就应该接受原假设.这里并没有说原假设是绝对正确的,只是没有足够的理由拒绝它而已.这里所谓的"不合理"现象并不是逻辑推理中出现的矛盾,而仅仅是根据小概率事件的实际不可能性原理来推断的.

综合上述分析,结合例 8.1.1 给出假设检验的具体做法.

首先,以 μ,σ 分别表示这一天袋装葡萄糖净重总体 X 的均值和标准差.实践表明标准差比较稳定,故设 $\sigma=0.015$,于是 $X\sim N(\mu,0.015^2)$,其中 μ 未知.问题是根据样本值来判断 $\mu=0.5$ 还是 $\mu\neq0.5$,因此先提出两个对立的假设

$$H_0:\mu=\mu_0=0.5,H_1:\mu\neq\mu_0.$$

然后给出一个合理的法则,根据这个法则,利用样本值做出决策是接受 H_0,还是拒绝 H_0.如果接受 H_0,即认为 $\mu=\mu_0=0.5$,也就是机器正常工作,否则认为工作不正常.

由题意,在原假设 H_0 成立的条件下,选取样本函数

$$U=\frac{\overline{X}-\mu}{\sigma/\sqrt{n}}\sim N(0,1).$$

如图 8.1 所示,利用该样本函数有

$$P(|U|>u_{\alpha/2})=\alpha,$$

其中取 $\alpha=0.05$,查表得 $u_{\alpha/2}=u_{0.025}=1.96$,即 $P(|U|>1.96)=0.05$.

经计算,样本函数的值 $|U|=\left|\dfrac{\overline{X}-\mu}{\sigma/\sqrt{n}}\right|=2.2>1.96$,此时认为小

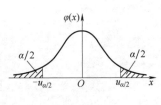

图 8.1

概率事件$\{|U|>1.96\}$发生了,从而拒绝原假设 H_0,认为这天包装机工作不正常.

在假设检验中,称小概率事件$\{|U|>1.96\}$为拒绝域或否定域,记为 W.拒绝域的边界点称为临界点,称样本函数 $U=\dfrac{\overline{X}-\mu}{\sigma/\sqrt{n}}$ 为检验统计量.如在例 8.1.1 中,拒绝域为$(-\infty,-u_{\alpha/2})$ 或$(u_{\alpha/2},+\infty)$,而$-u_{\alpha/2}$, $u_{\alpha/2}$为临界点.

二、 假设检验的基本步骤

由上面的讨论可知,假设检验一般可以按照如下步骤进行:

第一步:根据实际问题提出合理的原假设 H_0 和备择假设 H_1,即说明要检验的假设的具体内容;

第二步:根据已知选取适当的统计量,并在原假设 H_0 成立的条件下确定该统计量的分布;

第三步:根据问题的具体要求,对于给定的显著性水平 α,根据统计量的分布查表,确定统计量对应于 α 的临界值,从而得到一个合理的拒绝域;

第四步:根据样本的观测值计算出统计量的观测值,并与临界值比较,从而做出拒绝原假设 H_0 还是接受原假设 H_0 的判断.

三、 假设检验的两类错误

由前面我们可知,假设检验的基本思想是利用小概率原理做出统计判断的,而"小概率事件"是否发生与一次抽样所得的样本及显著性水平 α 有关,由于样本的随机性及显著性水平 α 的不同,检验结果与真实情况也可能不吻合,从而假设检验也可能做出错误的判断.一般地,假设检验可能犯的错误有两类:

(1) 当原假设 H_0 实际成立时,小概率事件也有可能发生,而检验的结果却拒绝了 H_0,因而犯了"弃真"错误,通常称此类错误为第一类错误.由于仅当小概率事件发生时才拒绝 H_0,所以犯第一类错误的概率就是条件概率,即

$$P(拒绝\ H_0\ |\ H_0\ 为真)\leqslant\alpha.$$

(2) 当原假设 H_0 实际不成立时,但一次抽样检验未发生不合理结果,我们就会接受 H_0,因而犯了"取伪"错误,通常称此类错误为第二类错误,犯第二类错误的概率记为 β,即 $P(接受\ H_0\ |\ H_0\ 不真)\leqslant\beta$.

在理论上,我们希望犯这两类错误的概率都越小越好.犯第一类错误的概率记为显著性水平 α,而犯第二类错误的概率 β 的计算比较复杂.但是,两类错误是相互关联的.当样本容量 n 固定时,α,β 不能同时变小,即 α 变小时,β 就变大;而 β 变小时,α 就变大.一般情况下,只有当样本容量 n 增大时,才有可能使两者同时变小.在实

际问题中,一般采用的原则是:控制犯第一类错误的概率,并且通过增加样本容量 n 来减小 β.

例 8.1.2 设总体 X 服从正态分布 $N(\mu,1^2)$,X_1,X_2,X_3,X_4 是该总体的样本,对于检验假设

$$H_0:\mu=\mu_0=0,H_1:\mu=\mu_1(\mu_1>0).$$

已知拒绝域为 $\{\bar{X}>0.98\}$,问:此检验犯第一类错误的概率是多少?若 $\mu_1=1$,则犯第二类错误的概率是多少?

解 由前面可知,犯第一类错误的概率记为显著性水平 α,即

$$\alpha=P(拒绝\ H_0\mid H_0\ 为真)=P(\bar{X}>0.98\mid\mu=0).$$

由于 $\mu=0$ 时,有 $\bar{X}\sim N(0,0.25)$,故有

$$\alpha=P(\bar{X}>0.98)=1-P(\bar{X}\leqslant0.98)=1-\Phi(1.96)$$
$$=0.025.$$

犯第二类错误的概率为

$$\beta=P(接受\ H_0\mid H_0\ 不真)=P(接受\ H_0\mid H_1\ 为真)=P(\bar{X}\leqslant0.98\mid\mu=\mu_1),$$

由于 $\mu=\mu_1=1$,此时 $\bar{X}\sim N(1,0.25)$,所以

$$\beta=P(\bar{X}\leqslant0.98)=\Phi\left(\frac{0.98-1}{0.5}\right)=\Phi(-0.04)=1-\Phi(0.04)=0.4840.$$

第二节 单个正态总体的假设检验

设总体 $X\sim N(\mu,\sigma^2)$,抽取容量为 n 的样本 $X_1,X_2,\cdots,X_n$,样本均值与样本方差分别为

$$\bar{X}=\frac{1}{n}\sum_{i=1}^{n}X_i,S^2=\frac{1}{n-1}\sum_{i=1}^{n}(X_i-\bar{X})^2,$$

给定显著性水平 $\alpha(0<\alpha<1)$,我们来检验未知参数 μ 或 σ^2 的假设.

一、正态总体均值 $\mu=\mu_0$ 的假设检验

(1) 若方差 $\sigma^2=\sigma_0^2$ 已知,关于 μ 的假设检验

此种情况假设检验的具体步骤如下:

第一步:建立假设 $H_0:\mu=\mu_0,H_1:\mu\neq\mu_0$;

第二步:选取检验统计量 $U=\dfrac{\bar{X}-\mu_0}{\sigma/\sqrt{n}}\sim N(0,1)$;

第三步:按照显著性水平 α,确定拒绝域 $W=\{\mid U\mid>u_{\alpha/2}\}$;

第四步:由样本观测值计算出统计量的观测值 $U_{观}$,比较 $U_{观}$ 与 $u_{\alpha/2}$ 的大小,从而得出结论.

在以上的检验中,选取的检验统计量为 $U=\dfrac{\bar{X}-\mu_0}{\sigma/\sqrt{n}}$,称此种方法为 **$U$ 检验法**.

（2）若方差 σ^2 未知,关于 μ 的假设检验

此种情况下的方法和具体步骤与方差 σ^2 已知的情况类似,首先建立假设

$$H_0:\mu=\mu_0,H_1:\mu\neq\mu_0.$$

这里由于 σ^2 未知,所以 $U=\dfrac{\overline{X}-\mu_0}{\sigma/\sqrt{n}}$ 就不可以作为检验统计量.由前面

内容我们可以知道样本方差 $S^2=\dfrac{1}{n-1}\sum_{i=1}^{n}(X_i-\overline{X})^2$ 是方差 σ^2 的无

偏估计量,因此可以用样本标准差 S 代替 σ,从而得到检验统计量

$$T=\frac{\overline{X}-\mu_0}{S/\sqrt{n}}.$$

如果原假设 H_0 为真,则统计量 $T\sim t(n-1)$.按照显著性水平 α,确定拒绝域 $W=\{|T|>t_{\alpha/2}(n-1)\}$,由样本观测值计算出统计量的观测值 $T_{观}$,比较 $T_{观}$ 与 $t_{\alpha/2}(n-1)$ 的大小,从而得出结论.

在以上的检验中,选取的检验统计量 $T=\dfrac{\overline{X}-\mu_0}{S/\sqrt{n}}$ 服从 t 分布,称

此种方法为 t 检验法.

例 8.2.1 某车间用一台包装机包装精盐,额定标准每袋净重 500g.在机器正常工作下,包装机包装出的每袋精盐的重量服从正态分布 $N(500,15^2)$,为了检查某天该车间包装机工作是否正常,某天随机抽取 9 袋,称得净重(单位:g)分别为

497 506 518 524 488 511 510 515 512

问该天包装机工作是否正常?（取显著性水平 $\alpha=0.05$）

解 由题意,要检查包装机是否正常工作,就是检查均值是否为 500. 因此,建立假设

$$H_0:\mu=\mu_0=500,H_1:\mu\neq\mu_0.$$

选取检验统计量

$$U=\frac{\overline{X}-\mu_0}{\sigma/\sqrt{n}}\sim N(0,1),$$

显著性水平 $\alpha=0.05,u_{\alpha/2}=u_{0.025}=1.96,H_0$ 的拒绝域 $W=\{|U|>u_{0.025}\}$.

由样本得 $\overline{x}=509$,计算检验统计量的观测值

$$U_{观}=\frac{509-500}{15/\sqrt{9}}=1.8.$$

由于 $|U_{观}|<u_{0.025}$,未落入 H_0 的拒绝域 $W=\{|U|>u_{0.025}\}$,故接受 H_0,即可以认为包装机工作正常.

例 8.2.2 某化肥厂用自动包装机包装化肥,某日测得 9 包化肥的质量(单位:kg)如下:

49.7 49.8 50.3 50.5 49.7 50.1 49.9 50.5 50.4

设每包化肥的质量服从正态分布,是否可以认为每包化肥的平均质

量为 50kg？（取显著性水平 $\alpha = 0.05$）

解 设每包化肥的质量 $X \sim N(\mu, \sigma^2)$，要检验的假设为

$$H_0 : \mu = \mu_0 = 50, H_1 : \mu \neq 50.$$

由于 σ^2 未知，故选取检验统计量

$$T = \frac{\overline{X} - \mu_0}{S / \sqrt{n}} \sim t(n-1),$$

显著性水平 $\alpha = 0.05$，$t_{\alpha/2}(n-1) = t_{0.025}(8) = 2.3060$，$H_0$ 的拒绝域 $W = \{\,|T| > t_{0.025}(8)\,\}$.

由样本计算出样本均值和样本标准差分别为 $\overline{x} = 50.1$，$s \approx 0.3354$，计算检验统计量的观测值

$$T_{\text{观}} = \frac{50.1 - 50}{0.3354 / \sqrt{9}} \approx 0.8945.$$

由于 $|T_{\text{观}}| < t_{0.025}(8)$，未落入 H_0 的拒绝域 $W = \{\,|T| > t_{0.025}(8)\,\}$，故接受 H_0，即可以认为每包化肥的平均质量为 50kg.

二、正态总体方差 $\sigma^2 = \sigma_0^2$ 的假设检验

（1）均值 $\mu = \mu_0$ 已知，关于 σ^2 的假设检验

此种情况假设检验的具体步骤如下：

第一步：建立假设 $H_0 : \sigma^2 = \sigma_0^2$，$H_1 : \sigma^2 \neq \sigma_0^2$；

第二步：选取检验统计量 $\chi^2 = \dfrac{\sum\limits_{i=1}^{n}(X_i - \mu_0)^2}{\sigma_0^2} \sim \chi^2(n)$；

第三步：按照显著性水平 α，确定拒绝域 $W = \{\chi^2 < \chi_{1-\alpha/2}^2(n)$ 或 $\chi^2 > \chi_{\alpha/2}^2(n)\}$；

第四步：由样本观测值计算出统计量的观测值 $\chi_{\text{观}}^2$，比较 $\chi_{\text{观}}^2$ 与 $\chi_{\alpha/2}^2(n)$ 和 $\chi_{1-\alpha/2}^2(n)$ 的大小，从而得出结论.

（2）均值 μ 未知，关于 σ^2 的假设检验

首先建立假设 $H_0 : \sigma^2 = \sigma_0^2$，$H_1 : \sigma^2 \neq \sigma_0^2$. 在 H_0 为真时，选取检验统计量

$$\chi^2 = \frac{(n-1)S^2}{\sigma_0^2} \sim \chi^2(n-1).$$

根据显著性水平 α，可以得到 H_0 的拒绝域为 $W = \{\chi^2 < \chi_{1-\alpha/2}^2(n-1)$ 或 $\chi^2 > \chi_{\alpha/2}^2(n-1)\}$.

在上述的两种检验中，选取的检验统计量 $\chi^2 = \dfrac{(n-1)S^2}{\sigma_0^2}$ 服从 χ^2

分布，称此种方法为 χ^2 检验法.

例 8.2.3 某供货商声称他们提供的金属线的质量非常稳定，其抗拉强度的方差为 9. 为了检验抗拉强度，在该金属线中随机地抽出 10 根，测得样本的标准差 $s = 4.5$，设该金属的抗拉强度服从正

态分布 $N(\mu,\sigma^2)$,问:是否可以相信该供货商的说法? (取显著性水平 $\alpha=0.05$)

解 由题意知金属的抗拉强度 $X\sim N(\mu,\sigma^2)$,要检验的假设为

$$H_0:\sigma^2=\sigma_0^2=9,H_1:\sigma^2\neq 9.$$

由于 μ 未知,故选取检验统计量

$$\chi^2=\frac{(n-1)S^2}{\sigma_0^2}\sim\chi^2(n-1),$$

$n=10$,显著性水平 $\alpha=0.05$,H_0 的拒绝域为 $W=\{\chi^2<\chi_{1-\alpha/2}^2(n-1)$ 或 $\chi^2>\chi_{\alpha/2}^2(n-1)\}$,查表得 $\chi_{\alpha/2}^2(n-1)=\chi_{0.025}^2(9)=19.023$,$\chi_{1-\alpha/2}^2(n-1)=\chi_{0.975}^2(9)=2.700.$

由样本标准差 $s=4.5$,计算检验统计量的观测值

$$\chi_{观}^2=\frac{9\times 4.5^2}{9}=20.25,$$

由于 $\chi_{观}^2>\chi_{0.025}^2(9)$,落入 H_0 的拒绝域 $W=\{\chi^2<\chi_{0.975}^2(9)$ 或 $\chi^2>\chi_{0.025}^2(9)\}$,故拒绝 H_0,即不能相信该供货商的说法.

第三节 两个正态总体的假设检验

设总体 $X\sim N(\mu_1,\sigma_1^2)$,$Y\sim N(\mu_2,\sigma_2^2)$,$X$ 与 Y 相互独立,样本 $X_1,X_2,\cdots,X_{n_1}$ 来自总体 X,样本 $Y_1,Y_2,\cdots,Y_{n_2}$ 来自总体 Y,$\overline{X}$,$\overline{Y}$ 分别是 X 与 Y 的样本均值,给定显著性水平 $\alpha(0<\alpha<1)$,我们讨论以下情形.

一、正态总体均值差 $\mu_1-\mu_2$ 的假设检验

1. σ_1^2,σ_2^2 均为已知

在实际问题中,经常需要考虑两个总体的均值是否相等的问题,即检验假设

$$H_0:\mu_1=\mu_2,H_1:\mu_1\neq\mu_2.$$

由于 σ_1^2,σ_2^2 已知,故可选取检验统计量

$$U=\frac{\overline{X}-\overline{Y}}{\sqrt{\dfrac{\sigma_1^2}{n_1}+\dfrac{\sigma_2^2}{n_2}}}\sim N(0,1),$$

对于给定显著性水平 α,H_0 的拒绝域为 $W=\{\,|U|>u_{\alpha/2}\}$.

2. σ_1^2,σ_2^2 均未知,但 $\sigma_1^2=\sigma_2^2=\sigma^2$

考虑检验假设

$$H_0:\mu_1=\mu_2,H_1:\mu_1\neq\mu_2.$$

由于 σ_1^2,σ_2^2 未知,但 $\sigma_1^2=\sigma_2^2=\sigma^2$,故可选取检验统计量

$$T = \frac{\overline{X} - \overline{Y}}{S_w \sqrt{\dfrac{1}{n_1} + \dfrac{1}{n_2}}} \sim t(n_1 + n_2 - 2),$$

其中 $S_w = \sqrt{\dfrac{(n_1-1)S_1^2 + (n_2-1)S_2^2}{n_1 + n_2 - 2}}$. 对于给定显著性水平 α, H_0 的拒绝域为 $W = \{|T| > t_{\alpha/2}(n_1 + n_2 - 2)\}$.

例 8.3.1 在某种制造过程中需要比较两种钢板的强度,一种是冷轧钢板,另一种是双面镀锌钢板.现从冷轧钢板中抽取 20 个样品,测得强度的均值为 $\bar{x} = 20.5(\text{GPa})$;从双面镀锌钢板中抽取 25 个样品,测得强度的均值为 $\bar{y} = 23.9(\text{GPa})$.设两种钢板的强度服从正态分布 $N(\mu, \sigma^2)$,其方差分别为 $\sigma_1^2 = 2.8^2$, $\sigma_2^2 = 3.5^2$,问:两种钢板的平均强度是否有显著性差异?(取显著性水平 $\alpha = 0.1$)

解 由题意知,要检验的假设为

$$H_0: \mu_1 = \mu_2, \quad H_1: \mu_1 \neq \mu_2.$$

由于 σ_1^2, σ_2^2 均为已知,故选取检验统计量

$$U = \frac{\overline{X} - \overline{Y}}{\sqrt{\dfrac{\sigma_1^2}{n_1} + \dfrac{\sigma_2^2}{n_2}}} \sim N(0, 1),$$

这里 $n_1 = 20$, $n_2 = 25$, $\sigma_1^2 = 2.8^2$, $\sigma_2^2 = 3.5^2$, $\bar{x} = 20.5$, $\bar{y} = 23.9$,显著性水平 $\alpha = 0.1$,查表得 $u_{\alpha/2} = u_{0.05} = 1.645$,计算检验统计量的观测值

$$U_{观} = \frac{20.5 - 23.9}{\sqrt{\dfrac{2.8^2}{20} + \dfrac{3.5^2}{25}}} \approx -3.6203.$$

由于 H_0 的拒绝域为 $W = \{|U| > u_{0.05}\}$,显然 $|U_{观}| > u_{0.05}$,落入 H_0 的拒绝域,故拒绝 H_0,即可以认为两种钢板的平均强度有显著性的差异.

例 8.3.2 某灯泡厂有 I 型灯泡和 II 型灯泡,分别抽取 10 个灯泡进行寿命试验.经计算得到 I 型灯泡的样本均值为 2460(h),样本标准差为 56(h);II 型灯泡的样本均值为 2550(h),样本标准差为 48(h).设两种灯泡的使用寿命均服从正态分布且方差相等,问:两种灯泡的平均使用寿命是否存在显著性差异?(取显著性水平 $\alpha = 0.05$)

解 由题意知,要检验的假设为

$$H_0: \mu_1 = \mu_2, \quad H_1: \mu_1 \neq \mu_2.$$

由于 σ_1^2, σ_2^2 均未知,但 $\sigma_1^2 = \sigma_2^2 = \sigma^2$,故选取检验统计量

$$T = \frac{\overline{X} - \overline{Y}}{S_w \sqrt{\dfrac{1}{n_1} + \dfrac{1}{n_2}}} \sim t(n_1 + n_2 - 2),$$

其中 $S_w = \sqrt{\dfrac{(n_1-1)s_1^2+(n_2-1)s_2^2}{n_1+n_2-2}}$.这里 $n_1 = n_2 = 10, s_1^2 = 56^2, s_2^2 = 48^2$,

$\bar{x} = 2460, \bar{y} = 2550$,显著性水平 $\alpha = 0.05$,查表得 $t_{\alpha/2}(n_1+n_2-2) =$

$t_{0.025}(18) = 2.1009$,计算

$$S_w = \sqrt{\frac{(n_1-1)s_1^2+(n_2-1)s_2^2}{n_1+n_2-2}} = \sqrt{\frac{9\times56^2+9\times48^2}{18}} \approx 52.1536,$$

得检验统计量的观测值

$$T_{观} = \frac{2460-2550}{52.1536\times\sqrt{\dfrac{1}{10}+\dfrac{1}{10}}} \approx -3.8587.$$

由于 H_0 的拒绝域为 $W = \{|T| > t_{0.025}(18)\}$,显然 $|T_{观}| >$ $t_{0.025}(18)$,落入 H_0 的拒绝域,故拒绝 H_0,即可以认为两种灯泡的使用寿命有显著性差异.

二、正态总体方差比 $\dfrac{\sigma_1^2}{\sigma_2^2}$ 的假设检验

在实际问题中,我们也会经常遇到考虑两个总体方差是否相等的问题,也就是检验假设

$$H_0: \sigma_1^2 = \sigma_2^2, H_1: \sigma_1^2 \neq \sigma_2^2.$$

在这里,我们只讨论正态总体均值 μ_1, μ_2 均未知的情形(其他情形见表 8.2).

由于 μ_1, μ_2 均未知,故可选取检验统计量

$$F = \frac{S_1^2}{S_2^2}.$$

当 H_0 为真时,$F = \dfrac{S_1^2}{S_2^2} \sim F(n_1-1, n_2-1)$,对于给定的显著性水平 α,H_0 的拒绝域为 $W = \{F < F_{1-\alpha/2}(n_1-1, n_2-1)$ 或 $F > F_{\alpha/2}(n_1-1, n_2-1)\}$.

在上述的检验中,选取的检验统计量 $F = \dfrac{S_1^2}{S_2^2}$ 服从 F 分布,称此种方法为 F 检验法.

例 8.3.3 已知两个箱子中分别装有甲、乙两厂生产的产品,欲比较它们的重量.甲厂产品重量 $X \sim N(\mu_1, \sigma_1^2)$,乙厂产品重量 $Y \sim N(\mu_2, \sigma_2^2)$,从 X 中抽取 10 件,测得重量的平均值 $\bar{x} = 4.95(\text{kg})$,标准差 $s_1 = 0.07(\text{kg})$.从 Y 中抽取 16 件,测得重量的平均值 $\bar{y} = 5.95(\text{kg})$,标准差 $s_2 = 0.12(\text{kg})$,问:甲、乙两厂产品重量的方差有没有显著性差异?(取显著性水平 $\alpha = 0.05$)

解 由题意知,要检验的假设为

$$H_0: \sigma_1^2 = \sigma_2^2, H_1: \sigma_1^2 \neq \sigma_2^2.$$

由于 μ_1, μ_2 均未知,故选取检验统计量

$$F = \frac{S_1^2}{S_2^2} \sim F(9, 15).$$

这里 $n_1 = 10, n_2 = 16, s_1^2 = 0.07^2, s_2^2 = 0.12^2$, 显著性水平 $\alpha = 0.05$, 查表可得 $F_{\alpha/2}(n_1-1, n_2-1) = F_{0.025}(9, 15) = 3.12, F_{0.025}(15, 9) = 3.77$, 从而有

$$F_{1-\alpha/2}(n_1-1, n_2-1) = F_{0.975}(9, 15) = \frac{1}{F_{0.025}(15, 9)} = \frac{1}{3.77} \approx 0.2653.$$

得到检验统计量的观测值

$$F_{观} = \frac{S_1^2}{S_2^2} = \frac{0.07^2}{0.12^2} \approx 0.3403.$$

由于 H_0 的拒绝域为 $W = \{F < F_{0.975}(9, 15) \text{ 或 } F > F_{0.025}(9, 15)\}$, 显然 $F_{0.975}(9, 15) < F_{观} < F_{0.025}(9, 15)$, 未落入 H_0 的拒绝域, 故接受 H_0, 即可以认为两厂产品重量的方差没有显著性差异.

拓展阅读
假设检验的 p 值

第四节 单侧假设检验

在前面对参数检验的讨论中, 我们得到的拒绝域分别位于两侧, 称这类的假设检验为**双侧假设检验**. 但是在实际问题中, 除了研究参数是否等于某个值之外, 有时还需要研究参数是否大于或小于某个值. 如某日生产的某一批电子元件的使用寿命均值有所提高? 经过工艺的改善, 某种产品生产的平均成本有所下降? 此时原假设的拒绝域应该取在某一侧, 这类的假设检验称为**单侧假设检验**. 下面以正态总体关于其均值的检验为例来说明.

设总体 $X \sim N(\mu, \sigma^2)$, $X_1, X_2, \cdots, X_n$ 是来自总体 X 的样本, 其中 σ 已知, 检验 μ 是否有所降低?

考虑检验假设

$$H_0: \mu \geqslant \mu_0, \quad H_1: \mu < \mu_0.$$

由于原假设 H_0 包含 $\mu = \mu_0$ 和 $\mu > \mu_0$ 两种情形, 故我们分别进行讨论:

（1）关于 $\mu = \mu_0$ 的情形, 对于给定显著性水平 $\alpha(0 < \alpha < 1)$, 有

$$P(U < -u_\alpha) = P\left(\frac{\overline{X} - \mu_0}{\sigma/\sqrt{n}} < -u_\alpha\right) = \alpha.$$

（2）关于 $\mu > \mu_0$ 的情形, 由于 μ 是总体均值, 对于给定显著性水平 $\alpha(0 < \alpha < 1)$, 有

$$P\left(\frac{\overline{X} - \mu_0}{\sigma/\sqrt{n}} < -u_\alpha\right) = \alpha.$$

此时, 有 $\dfrac{\overline{X} - \mu}{\sigma/\sqrt{n}} < \dfrac{\overline{X} - \mu_0}{\sigma/\sqrt{n}}$, 由概率的性质可得

$$P(U<-u_\alpha)=P\left(\frac{\overline{X}-\mu_0}{\sigma/\sqrt{n}}<-u_\alpha\right)\leqslant P\left(\frac{\overline{X}-\mu}{\sigma/\sqrt{n}}<-u_\alpha\right)=\alpha.$$

由上面的讨论可知,在原假设 $H_0:\mu\geqslant\mu_0$ 成立的条件下,有 $P(U<-u_\alpha)\leqslant\alpha$,所以 $U<-u_\alpha$ 是小概率事件.若抽样的结果表明统计量 U 的观测值小于 $-u_\alpha$,则拒绝原假设 H_0 而接受备择假设 H_1,即认为 $\mu<\mu_0$;相反地,如果统计量 U 的观测值不小于 $-u_\alpha$,则接受原假设 H_0,即认为 $\mu\geqslant\mu_0$.

考虑到上面的原假设 $H_0:\mu\geqslant\mu_0$ 比较复杂,不妨考虑检验下面比较简单的假设

$$H_0:\mu=\mu_0,H_1:\mu<\mu_0.$$

在这两个假设中原假设 H_0 虽然不同,但是在检验时选用的统计量及其分布是相同的;在相同的显著性水平 α 下,拒绝域也是相同的,从而检验的结论(拒绝还是接受原假设 H_0)也是相同的.当统计量 U 的观测值落在区间 $(-\infty,-u_\alpha)$ 内时,则拒绝原假设 H_0.由于拒绝域位于一侧,称这类假设检验为单侧假设检验.按照拒绝域位于左侧或右侧,单侧假设检验可以分为左侧假设检验或右侧假设检验.显然上述两种检验都是左侧假设检验,关于假设

$$H_0:\mu=\mu_0,H_1:\mu>\mu_0$$

或

$$H_0:\mu\leqslant\mu_0,H_1:\mu>\mu_0$$

的检验都是右侧假设检验.

例 8.4.1　一台机床加工轴的椭圆度(单位:mm)服从正态分布 $N(0.095,0.02^2)$,机床经调整后随机抽取 20 根测量其椭圆度,算得 $\bar{x}=0.088$mm.假定调整后椭圆度仍服从正态分布,且其方差不变,问调整后机床加工轴的椭圆度的均值有无显著性降低?(取显著性水平 $\alpha=0.05$)

解　由题意,经调整后机床加工轴的椭圆度 $X\sim N(\mu,\sigma^2)$.因此,建立假设

$$H_0:\mu\geqslant\mu_0,H_1:\mu<\mu_0.$$

选取检验统计量

$$U=\frac{\overline{X}-\mu_0}{\sigma/\sqrt{n}}\sim N(0,1),$$

显著性水平 $\alpha=0.05$,查表得 $u_\alpha=u_{0.05}=1.645$,H_0 的拒绝域 $W=\{U<-u_{0.05}\}$.

已知 $\bar{x}=0.088$,计算检验统计量的观测值

$$U_{观}=\frac{0.088-0.095}{0.02/\sqrt{20}}\approx-1.5652.$$

由于 $U_{观}>-u_{0.05}$,未落入 H_0 的拒绝域,故接受 H_0,即调整后机床加工轴的椭圆度的均值无显著性降低.

例 8.4.2 自动车床加工某种零件的直径(单位:mm)服从正态分布 $N(\mu, \sigma^2)$,原来的加工精度 $\sigma^2 \leqslant 0.09$.经过一段时间后,需要检验是否保持原来的加工精度,即检验原假设 $\sigma^2 \leqslant 0.09$.为此,从该车床加工的零件中抽取 30 个,测得样本的方差 $s^2 = 0.1344$,问加工精度有无显著性降低?(取显著性水平 $\alpha = 0.05$)

解 由题意,要检验的假设为

$$H_0: \sigma^2 \leqslant \sigma_0^2 = 0.09, H_1: \sigma^2 > 0.09.$$

由于 μ 未知,选取检验统计量

$$\chi^2 = \frac{(n-1)S^2}{\sigma_0^2} \sim \chi^2(n-1).$$

这里已知 $\sigma_0^2 = 0.09, n = 30, s^2 = 0.1344$,显著性水平 $\alpha = 0.05, \chi_\alpha^2(n-1) = \chi_{0.05}^2(29) = 42.557$,计算检验统计量的观测值

$$\chi_{观}^2 = \frac{29 \times 0.1344}{0.09} \approx 43.3067.$$

由于 $\chi_{观}^2 > \chi_{0.05}^2(29)$,落入 H_0 的拒绝域 $W = \{\chi^2 > \chi_{0.05}^2(29)\}$,故拒绝 H_0,接受备择假设 H_1,即认为该自动车床的加工精度有显著性降低.

例 8.4.3 某灯泡厂有 I 型灯泡和 II 型灯泡,分别抽取 10 个灯泡进行寿命试验.经计算得到 I 型灯泡的样本均值为 2460(h),样本标准差为 56(h); II 型灯泡的样本均值为 2550(h),样本标准差为 48(h).设两种灯泡的使用寿命均服从正态分布且方差相等,问是否可以认为 II 型灯泡的平均使用寿命有显著性提高?(取显著性水平 $\alpha = 0.01$)

解 由题意知,要检验的假设为

$$H_0: \mu_1 = \mu_2, H_1: \mu_1 < \mu_2.$$

由于 σ_1^2, σ_2^2 均未知,但 $\sigma_1^2 = \sigma_2^2 = \sigma^2$,故选取检验统计量

$$T = \frac{\bar{X} - \bar{Y}}{S_w \sqrt{\frac{1}{n_1} + \frac{1}{n_2}}} \sim t(n_1 + n_2 - 2),$$

其中 $S_w = \sqrt{\frac{(n_1-1)S_1^2 + (n_2-1)S_2^2}{n_1 + n_2 - 2}}$.这里 $n_1 = n_2 = 10, s_1^2 = 56^2, s_2^2 = 48^2$, $\bar{x} = 2460, \bar{y} = 2550$,显著性水平 $\alpha = 0.01$,查表得 $t_\alpha(n_1 + n_2 - 2) = t_{0.01}(18) = 2.5524$,计算

$$S_w = \sqrt{\frac{(n_1-1)S_1^2 + (n_2-1)S_2^2}{n_1 + n_2 - 2}} = \sqrt{\frac{9 \times 56^2 + 9 \times 48^2}{18}} \approx 52.1536,$$

得到检验统计量的观测值

$$T_{观} = \frac{2460 - 2550}{52.1536 \times \sqrt{\frac{1}{10} + \frac{1}{10}}} \approx -3.8587.$$

由于 H_0 的拒绝域为 $W = \{T < -t_{0.01}(18)\}$,显然 $T_{观} < -t_{0.01}(18)$,

落入 H_0 的拒绝域,故拒绝 H_0,即可以认为 II 型灯泡的平均使用寿命有显著性提高.

例 8.4.4　现有甲、乙两台车床加工同一型号的螺钉,根据以往经验认为两台车床加工的螺钉长度服从正态分布.现从这两台车床加工的螺钉中分别抽取 15 个和 11 个,测得长度(单位:mm)的方差分别为 $s_1^2 = 0.085$, $s_2^2 = 0.042$,问乙车床的加工精度是否高于甲车床的(即乙车床加工的螺钉长度的方差是否比甲车床的小)?(取显著性水平 $\alpha = 0.05$)

解　设 X 和 Y 分别表示甲、乙两台车床加工的螺钉的长度,则有 $X \sim N(\mu_1, \sigma_1^2)$, $Y \sim N(\mu_2, \sigma_2^2)$,由题意知,要检验的假设为

$$H_0 : \sigma_1^2 \leqslant \sigma_2^2, H_1 : \sigma_1^2 > \sigma_2^2.$$

由于 μ_1, μ_2 均未知,故选取检验统计量

$$F = \frac{S_1^2}{S_2^2} \sim F(14, 10).$$

这里 $n_1 = 15$, $n_2 = 11$, $s_1^2 = 0.085$, $s_2^2 = 0.042$,显著性水平 $\alpha = 0.05$,查表可得

$$F_\alpha(n_1 - 1, n_2 - 1) = F_{0.05}(14, 10) = 2.86,$$

计算检验统计量的观测值

$$F_{观} = \frac{S_1^2}{S_2^2} = \frac{0.085}{0.042} \approx 2.0238.$$

由于 H_0 的拒绝域为 $W = \{F > F_{0.05}(14, 10)\}$,显然 $F_{观} < F_{0.05}(14, 10)$,未落入 H_0 的拒绝域,故接受 H_0,即不能认为乙车床的加工精度高于甲车床的.

对于以上关于正态总体参数的假设检验的讨论进行总结,单个正态总体参数的假设检验如表 8.1 所示,两个正态总体参数的假设检验如表 8.2 所示.

表 8.1　单个正态总体参数的假设检验表

条件	原假设 H_0	备择假设 H_1	检验统计量	拒绝域
σ^2 已知	$\mu = \mu_0$	$\mu \neq \mu_0$	$U = \dfrac{\overline{X} - \mu_0}{\sigma / \sqrt{n}} \sim N(0,1)$	$\|U\| > u_{\alpha/2}$
	$\mu \leqslant \mu_0$	$\mu > \mu_0$		$U > u_\alpha$
	$\mu \geqslant \mu_0$	$\mu < \mu_0$		$U < -u_\alpha$
σ^2 未知	$\mu = \mu_0$	$\mu \neq \mu_0$	$T = \dfrac{\overline{X} - \mu_0}{S / \sqrt{n}} \sim t(n-1)$	$\|T\| > t_{\alpha/2}(n-1)$
	$\mu \leqslant \mu_0$	$\mu > \mu_0$		$T > t_\alpha(n-1)$
	$\mu \geqslant \mu_0$	$\mu < \mu_0$		$T < -t_\alpha(n-1)$
μ 已知	$\sigma^2 = \sigma_0^2$	$\sigma^2 \neq \sigma_0^2$	$\chi^2 = \dfrac{\sum\limits_{i=1}^{n}(X_i - \mu)^2}{\sigma_0^2} \sim \chi^2(n)$	$\chi^2 < \chi_{1-\alpha/2}^2(n)$ 或 $\chi^2 > \chi_{\alpha/2}^2(n)$
	$\sigma^2 \leqslant \sigma_0^2$	$\sigma^2 > \sigma_0^2$		$\chi^2 > \chi_\alpha^2(n)$
	$\sigma^2 \geqslant \sigma_0^2$	$\sigma^2 < \sigma_0^2$		$\chi^2 < \chi_{1-\alpha}^2(n)$

（续）

条件	原假设 H_0	备择假设 H_1	检验统计量	拒绝域
μ 未知	$\sigma^2=\sigma_0^2$	$\sigma^2\neq\sigma_0^2$	$\chi^2=\dfrac{(n-1)S^2}{\sigma_0^2}\sim\chi^2(n-1)$	$\chi^2<\chi_{1-\alpha/2}^2(n-1)$ 或 $\chi^2>\chi_{\alpha/2}^2(n-1)$
	$\sigma^2\leqslant\sigma_0^2$	$\sigma^2>\sigma_0^2$		$\chi^2>\chi_{\alpha}^2(n-1)$
	$\sigma^2\geqslant\sigma_0^2$	$\sigma^2<\sigma_0^2$		$\chi^2<\chi_{1-\alpha}^2(n-1)$

表 8.2 两个正态总体参数的假设检验表

条件	原假设 H_0	备择假设 H_1	检验统计量	拒绝域
σ_1^2,σ_2^2 已知	$\mu_1=\mu_2$	$\mu_1\neq\mu_2$	$U=\dfrac{\overline{X}-\overline{Y}}{\sqrt{\dfrac{\sigma_1^2}{n_1}+\dfrac{\sigma_2^2}{n_2}}}\sim N(0,1)$	$\lvert U\rvert>u_{\alpha/2}$
	$\mu_1\leqslant\mu_2$	$\mu_1>\mu_2$		$U>u_{\alpha}$
	$\mu_1\geqslant\mu_2$	$\mu_1<\mu_2$		$U<-u_{\alpha}$
σ_1^2,σ_2^2 未知但 $\sigma_1^2=\sigma_2^2$	$\mu_1=\mu_2$	$\mu_1\neq\mu_2$	$T=\dfrac{\overline{X}-\overline{Y}}{S_w\sqrt{\dfrac{1}{n_1}+\dfrac{1}{n_2}}}\sim t(n_1+n_2-2)$ 且 $S_w=\sqrt{\dfrac{(n_1-1)S_1^2+(n_2-1)S_2^2}{n_1+n_2-2}}$	$\lvert T\rvert>t_{\alpha/2}(n_1+n_2-2)$
	$\mu_1\leqslant\mu_2$	$\mu_1>\mu_2$		$T>t_{\alpha}(n_1+n_2-2)$
	$\mu_1\geqslant\mu_2$	$\mu_1<\mu_2$		$T<-t_{\alpha}(n_1+n_2-2)$
μ_1,μ_2 已知	$\sigma_1^2=\sigma_2^2$	$\sigma_1^2\neq\sigma_2^2$	$F=\dfrac{\sum\limits_{i=1}^{n_1}(X_i-\mu_1)^2\big/n_1}{\sum\limits_{j=1}^{n_2}(Y_j-\mu_2)^2\big/n_2}\sim F(n_1,n_2)$	$F<F_{1-\alpha/2}(n_1,n_2)$ 或 $F>F_{\alpha/2}(n_1,n_2)$
	$\sigma_1^2\leqslant\sigma_2^2$	$\sigma_1^2>\sigma_2^2$		$F>F_{\alpha}(n_1,n_2)$
	$\sigma_1^2\geqslant\sigma_2^2$	$\sigma_1^2<\sigma_2^2$		$F<F_{1-\alpha}(n_1,n_2)$
μ_1,μ_2 未知	$\sigma_1^2=\sigma_2^2$	$\sigma_1^2\neq\sigma_2^2$	$F=\dfrac{S_1^2}{S_2^2}\sim F(n_1-1,n_2-1)$	$F<F_{1-\alpha/2}(n_1-1,n_2-1)$ 或 $F>F_{\alpha/2}(n_1-1,n_2-1)$
	$\sigma_1^2\leqslant\sigma_2^2$	$\sigma_1^2>\sigma_2^2$		$F>F_{\alpha}(n_1-1,n_2-1)$
	$\sigma_1^2\geqslant\sigma_2^2$	$\sigma_1^2<\sigma_2^2$		$F<F_{1-\alpha}(n_1-1,n_2-1)$

第五节 非正态总体参数的假设检验

在实际问题中,有时会遇到总体不服从正态分布,甚至不知道总体服从什么分布的情况.此时,要对参数进行假设检验,前面的方法就不适用了.为此我们首先介绍在实践中经常用到的两个概念.

一般情况下,样本容量 $n<50$ 的样本都认为是**小样本**,如果总体服从正态分布,一般都可以采用小样本;样本容量 $n\geqslant50$ 的样本认为是**大样本**,如果总体不服从正态分布或不知道总体服从什么分布,一般都可以采用大样本.

在大样本的情形下,由于样本容量 n 很大,根据中心极限定理,无论总体服从何种分布,样本均值都近似地服从正态分布.这样,根据大样本的特点,首先抽取大容量的样本,然后按照正态分布来处理.

一、非正态大样本总体均值的假设检验

1. 单个总体均值的假设检验

具体的方法步骤如下：

第一步：建立假设 $H_0:\mu=\mu_0,H_1:\mu\neq\mu_0$；

第二步：选取检验统计量：① 总体方差已知：$U_1=\dfrac{\overline{X}-\mu_0}{\sigma/\sqrt{n}}\sim N(0,1)$；② 总体方差未知：$U_2=\dfrac{\overline{X}-\mu_0}{S/\sqrt{n}}\sim N(0,1)$；

第三步：根据显著性水平 α 和检验统计量的分布,查表确定临界值,从而得到合理的拒绝域；

第四步：由样本观测值计算出统计量的观测值,然后比较大小,从而得出结论.

2. 两个总体均值的假设检验

具体的方法步骤如下：

第一步：建立假设 $H_0:\mu_1=\mu_2,H_1:\mu_1\neq\mu_2$；

第二步：选取检验统计量：① 两总体方差已知：$Z_1=\dfrac{\overline{X}-\overline{Y}}{\sqrt{\dfrac{\sigma_1^2}{n_1}+\dfrac{\sigma_2^2}{n_2}}}\sim N(0,1)$；② 两总体方差未知：$Z_2=\dfrac{\overline{X}-\overline{Y}}{\sqrt{\dfrac{S_1^2}{n_1}+\dfrac{S_2^2}{n_2}}}\sim N(0,1)$；

第三步：根据显著性水平 α 和检验统计量的分布,查表确定临界值,从而得到合理的拒绝域；

第四步：由样本观测值计算出统计量的观测值,然后比较大小,从而得出结论.

例 8.5.1　已知某地正常人血清转铁蛋白含量均值为 273.18,某医生随机抽取了 100 名病毒性肝炎患者,测得血清转铁蛋白含量均值为 230.08,方差为 12.50^2,问：病毒性肝炎患者血清转铁蛋白含量均值是否低于正常人？（取显著性水平 $\alpha=0.05$）

解　由题意知,要检验的假设为
$$H_0:\mu=\mu_0,H_1:\mu<\mu_0.$$

构造检验统计量
$$U_2=\frac{\overline{X}-\mu_0}{S/\sqrt{n}},$$

在这里,$\mu_0=273.18,\bar{x}=230.08,s^2=12.50^2,n=100$,可以看成大样本,所以 $U_2\sim N(0,1)$,计算检验统计量的观测值

$$U_{2观}=\frac{230.08-273.18}{12.50/\sqrt{100}}=-34.48.$$

由于 $\alpha=0.05$，查表得 $u_\alpha=u_{0.05}=1.645$，且 H_0 的拒绝域为 $W=\{U_2<-u_{0.05}\}$，由于 $U_{2观}<-u_{0.05}$，在 H_0 的拒绝域内，故拒绝 H_0，接受 H_1，即可以认为病毒性肝炎患者血清转铁蛋白含量均值低于正常人.

例 8.5.2 某地随机抽取正常成年男子和正常成年女子各 150 名，测定其红细胞计数（单位 10^{12} L），男性均值为 4.71，方差为 0.50^2；女性均值为 4.22，方差为 0.55^2.问：男女红细胞计数有无显著性差别？（取显著性水平 $\alpha=0.05$）

解 由题意知，要检验的假设为

$$H_0:\mu_1=\mu_2,H_1:\mu_1\neq\mu_2.$$

构造检验统计量

$$Z_2=\frac{\bar{X}-\bar{Y}}{\sqrt{\frac{S_1^2}{n_1}+\frac{S_2^2}{n_2}}},$$

这里，$n_1=150,\bar{x}=4.71,s_1^2=0.50^2,n_2=150,\bar{y}=4.22,s_2^2=0.55^2$，可以看成大样本，所以 $Z_2\sim N(0,1)$，计算检验统计量的观测值

$$Z_{2观}=\frac{4.71-4.22}{\sqrt{\frac{0.50^2}{150}+\frac{0.55^2}{150}}}\approx8.074.$$

由于 $\alpha=0.05$，查表得 $u_{\alpha/2}=u_{0.025}=1.96$，由于 $Z_{2观}>u_{0.025}$，落入 H_0 的拒绝域，故拒绝 H_0，接受 H_1，即可以认为男女红细胞计数有显著性差别.

二、大样本总体比率的假设检验

在前面我们学习了均值和方差的几种假设检验，除此之外，还有一种经常用到的检验类型，那就是比较比率（proportion）的假设检验.

总体比率是指总体中具体某种相同特征的个体所占的比值，这些特征可以是数值型的（如一定的重量、厚度或规格等），也可以是品质型的（如男女性别、学历等级、职称高低等）.通常用 π 表示总体比率，π_0 表示对总体比率的某一假设值，用 p 表示样本比率.若某样本转化率为 p，那么没有转化的比率就是 $1-p$，这属于二项分布.当样本容量足够大时，二项分布可以近似为正态分布.此类假设检验有两种应用场景：一是比较样本比率和总体比率是否相同；二是比较两样本比率是否相同.

1. 单个总体比率与已知定值的比较检验

大样本情况下，p 的抽样分布近似正态分布，因此该检验的具

体方法步骤如下:

第一步:建立假设 $H_0:\pi=\pi_0,H_1:\pi\neq\pi_0$;

第二步:选取检验统计量 $U=\dfrac{p-\pi_0}{\sqrt{\dfrac{\pi_0(1-\pi_0)}{n}}}\sim N(0,1)$;

第三步:根据显著性水平 α 和检验统计量的分布,查表确定临界值,从而得到一个合理的拒绝域 $W=\{\,|U|>u_{\alpha/2}\}$;

第四步:由样本观测值计算出统计量的观测值,然后比较大小,从而得出结论.

2. 两个总体率的比较检验

同样,在大样本情况下,p_1-p_2 差值的抽样分布近似正态分布.该检验具体的方法步骤如下:

第一步:建立假设 $H_0:\pi_1=\pi_2,H_1:\pi_1\neq\pi_2$;

第二步:选取检验统计量 $U=\dfrac{p_1-p_2}{\sqrt{p(1-p)\left(\dfrac{1}{n_1}+\dfrac{1}{n_2}\right)}}\sim N(0,1)$,其

中 $p=\dfrac{n_1p_1+n_2p_2}{n_1+n_2}$;

第三步:根据显著性水平 α 和检验统计量的分布,查表确定临界值,从而得到一个合理的拒绝域 $W=\{\,|U|>u_{\alpha/2}\}$;

第四步:由样本观测值计算出统计量的观测值,然后比较大小,从而得出结论.

例 8.5.3　根据国家有关质量标准,某厂生产的某种药品次品率不得超过 0.6%.现从该厂生产的一批药品中随机抽取 150 件进行检验,发现其中有两件次品,试问该批药品的次品率是否已超标?(取显著性水平 $\alpha=0.05$)

解　由题意知,要检验的假设为

$$H_0:\pi=\pi_0=0.006,H_1:\pi>\pi_0=0.006.$$

构造检验统计量

$$U=\frac{p-\pi_0}{\sqrt{\dfrac{\pi_0(1-\pi_0)}{n}}}.$$

这里,$m=2,n=150,\pi_0=0.006,p=\dfrac{m}{n}=\dfrac{2}{150}\approx0.013$,可以看成大样本,所以 $U\sim N(0,1)$,计算检验统计量的观测值

$$U_{观}=\frac{0.013-0.006}{\sqrt{\dfrac{0.006(1-0.006)}{150}}}\approx1.110.$$

由 $\alpha=0.05$,查表得 $u_\alpha=u_{0.05}=1.645$,则 H_0 的拒绝域为 $W=$

$\{U>u_{0.05}\}$. 由于 $U_{观}<u_{0.05}$, 未落入 H_0 的拒绝域, 故接受 H_0, 拒绝 H_1, 即可以认为该批药品的次品率没有超标.

例 8.5.4 某医生为比较槟榔煎剂和阿的平的驱虫效果, 用槟榔煎剂治疗了 54 例绦虫患者, 有效率为 81.48%; 用阿的平治疗了 36 例绦虫患者, 有效率为 66.67%. 问两种药物驱虫效果有无显著性差异?(取显著性水平 $\alpha=0.05$)

解 由题意知, 要检验的假设为

$$H_0:\pi_1=\pi_2, H_1:\pi_1\neq\pi_2.$$

构造检验统计量

$$U=\frac{p_1-p_2}{\sqrt{p(1-p)\left(\frac{1}{n_1}+\frac{1}{n_2}\right)}}.$$

这里, $n_1=54, p_1=0.8148, n_2=36, p_2=0.6667$, 可以看成大样本, 所以 $U\sim N(0,1), p=\frac{n_1p_1+n_2p_2}{n_1+n_2}\approx0.7556$, 计算检验统计量的观测值

$$U_{观}=\frac{0.8148-0.6667}{\sqrt{0.7556(1-0.7556)\left(\frac{1}{54}+\frac{1}{36}\right)}}\approx1.6017.$$

由 $\alpha=0.05$, 查表得 $u_{\alpha/2}=u_{0.025}=1.96$, 则 H_0 的拒绝域为 $W=\{|U|>u_{0.025}\}$. 由于 $U_{观}<u_{0.025}$, 未落入 H_0 的拒绝域, 故接受 H_0, 拒绝 H_1, 即可以认为两种药物驱虫效果无显著性差异.

第六节 综合例题

例 8.6.1 设总体 $X\sim N(\mu,4), X_1, X_2, \cdots, X_{16}$ 为来自总体 X 的样本, 考虑如下检验问题: $H_0:\mu=0; H_1:\mu=-1$. (1) 试验证拒绝域分别为 $E_1=\{2\overline{X}\leq-1.645\}$ 或 $E_2=\{1.50\leq2\overline{X}\leq2.125\}$ 或 $E_3=\{2\overline{X}\leq-1.96$ 或 $2\overline{X}\geq1.96\}$ 时, 犯第一类错误的概率都是 $\alpha=0.05$. (2) 通过计算犯第二类错误的概率, 说明哪个检验最好?

解 (1) 由 $\alpha=P(x\in E\mid H_0)=0.05$ 可知,

$$P\left(|U|=\left|\frac{\overline{X}-\mu}{\sigma}\right|>U_{1-\alpha/2}=U_{0.975}\right)=0.05,$$

这里 $H_0:\mu=0$, 故有 $P(|\overline{X}|>2\times1.96)=0.05$.

对于 $E_1=\{2\overline{X}\leq-1.645\}=\left\{\frac{\overline{X}-0}{2/\sqrt{16}}\leq-1.645\right\}=\left\{\frac{\overline{X}-0}{\sigma/\sqrt{n}}\leq-1.645\right\}$, 有

$$P(E_1\mid H_0)=P\left(\frac{\overline{X}-0}{2/\sqrt{16}}\leq-1.645\right)=P\left(\frac{\overline{X}-0}{\sigma/\sqrt{n}}\leq-1.645\right)$$

$$= \Phi(-1.645) = 1 - \Phi(1.645) = 0.05.$$

对于 $E_2 = \{1.50 \leqslant 2\overline{X} \leqslant 2.125\}$，有

$$E_2 = \{1.50 \leqslant 2\overline{X} \leqslant 2.125\} = \left\{1.50 \leqslant \frac{\overline{X} - 0}{2/\sqrt{16}} \leqslant 2.125\right\}$$

$$= \left\{1.50 \leqslant \frac{\overline{X} - 0}{\sigma/\sqrt{n}} \leqslant 2.125\right\}.$$

因此，

$$P(E_2 \mid H_0) = P\left(1.50 \leqslant \frac{\overline{X} - 0}{2/\sqrt{16}} \leqslant 2.125\right) = P\left(1.50 \leqslant \frac{\overline{X} - 0}{\sigma/\sqrt{n}} \leqslant 2.125\right)$$

$$= \Phi(2.125) - \Phi(1.5) = 0.05.$$

对于 $E_3 = \{2\overline{X} \leqslant -1.96 \text{ 或 } 2\overline{X} \geqslant 1.96\}$，有

$$E_3 = \{2\overline{X} \leqslant -1.96 \text{ 或 } 2\overline{X} \geqslant 1.96\} = \{|2\overline{X}| \geqslant 1.96\} = \left\{\left|\frac{\overline{X} - 0}{\sigma/\sqrt{n}}\right| \geqslant 1.96\right\}.$$

因此

$$P(E_3 \mid H_0) = P\left(\left|\frac{\overline{X} - 0}{\sigma/\sqrt{n}}\right| \geqslant 1.96\right) = 1 - P\left(\left|\frac{\overline{X} - 0}{\sigma/\sqrt{n}}\right| < 1.96\right)$$

$$= 2(1 - \Phi(1.96)) = 0.05.$$

（2）犯第二类错误的概率 $\beta = P(X - E \mid H_1)$，于是

对于 $E_1 : \beta_1 = P(2\overline{X} \geqslant -1.645 \mid \mu = -1) = P\left(\frac{\overline{X} + 1}{\sigma/\sqrt{n}} \geqslant 0.355\right)$

$$= 1 - \Phi(0.355) = 0.3613.$$

对于 $E_2 : \beta_2 = 1 - P(1.50 \leqslant 2\overline{X} \leqslant 2.125 \mid \mu = -1)$

$$= 1 - P\left(3.5 \leqslant \frac{\overline{X} + 1}{\sigma/\sqrt{n}} \leqslant 4.125\right)$$

$$= 1 - \Phi(4.125) + \Phi(3.50) = 1.$$

对于 $E_3 : \beta_3 = P(|2\overline{X}| \leqslant 1.96 \mid \mu = -1) = P\left(0.04 \leqslant \frac{\overline{X} + 1}{\sigma/\sqrt{n}} \leqslant 3.96\right)$

$$= \Phi(3.96) - \Phi(0.04) = 0.4840.$$

由此可见试验 E_1 出现第二类错误的概率最小，即 E_1 最好.

例 8.6.2 机器包装食盐，每袋净重量 X（单位：g）服从正态分布，规定每袋净重量为 $500(g)$，标准差不能超过 $10(g)$. 某天开工后，为检验机器工作是否正常，从包装好的食盐中随机抽取 9 袋，测得其净重量（以 g 计）分别为

　　　497　507　510　475　484　488　524　491　515

试在显著性水平 $\alpha = 0.05$ 下，检验这天包装机工作是否正常？

解 检验包装机工作是否正常，就是要检验均值是否为 $\mu_0 = 500$，方差是否小于 $\sigma_0^2 = 10^2$.

（1）先检验均值，建立假设

$$H_0 : \mu = 500, H_1 : \mu \neq 500.$$

由于 σ^2 未知,选检验统计量

$$T = \frac{\overline{X} - \mu_0}{S/\sqrt{n}} \sim t(n-1).$$

对显著性水平 $\alpha = 0.05$,查表得 $t_{\alpha/2}(n-1) = t_{0.025}(8) = 2.3060$.由样本值计算得 $\overline{x} = 499, s^2 \approx 257, s \approx 16.03$,则

$$|T_{观}| = \left| \frac{499-500}{16.03/3} \right| \approx 0.1871.$$

由于 $|T_{观}| < t_{0.025}(8)$ 未落入 H_0 的拒绝域,所以接受 H_0,即可以认为每袋平均重量为 $500(g)$.

（2）再检验方差,建立假设

$$H_0: \sigma^2 = 10^2, H_1: \sigma^2 > 10^2.$$

由于 μ 未知,选取检验统计量

$$\chi^2 = \frac{(n-1)S^2}{\sigma_0^2} \sim \chi^2(n-1).$$

对显著性水平 $\alpha = 0.05$,查表得 $\chi_\alpha^2(n-1) = \chi_{0.05}^2(8) = 15.507$,则

$$\chi_{观}^2 = \frac{8 \times 257}{100} = 20.56.$$

由于 $\chi_{观}^2 > \chi_{0.05}^2(8)$,落入 H_0 的拒绝域,所以拒绝 H_0,接受 H_1,即可以认为标准差大于 10.

综上,尽管包装机没有系统误差,但是工作不够稳定,因此这天包装机工作不正常.

例 8.6.3　在 20 世纪 70 年代后期人们发现,酿造啤酒时,在麦芽干燥过程中形成一种致癌物质亚硝基二甲胺（NDMA）.到了 20 世纪 80 年代初期开发了一种新的麦芽干燥过程,下面是新、老两种工艺形成的 NDMA 含量的抽样（以 10 亿份中的份数计）:

老工艺：　6　4　5　5　6　5　5　6　4　6　7　4

新工艺：　2　1　2　2　1　0　3　2　1　0　1　3

设新、老两种工艺中形成的 NDMA 含量服从正态分布,且方差相等,试分别以 μ_1, μ_2 记老、新工艺的总体均值,检验 $H_0: \mu_1 - \mu_2 \leq 2$, $H_1: \mu_1 - \mu_2 > 2$.（取显著性水平 $\alpha = 0.05$）

解　记老工艺中形成的 NDMA 含量为 X,新工艺中形成的 ND-MA 含量为 Y.建立假设

$$H_0: \mu_1 - \mu_2 = 2, H_1: \mu_1 - \mu_2 > 2.$$

由于 σ_1^2 与 σ_2^2 未知,但相等,故选取检验统计量

$$T = \frac{\overline{X} - \overline{Y} - 2}{\sqrt{\dfrac{(n_1-1)S_1^2 + (n_2-1)S_2^2}{n_1+n_2-2}} \sqrt{\dfrac{1}{n_1} + \dfrac{1}{n_2}}} \sim t(n_1+n_2-2).$$

对显著性水平 $\alpha = 0.05$,查表得 $t_\alpha(n_1+n_2-2) = t_{0.05}(22) = 1.7171$.由样本值计算得 $\overline{x} = 5.25, s_1^2 \approx 0.9318, \overline{y} = 1.5, s_2^2 = 1$,则有

$$T_{观} = \frac{5.25-1.5-2}{\sqrt{\dfrac{11\times0.9318+11\times1}{22}}\sqrt{\dfrac{1}{12}+\dfrac{1}{12}}} \approx 4.3616.$$

由于 $T_{观}>t_{0.05}(22)$，落入 H_0 的拒绝域，所以拒绝 H_0，接受 H_1，即可以认为 $\mu_1-\mu_2>2$.

例 8.6.4 从某厂生产的产品中随机抽取 200 件样品进行质量检验，发现有 9 件不合格品，问是否可以认为该厂产品的不合格率不大于 3%？（取显著性水平 $\alpha=0.05$）

解 设 $X=\begin{cases}0,&\text{当抽到合格品时},\\1,&\text{当抽到不合格品时},\end{cases}$ 则总体 X 服从 "0-1" 分布，它不是正态总体. 但是，由于样本容量 $n=200$，属于大样本，因此，$\overline{X}$ 近似服从正态分布. 又由于不合格品率 $p=E(X)=\mu$，所以本题可以按正态总体均值 μ 进行检验.

先建立假设

$$H_0:p=p_0=0.03,\quad H_1:p>p_0=0.03.$$

由于 $E(\overline{X})=E(X)=p_0$，$D(\overline{X})=\dfrac{D(X)}{n}=\dfrac{p_0(1-p_0)}{n}$，选取检验统计量

$$U=\frac{\overline{X}-E(\overline{X})}{\sqrt{D(\overline{X})}}=\frac{\overline{X}-p_0}{\sqrt{p_0(1-p_0)}/\sqrt{n}}.$$

在 H_0 成立时，U 近似服从标准正态分布 $N(0,1)$. 对显著性水平 $\alpha=0.05$，查表得 $u_\alpha=u_{0.05}=1.645$. 由样本值计算得 $\bar{x}=\dfrac{9}{200}=0.045$，则

$$U_{观}=\frac{0.045-0.03}{\sqrt{0.03\times0.97/200}}\approx1.2435.$$

由于 $U_{观}<u_{0.05}$，未落入 H_0 的拒绝域，所以接受 H_0，即可以认为该厂产品的不合格率不大于 3%.

例 8.6.5 在漂白工艺中，温度会对针织品的断裂强力有影响. 假定断裂强力服从正态分布，在两种不同温度下，分别进行了 8 次试验，测得断裂强力的数据如下：

70℃： 20.5 18.8 19.8 20.9 21.5 19.5 21.0 21.2

80℃： 17.7 20.3 20.0 18.8 19.0 20.1 20.2 19.1

判断这两种温度下的断裂强力有无明显差异？（取显著性水平 $\alpha=0.05$）

解 设 70℃时针织品的断裂强力为 X，$X\sim N(\mu_1,\sigma_1^2)$，80℃时针织品的断裂强力为 Y，$Y\sim N(\mu_2,\sigma_2^2)$.

判断这两种温度下的断裂强力有无明显差异，就是检验是否有 $\mu_1=\mu_2$，这里 σ_1^2 与 σ_2^2 未知，要作 $\mu_1=\mu_2$ 检验，需有 $\sigma_1^2=\sigma_2^2$，为此先

做 $\sigma_1^2=\sigma_2^2$ 的检验.

（1）建立假设

$$H_0:\sigma_1^2=\sigma_2^2,H_1:\sigma_1^2\neq\sigma_2^2.$$

由于 μ_1 与 μ_2 均未知,选取检验统计量

$$F=\frac{S_1^2}{S_2^2}\sim F(n_1-1,n_2-1).$$

对显著性水平 $\alpha=0.05$,查表得 $F_{\alpha/2}(n_1-1,n_2-1)=F_{0.025}(7,7)=4.99$,则

$$F_{1-\alpha/2}(n_1-1,n_2-1)=F_{0.975}(7,7)=\frac{1}{F_{0.025}(7,7)}=\frac{1}{4.99}\approx0.20.$$

由样本值计算得 $\bar{x}=20.4,s_1^2\approx0.8857,s_1\approx0.9411,\bar{y}=19.4,s_2^2\approx0.8286,s_2\approx0.9103$,所以

$$F_{观}=\frac{0.8857}{0.8286}\approx1.0689.$$

由于 $F_{0.975}(7,7)<F_{观}<F_{0.025}(7,7)$,未落入 H_0 的拒绝域,所以接受 H_0,即可以认为 $\sigma_1^2=\sigma_2^2$.

（2）建立假设

$$H_0:\mu_1=\mu_2,H_1:\mu_1\neq\mu_2.$$

由于 σ_1^2 与 σ_2^2 未知,选统计量

$$T=\frac{\bar{X}-\bar{Y}}{\sqrt{\frac{(n_1-1)S_1^2+(n_2-1)S_2^2}{n_1+n_2-2}}\sqrt{\frac{1}{n_1}+\frac{1}{n_2}}}\sim t(n_1+n_2-2).$$

对显著性水平 $\alpha=0.05$,查表得 $t_{\alpha/2}(n_1+n_2-2)=t_{0.025}(14)=2.1448$,则

$$|T_{观}|=\frac{|20.4-19.4|}{\sqrt{\frac{7\times0.8857+7\times0.8286}{14}}\sqrt{\frac{1}{8}+\frac{1}{8}}}\approx2.1602.$$

由于 $|T_{观}|>t_{0.025}(14)$ 落入 H_0 的拒绝域,所以拒绝 H_0,接受 H_1,即认为这两种温度下的断裂强力有明显差异.

第七节 实际案例

案例 母亲嗜酒是否影响下一代的健康

为研究嗜酒对下一代健康的影响,某医疗机构观察了母亲在妊娠时曾患慢性酒精中毒的 6 名七岁儿童(称为甲组).以母亲的年龄、文化程度及婚姻状况与前 6 名儿童的母亲相同或相近,但不饮酒的 46 名七岁儿童为对照组(称为乙组).测定两组儿童的智商,结果如下:

表 8.3   两组儿童的智商数据表

组别	人数 n	智商平均数 $\overline{X}$	样本标准差 s
甲组	6	78	19
乙组	46	99	16

由此结果推断母亲嗜酒是否影响下一代的智力,若有影响推断已影响的程度有多大?

分析与解答:智商一般受诸多因素的影响,从而可以假定两组儿童的智商服从正态分布

$$N(\mu_1,\sigma_1^2) \text{ 和 } N(\mu_2,\sigma_2^2).$$

本问题实际是检验甲组总体的均值 μ_1 是否比乙组总体的均值 μ_2 偏小? 若是,这个差异范围有多大? 前一问题属于假设检验,后一问题属于区间估计.

由于两个总体的方差未知,而甲组的样本容量较小,因此采用大样本下两总体均值比较的 U 检验法似乎不妥.对于第一个问题,采用方差相等(但未知)时,两正态总体均值比较的 t 检验法较为合适.为此,利用样本先检验两总体方差是否相等,即检验假设

$$H_0:\sigma_1^2=\sigma_2^2,H_1:\sigma_1^2\neq\sigma_2^2.$$

当 H_0 为真时,检验统计量

$$F=\frac{S_1^2}{S_2^2}\sim F(5,45)$$

的拒绝域为

$$F\leqslant F_{1-\alpha/2}(5,45) \text{ 或 } F\geqslant F_{\alpha/2}(5,45),$$

取 $\alpha=0.1$,查表得 $F_{1-\alpha/2}(5,45)=F_{0.95}(5,45)=\dfrac{1}{F_{0.05}(45,5)}=0.22$,

$F_{\alpha/2}(5,45)=F_{0.05}(5,45)=2.43$,而 F 的观测值为 $F_{观}=\dfrac{19^2}{16^2}\approx$

1.4101,则有 $F_{0.95}(5,45)<F_{观}<F_{0.05}(5,45)$,未落入拒绝域,故接受 H_0,即可认为两总体的方差相等.

下面用 t 检验法检验 μ_1 是否比 μ_2 显著偏小? 即检验假设

$$H_0:\mu_1=\mu_2,H_1:\mu_1<\mu_2.$$

当 H_0 为真时,检验统计量

$$T=\frac{\overline{X}_1-\overline{X}_2}{S_w\sqrt{\dfrac{1}{n_1}+\dfrac{1}{n_2}}}\sim t(n_1+n_2-2),$$

其中 $S_w^2=\dfrac{(n_1-1)S_1^2+(n_2-1)S_2^2}{n_1+n_2-2}$.取 $\alpha=0.01$,将 $s_1^2=19,s_2^2=16,n_1=6$,

$n_2=46,\overline{x}_1=78,\overline{x}_2=99$ 代入得 T 的观测值 $T_{观}\approx-11.9834$,由于 $T_{观}<-t_{0.01}(50)$ 落入拒绝域,故拒绝 H_0.即认为母亲嗜酒会对儿童智

力发育产生不良影响.

　　下面继续考察这种不良影响的程度.为此要对两总体均值差进行区间估计.

　　$\mu_2 - \mu_1$ 的置信水平为 $1-\alpha$ 的置信区间为

$$\left((\overline{X}_2 - \overline{X}_1) \pm t_{\alpha/2}(n_1+n_2-2) \cdot S_w \sqrt{\frac{1}{n_1}+\frac{1}{n_2}} \right).$$

　　取 $\alpha = 0.01$,并代入相应数据可得

$$t_{0.005}(50) = 2.6778, S_w \sqrt{\frac{1}{n_1}+\frac{1}{n_2}} = 1.7524,$$

于是置信水平为 99% 的置信区间为

　　$((99-78)\pm1.7524\times2.6778) = (21\pm4.6926) = (16.3074, 25.6926).$

　　由此可断言:在 99% 的置信水平下,嗜酒母亲所生孩子在七岁时自己智商比不饮酒的母亲所生孩子在七岁时的智商平均低 16.3074 到 25.6926.

　　注:读者可能已经注意到在解决问题的过程中,两次假设检验所取的显著性水平不同.在检验方差相等时,取 $\alpha = 0.1$;在检验均值是否相等时取 $\alpha = 0.01$.前者远比后者大,为什么要这样取呢? 因为检验的结果与检验的显著性水平 α 有关.α 取得小,则拒绝域也会小,产生的后果使原假设 H_0 难以被拒绝.因此,限制显著性水平的原则体现了"保护原假设"的原则.

　　在 α 较大时,若能接受 H_0,说明 H_0 为真的依据很充足;同理,在 α 很小时,我们仍然拒绝 H_0,说明 H_0 不真的理由就更充足.在本例中,对 $\alpha = 0.1$,仍得出 $\sigma_1^2 = \sigma_2^2$ 可被接受及对 $\alpha = 0.01$,$\mu_1 = \mu_2$ 可被拒绝的结论,说明在所给数据下,得出相应的结论有很充足的理由.

　　另外在区间估计中,取较大的置信水平(即较小的 $\alpha = 0.01$),从而使得区间估计的范围较大.反之,取较小的置信水平能够减少估计区间的长度(使置信区间更精确),但置信区间的可靠度会降低,从而要冒更大的风险.

习题八:基础达标题

一、填空题

　　1. 对总体 $X \sim f(x;\theta)$ 的未知参数 θ 的有关命题进行检验,属于_____问题.

　　2. 小概率原理是指_____.

　　3. 设 $X \sim N(\mu,\sigma^2)$,当 σ^2 已知时,检验 $H_0:\mu=\mu_0$,用_____检验法,选用的检验统计量_____,当 H_0 成立时,统计量服从_____分布;当 σ^2 未知时用_____检验法,选用的统计量是_____;当 H_0 为真

习题八:
基础达标题解答

时,统计量服从_____分布.

4. 根据过去大量资料,某厂生产的灯泡的使用寿命服从正态分布 $N(1020,100^2)$.现从最近生产的一批产品中随机抽取 16 只进行检测,由此能否判断这批产品的使用寿命有显著性的变化.该假设 H_0:_____;H_1:_____.选用的检验统计量是_____.

二、选择题

1. 对正态总体方差的假设检验用的是(   ).

A. U 检验法　　　B. t 检验法　　　C. χ^2 检验法　　　D. F 检验法

2. 设 $X_1,X_2,\cdots,X_n$ 是来自正态总体 $N(\mu,\sigma^2)$ (σ^2 已知)的样本,按给定的显著性水平 α 检验 $H_0:\mu=\mu_0,H_1:\mu\neq\mu_0$ 时,判断是否接受 H_0 与(   ).

A. 样本值,显著性水平 α　　　　　　B. 样本值,样本容量 n

C. 样本容量 n,显著性水平 α　　　　D. 样本值,样本容量 n,显著性水平 α

3. 在假设检验中,显著性水平 α 表示(   ).

A. $P($接受 $H_0\,|\,H_0$ 为假$)=\alpha$　　　　B. $P($拒绝 $H_0\,|\,H_0$ 为真$)=\alpha$

C. $P($接受 $H_0\,|\,H_0$ 为真$)=\alpha$　　　　D. $P($拒绝 $H_0\,|\,H_0$ 为假$)=\alpha$

4. 在假设检验中,β 表示犯第二类错误的概率,且 H_0 和 H_1 分别为原假设和备择假设,则 $\beta=($ $)$.

A. $P($接受 $H_0\,|\,H_0$ 为假$)$　　　　　　B. $P($拒绝 $H_0\,|\,H_0$ 为真$)$

C. $P($接受 $H_0\,|\,H_0$ 为真$)$　　　　　　D. $P($拒绝 $H_0\,|\,H_0$ 为假$)$

5. 对于 μ 未知的正态总体 $N(\mu,\sigma^2)$ 的假设检验问题 $H_0:\sigma^2=\sigma_0^2,H_1:\sigma^2\neq\sigma_0^2$,记检验统计量 $\chi^2=\dfrac{(n-1)S^2}{\sigma_0^2}$,取显著性水平 $\alpha=0.05$,则其拒绝域为(   ).

A. $\chi^2>\chi_{1-\alpha/2}^2(n)$ 或 $\chi^2<\chi_{\alpha/2}^2(n)$　　B. $\chi^2<\chi_{1-\alpha/2}^2(n)$ 或 $\chi^2>\chi_{\alpha/2}^2(n)$

C. $\chi^2>\chi_{1-\alpha/2}^2(n-1)$ 或 $\chi^2<\chi_{\alpha/2}^2(n-1)$　D. $\chi^2<\chi_{1-\alpha/2}^2(n-1)$ 或 $\chi^2>\chi_{\alpha/2}^2(n-1)$

6. 对正态总体的方差 σ^2 进行假设检验,如果在显著性水平 $\alpha=0.05$ 下,接受 $H_0:\sigma^2=\sigma_0^2$,那么在 $\alpha=0.01$ 下,下列结论正确的是(   ).

A. 必接受 H_0　　　　　　　　　　　　B. 可能接受,也可能拒绝 H_0

C. 必拒绝 H_0　　　　　　　　　　　　D. 不接受,也不拒绝 H_0

三、解答题

1. 某厂的切割机在正常工作时,切割钢筋的长度服从正态分布 $N(100,2^2)$,从该切割机切割的一批产品中随机地抽取 15 根,测得长度(以 mm 计)如下:

97　100　98　102　100　96　102　95　104　97　101　99　103　99　101

(1) 若已知总体方差不变,检验该切割机是否正常工作,即总体均值是否等于 100(mm);(2) 若不能确定总体方差是否变化,检验总体均值是否等于 100(mm).(取显著性水平 $\alpha=0.05$)

2. 随机抽取 16 名成年男性,测量他们的身高数据,其中平均身高为 174cm,标准差为 10cm.假定成年男性的身高服从正态分布,检验"成年男性的平均身高是 175cm"这一命题是否成立?(取显著性水平 $\alpha=0.05$)

3. 某砖厂生产的砖的抗断强度 X 服从正态分布 $N(\mu,1.1^2)$,现随机地从这批产品中抽取 6 块,测得抗断强度数据如下:

29.86　31.74　31.05　30.15　32.66　32.88

试检验这批砖的平均抗断强度是否为 32.50?(取显著性水平 $\alpha=0.05$)

4. 某供货商声称他们提供的某批金属线的质量非常稳定,其抗拉强度的方差为 9. 为了检测抗拉强度,在该批金属线中随机地抽取 10 根,测得样本的标准差 $s=4.5$(kg),设该批金属线抗拉强度服从正态分布 $N(\mu,\sigma^2)$,问:是否可以相信该供货商的说法?(取显著性水平 $\alpha=0.05$)

5. 某厂用自动包装机包装白糖,现从某天生产的白糖中随机抽取 10 袋,测得质量(单位:g)数据如下:

  489 502 503 495 510 492 506 497 512 505

包装机包装出的白糖质量服从正态分布 $X\sim N(\mu,\sigma^2)$,在(1)已知 $\mu=500$;(2)μ 未知的情形下,检验各袋质量的标准差是否为 5g.(取显著性水平 $\alpha=0.05$)

6. 甲、乙两车间生产罐头食品,由长期累积的资料可知,生产罐头食品的水分活性均服从正态分布且方差相等,现各取 15 罐,测得水分活性平均值分别为 0.811 和 0.862,标准差分别为 0.142 和 0.105. 问:甲、乙两车间生产的罐头食品的水分活性均值有无显著性差异?(取显著性水平 $\alpha=0.05$)

7. 为了提高振动板的硬度,设两种淬火温度下振动板的硬度都服从正态分布 $X\sim N(\mu_1,\sigma_1^2)$,$Y\sim N(\mu_2,\sigma_2^2)$,热处理车间选择两种淬火温度 T_1 和 T_2 进行试验,测得振动板的硬度数据如下:

  T_1:86.0 85.9 85.7 85.4 85.8 85.5 85.9 85.7
  T_2:85.7 86.0 86.2 86.3 86.5 85.7 85.8 85.8

问:(1)两种淬火温度下振动板硬度的方差是否有显著性差异?(2)两种淬火温度对振动板的硬度均值是否有显著性影响?(取显著性水平 $\alpha=0.05$)

习题八:综合提高题

习题八:
综合提高题解答

1. 葡萄酒中除了水和酒精外,占比最多的就是甘油.甘油是酵母发酵的副产品,它有助于提升葡萄酒的口感和质地,因而经常需要对葡萄酒中的甘油含量进行检测.假设某品牌葡萄酒的甘油含量 X(mg/mL)服从正态分布 $N(4,\sigma^2)$,现随机抽查 5 个样品,测得它们的甘油含量分别为

    3.81 4.14 4.62 2.67 3.83

试问:是否有理由认为该品牌葡萄酒的平均甘油含量有显著性降低?(取显著性水平 $\alpha=0.05$)

2. 某厂生产的金属丝的抗拉强度服从正态分布 $N(10560,\sigma^2)$,现在改善工艺后生产了一批金属丝,随机地抽取 10 根样品进行抗拉强度的测试,测得抗拉强度的结果如下:

 10650 10710 10510 10780 10670 10560 10550 10620 10670 10580

检验这批金属丝的抗拉强度的均值是否有所提高?(取显著性水平 $\alpha=0.05$)

3. 某厂生产某种高频管,其中一项指标服从正态分布 $N(\mu,\sigma^2)$.从该厂生产的一批高频管中抽取 8 个,测得该项指标的数据如下:

    70 56 55 60 72 68 43 65

试问:(1)若已知 $\mu=60$,检验假设 $H_0:\sigma^2\leqslant 49$;$H_1:\sigma^2>49$;(2)若未知 μ,检验假设 $H_0:\sigma^2\leqslant 49$;$H_1:\sigma^2>49$.(取显著性水平 $\alpha=0.05$)

4. 某种溶液中要求水的标准差低于 0.04%,现取 10 个测定值,求得样本均值 $\bar{x}=0.452\%$,样本标准差 $s=0.037\%$,设被测总体 $X\sim N(\mu,\sigma^2)$,问这种溶

液中水的含量是否合乎标准?(取显著性水平 $\alpha = 0.05$)

5. 用两种方法研究冰的潜热,样本都取自$-0.72℃$的冰.用方法 A 做,取样本容量 $n_1 = 13$,用方法 B 做,取样本容量 $n_2 = 8$,测量每克冰从$-0.72℃$变$0℃$的水,其中热量的变化数据如下:

方法 A:80.02   80.03   80.04   80.02   79.98   80.04   79.97   80.00
            80.02   80.03   80.05   80.04   80.03

方法 B:79.98   79.97   79.95   79.97   80.03   79.94   80.02   7.97

假设两种方法测得的数据总体都服从正态分布.试问:(1)两种方法测量总体的方差是否相等?(2)两种方法测量总体的均值是否相等?(取显著性水平 $\alpha = 0.05$)

第九章

方差分析

方差分析是英国统计学家费希尔(Fisher)于 20 世纪 20 年代提出的一种统计方法,它有着非常广泛的应用.具体来说,在生产实践和科学研究中,经常要研究生产条件或试验条件的改变对产品的质量和产量有无影响.如在农业生产中,需要考虑品种、施肥量、种植密度等因素对农作物收获量的影响;又如某产品在不同的地区、不同的时期,采用不同的销售方式,其销售量是否有差异.在诸影响因素中哪些因素是主要的,哪些因素是次要的,以及主要因素处于何种状态时,才能使农作物的产量或产品的销售量达到一个较高的水平,这就是方差分析所要解决的问题.本章主要介绍单因素方差分析和双因素方差分析的基本理论.

概率统计学者
罗纳德·费希尔

第一节　单因素方差分析

例 9.1.1　考察甲、乙、丙、丁四个家庭的子女的身高,已知每个家庭均有 5 个成年子女,其身高数据如表 9.1 所示.试分析不同家庭的成年子女的身高有无显著差别.

表 9.1　四个家庭的成年子女的身高　　（单位:cm）

子女编号	甲	乙	丙	丁
1	170	170	165	158
2	175	163	171	156
3	177	167	167	164
4	180	165	172	161
5	182	174	160	168

欲检验不同家庭的成年子女的身高有无显著差别,家庭称为因素(或因子),成年子女的身高称为试验指标.用 A 表示家庭因素,则 A 有四个水平:甲、乙、丙和丁,也可用 A_1,A_2,A_3,A_4 表示.很显然,因素 A 的第 i 个水平 $A_i(i=1,2,3,4)$ 所对应的 5 个成年子女的身高是来自同一个总体的样本,这里就有 4 个总体和 4 个独立的样本,通常假定这些总体服从方差相同的正态分布.记 μ_1,μ_2,μ_3,μ_4 分别

表示 4 个总体的总体均值,则分析不同家庭的成年子女的身高有无显著差别就相当于做如下假设检验.

$$H_0:\mu_1=\mu_2=\mu_3=\mu_4, H_1:\mu_1,\mu_2,\mu_3,\mu_4 \text{不全相等}.$$

检验上述假设通常所采用的方法就是单因素方差分析.

一、单因素方差分析的基本原理

由表 9.1 可知 4 个家庭的 20 个成年子女的身高是存在差异的,数据间的差异可分解为系统偏差和随机误差,来自不同总体样本数据之间的差异称为**系统偏差**(又称为组间偏差),来自同一总体样本数据之间的差异称为**随机误差**(又称为组内偏差).从表 9.1 可以看出,同一个家庭的 5 个子女的身高是不一样的,这种差异为随机误差;不同家庭的成年子女的身高也是不一样的,这种差异为系统偏差.

利用表 9.1 中数据作分组箱线图,如图 9.1 所示.若原假设 H_0 成立,所有子女的身高应该处于同一水平,即图 9.1 中总平均线高度,而实际上受家庭因素和其他随机因素影响,20 个子女的身高是不全相同的.假设第 i 个家庭的第 j 个子女的身高为 $x_{ij}, i=1,\cdots,4$, $j=1,\cdots,5$,第 i 个家庭的 5 个子女的平均身高记为 $\bar{x}_i$,所有子女的总平均身高记为 $\bar{x}$,则

$$x_{ij}-\bar{x}=(x_{ij}-\bar{x}_i)+(\bar{x}_i-\bar{x}). \tag{9.1}$$

式(9.1)左端表示单个子女的身高与总平均身高的差异,可理解为单个样本数据的总离差.式(9.1)右端被拆分为两项,其中 $x_{ij}-\bar{x}_i$ 为组内偏差,$\bar{x}_i-\bar{x}$ 为组间偏差.

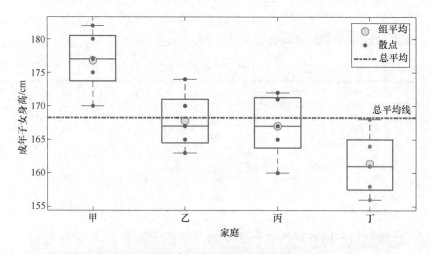

图 9.1 四个家庭的成年子女身高的分组箱线图

单因素方差分析就是将样本数据的总离差平方和分解为两部分,一部分为系统因素所造成的离差平方和,称为组间离差平方和,另一部分为随机因素所造成的离差平方和,称为组内离差平方和,然后根据这两个平方和构造检验统计量,推导统计量所服从的分

布,最后确定检验的拒绝域.

二、 单因素方差分析的数学模型

这里将例 9.1.1 进行抽象,给出单因素方差分析的数学模型.设因素 A 有 k 个水平 $A_1,A_2,\cdots,A_k$,对应试验指标 X 的 k 个总体,记为 $X_1,X_2,\cdots,X_k$,它们的分布为

$$X_i \sim N(\mu_i,\sigma^2), \quad i=1,2,\cdots,k.$$

现从这 k 个总体中各自独立地抽取一个简单随机样本,取自总体 X_i 的样本记为 $X_{i1},X_{i2},\cdots,X_{in_i}, i=1,2,\cdots,k$,列于表 9.2.

表 9.2 k 个总体的样本

组别	样本	样本均值	样本方差
A_1	$X_{11},X_{12},\cdots,X_{1n_1}$	$\overline{X}_1$	S_1^2
A_2	$X_{21},X_{22},\cdots,X_{2n_2}$	$\overline{X}_2$	S_2^2
$\vdots$	$\vdots$	$\vdots$	$\vdots$
A_k	$X_{k1},X_{k2},\cdots,X_{kn_k}$	$\overline{X}_k$	S_k^2

其中

$$\overline{X}_i = \frac{1}{n_i}\sum_{j=1}^{n_i} X_{ij}, \quad S_i^2 = \frac{1}{n_i-1}\sum_{j=1}^{n_i}(X_{ij}-\overline{X}_i)^2, \quad i=1,2,\cdots,k. \tag{9.2}$$

单因素方差分析的数学模型为

$$\begin{cases} X_{ij}=\mu_i+\varepsilon_{ij}, \\ \varepsilon_{ij} \overset{\text{i. i. d.}}{\sim} N(0,\sigma^2), \end{cases} i=1,2,\cdots,k;j=1,2,\cdots,n_i, \tag{9.3}$$

其中 i. i. d.(independent identically distributed)表示独立同分布.欲检验因素 A 对试验指标有无显著影响,相当于检验

$$H_0:\mu_1=\mu_2=\cdots=\mu_k, H_1:\mu_1,\mu_2,\cdots,\mu_k \text{ 不全相等}, \tag{9.4}$$

原假设 H_0 成立表示因素 A 对试验指标无显著影响.令

$$\mu=\frac{1}{k}\sum_{i=1}^k \mu_i, \alpha_i=\mu_i-\mu, i=1,2,\cdots,k,$$

则式(9.3)可改写为

$$\begin{cases} X_{ij}=\mu+\alpha_i+\varepsilon_{ij}, \\ \varepsilon_{ij} \overset{\text{i. i. d}}{\sim} N(0,\sigma^2), \\ \alpha_1+\alpha_2+\cdots+\alpha_k=0, \end{cases} i=1,\cdots,k;j=1,\cdots,n_i. \tag{9.5}$$

式(9.4)等价于

$$H_0:\alpha_1=\alpha_2=\cdots=\alpha_k=0, H_1:\alpha_1,\alpha_2,\cdots,\alpha_k \text{ 不全为 0}.$$

这里的 $\alpha_i, i=1,2,\cdots,k$ 表示由因素 A 的第 i 个水平 A_i 所造成的偏离总均值的增量,称为因素 A 的第 i 个水平的效应,可以看作 A_i 对总平均 μ 的"贡献"大小.若 $\alpha_i>0$,称 A_i 的效应为正;若 $\alpha_i<0$,称 A_i

的效应为负.

三、 离差平方和及自由度的分解

由式(9.5)可知

$$X_{ij}-\mu=\alpha_i+\varepsilon_{ij}=(\mu_i-\mu)+(X_{ij}-\mu_i), i=1,\cdots,k; j=1,\cdots,n_i. \quad (9.6)$$

式(9.6)左边表示每一个样本观测数据与理论总均值的总离差,这个总离差被分解为两部分,其中 α_i 表示由因素 A 的不同水平所造成的系统偏差, ε_{ij} 表示随机误差.令

$$n=\sum_{i=1}^{k}n_i, \overline{X}=\frac{1}{n}\sum_{i=1}^{k}\sum_{j=1}^{n_i}X_{ij}=\frac{1}{n}\sum_{i=1}^{k}n_i\overline{X}_i, \quad (9.7)$$

用 $\overline{X}$ 作为 μ 的估计, $\overline{X}_i$ 作为 μ_i 的估计, $\overline{X}_i-\overline{X}$ 作为 α_i 的估计, $X_{ij}-\overline{X}_i$ 作为 ε_{ij} 的估计,则式(9.5)变为

$$X_{ij}-\overline{X}=\overline{X}_i-\overline{X}+X_{ij}-\overline{X}_i, i=1,\cdots,k; j=1,\cdots,n_i. \quad (9.8)$$

记 SS_T 为样本数据的总离差平方和,即

$$SS_T=\sum_{i=1}^{k}\sum_{j=1}^{n_i}(X_{ij}-\overline{X})^2. \quad (9.9)$$

结合式(9.8)将 SS_T 分解如下:

$$SS_T=\sum_{i=1}^{k}\sum_{j=1}^{n_i}(\overline{X}_i-\overline{X}+X_{ij}-\overline{X}_i)^2$$

$$=\sum_{i=1}^{k}\sum_{j=1}^{n_i}(\overline{X}_i-\overline{X})^2+\sum_{i=1}^{k}\sum_{j=1}^{n_i}(X_{ij}-\overline{X}_i)^2+2\sum_{i=1}^{k}\sum_{j=1}^{n_i}(\overline{X}_i-\overline{X})(X_{ij}-\overline{X}_i).$$

由于

$$\sum_{i=1}^{k}\sum_{j=1}^{n_i}(\overline{X}_i-\overline{X})^2=\sum_{i=1}^{k}n_i(\overline{X}_i-\overline{X})^2,$$

$$\sum_{i=1}^{k}\sum_{j=1}^{n_i}(\overline{X}_i-\overline{X})(X_{ij}-\overline{X}_i)=\sum_{i=1}^{k}(\overline{X}_i-\overline{X})\sum_{j=1}^{n_i}(X_{ij}-\overline{X}_i)$$

$$=\sum_{i=1}^{k}(\overline{X}_i-\overline{X})(n_i\overline{X}_i-n_i\overline{X}_i)=0,$$

所以

$$SS_T=\sum_{i=1}^{k}n_i(\overline{X}_i-\overline{X})^2+\sum_{i=1}^{k}\sum_{j=1}^{n_i}(X_{ij}-\overline{X}_i)^2=SS_A+SS_E, \quad (9.10)$$

其中

$$SS_A=\sum_{i=1}^{k}n_i(\overline{X}_i-\overline{X})^2, \quad (9.11)$$

$$SS_E=\sum_{i=1}^{k}\sum_{j=1}^{n_i}(X_{ij}-\overline{X}_i)^2=\sum_{i=1}^{k}(n_i-1)S_i^2. \quad (9.12)$$

可以看出, SS_A 为因素 A 所造成的离差平方和,称为组间离差平方和, SS_E 为随机因素所造成的离差平方和,称为组内离差平方和.

为了构造检验统计量并推导其分布,引入如下定理.

定理 9.1.1 在以上记号下,对于模型式(9.5),有以下结论成立.

(1) $\dfrac{SS_E}{\sigma^2} \sim \chi^2(n-k)$,且 SS_E 与 SS_A 相互独立;

(2) 原假设 H_0 成立时,$\dfrac{SS_A}{\sigma^2} \sim \chi^2(k-1)$,$\dfrac{SS_T}{\sigma^2} \sim \chi^2(n-1)$.

对于式(9.4)的假设检验,构造检验统计量

$$F = \frac{SS_A/(k-1)}{SS_E/(n-k)} = \frac{MS_A}{MS_E}, \tag{9.13}$$

其中 $MS_A = SS_A/(k-1)$ 称为组间均方离差平方和,$MS_E = SS_E/(n-k)$ 称为组内均方离差平方和.由定理 9.1.1 可知,当原假设 H_0 成立时,

$$F = \frac{SS_A/(k-1)}{SS_E/(n-k)} = \frac{MS_A}{MS_E} \sim F(k-1, n-k).$$

我们直观上可以看出,当统计量 F 的观测值 $F_{观}$ 大于某个临界值时,应拒绝原假设 H_0,所以对于给定的显著性水平 α,检验的拒绝域为

$$W = \{F > F_\alpha(k-1, n-k)\},$$

其中 $F_\alpha(k-1, n-k)$ 为 $F(k-1, n-k)$ 分布的上 α 分位数.

四、 单因素方差分析表

根据以上过程列出单因素方差分析表,见表 9.3.

表 9.3 单因素方差分析表

方差来源	平方和	自由度	均方	F 观测值	临界值
组间	SS_A	$k-1$	$MS_A = \dfrac{SS_A}{k-1}$	$F_{观} = \dfrac{MS_A}{MS_E}$	$F_\alpha(k-1, n-k)$
组内	SS_E	$n-k$	$MS_E = \dfrac{SS_E}{n-k}$		
总计	SS_T	$n-1$			

当 $F_{观} > F_\alpha(k-1, n-k)$ 时,应拒绝原假设 H_0,认为因素 A 对试验指标有显著影响.也可将表 9.3 最后一列的临界值换成检验的 p 值,其定义为 $p = P\{F > F_{观}\}$.对于给定的显著性水平 α,当 $p < \alpha$ 时,应拒绝原假设 H_0,认为因素 A 对试验指标有显著影响,并且 p 值越小,显著性越强;当 $p > \alpha$ 时,应接受原假设 H_0,认为因素 A 对试验指标无显著影响;当 $p = \alpha$,即 $F_{观} = F_\alpha(k-1, n-k)$ 时,为慎重起见,可增加样本容量,重新进行抽样检验.

例 9.1.2 考察甲、乙、丙、丁四个家庭的子女的身高,已知每个家庭均有 5 个成年的子女,其身高数据如表 9.1 所列.试分析不

同家庭的成年子女的身高有无显著差别.(取显著性水平 $\alpha = 0.05$)

解 利用表 9.1 中数据,并结合式(9.2)、式(9.7)和式(9.9)~式(9.12)计算得

$$\bar{x}_1 = 176.8, \bar{x}_2 = 167.8, \bar{x}_3 = 167.0, \bar{x}_4 = 161.4,$$
$$SS_T = 955.75, SS_A = 608.95, SS_E = 346.8.$$

SS_A、SS_E 和 SS_T 的自由度分别为 3、16 和 19,从而可得各均方分别为

$$MS_A = \frac{608.95}{3} \approx 202.9833, MS_E = \frac{346.8}{16} = 21.675.$$

由式(9.13)计算得

$$F_{观} = \frac{202.9833}{21.675} \approx 9.3649.$$

于是可得单因素方差分析表,见表 9.4.

表 9.4 例 9.1.2 的方差分析表

方差来源	平方和	自由度	均方	F 观测值	临界值
组间	608.95	3	202.9833	9.3649	$F_{0.05}(3,16) = 3.24$
组内	346.8	16	21.675		
总计	955.75	19			

由方差分析表可知 $F_{观} \approx 9.3649 > F_{0.05}(3,16) = 3.24$,故认为不同家庭的成年子女的身高有显著差别.

第二节 双因素方差分析

在例 9.1.1 中,我们只考虑了家庭因素对成年子女身高的影响,若还考虑地域因素对成年子女身高的影响,这就是一个双因素方差分析问题,本节介绍双因素试验的方差分析.

一、双因素方差分析的基本原理

假设试验指标 X 同时受到因素 A 和 B 的影响,如果 A 和 B 对 X 的影响是相互独立的,此时的双因素方差分析称为**无交互作用的双因素方差分析**;如果除了 A 和 B 对试验结果的单独影响外,因素 A 和因素 B 的搭配还会对 X 产生一种新的影响,这时的双因素方差分析称为**有交互作用的双因素方差分析**.

如图 9.2 所示,对于无交互作用的双因素方差分析,若因素 A 和 B 对试验指标 X 的影响均不显著,则所有样本观测数据应该处于同一水平,即图 9.2 中总平均线高度,而实际上受因素 A 和 B 的影响,样本观测数据并不完全相同.每个样本观测值偏离总均值的总离差被分解为总系统偏差和随机误差,而总系统偏差又被分解为因素 A 的效应(即增量)和因素 B 的效应,即

样本观测值−总均值=因素 A 的效应+因素 B 的效应+随机误差.

无交互作用的双因素方差分析就是将样本数据的总离差平方和分解为三部分:系统因素 A 所造成的离差平方和,系统因素 B 所造成的离差平方和,以及随机因素所造成的离差平方和,然后根据这三个平方和构造检验统计量,推导统计量所服从的分布,最后确定检验的拒绝域.

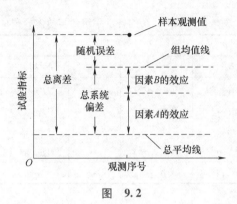

图　9.2

如图 9.3 所示,对于有交互作用的双因素方差分析,若因素 A,B 及其交互作用对试验指标 X 的影响均不显著,则所有样本观测数据应该处于同一水平,即图 9.3 中总平均线高度,而实际上受因素 A,B 及其交互作用的影响,样本观测数据并不完全相同.每个样本观测值偏离总均值的总离差被分解为总系统偏差和随机误差,而总系统偏差又被分解为因素 A 的效应(即增量)、因素 B 的效应和两者的交互效应,即

样本观测值−总均值=A 的效应+B 的效应+A,B 的交互效应+随机误差.

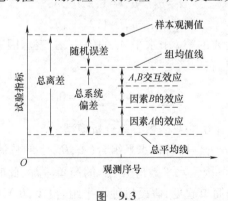

图　9.3

有交互作用的双因素方差分析就是将样本数据的总离差平方和分解为四部分:系统因素 A 所造成的离差平方和,系统因素 B 所造成的离差平方和,A,B 的交互作用所造成的离差平方和,以及随机因素所造成的离差平方和,然后根据这四个平方和构造检验统计量,推导统计量所服从的分布,最后确定检验的拒绝域.

二、双因素方差分析的数学模型

假设因素 A 有 a 个不同的水平 $A_1,A_2,\cdots,A_a$,因素 B 有 b 个不同的水平 $B_1,B_2,\cdots,B_b$,每种水平组合 (A_i,B_j) 下的试验结果看作取自正态总体 $N(\mu_{ij},\sigma^2)$ 的一个样本,各水平组合与总体分布见表 9.5 所列.

表 9.5　因素 A,B 的各水平组合与总体分布

A	B				
	B_1	B_2	$\cdots$	B_b	$\mu_i.$
A_1	$N(\mu_{11},\sigma^2)$	$N(\mu_{12},\sigma^2)$	$\cdots$	$N(\mu_{1b},\sigma^2)$	$\mu_1.$
A_2	$N(\mu_{21},\sigma^2)$	$N(\mu_{22},\sigma^2)$	$\cdots$	$N(\mu_{2b},\sigma^2)$	$\mu_2.$
$\vdots$	$\vdots$	$\vdots$		$\vdots$	$\vdots$
A_a	$N(\mu_{a1},\sigma^2)$	$N(\mu_{a2},\sigma^2)$	$\cdots$	$N(\mu_{ab},\sigma^2)$	$\mu_a.$
$\mu._j$	$\mu._1$	$\mu._2$	$\cdots$	$\mu._b$	μ

其中

$$\mu_i.=\frac{1}{b}\sum_{j=1}^{b}\mu_{ij},i=1,2,\cdots,a,$$

$$\mu._j=\frac{1}{a}\sum_{i=1}^{a}\mu_{ij},j=1,2,\cdots,b,$$

$$\mu=\frac{1}{ab}\sum_{i=1}^{a}\sum_{j=1}^{b}\mu_{ij}=\frac{1}{a}\sum_{i=1}^{a}\mu_i.=\frac{1}{b}\sum_{j=1}^{b}\mu._j.$$

令

$$\alpha_i=\mu_i.-\mu,i=1,2,\cdots,a,$$
$$\beta_j=\mu._j-\mu,j=1,2,\cdots,b,$$

则 α_i 表示因素 A 的第 i 个水平 A_i 的效应,β_j 表示因素 B 的第 j 个水平 B_j 的效应,它们满足

$$\sum_{i=1}^{a}\alpha_i=0,\quad\sum_{j=1}^{b}\beta_j=0.$$

1. 无交互作用的双因素方差分析模型

若 $\mu_{ij}=\mu+\alpha_i+\beta_j$,即每种水平组合 (A_i,B_j) 下的总体均值 μ_{ij} 可看作总平均 μ 与各因素水平效应 α_i,β_j 的简单叠加,此时不考虑 A,B 的交互作用.为简单起见,假设每种水平组合 (A_i,B_j) 下只做一次独立试验(无重复试验),结果记为 X_{ij},试验误差为 ε_{ij},则

$$\begin{cases}X_{ij}=\mu+\alpha_i+\beta_j+\varepsilon_{ij},\\\varepsilon_{ij}\overset{\text{i.i.d.}}{\sim}N(0,\sigma^2),\\\sum_{i=1}^{a}\alpha_i=0,\sum_{j=1}^{b}\beta_j=0,\end{cases}\tag{9.14}$$

其中 $i=1,2,\cdots,a;j=1,2,\cdots,b$.式 (9.14) 称为无交互作用的双因素

方差分析模型.

2. 有交互作用的双因素方差分析模型

若 $\mu_{ij} \neq \mu + \alpha_i + \beta_j$,记

$$\gamma_{ij} = \mu_{ij} - \mu - \alpha_i - \beta_j = \mu_{ij} - \mu_{i\cdot} - \mu_{\cdot j} + \mu, i = 1,2,\cdots,a; j = 1,2,\cdots,b.$$

γ_{ij} 表示 A_i 和 B_j 对试验结果的某种联合影响,称为 A_i 和 B_j 的交互作用的效应,简称交互效应,它们满足

$$\sum_{i=1}^{a} \gamma_{ij} = 0, \sum_{j=1}^{b} \gamma_{ij} = 0, i = 1,2,\cdots,a; j = 1,2,\cdots,b.$$

为研究交互作用的影响是否显著,在 A,B 两因素的各种水平组合下需要做重复试验.为简单起见,假设在每种水平组合 (A_i, B_j) 下均做 $c(c \geqslant 2)$ 次试验(等重复试验),并假设所有的试验是相互独立的,所得试验结果记为

$$X_{ijk}, i = 1,2,\cdots,a; j = 1,2,\cdots,b; k = 1,2,\cdots,c.$$

每次试验误差记为 ε_{ijk},则

$$\begin{cases} X_{ijk} = \mu + \alpha_i + \beta_j + \gamma_{ij} + \varepsilon_{ijk}, \\ \varepsilon_{ijk} \overset{\text{i.i.d.}}{\sim} N(0, \sigma^2), \\ \sum_{i=1}^{a} \alpha_i = 0, \sum_{j=1}^{b} \beta_j = 0, \\ \sum_{i=1}^{a} \gamma_{ij} = 0, \sum_{j=1}^{b} \gamma_{ij} = 0, \end{cases} \tag{9.15}$$

其中 $i = 1,2,\cdots,a; j = 1,2,\cdots,b; k = 1,2,\cdots,c$.式(9.15)称为有交互作用的双因素方差分析模型.

注　对于双因素方差分析,若不考虑交互作用,在因素 A,B 的每种水平组合下只需做一次试验,即可进行后续的统计分析,当然也可以做重复试验.若考虑交互作用,在各水平组合下需要做重复试验,才可进行后续的统计分析.

三、 统计分析

1. 无交互作用的双因素方差分析

由式(9.14)可知,检验因素 A 对试验指标的影响是否显著,等价于检验假设

$$H_{0A}: \alpha_1 = \alpha_2 = \cdots = \alpha_a = 0, H_{1A}: \alpha_1, \alpha_2, \cdots, \alpha_a \text{不全为} 0, \tag{9.16}$$

原假设 H_{0A} 成立表示因素 A 对试验指标无显著影响.类似地,检验因素 B 对试验指标的影响是否显著,等价于检验假设

$$H_{0B}: \beta_1 = \beta_2 = \cdots = \beta_b = 0, H_{1B}: \beta_1, \beta_2, \cdots, \beta_b \text{不全为} 0, \tag{9.17}$$

原假设 H_{0B} 成立表示因素 B 对试验指标无显著影响.

（1）平方和分解

和单因素方差分析一样,用平方和分解的思想给出以上检验的统计量.假设每种水平组合 (A_i, B_j) 下只做一次独立试验,试验结果

X_{ij} 见表 9.6.

表 9.6   试验结果

A	B				
	B_1	B_2	$\cdots$	B_b	$\overline{X}_{i\cdot}$
A_1	X_{11}	X_{12}	$\cdots$	X_{1b}	$\overline{X}_{1\cdot}$
A_2	X_{21}	X_{22}	$\cdots$	X_{2b}	$\overline{X}_{2\cdot}$
$\vdots$	$\vdots$	$\vdots$		$\vdots$	$\vdots$
A_a	X_{a1}	X_{a2}	$\cdots$	X_{ab}	$\overline{X}_{a\cdot}$
$\overline{X}_{\cdot j}$	$\overline{X}_{\cdot 1}$	$\overline{X}_{\cdot 2}$	$\cdots$	$\overline{X}_{\cdot b}$	$\overline{X}$

其中

$$\overline{X}_{i\cdot} = \frac{1}{b}\sum_{j=1}^{b} X_{ij}, i=1,\cdots,a, \tag{9.18}$$

$$\overline{X}_{\cdot j} = \frac{1}{a}\sum_{j=1}^{a} X_{ij}, j=1,\cdots,b, \tag{9.19}$$

$$\overline{X} = \frac{1}{ab}\sum_{i=1}^{a}\sum_{j=1}^{b} X_{ij} = \frac{1}{a}\sum_{i=1}^{a}\overline{X}_{i\cdot} = \frac{1}{b}\sum_{j=1}^{b}\overline{X}_{\cdot j}. \tag{9.20}$$

由式(9.14)可知

$$X_{ij}-\mu = \alpha_i + \beta_j + \varepsilon_{ij}$$
$$= (\mu_{i\cdot}-\mu) + (\mu_{\cdot j}-\mu) + (X_{ij}-\mu_{i\cdot}-\mu_{\cdot j}+\mu),$$
$$i=1,2,\cdots,a; j=1,2,\cdots,b.$$

用 $\overline{X}$ 作为 μ 的估计, $\overline{X}_{i\cdot}$ 作为 $\mu_{i\cdot}$ 的估计, $\overline{X}_{\cdot j}$ 作为 $\mu_{\cdot j}$ 的估计,则有

$$X_{ij}-\overline{X} = (\overline{X}_{i\cdot}-\overline{X}) + (\overline{X}_{\cdot j}-\overline{X}) + (X_{ij}-\overline{X}_{i\cdot}-\overline{X}_{\cdot j}+\overline{X}),$$
$$i=1,2,\cdots,a; j=1,2,\cdots,b.$$

记 SS_T 为样本数据的总离差平方和,即

$$SS_T = \sum_{i=1}^{a}\sum_{j=1}^{b} (X_{ij}-\overline{X})^2. \tag{9.21}$$

将 SS_T 分解如下:

$$SS_T = \sum_{i=1}^{a}\sum_{j=1}^{b} \left[(\overline{X}_{i\cdot}-\overline{X}) + (\overline{X}_{\cdot j}-\overline{X}) + (X_{ij}-\overline{X}_{i\cdot}-\overline{X}_{\cdot j}+\overline{X}) \right]^2$$

$$= b\sum_{i=1}^{a} (\overline{X}_{i\cdot}-\overline{X})^2 + a\sum_{j=1}^{b} (\overline{X}_{\cdot j}-\overline{X})^2 + \sum_{i=1}^{a}\sum_{j=1}^{b} (X_{ij}-\overline{X}_{i\cdot}-\overline{X}_{\cdot j}+\overline{X})^2$$

$$= SS_A + SS_B + SS_E.$$

$$\tag{9.22}$$

读者可以证明,在上述平方和分解式中,所有交叉乘积的和项均为0.其中

$$SS_A = b\sum_{i=1}^{a} (\overline{X}_{i\cdot}-\overline{X})^2, \tag{9.23}$$

$$SS_B = a\sum_{j=1}^{b} (\overline{X}_{\cdot j}-\overline{X})^2, \tag{9.24}$$

$$SS_E = \sum_{i=1}^{a} \sum_{j=1}^{b} (X_{ij} - \overline{X}_{i\cdot} - \overline{X}_{\cdot j} + \overline{X})^2. \tag{9.25}$$

SS_A 为因素 A 所造成的离差平方和, SS_B 为因素 B 所造成的离差平方和, SS_E 为随机因素所造成的离差平方和. 关于这几个平方和, 有如下定理.

定理 9.2.1 在以上记号下, 对于模型, 有以下结论成立:

- $\dfrac{SS_E}{\sigma^2} \sim \chi^2((a-1)(b-1))$, 且 SS_A, SS_B 和 SS_E 相互独立;

- H_{0A} 成立时, $\dfrac{SS_A}{\sigma^2} \sim \chi^2(a-1)$;

- H_{0B} 成立时, $\dfrac{SS_B}{\sigma^2} \sim \chi^2(b-1)$;

- H_{0A} 和 H_{0B} 都成立时, $\dfrac{SS_T}{\sigma^2} \sim \chi^2(ab-1)$.

（2）检验的统计量和拒绝域

对于式（9.16）和式（9.17）的假设检验, 分别构造检验统计量

$$F_A = \frac{SS_A/(a-1)}{SS_E/((a-1)(b-1))} = \frac{MS_A}{MS_E}, \tag{9.26}$$

$$F_B = \frac{SS_B/(b-1)}{SS_E/((a-1)(b-1))} = \frac{MS_B}{MS_E}, \tag{9.27}$$

其中

$$MS_A = SS_A/(a-1), MS_B = SS_B/(b-1), MS_E = SS_E/((a-1)(b-1)),$$

则由定理 9.2.1 可知, 在原假设 H_{0A} 和 H_{0B} 分别成立时, 有

$$F_A \sim F(a-1, (a-1)(b-1)),$$
$$F_B \sim F(b-1, (a-1)(b-1)).$$

对于给定的显著性水平 α, H_{0A} 和 H_{0B} 对应的拒绝域分别为

$$W_A = \{F_A > F_\alpha(a-1, (a-1)(b-1))\},$$
$$W_B = \{F_B > F_\alpha(b-1, (a-1)(b-1))\}.$$

（3）无交互作用的双因素方差分析表

根据以上过程列出无交互作用的双因素方差分析表, 见表 9.7.

表 9.7 无交互作用的双因素方差分析表

方差来源	平方和	自由度	均方	F 观测值	临界值
因素 A	SS_A	$a-1$	MS_A	$F_{A观} = \dfrac{MS_A}{MS_E}$	$F_\alpha(a-1, (a-1)(b-1))$
因素 B	SS_B	$b-1$	MS_B	$F_{B观} = \dfrac{MS_B}{MS_E}$	$F_\alpha(b-1, (a-1)(b-1))$
误差	SS_E	$(a-1)(b-1)$	MS_E		
总计	SS_T	$ab-1$			

当 $F_{A观} > F_\alpha(a-1, (a-1)(b-1))$ 时,应拒绝原假设 H_{0A},认为因素 A 对试验指标有显著影响. 当 $F_{B观} > F_\alpha(b-1, (a-1)(b-1))$ 时,应拒绝原假设 H_{0B},认为因素 B 对试验指标有显著影响.

表 9.7 中最后一列的临界值可以分别替换为检验的 p 值,其定义为

$$p_A = P(F_A > F_{A观}), p_B = P(F_B > F_{B观}).$$

对于给定的显著性水平 α,当 $p_A < \alpha$ 时,应拒绝原假设 H_{0A};当 $p_B < \alpha$ 时,应拒绝原假设 H_{0B}.

例 9.2.1　某饮料生产企业研制出一种新型饮料.饮料的颜色共有四种,分别为橘黄色、粉色、绿色和无色透明.随机从五家超市收集了前一时期该饮料的销售量数据,见表 9.8.

表 9.8　饮料销售量数据

超市 A	颜色 B			
	橘黄色	粉色	绿色	无色透明
1	26.5	31.2	27.9	30.8
2	28.7	28.3	25.1	29.6
3	25.1	30.8	28.5	32.4
4	29.1	27.9	24.2	31.7
5	27.2	29.6	26.5	32.8

假设在超市和颜色的各种搭配下,销售量总体服从同方差的正态分布.试分析超市和饮料的颜色对饮料的销售量是否有显著影响.(取显著性水平 $\alpha = 0.05$)

解　由式(9.18)~式(9.20)计算各行、各列的样本均值及总均值得

$$\bar{x}_1. = 29.1, \bar{x}_2. = 27.925, \bar{x}_3. = 29.2, \bar{x}_4. = 28.225, \bar{x}_5. = 29.025,$$

$$\bar{x}._1 = 27.32, \bar{x}._2 = 29.56, \bar{x}._3 = 26.44, \bar{x}._4 = 31.46, \bar{x} = 28.695.$$

由式(9.21)~式(9.25)计算得

$$SS_T = 115.9295, SS_A = 5.367, SS_B = 76.8455, SS_E = 33.717.$$

SS_A、SS_B、SS_E 和 SS_T 的自由度分别为 4、3、12 和 19,从而可得各均方分别为

$$MS_A \approx 1.3418, MS_B \approx 25.6152, MS_E \approx 2.8098.$$

再由式(9.26)和式(9.27)计算得

$$F_{A观} = \frac{MS_A}{MS_E} = \frac{1.3418}{2.8098} \approx 0.4775, F_{B观} = \frac{MS_B}{MS_E} = \frac{25.6152}{2.8098} \approx 9.1164.$$

于是可得双因素方差分析表,见表 9.9.

表 9.9　例 9.2.1 的方差分析表

方差来源	平方和	自由度	均方	F 观测值	临界值
超市	5.367	4	1.3418	0.4775	$F_{0.05}(4,12) = 3.26$
颜色	76.8455	3	25.6152	9.1164	$F_{0.05}(3,12) = 3.49$

（续）

方差来源	平方和	自由度	均方	F 观测值	临界值
误差	33.717	12	2.8098		
总计	115.9295	19			

由方差分析表可知 $F_{A观} \approx 0.4775 < F_{0.05}(4,12) = 3.26$，$F_{B观} \approx 9.1164 > F_{0.05}(3,12) = 3.49$，故认为超市对饮料的销售量无显著影响，而饮料的颜色对饮料的销售量有显著影响.

2. 有交互作用的双因素方差分析

对于有交互作用的双因素方差分析,除了要检验式(9.16)和式(9.17)的假设外,还要检验假设

$$H_{0A\times B}: \gamma_{ij} = 0, H_{1A\times B}: 至少存在一个 \gamma_{ij} \neq 0,$$
$$i = 1, 2, \cdots, a; j = 1, 2, \cdots, b. \quad (9.28)$$

原假设 $H_{0A\times B}$ 成立表示因素 A 和 B 的交互作用对试验指标无显著影响.

（1）平方和分解

为检验这些假设,仍考虑平方和分解.假设在每种水平组合 (A_i, B_j) 下均做 $c(c \geq 2)$ 次试验,并假设所有的试验是相互独立的,试验结果 X_{ijk} 见表 9.10.

表 9.10 试验结果

A	B				
	B_1	B_2	$\cdots$	B_b	$\overline{X}_{i\cdot}$
A_1	$X_{111}, \cdots, X_{11c}$	$X_{121}, \cdots, X_{12c}$	$\cdots$	$X_{1b1}, \cdots, X_{1bc}$	$\overline{X}_{1\cdot}$
A_2	$X_{211}, \cdots, X_{21c}$	$X_{221}, \cdots, X_{22c}$	$\cdots$	$X_{2b1}, \cdots, X_{2bc}$	$\overline{X}_{2\cdot}$
$\vdots$	$\vdots$	$\vdots$		$\vdots$	$\vdots$
A_a	$X_{a11}, \cdots, X_{a1c}$	$X_{a21}, \cdots, X_{a2c}$	$\cdots$	$X_{ab1}, \cdots, X_{abc}$	$\overline{X}_{a\cdot}$
$\overline{X}_{\cdot j\cdot}$	$\overline{X}_{\cdot 1\cdot}$	$\overline{X}_{\cdot 2\cdot}$	$\cdots$	$\overline{X}_{\cdot b\cdot}$	$\overline{X}$

其中

$$\overline{X}_{ij\cdot} = \frac{1}{c} \sum_{k=1}^{c} X_{ijk}, \quad (9.29)$$

$$\overline{X}_{i\cdot\cdot} = \frac{1}{bc} \sum_{j=1}^{b} \sum_{k=1}^{c} X_{ijk} = \frac{1}{b} \sum_{j=1}^{b} \overline{X}_{ij\cdot}, \quad (9.30)$$

$$\overline{X}_{\cdot j\cdot} = \frac{1}{ac} \sum_{i=1}^{a} \sum_{k=1}^{c} X_{ijk} = \frac{1}{a} \sum_{i=1}^{a} \overline{X}_{ij\cdot}, \quad (9.31)$$

$$\overline{X} = \frac{1}{abc} \sum_{i=1}^{a} \sum_{j=1}^{b} \sum_{k=1}^{c} X_{ijk} = \frac{1}{a} \sum_{i=1}^{a} \overline{X}_{i\cdot\cdot} = \frac{1}{b} \sum_{j=1}^{b} \overline{X}_{\cdot j\cdot} \quad (9.32)$$

由式(9.15)可知

$$X_{ijk} - \mu = \alpha_i + \beta_j + \gamma_{ij} + \varepsilon_{ijk}$$
$$= (\mu_{i\cdot} - \mu) + (\mu_{\cdot j} - \mu) + (\mu_{ij} - \mu_{i\cdot} - \mu_{\cdot j} + \mu) + (X_{ijk} - \mu_{ij}),$$

其中 $i=1,2,\cdots,a;j=1,2,\cdots,b;k=1,2,\cdots,c$. 用 $\overline{X}$ 作为 μ 的估计, $\overline{X}_{i\cdot\cdot}$ 作为 $\mu_{i\cdot}$ 的估计, $\overline{X}_{\cdot j\cdot}$ 作为 $\mu_{\cdot j}$ 的估计, $\overline{X}_{ij\cdot}$ 作为 μ_{ij} 的估计, 则有 $X_{ijk}-\overline{X}=(\overline{X}_{i\cdot\cdot}-\overline{X})+(\overline{X}_{\cdot j\cdot}-\overline{X})+(\overline{X}_{ij\cdot}-\overline{X}_{i\cdot\cdot}-\overline{X}_{\cdot j\cdot}+\overline{X})+(X_{ijk}-\overline{X}_{ij\cdot})$.

记 SS_T 为样本数据的总离差平方和, 即

$$SS_T = \sum_{i=1}^{a}\sum_{j=1}^{b}\sum_{k=1}^{c}(X_{ijk}-\overline{X})^2. \tag{9.33}$$

将 SS_T 分解如下:

$$SS_T = \sum_{i=1}^{a}\sum_{j=1}^{b}\sum_{k=1}^{c}\left[(\overline{X}_{i\cdot\cdot}-\overline{X})+(\overline{X}_{\cdot j\cdot}-\overline{X})+(\overline{X}_{ij\cdot}-\overline{X}_{i\cdot\cdot}-\overline{X}_{\cdot j\cdot}+\overline{X})+\right.$$
$$\left.(X_{ijk}-\overline{X}_{ij\cdot})\right]^2$$
$$=bc\sum_{i=1}^{a}(\overline{X}_{i\cdot\cdot}-\overline{X})^2+ac\sum_{j=1}^{b}(\overline{X}_{\cdot j\cdot}-\overline{X})^2+c\sum_{i=1}^{a}\sum_{j=1}^{b}(\overline{X}_{ij\cdot}-\overline{X}_{i\cdot\cdot}-$$
$$\overline{X}_{\cdot j\cdot}+\overline{X})^2+\sum_{i=1}^{a}\sum_{j=1}^{b}\sum_{k=1}^{c}(X_{ijk}-\overline{X}_{ij\cdot})^2$$
$$=SS_A+SS_B+SS_{A\times B}+SS_E. \tag{9.34}$$

读者可以证明, 在上述平方和分解式中, 所有交叉乘积的和项均为 0. 其中

$$SS_A = bc\sum_{i=1}^{a}(\overline{X}_{i\cdot\cdot}-\overline{X})^2, \tag{9.35}$$

$$SS_B = ac\sum_{j=1}^{b}(\overline{X}_{\cdot j\cdot}-\overline{X})^2, \tag{9.36}$$

$$SS_{A\times B} = c\sum_{i=1}^{a}\sum_{j=1}^{b}(\overline{X}_{ij\cdot}-\overline{X}_{i\cdot\cdot}-\overline{X}_{\cdot j\cdot}+\overline{X})^2, \tag{9.37}$$

$$SS_E = \sum_{i=1}^{a}\sum_{j=1}^{b}\sum_{k=1}^{c}(X_{ijk}-\overline{X}_{ij\cdot})^2. \tag{9.38}$$

SS_A 为因素 A 所造成的离差平方和, SS_B 为因素 B 所造成的离差平方和, $SS_{A\times B}$ 为因素 A,B 的交互作用所造成的离差平方和, SS_E 为随机因素所造成的离差平方和. 关于这几个平方和, 有如下定理.

定理 9.2.2 在以上记号下, 对于模型, 有以下结论成立.

- $\dfrac{SS_E}{\sigma^2} \sim \chi^2(ab(c-1))$, 且 $SS_A, SS_B, SS_{A\times B}$ 和 SS_E 相互独立;

- H_{0A} 成立时, $\dfrac{SS_A}{\sigma^2} \sim \chi^2(a-1)$;

- H_{0B} 成立时, $\dfrac{SS_B}{\sigma^2} \sim \chi^2(b-1)$;

- $H_{0A\times B}$ 成立时, $\dfrac{SS_{A\times B}}{\sigma^2} \sim \chi^2((a-1)(b-1))$;

- H_{0A}, H_{0B} 和 $H_{0A\times B}$ 都成立时, $\dfrac{SS_T}{\sigma^2} \sim \chi^2(abc-1)$.

（2）检验的统计量和拒绝域

对于式(9.16)、式(9.17)和式(9.28)的假设检验,分别构造检验统计量

$$F_A = \frac{SS_A/(a-1)}{SS_E/(ab(c-1))} = \frac{MS_A}{MS_E}, \tag{9.39}$$

$$F_B = \frac{SS_B/(b-1)}{SS_E/(ab(c-1))} = \frac{MS_B}{MS_E}, \tag{9.40}$$

$$F_{A\times B} = \frac{SS_{A\times B}/((a-1)(b-1))}{SS_E/(ab(c-1))} = \frac{MS_{A\times B}}{MS_E}, \tag{9.41}$$

其中

$$MS_A = SS_A/(a-1), MS_B = SS_B/(b-1),$$

$$MS_{A\times B} = SS_{A\times B}/((a-1)(b-1)), MS_E = SS_E/(ab(c-1)).$$

则由定理 9.2.2 可知,在原假设 H_{0A}, H_{0B} 和 $H_{0A\times B}$ 分别成立时,有

$$F_A \sim F(a-1, ab(c-1)),$$

$$F_B \sim F(b-1, ab(c-1)),$$

$$F_{A\times B} \sim F((a-1)(b-1), ab(c-1)).$$

对于给定的显著性水平 α,H_{0A}, H_{0B} 和 $H_{0A\times B}$ 对应的拒绝域分别为

$$W_A = \{F_A > F_\alpha(a-1, ab(c-1))\},$$

$$W_B = \{F_B > F_\alpha(b-1, ab(c-1))\},$$

$$W_{A\times B} = \{F_{A\times B} > F_\alpha((a-1)(b-1), ab(c-1))\}.$$

（3）有交互作用的双因素方差分析表

根据以上过程列出有交互作用的双因素方差分析表,见表 9.11.

表 9.11 有交互作用的双因素方差分析表

方差来源	平方和	自由度	均方	F 观测值	临界值
因素 A	SS_A	$a-1$	MS_A	$F_{A观} = \frac{MS_A}{MS_E}$	$F_\alpha(a-1, ab(c-1))$
因素 B	SS_B	$b-1$	MS_B	$F_{B观} = \frac{MS_B}{MS_E}$	$F_\alpha(b-1, ab(c-1))$
$A\times B$	$SS_{A\times B}$	$(a-1)(b-1)$	$MS_{A\times B}$	$F_{A\times B观} = \frac{MS_{A\times B}}{MS_E}$	$F_\alpha((a-1)(b-1), ab(c-1))$
误差	SS_E	$ab(c-1)$	MS_E		
总计	SS_T	$abc-1$			

当 $F_{A观} > F_\alpha(a-1, ab(c-1))$ 时,应拒绝原假设 H_{0A},认为因素 A 对试验指标有显著影响.当 $F_{B观} > F_\alpha(b-1, ab(c-1))$ 时,应拒绝原假设 H_{0B},认为因素 B 对试验指标有显著影响.当 $F_{A\times B观} > F_\alpha((a-1)(b-1), ab(c-1))$ 时,应拒绝原假设 $H_{0A\times B}$,认为因素 A, B 的交互作用对试验指标有显著影响.

表 9.11 中最后一列的临界值可以分别替换为检验的 p 值,其定义为

$$p_A = P(F_A > F_{A观}), p_B = P(F_B > F_{B观}), p_{A×B} = P(F_{A×B} > F_{A×B观}).$$

对于给定的显著性水平 α,当 $p_A < \alpha$ 时,应拒绝原假设 H_{0A};当 $p_B < \alpha$ 时,应拒绝原假设 H_{0B};当 $p_{A×B} < \alpha$ 时,应拒绝原假设 $H_{0A×B}$.

例 9.2.2 考察合成纤维中对纤维弹性有影响的两个因素:收缩率 A 和总拉伸倍数 B,它们各取 4 种水平,在各水平组合下均做 2 次试验,试验结果见表 9.12.

表 9.12　试验结果

收缩率 A	总拉伸倍数 B			
	$B_1(460)$	$B_2(520)$	$B_3(580)$	$B_4(640)$
$A_1(0)$	71,73	72,73	75,73	77,75
$A_2(4)$	73,75	76,74	78,77	74,74
$A_3(8)$	76,73	79,77	74,75	74,73
$A_4(12)$	75,73	73,72	70,71	69,69

假设在各水平组合下,纤维弹性总体服从同方差的正态分布.试分析收缩率、总拉伸倍数及其交互作用分别对纤维弹性有无显著影响.(取显著性水平 $\alpha = 0.05$)

解 由式(9.29)~式(9.38)计算得

$SS_T \approx 180.2189, SS_A \approx 70.5938, SS_B \approx 8.5938, SS_{A×B} \approx 79.5313, SS_E = 21.5.$

$SS_A, SS_B, SS_{A×B}, SS_E$ 和 SS_T 的自由度分别为 3,3,9,16 和 31,从而可得各均方分别为

$MS_A \approx 23.5313, MS_B \approx 2.8646, MS_{A×B} \approx 8.8368, MS_E \approx 1.3438.$

再由式(9.39)~式(9.41)计算得

$$F_{A观} \approx 17.511, F_{B观} \approx 2.1317, F_{A×B观} \approx 6.576.$$

于是可得双因素方差分析表,见表 9.13.

表 9.13　例 9.2.2 的方差分析表

方差来源	平方和	自由度	均方	F 值	临界值
收缩率	70.5938	3	23.5313	17.511	$F_{0.05}(3,16) = 3.24$
总拉伸倍数	8.5938	3	2.8646	2.1317	$F_{0.05}(3,16) = 3.24$
交互作用	79.5313	9	8.8368	6.576	$F_{0.05}(9,16) = 2.54$
误差	21.5	16	1.3438		
总计	180.2189	31			

由方差分析表可知 $F_{A观} \approx 17.511 > F_{0.05}(3,16) = 3.24, F_{B观} \approx 2.1317 < F_{0.05}(3,16) = 3.24, F_{A×B观} \approx 6.576 > F_{0.05}(9,16) = 2.54$,故认为收缩率对纤维弹性有显著影响,总拉伸倍数对纤维弹性无显著影响,收缩率和总拉伸倍数的交互作用对纤维弹性有显著影响.

第三节 综合例题

例 9.3.1 对于双因素方差分析,若考虑交互作用,在因素 A,B 的每种水平组合下需要做重复试验,才可以进行后续的统计分析. 请解释做重复试验的原因.

解 若不做重复试验,在因素 A,B 的每种水平组合下只有一个试验结果,于是,$k=1$,$X_{ijk}=\overline{X}_{ij}.$,由式(9.38)可知随机误差的离差平方和 $SS_E=0$,此时 F 检验统计量失去意义,因此需要做重复试验.

例 9.3.2 对于单因素方差分析,假设在因素 A 的每个水平下均做 m 次试验,即 $n_1=n_2=\cdots=n_k=m$,证明:(1) $\dfrac{SS_E}{\sigma^2}\sim\chi^2(k(m-1))$;

(2) 当 $H_0:\alpha_1=\alpha_2=\cdots=\alpha_k=0$ 成立时,$\dfrac{SS_A}{\sigma^2}\sim\chi^2(k-1)$.

证明 (1) 考虑因素 A 的第 i 个水平 A_i 下的样本 $X_{i1},X_{i2},\cdots,X_{im}$,它们相互独立,并且与总体 X_i 具有相同的分布,即
$$X_{ij}\sim N(\mu_i,\sigma^2),j=1,2,\cdots,m.$$
由第六章第三节定理 6.3.2 可知
$$\frac{(m-1)S_i^2}{\sigma^2}\sim\chi^2(m-1),i=1,2,\cdots,k,$$
又 $S_1^2,S_2^2,\cdots,S_k^2$ 相互独立,于是,
$$\sum_{i=1}^k\frac{(m-1)S_i^2}{\sigma^2}\sim\chi^2\left(\sum_{i=1}^k(m-1)\right),$$
注意到 $\sum_{i=1}^k(m-1)=k(m-1)$,由式(9.12)可知
$$\frac{SS_E}{\sigma^2}=\sum_{i=1}^k\frac{(m-1)S_i^2}{\sigma^2}\sim\chi^2(k(m-1)).$$

(2) 当 $H_0:\alpha_1=\alpha_2=\cdots=\alpha_k=0$ 成立时,$\mu_1=\mu_2=\cdots=\mu_k=\mu$,此时所有样本 X_{ij} 可以看作来自同一个总体的样本,于是有
$$X_{ij}\sim N(\mu,\sigma^2),i=1,2,\cdots,k;j=1,2,\cdots,m.$$
由第六章第三节定理 6.3.2 可知
$$\overline{X}_i=\frac{1}{m}\sum_{j=1}^m X_{ij}\sim N\left(\mu,\frac{\sigma^2}{m}\right),i=1,2,\cdots,k.$$

又 $\overline{X}_1,\overline{X}_2,\cdots,\overline{X}_k$ 相互独立,并且 $\overline{X}=\dfrac{1}{km}\sum_{i=1}^k\sum_{j=1}^m X_{ij}=\dfrac{1}{k}\sum_{i=1}^k\overline{X}_i$,把 $\overline{X}_1,\overline{X}_2,\cdots,\overline{X}_k$ 看作来自于总体 $N(\mu,\sigma^2/m)$ 的样本,由第六章第三节定理 6.3.2 并结合式(9.11)可知

$$\frac{SS_A}{\sigma^2} = \frac{m\sum\limits_{i=1}^{k}(\overline{X}_i-\overline{X})^2}{\sigma^2} = \frac{\sum\limits_{i=1}^{k}(\overline{X}_i-\overline{X})^2}{\sigma^2/m} \sim \chi^2(k-1).$$

例 9.3.3　计算例 9.1.2、例 9.2.1 和例 9.2.2 中的 p 值,把相应的方差分析表中的临界值替换为 p 值.

解　(1) 对于例 9.1.2,$n=20$,$k=4$,检验统计量 $F \sim F(3,16)$,检验统计量的观测值为 $F_{观} \approx 9.3649$,可得检验的 p 值

$$p = P(F>9.3649) \approx 0.0008.$$

于是可得单因素方差分析表,见表 9.14.

表 9.14　例 9.3.3 的单因素方差分析表

方差来源	平方和	自由度	均方	F 观测值	p 值
组间	608.95	3	202.9833	9.3649	0.0008
组内	346.8	16	21.675		
总计	955.75	19			

由方差分析表可知 $p \approx 0.0008 < 0.05$,故认为不同家庭的成年子女的身高有显著差别.

(2) 对于例 9.2.1,$a=5$,$b=4$,检验统计量分别服从如下分布:

$$F_A \sim F(4,12), F_B \sim F(3,12),$$

检验统计量的观测值分别为

$$F_{A观} \approx 0.4775, F_{B观} \approx 9.1164,$$

可得检验的 p 值分别为

$$p_A = P(F_A>0.4775) \approx 0.7518, p_B = P(F_B>9.1164) \approx 0.002.$$

于是可得双因素方差分析表,见表 9.15.

表 9.15　例 9.3.3 的双因素方差分析表

方差来源	平方和	自由度	均方	F 观测值	p 值
超市	5.367	4	1.3418	0.4775	0.7518
颜色	76.8455	3	25.6152	9.1164	0.002
误差	33.717	12	2.8098		
总计	115.9295	19			

由方差分析表可知 $p_A \approx 0.7518 > 0.05$,$p_B \approx 0.002 < 0.05$,故认为超市对饮料的销售量无显著影响,而饮料的颜色对饮料的销售量有显著影响.

(3) 对于例 9.2.2,$a=4$,$b=4$,$c=2$,检验统计量分别服从如下分布:

$$F_A \sim F(3,16), F_B \sim F(3,16), F_{A\times B} \sim F(9,16),$$

检验统计量的观测值分别为

$$F_{A观} \approx 17.511, F_{B观} \approx 2.1317, F_{A\times B观} \approx 6.576,$$

可得检验的 p 值分别为

$$p_A = P(F_A > 17.511) \approx 0.00003, p_B = P(F_B > 2.1317) \approx 0.1363,$$
$$p_{A \times B} = P(F_{A \times B} > 6.576) \approx 0.0006.$$

于是可得双因素方差分析表,见表 9.16.

表 9.16 例 9.3.3 的双因素方差分析表

方差来源	平方和	自由度	均方	F 观测值	p 值
收缩率	70.5938	3	23.5313	17.511	0.00003
总拉伸倍数	8.5938	3	2.8646	2.1317	0.1363
交互作用	79.5313	9	8.8368	6.576	0.0006
误差	21.5	16	1.3438		
总计	180.2189	31			

由方差分析表可知 $p_A \approx 0.00003 < 0.05$, $p_B \approx 0.1363 > 0.05$, $p_{A \times B} \approx 0.0006 < 0.05$,故认为收缩率对纤维弹性有显著影响,总拉伸倍数对纤维弹性无显著影响,收缩率和总拉伸倍数的交互作用对纤维弹性有显著影响.

习题九:基础达标题

习题九:
基础达标题解答

1. 某工厂用三台机器制造同一种产品,记录五天的日产量(单位:台)见表 9.17.

表 9.17

机器	日产量				
A_1	138	144	135	149	143
A_2	163	148	152	146	157
A_3	155	144	159	147	153

经计算得 $SS_A \approx 380.9333, SS_E \approx 456.8, SS_T \approx 837.7333$.试分析这三台机器的日产量是否有显著差异(取 $\alpha = 0.05$).

2. 抽查某地区 3 所小学五年级男生的身高(单位:cm),数据见表 9.18.

表 9.18

小学	身高数据					
第一小学	128.1	134.1	133.1	138.9	140.8	127.4
第二小学	150.3	147.9	136.8	126.0	150.7	155.8
第三小学	140.6	143.1	144.5	143.7	148.7	146.4

经计算得 $SS_A \approx 467.3011, SS_E \approx 800.9017, SS_T \approx 1268.2028$.试分析该地区 3 所小学(因素 A)五年级男生的身高是否有显著差异(取 $\alpha = 0.05$).

3. 在橡胶生产过程中,选择四种不同的配料方案(A 因素)及不同的硫化时间(B 因素),测得产品抗断强度见表 9.19.

表 9.19

配料方案	硫化时间				
	B_1	B_2	B_3	B_4	B_5
A_1	151	157	144	134	136
A_2	144	162	128	138	132
A_3	134	133	130	122	125
A_4	131	126	124	126	121

经计算得 $SS_A = 1243.8$,$SS_B = 778.8$,$SS_E = 471.2$,$SS_T = 2493.8$.试分析配料方案及硫化时间对产品的抗断强度是否有显著影响(取 $\alpha = 0.05$).

4. 某研究所进行农业试验,选择四种不同品种的小麦(因素 A)及三块试验田(因素 B),每块试验田分成四块面积相等的土地,各种植一个品种的小麦,其产量(单位:kg)见表 9.20.

表 9.20

小麦品种	试验田		
	B_1	B_2	B_3
A_1	26	25	24
A_2	30	23	25
A_3	22	21	19
A_4	20	21	19

经计算得 $SS_A \approx 82.25$,$SS_B \approx 16.1667$,$SS_E \approx 18.5$,$SS_T \approx 116.9167$.试分析两种因素对小麦的产量是否有显著影响(取 $\alpha = 0.05$).

5. 某城市道路交通管理部门为研究不同的时间段(因素 A)和不同的路段(因素 B)对行车时间的影响,让一名交通警察分别在两个路段的高峰期与非高峰期亲自驾车进行试验,通过试验共获得 20 个行车时间(单位:min)的数据,见表 9.21.

表 9.21

时段	路段	
	路段 1	路段 2
高峰期	26	19
	24	20
	27	23
	25	22
	25	21
非高峰期	20	18
	17	17
	22	13
	21	16
	17	12

经计算得 $SS_A = 174.05, SS_B = 92.45, SS_{A \times B} = 0.05, SS_E = 63.2, SS_T = 329.75.$ 试分析时段、路段以及时段和路段的交互作用对行车时间是否有显著影响(取 $\alpha = 0.05$).

6. 在某化工产品生产试验中,为考察催化剂种类(因素 A)和反应温度(因素 B)对产品得率的影响,取 4 种不同种类的催化剂和 4 种不同的温度,进行生产试验,各水平组合下进行 2 次试验,测得产量(单位:t)见表 9.22.

表 9.22

催化剂种类	反应温度			
	60℃	80℃	100℃	120℃
甲	2.70,3.30	1.38,1.35	2.35,1.95	2.26,2.13
乙	1.70,2.14	1.74,1.56	1.67,1.50	3.41,2.56
丙	1.90,2.00	3.14,3.29	1.63,1.05	3.17,3.18
丁	2.75,1.85	3.51,3.15	1.39,1.72	2.22,2.19

经计算得 $SS_A \approx 0.7183, SS_B \approx 4.1957, SS_{A \times B} \approx 9.4232, SS_E \approx 1.4668, SS_T \approx 15.804.$ 试分析催化剂种类、反应温度以及它们的交互作用对产量是否有显著影响(取 $\alpha = 0.05$).

习题九:综合提高题

1. 对于无重复试验的双因素方差分析,证明:

(1) H_{0A} 成立时, $\dfrac{SS_A}{\sigma^2} \sim \chi^2(a-1)$; (2) H_{0B} 成立时, $\dfrac{SS_B}{\sigma^2} \sim \chi^2(b-1)$.

习题九:
综合提高题解答

2. 某水产研究所为了比较四种不同饲料对鱼的饲喂效果,选取了条件基本相同的鱼 20 尾,随机分成四组,投喂不同饲料,经一个月试验以后,各组鱼的增重(单位:g)结果列于表 9.23.

表 9.23

饲料	鱼的增重				
A_1	31.9	27.9	31.8	28.4	35.9
A_2	24.8	25.7	26.8	27.9	26.2
A_3	22.1	23.6	27.3	24.9	25.8
A_4	27.0	30.8	29.0	24.5	28.5

试列出包含 p 值的单因素方差分析表,检验不同饲料对鱼的饲喂效果是否有显著影响(取 $\alpha = 0.05$).

3. 某化工厂需要含量为 80% 的工业酒精作为生产的原料,要检验每批原料中乙醇的含量(%)是否相同.现在随机选取了 5 批原料,从每批原料中随机取 6 份样品,由 3 个检验员每人随机检验 2 份,这样每个检验员共需检验 10 份样品.30 份样品的检验顺序也是随机的,每个检验员自己并不知道所检验的是哪一批原料的样品,也不知道其他样品的检验结果,由此保证试验数据的随机性.得到检验数据见表 9.24.

表 9.24

检验员	原料批次				
	I	II	III	IV	V
1	82.6	79.8	80.6	77.9	78.9
1	81.5	78.6	80.0	77.2	79.4
2	81.6	78.9	79.8	78.3	78.6
2	80.9	79.2	79.6	77.6	78.0
3	80.6	78.3	80.3	78.0	79.0
3	82.0	78.9	79.6	77.3	78.5

试分析检验员(因素 A)、原料批次(因素 B)以及两者的交互作用对检验结果是否有显著影响(取 $\alpha = 0.05$).

第十章
回 归 分 析

"回归"这一概念最早是由英国统计学家高尔顿(Galton)在19世纪80年代提出的,他在研究父代身高与子代身高的关系时发现一个有趣的现象:在同一族群中,子代的平均身高介于其父代的身高和族群的平均身高之间.具体而言,对于高个子的父亲,其儿子的身高有低于其身高的趋势,而对于矮个子的父亲,其儿子的身高有高于其身高的趋势.也就是说,子代的身高有向族群平均身高回归的趋势.回归分析是根据实际观测数据,研究变量之间近似函数关系的数学工具,本章介绍回归分析的基本理论.

概率统计学者
法兰西斯·高尔顿

第一节　相关与回归分析概述

一、相关关系

在自然科学、工程技术和经济活动等各种领域,经常需要研究某些变量之间的关系.一般来说,变量之间的关系分为两种,一种是确定性的函数关系,另一种是不确定性关系.例如,物体做匀速(速度为 V)直线运动时,路程 S 和时间 T 之间有确定的函数关系 $S=V\cdot T$.又如,人的身高和体重之间存在某种关系,对此我们普遍有这样的认识,身高较高的人,平均说来,体重会比较重,但是身高相同的人体重却未必相同,也就是说身高和体重之间的关系是一种不确定性关系,在控制身高的同时,体重是随机的.变量间的这种不确定性关系又称为相关关系,变量间存在相关关系的例子还有很多,如父亲的身高和成年儿子的身高之间的关系,农作物的施肥量与产量之间的关系,商品的广告费和销售额之间的关系等.

二、相关关系的度量与可视化

1. 相关系数

第四章第三节定义 4.3.2 给出了两个随机变量 X 和 Y 的相关系数的定义,在实际问题中,基于 X 和 Y 的 n 对观测数据 (x_i, y_i), $i = 1, 2, \cdots, n$,可以利用下式计算 X 和 Y 的相关系数:

$$r = \frac{\sum\limits_{i=1}^{n} (x_i - \bar{x})(y_i - \bar{y})}{\sqrt{\sum\limits_{i=1}^{n} (x_i - \bar{x})^2} \sqrt{\sum\limits_{i=1}^{n} (y_i - \bar{y})^2}},$$

其中

$$\bar{x} = \frac{1}{n} \sum_{i=1}^{n} x_i, \quad \bar{y} = \frac{1}{n} \sum_{i=1}^{n} y_i.$$

称 r 为变量 X 和 Y 的样本相关系数,它度量了变量 X 和 Y 的线性相关性的强弱,其取值满足 $-1 \leqslant r \leqslant 1$.对于固定的样本容量 n,当 $|r| = 1$ 时,X 和 Y 之间存在线性函数关系,即 $Y = a + bX$;当 $|r|$ 越接近于 1 时,X 和 Y 的线性相关性越强;当 $|r|$ 越接近于 0 时,X 和 Y 的线性相关性越弱.

2. 散点图

当需要研究的变量只有两个时,可建立平面直角坐标系,把每一对观测数据看作直角坐标系中的一个点,在图中画出所有观测点,称这样的图为散点图.散点图能够很直观地反映两个变量之间的相关性.常见的散点图如图 10.1~图 10.6 所示.

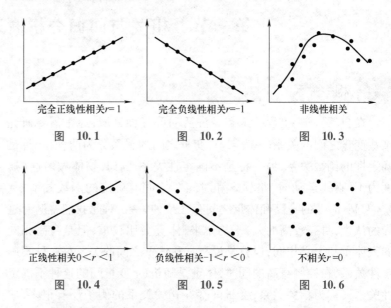

完全正线性相关 $r=1$　　完全负线性相关 $r=-1$　　非线性相关

图 10.1　　　　　图 10.2　　　　　图 10.3

正线性相关 $0 < r < 1$　　负线性相关 $-1 < r < 0$　　不相关 $r = 0$

图 10.4　　　　　图 10.5　　　　　图 10.6

3. 相关系数矩阵图

当需要研究的变量多于两个时,可以用相关系数矩阵表示变量之间的线性相关性.设有 m 个变量 $X_1, X_2, \cdots, X_m$,对它们进行 n 次独立的观测,观测数据矩阵记为

$$X = \begin{pmatrix} x_{11} & x_{12} & \cdots & x_{1m} \\ x_{21} & x_{22} & \cdots & x_{2m} \\ \vdots & \vdots & & \vdots \\ x_{n1} & x_{n2} & \cdots & x_{nm} \end{pmatrix}.$$

定义 $X_1, X_2, \cdots, X_m$ 的相关系数矩阵如下:

$$\boldsymbol{R} = \begin{pmatrix} 1 & r_{12} & \cdots & r_{1m} \\ r_{21} & 1 & \cdots & r_{2m} \\ \vdots & \vdots & & \vdots \\ r_{m1} & r_{m2} & \cdots & 1 \end{pmatrix}, \tag{10.1}$$

其中

$$r_{ij} = \frac{\sum\limits_{k=1}^{n} (x_{ki} - \bar{x}_i)(x_{kj} - \bar{x}_j)}{\sqrt{\sum\limits_{k=1}^{n} (x_{ki} - \bar{x}_i)^2} \sqrt{\sum\limits_{k=1}^{n} (x_{kj} - \bar{x}_j)^2}} \tag{10.2}$$

为变量 X_i 和 X_j 的相关系数,度量了变量 X_i 和 X_j 的线性相关性的强弱. 这里

$$\bar{x}_i = \frac{1}{n} \sum_{k=1}^{n} x_{ki}, \bar{x}_j = \frac{1}{n} \sum_{k=1}^{n} x_{kj}, i,j = 1, 2, \cdots, m. \tag{10.3}$$

显然, $r_{ij} = r_{ji}$, $\boldsymbol{R}$ 是对角线元素全为 1 的对称矩阵.

例 10.1.1 在有氧锻炼中,人体耗氧能力 $Y(\mathrm{mL}/(\min \cdot \mathrm{kg}))$ 是衡量身体状况的重要指标,它可能与以下因素有关:年龄 X_1 (岁),体重 $X_2(\mathrm{kg})$,1500m 跑所用的时间 $X_3(\min)$,静止时心速 $X_4(次/\min)$,跑步后心速 $X_5(次/\min)$. 对 24 名 40 至 57 岁的志愿者进行了测试,结果见表 10.1 所列. 试根据这些数据分析耗氧能力 Y 与诸因素之间的相关性.

表 10.1 人体耗氧能力测试相关数据

序号	y	x_1	x_2	x_3	x_4	x_5
1	44.6	44	89.5	6.82	62	178
2	45.3	40	75.1	6.04	62	185
3	54.3	44	85.8	5.19	45	156
4	59.6	42	68.2	4.9	40	166
5	49.9	38	89	5.53	55	178
6	44.8	47	77.5	6.98	58	176
7	45.7	40	76	7.17	70	176
8	49.1	43	81.2	6.51	64	162
9	39.4	44	81.4	7.85	63	174
10	60.1	38	81.9	5.18	48	170
11	50.5	44	73	6.08	45	168
12	37.4	45	87.7	8.42	56	186
13	44.8	45	66.5	6.67	51	176
14	47.2	47	79.2	6.36	47	162
15	51.9	54	83.1	6.2	50	166
16	49.2	49	81.4	5.37	44	180
17	40.9	51	69.6	6.57	57	168

（续）

序号	y	x_1	x_2	x_3	x_4	x_5
18	46.7	51	77.9	6	48	162
19	46.8	48	91.6	6.15	48	162
20	50.4	47	73.4	6.05	67	168
21	39.4	57	73.4	7.58	58	174
22	46.1	54	79.4	6.7	62	156
23	45.4	52	76.3	5.78	48	164
24	54.7	50	70.9	5.35	48	146

　　解　由式(10.1)~式(10.3)计算得变量 $Y,X_1,X_2,\cdots,X_5$ 的相关系数矩阵如下：

$$R = \begin{pmatrix} 1.0000 & -0.3201 & -0.0777 & -0.8645 & -0.5130 & -0.4573 \\ -0.3201 & 1.0000 & -0.1809 & 0.1845 & -0.1092 & -0.3757 \\ -0.0777 & -0.1809 & 1.0000 & 0.1121 & 0.0520 & 0.1410 \\ -0.8645 & 0.1845 & 0.1121 & 1.0000 & 0.6132 & 0.4383 \\ -0.5130 & -0.1092 & 0.0520 & 0.6132 & 1.0000 & 0.3303 \\ -0.4573 & -0.3757 & 0.1410 & 0.4383 & 0.3303 & 1.0000 \end{pmatrix}.$$

为了直观,绘制相关系数矩阵图,如图 10.7 所示.图中用椭圆色块直观地表示变量间的线性相关程度的大小,第 i 行第 j 列的椭圆色块用来表示第 i 个变量和第 j 个变量的相关性,其短半轴和长半轴满足

$$短半轴 = (1 - |r_{ij}|) \times 长半轴.$$

很显然,椭圆越扁,变量间相关系数的绝对值越接近于 1;椭圆越圆,变量间相关系数的绝对值越接近于 0. 若椭圆的长轴方向是从左下到右上,则变量间为正相关,反之为负相关.

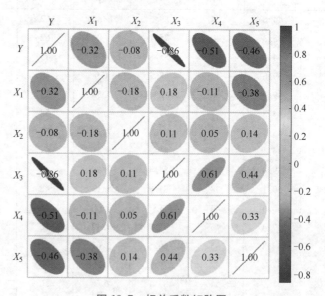

图 10.7　相关系数矩阵图

三、 什么是回归分析

回归分析是对变量的相关关系进行建模的数学工具.在回归分析中,通常把变量分为两类,一类是因变量,又称为响应变量,通常用 Y 表示;而影响因变量取值的另一类变量称为自变量,又称为预报变量,通常用 X 表示.回归分析中的自变量通常是可以精确测量或控制的非随机变量,在自变量给定时,因变量则是随机变量.回归分析的内容包括:

(1)从一组样本数据出发,确定因变量和自变量之间的数学关系式,即经验回归方程;

(2)对经验回归方程进行显著性检验;

(3)对回归方程中的各项进行检验,判断哪些项对因变量的影响是显著的,哪些是不显著的,通常需要剔除不显著的项,重新计算,对模型做出改进;

(4)利用所求得的经验回归方程进行预测和控制.

第二节 一元线性回归

一、 一元线性回归模型

设有两个变量 X 和 Y,其中 X 是可以精确测量或控制的非随机变量,Y 是随机变量,假定随机变量 Y 与可控变量 X 之间存在线性相关关系.对 X,Y 进行 n 次独立的观测,得到观测数据 (x_i,y_i),$i=1,2,\cdots,n$,建立 Y 与 X 的一元线性回归模型如下:

$$\begin{cases} y_i = a+bx_i+\varepsilon_i, \\ \varepsilon_i \overset{i.i.d.}{\sim} N(0,\sigma^2), \end{cases} \tag{10.4}$$

其中 $i=1,2,\cdots,n$,a,b 是模型参数,通常是未知的,需要根据样本数据进行估计;ε_i 为随机误差项,i. i. d.表示独立同分布,ε_i 的方差 $D(\varepsilon_i)=\sigma^2$ 未知.

由一元线性回归模型可知,当 $X=x_i$ 时,$Y \sim N(a+bx_i,\sigma^2)$,可得

$$E(Y \mid X=x_i) = a+bx_i.$$

上式表明,对于每个特定的 x_i,相应的因变量的观测值 y_i 来自于一个均值为 $a+bx_i$,方差为 σ^2 的正态总体,而回归直线将穿过点 $(x_i,a+bx_i)$,即回归直线从 Y 的均值位置穿过,如图 10.8 所示.

直线 $\hat{y}=a+bx$ 近似表示了 Y 与 X 的线性相关关系,称 $\hat{y}=a+bx$ 为 Y 关于 X 的理论回归方程.式中 a 为回归方程的常数项,b 为回归系数.

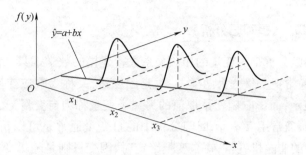

图 10.8   回归直线与特定 x_i 下 Y 的分布

二、参数的最小二乘估计

假设未知参数 a,b 的估计量分别为 $\hat{a}$ 和 $\hat{b}$, 对于给定的 x_i, 根据回归直线计算得 Y 的拟合值为 $\hat{y}_i = \hat{a} + \hat{b}x_i$, 拟合误差记为 $e_i = y_i - \hat{y}_i$, 它是随机误差 ε_i 的估计, 称为第 i 个观测值的残差. 回归直线、因变量的观测值 y_i、拟合值 $\hat{y}_i$ 与残差 e_i 的关系如图 10.9 所示.

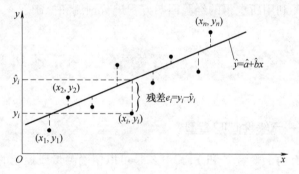

图 10.9   回归直线、因变量的观测值 y_i、拟合值 $\hat{y}_i$ 与残差 e_i 的关系

一条比较好的回归直线应该使所有观测点的残差平方和尽可能小, 为此, 令

$$Q(\hat{a}, \hat{b}) = \sum_{i=1}^{n} e_i^2 = \sum_{i=1}^{n} [y_i - (\hat{a} + \hat{b}x_i)]^2.$$

把 $\hat{a}, \hat{b}$ 看作变量, 二元函数 $Q(\hat{a}, \hat{b})$ 的最小值点称为 a, b 的最小二乘估计.

分别取 Q 关于 $\hat{a}, \hat{b}$ 的偏导数, 并令其为 0, 可得

$$\begin{cases} \dfrac{\partial Q}{\partial \hat{a}} = -2 \sum_{i=1}^{n} (y_i - \hat{a} - \hat{b}x_i) = 0, \\ \dfrac{\partial Q}{\partial \hat{b}} = -2 \sum_{i=1}^{n} (y_i - \hat{a} - \hat{b}x_i) x_i = 0. \end{cases}$$

进一步整理得

$$\begin{cases} n\hat{a} + \left(\sum_{i=1}^{n} x_i \right) \hat{b} = \sum_{i=1}^{n} y_i, \\ \left(\sum_{i=1}^{n} x_i \right) \hat{a} + \left(\sum_{i=1}^{n} x_i^2 \right) \hat{b} = \sum_{i=1}^{n} x_i y_i. \end{cases} \tag{10.5}$$

令

$$\bar{x} = \frac{1}{n}\sum_{i=1}^{n}x_i, \quad \bar{y} = \frac{1}{n}\sum_{i=1}^{n}y_i, \qquad (10.6)$$

则式(10.5)可改写为

$$\begin{cases} n\hat{a} + n\bar{x}\hat{b} = n\bar{y}, \\ n\bar{x}\hat{a} + \left(\sum_{i=1}^{n}x_i^2\right)\hat{b} = \sum_{i=1}^{n}x_iy_i. \end{cases} \qquad (10.7)$$

当 $x_1, x_2, \cdots, x_n$ 不全相同时,线性方程组的系数矩阵的行列式

$$D = \begin{vmatrix} n & n\bar{x} \\ n\bar{x} & \sum_{i=1}^{n}x_i^2 \end{vmatrix} = n\left(\sum_{i=1}^{n}x_i^2 - n\bar{x}^2\right) = n\sum_{i=1}^{n}(x_i - \bar{x})^2 \neq 0,$$

方程组有唯一解

$$\begin{cases} \hat{a} = \bar{y} - \hat{b}\bar{x}, \\ \hat{b} = \dfrac{l_{xy}}{l_{xx}}, \end{cases} \qquad (10.8)$$

其中

$$l_{xx} = \sum_{i=1}^{n}(x_i - \bar{x})^2 = \sum_{i=1}^{n}x_i^2 - n\bar{x}^2, \qquad (10.9)$$

$$l_{xy} = \sum_{i=1}^{n}(x_i - \bar{x})(y_i - \bar{y}) = \sum_{i=1}^{n}x_iy_i - n\bar{x}\bar{y}. \qquad (10.10)$$

将 $\hat{a}, \hat{b}$ 代入理论回归方程可得

$$\hat{y} = \hat{a} + \hat{b}x,$$

称之为 Y 关于 X 的经验回归方程.由于

$$\hat{y} = \hat{a} + \hat{b}x = \bar{y} - \hat{b}\bar{x} + \hat{b}x = \bar{y} + \hat{b}(x - \bar{x}),$$

可知 Y 关于 X 的经验回归直线一定过观测数据散点图的几何中心 $(\bar{x}, \bar{y})$.

例 10.2.1 由专业知识可知,合金钢的强度 Y(单位:10^7Pa)与合金钢中碳的含量 X(单位:%)有关.为了研究它们之间的关系,从生产中收集了一批数据,见表 10.2 所列.试根据这些数据求 Y 关于 X 的经验回归方程.

表 10.2　合金钢的强度与合金钢中碳的含量

序号	x	y	序号	x	y
1	0.10	42.0	7	0.16	49.0
2	0.11	43.5	8	0.17	53.0
3	0.12	45.0	9	0.18	50.0
4	0.13	45.5	10	0.20	55.0
5	0.14	45.0	11	0.21	55.0
6	0.15	47.5	12	0.23	60.0

解　由于 X 和 Y 均为一维变量,可以先根据已知数据绘制 X 和 Y 的散点图(见图10.10),从 X 和 Y 的散点图上直观地观察它们之间的相关关系,然后再做进一步的分析.

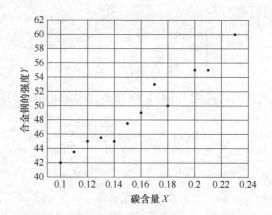

图 **10.10**　合金钢的强度与碳含量的散点图

由图10.10可知,12个观测数据点分布在一条直线附近,Y 与 X 是线性相关的.假定 Y 关于 X 的理论回归方程为

$$\hat{y} = a + bx.$$

由式(10.6)、式(10.9)和式(10.10)计算得

$$\bar{x} \approx 0.1583, \bar{y} \approx 49.2083, l_{xx} \approx 0.0186, l_{xy} \approx 2.4292,$$

再由式(10.8)计算得

$$\hat{a} \approx 28.5340, \hat{b} \approx 130.6022,$$

故 Y 关于 X 的经验回归方程为

$$\hat{y} = 28.5340 + 130.6022x.$$

三、回归方程的显著性检验

对于变量 Y 和 X 的任意 n 对观测值 (x_i, y_i),只要 $x_1, x_2, \cdots, x_n$ 不全相等,则无论变量 Y 和 X 之间是否存在线性相关关系,都可根据上面介绍的方法求得一个线性回归方程 $\hat{y} = \hat{a} + \hat{b}x$.显然,只有当变量 Y 和 X 之间存在线性相关关系时,这样的线性回归方程才是有意义的.为了使求得的线性回归方程真正有意义,就需要检验变量 Y 和 X 之间是否存在显著的线性相关关系.若 Y 和 X 之间存在显著的线性相关关系,则回归模型中的 b 不应为0,因为若 $b = 0$,则 $E(Y \mid X = x)$ 就不依赖于 x 了.因此需要检验假设

$$H_0 : b = 0, \qquad H_1 : b \neq 0. \qquad (10.11)$$

原假设 H_0 成立表示 Y 和 X 之间的线性相关关系不显著,也称回归方程不显著.

1. F 检验

这里采用方差分析的思想,分析因变量 Y 的各观测值 y_i 产生变异的原因,将 y_i 偏离均值 $\bar{y}$ 的离差进行分解,从而构造合适的检验统计量.如图 10.11 所示,每个观测点(x_i,y_i)处的y_i与均值$\bar{y}$的离差$y_i-\bar{y}$被分解为两部分,即

$$y_i-\bar{y}=y_i-\hat{y}_i+\hat{y}_i-\bar{y}.$$

上式右端的$\hat{y}_i-\bar{y}$表示由于Y与X之间的线性关系所造成的y_i的偏差,而$y_i-\hat{y}_i$则是由其他一切因素所造成的拟合误差(即残差).这里的其他一切因素包括随机因素、Y与X之间的非线性关系等.

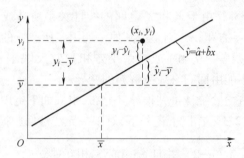

图 10.11 离差分解示意图

记SS_T为样本数据$y_1,y_2,\cdots,y_n$的总离差平方和,即

$$SS_T=\sum_{i=1}^{n}(y_i-\bar{y})^2. \tag{10.12}$$

为了与式(10.9)和式(10.10)保持一致,也可令

$$l_{yy}=\sum_{i=1}^{n}(y_i-\bar{y})^2. \tag{10.13}$$

将SS_T分解如下:

$$SS_T=\sum_{i=1}^{n}(y_i-\hat{y}_i+\hat{y}_i-\bar{y})^2$$

$$=\sum_{i=1}^{n}(y_i-\hat{y}_i)^2+\sum_{i=1}^{n}(\hat{y}_i-\bar{y})^2+2\sum_{i=1}^{n}(y_i-\hat{y}_i)(\hat{y}_i-\bar{y}).$$

由于

$$\hat{y}_i=\hat{a}+\hat{b}x_i=\bar{y}+\hat{b}(x_i-\bar{x}),$$

可知

$$\sum_{i=1}^{n}(y_i-\hat{y}_i)(\hat{y}_i-\bar{y})=\hat{b}\sum_{i=1}^{n}\{[(y_i-\bar{y})-\hat{b}(x_i-\bar{x})](x_i-\bar{x})\}$$

$$=\hat{b}\sum_{i=1}^{n}(y_i-\bar{y})(x_i-\bar{x})-\hat{b}^2\sum_{i=1}^{n}(x_i-\bar{x})^2$$

$$=\hat{b}l_{xy}-\hat{b}^2l_{xx}=\frac{l_{xy}}{l_{xx}}l_{xy}-\frac{l_{xy}^2}{l_{xx}^2}l_{xx}=0.$$

于是

$$SS_T=\sum_{i=1}^{n}(y_i-\hat{y}_i)^2+\sum_{i=1}^{n}(\hat{y}_i-\bar{y})^2=SS_E+SS_R,$$

其中

$$SS_E = \sum_{i=1}^{n} (y_i - \hat{y}_i)^2 = \sum_{i=1}^{n} [(y_i - \overline{y}) - \hat{b}(x_i - \overline{x})]^2 \quad (10.14)$$

$$= l_{yy} - 2\hat{b}l_{xy} + \hat{b}^2 l_{xx} = l_{yy} - \frac{l_{xy}^2}{l_{xx}},$$

$$SS_R = \sum_{i=1}^{n} (\hat{y}_i - \overline{y})^2 = \sum_{i=1}^{n} [\hat{b}(x_i - \overline{x})]^2 = \hat{b}^2 l_{xx} = \frac{l_{xy}^2}{l_{xx}}. \quad (10.15)$$

这里的 SS_R 是由于 Y 和 X 之间的线性关系所造成的偏差平方和,称为回归平方和;SS_E 则是由其他一切因素所造成的拟合误差的平方和,称为残差平方和(或剩余平方和),它反映了 $y_1, y_2, \cdots, y_n$ 的总变异中不能由回归直线来解释的变异.

为了构造检验统计量并推导其分布,引入如下定理.

定理 10.2.1 在以上记号下,对于一元线性回归模型,有:

(1) $\dfrac{SS_E}{\sigma^2} \sim \chi^2(n-2)$,并且 SS_E 和 SS_R 相互独立;

(2) 当原假设 H_0 成立时,$\dfrac{SS_R}{\sigma^2} \sim \chi^2(1)$,$\dfrac{SS_T}{\sigma^2} \sim \chi^2(n-1)$.

对于式(10.11)的假设检验,构造检验统计量

$$F = \frac{SS_R/1}{SS_E/(n-2)} = \frac{MS_R}{MS_E}, \quad (10.16)$$

其中

$$MS_R = SS_R/1 = SS_R, \qquad MS_E = SS_E/(n-2).$$

由定理 10.2.1 可知,当原假设 H_0 成立时,

$$F = \frac{SS_R/1}{SS_E/(n-2)} = \frac{MS_R}{MS_E} \sim F(1, n-2).$$

由图 10.11 可以看出,若总离差平方和 SS_T 中回归平方和 SS_R 所占比重较大,残差平方和 SS_E 所占比重较小,则 F 值较大,此时观测数据的散点基本集中在回归直线附近,说明 Y 和 X 之间存在较为显著的线性相关关系,因此对于给定的显著性水平 α,可得 H_0 的拒绝域为

$$W = \{F > F_\alpha(1, n-2)\},$$

其中 $F_\alpha(1, n-2)$ 为 $F(1, n-2)$ 分布的上侧 α 分位数.

根据以上 F 检验过程列出一元线性回归的方差分析表,见表 10.3.

表 10.3　一元线性回归的方差分析表

方差来源	平方和	自由度	均方	F 观测值	临界值
回归	SS_R	1	$MS_R = SS_R$	$F_{观} = \dfrac{MS_R}{MS_E}$	$F_\alpha(1, n-2)$
残差	SS_E	$n-2$	$MS_E = \dfrac{SS_E}{n-2}$		
总计	SS_T	$n-1$			

当 $F_{观}>F_\alpha(1,n-2)$ 时,拒绝原假设 H_0,认为 Y 和 X 之间的线性相关关系是显著的,否则,接受原假设 H_0,认为 Y 和 X 之间的线性相关关系是不显著的.也可将表 10.3 最后一列的临界值换成检验的 p 值,其定义为 $p=P(F>F_{观})$.对于给定的显著性水平 α,当 $p<\alpha$ 时,应拒绝原假设 H_0.

例 10.2.2 在研究合金钢的强度(Y)与碳含量(X)关系的例 10.2.1 中,我们已经求出了 Y 关于 X 的经验回归方程,接下来取显著性水平 $\alpha=0.01$,对回归方程进行显著性检验.

解 例 10.2.1 中已经计算得

$$\bar{x} \approx 0.1583, \bar{y} \approx 49.2083, l_{xx} \approx 0.0186, l_{xy} \approx 2.4292,$$

再由式(10.12)~式(10.15)计算得

$$SS_T=l_{yy} \approx 335.2292, SS_R \approx 317.2587, SS_E \approx 17.9705.$$

SS_T、SS_R 和 SS_E 的自由度分别为 11,1 和 10,从而可得各均方分别为

$$MS_R=SS_R \approx 317.2587, MS_E=\frac{17.9705}{10} \approx 1.7971.$$

由式(10.16)计算得检验统计量的观测值

$$F_{观}=\frac{317.2587}{1.7971} \approx 176.5393.$$

由于检验统计量 $F \sim F(1,10)$,可得检验的 p 值为

$$p=P(F>176.5393) \approx 1.1148 \times 10^{-7}.$$

又 $F(1,10)$ 分布的上侧 0.01 分位数 $F_{0.01}(1,10)=10.04$,于是可得方差分析表,见表 10.4.

表 10.4 例 10.2.2 的方差分析表

方差来源	平方和	自由度	均方	F 观测值	临界值	p 值
回归	317.2587	1	317.2587	176.5393	10.04	0.0000
残差	17.9705	10	1.7971			
总计	335.2292	11				

由表 10.4 可知 $F_{观} \approx 176.5393>10.04, p<0.01$,两不等式均可说明在显著性水平 0.01 下,$Y$ 和 X 之间的线性相关关系是显著的,或者说 Y 关于 X 的回归方程是显著的.

2. t 检验

(1) $\hat{a}, \hat{b}$ 的分布

定理 10.2.2 对于一元线性回归模型,有

1) $\hat{a} \sim N\left(a, \left(\frac{1}{n}+\frac{\bar{x}^2}{l_{xx}}\right)\sigma^2\right)$,并且 $\hat{a}$ 与 SS_E 相互独立;

2) $\hat{b} \sim N\left(b, \frac{\sigma^2}{l_{xx}}\right)$,并且 $\hat{b}$ 与 SS_E 相互独立.

(2) 检验统计量和拒绝域

由定理 10.2.1 和定理 10.2.2 可知

$$\frac{\hat{b}-b}{\sigma/\sqrt{l_{xx}}} \sim N(0,1), \frac{SS_E}{\sigma^2} \sim \chi^2(n-2),$$

并且两者相互独立,由 t 分布的定义可知

$$\frac{\hat{b}-b}{\sigma/\sqrt{l_{xx}}} \Big/ \sqrt{\frac{SS_E}{\sigma^2} \Big/ (n-2)} = \frac{\hat{b}-b}{\hat{\sigma}/\sqrt{l_{xx}}} \sim t(n-2),$$

其中 $\hat{\sigma} = \sqrt{\dfrac{SS_E}{n-2}}$ 称为剩余标准差,又称为均方根误差.可以证明

$$\hat{\sigma}^2 = \frac{SS_E}{n-2} \qquad (10.17)$$

是 σ^2 的无偏估计.

对于式(10.11)的假设检验,当原假设 $H_0: b=0$ 成立时,检验统计量

$$T = \frac{\hat{b}}{\hat{\sigma}/\sqrt{l_{xx}}} = \frac{\hat{b}\sqrt{l_{xx}}}{\hat{\sigma}} \sim t(n-2), \qquad (10.18)$$

对于给定的显著性水平 α,检验的拒绝域为

$$W = \{|T| > t_{\alpha/2}(n-2)\}.$$

其中 $t_{\alpha/2}(n-2)$ 是 $t(n-2)$ 分布的上 $\alpha/2$ 分位数.检验的 p 值为

$$p = P(|T| > |T_{观}|) = 2P(T > |T_{观}|).$$

由式(10.15)、式(10.17)和式(10.18)可知

$$T^2 = \frac{\hat{b}^2 l_{xx}}{\hat{\sigma}^2} = \frac{\hat{b}^2 l_{xx}}{SS_E/(n-2)} = \frac{SS_R}{SS_E/(n-2)} = F,$$

故对于一元线性回归分析,t 检验和 F 检验是等同的.

以例 10.2.1 中数据为例,经计算算得

$$T_{观} = \frac{130.6022 \times \sqrt{0.0186}}{\sqrt{1.7971}} \approx 13.2868.$$

取 $\alpha = 0.01$,可知 $t_{0.005}(10) = 3.1693$.由于 $13.2868 > 3.1693$,故在显著性水平 0.01 下拒绝原假设 H_0,认为 Y 关于 X 的回归方程是显著的.

注　大部分统计软件都采用 F 检验,并且还会给出一个被称为判定系数(或决定系数)的量,用来描述 Y 和 X 之间的线性相关的程度.判定系数的定义如下:

$$R^2 = \frac{SS_R}{SS_T} = \frac{\sum_{i=1}^{n}(\hat{y}_i - \bar{y})^2}{\sum_{i=1}^{n}(y_i - \bar{y})^2}. \qquad (10.19)$$

实际上判定系数 R^2 就是回归平方和在总离差平方和中的比例,可知 $R^2 \in [0,1]$,R^2 越接近于 1,说明回归方程所能解释的因变量的变异部分越大,则 Y 和 X 之间的线性相关程度也就越高.由式(10.13)、

式(10.15)和式(10.19)容易验证

$$R^2 = \frac{l_{xy}^2}{l_{xx}l_{yy}} = \left(\frac{l_{xy}}{\sqrt{l_{xx}}\sqrt{l_{yy}}}\right)^2,$$

这里的

$$R = \frac{l_{xy}}{\sqrt{l_{xx}}\sqrt{l_{yy}}} = \frac{\sum_{i=1}^{n}(x_i-\bar{x})(y_i-\bar{y})}{\sqrt{\sum_{i=1}^{n}(x_i-\bar{x})^2}\sqrt{\sum_{i=1}^{n}(y_i-\bar{y})^2}}$$

正是 Y 和 X 的样本相关系数,并且 t 检验统计量、F 检验统计量和判定系数 R^2 之间有如下关系:

$$T^2 = F = \frac{(n-2)R^2}{1-R^2}.$$

四、利用回归方程进行预测

经过回归方程的显著性检验,若认为变量 Y 和 X 之间的线性相关关系是显著的,对于给定的 $X=x_0$,就可以用所求的经验回归方程 $\hat{y}=\hat{a}+\hat{b}x$ 对 Y 的相应取值 y_0 进行预测.

1. 点预测

对于给定的 $X=x_0$,由于因变量 Y 是随机变量,Y 的相应取值 y_0 是无法准确预测的.将 x_0 代入经验回归方程,只能得到 y_0 的均值的估计

$$\hat{y}_0 = \hat{a}+\hat{b}x_0, \tag{10.20}$$

称 $\hat{y}_0$ 为 y_0 的点预测.

2. 区间预测

$\hat{y}_0$ 作为 y_0 的点预测,它与 y_0 可能会存在一定的偏差,真实的 y_0 可能位于以 $\hat{y}_0$ 为中心的某个区间内.因此,应当对 y_0 进行区间预测,即对于给定的置信水平 $1-\alpha$,求出 y_0 的置信区间,称为预测区间.

对于给定的 $X=x_0$,由式(10.4)可知,相应的 $y_0 \sim N(a+bx_0, \sigma^2)$,$y_0$ 的均值 $a+bx_0$ 的点估计为 $\hat{y}_0=\hat{a}+\hat{b}x_0$.可以证明

$$T = \frac{\hat{y}_0-y_0}{\hat{\sigma}\sqrt{1+\frac{1}{n}+\frac{(x_0-\bar{x})^2}{l_{xx}}}} \sim t(n-2).$$

对于给定的置信水平 $1-\alpha$,

$$P(|T| < t_{\alpha/2}(n-2)) = 1-\alpha,$$

于是可得 y_0 的置信水平为 $1-\alpha$ 的预测区间为

$$(\hat{y}_0-\delta(x_0), \hat{y}_0+\delta(x_0)),$$

其中

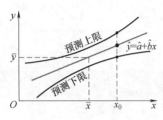

图 10.12　预测区间示意图

$$\delta(x_0) = t_{\alpha/2}(n-2)\hat{\sigma}\sqrt{1+\frac{1}{n}+\frac{(x_0-\bar{x})^2}{l_{xx}}}. \quad (10.21)$$

由式(10.21)可知,当 $x_0=\bar{x}$ 时, y_0 的预测区间的长度达到最短,当 x_0 逐渐远离 $\bar{x}$ 时,预测区间的长度逐渐增大,如图 10.12 所示.

例 10.2.3　在例 10.2.1 中,若碳含量为 0.19,求相应的合金钢强度的预测值和置信水平为 95% 的预测区间.

解　令 $x_0=0.19$,由式(10.20)计算得合金钢强度 y_0 的预测值为

$$\hat{y}_0 = 28.5340+130.6022\times0.19\approx53.3484.$$

取 $\alpha=0.05$,则 $t_{0.025}(10)=2.2281$,又 $\hat{\sigma}=\sqrt{1.7971}=1.3406$,由式(10.21)可得

$$\delta(x_0) = 2.2281\times1.3406\times\sqrt{1+\frac{1}{12}+\frac{(0.19-0.1583)^2}{0.0186}}\approx3.1855.$$

从而可得与 $x_0=0.19$ 对应的 y_0 的置信水平为 95% 的预测区间如下:

$$(53.3484-3.1855, 53.3484+3.1855)=(50.1629, 56.5339).$$

第三节　多元线性回归

一、多元线性回归模型

设随机变量 Y 与 m 个可控变量 $X_1,X_2,\cdots,X_m$ 之间存在线性相关关系,对它们进行 n 次独立的观测,得到 n 组观测数据

$$x_{k1},x_{k2},\cdots,x_{km},y_k,k=1,2,\cdots,n.$$

建立 Y 关于 $X_1,X_2,\cdots,X_m$ 的 m 元线性回归模型如下:

$$\begin{cases} y_k=b_0+b_1x_{k1}+b_2x_{k2}+\cdots+b_mx_{km}+\varepsilon_k, \\ \varepsilon_k \overset{\text{i.i.d.}}{\sim} N(0,\sigma^2),k=1,2,\cdots,n. \end{cases} \quad (10.22)$$

其中, $b_0,b_1,\cdots,b_m$ 是模型参数,通常是未知的,需要根据样本数据进行估计; ε_k 为随机误差项,i.i.d. 表示独立同分布, ε_k 的方差 $D(\varepsilon_k)=\sigma^2$ 未知.

类似于一元线性回归,称

$$\hat{y}=E(Y\mid x_1,\cdots,x_m)=b_0+b_1x_1+b_2x_2+\cdots+b_mx_m \quad (10.23)$$

为 Y 关于 $X_1,X_2,\cdots,X_m$ 的理论回归方程.式(10.23)中的 b_0 为回归方程的常数项, $b_1,b_2,\cdots,b_m$ 为回归系数.

二、参数的最小二乘估计

假设未知参数 $b_0,b_1,\cdots,b_m$ 的估计量分别为 $\hat{b}_0,\hat{b}_1,\cdots,\hat{b}_m$,对于

给定的 $x_{k1}, x_{k2}, \cdots, x_{km}$，根据回归方程计算得 Y 的拟合值为 $\hat{y}_k = \hat{b}_0 + \hat{b}_1 x_{k1} + \hat{b}_2 x_{k2} + \cdots + \hat{b}_m x_{km}$，残差记为 $e_k = y_k - \hat{y}_k$. 以二元（$m=2$）线性回归为例，回归平面、因变量的观测值 y_k、拟合值 $\hat{y}_k$ 与残差 e_k 的关系如图 10.13 所示.

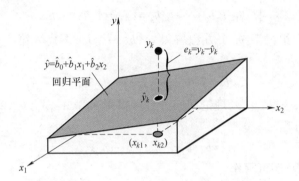

图 10.13　回归平面、因变量的观测值 y_k、拟合值 $\hat{y}_k$ 与
残差 e_k 的关系

一个比较好的回归方程应该使所有观测点的残差平方和尽可能小，为此，令

$$Q(\hat{b}_0, \hat{b}_1, \cdots, \hat{b}_m) = \sum_{k=1}^{n} e_k^2 = \sum_{k=1}^{n} \left[y_k - (\hat{b}_0 + \hat{b}_1 x_{k1} + \hat{b}_2 x_{k2} + \cdots + \hat{b}_m x_{km}) \right]^2,$$

求 $m+1$ 元函数 $Q(\hat{b}_0, \hat{b}_1, \cdots, \hat{b}_m)$ 的最小值点，即得未知参数 $b_0, b_1, \cdots, b_m$ 的最小二乘估计.

求 Q 分别关于 $\hat{b}_0, \hat{b}_1, \cdots, \hat{b}_m$ 的偏导数，并令其等于 0，列方程组如下：

$$\begin{cases} \dfrac{\partial Q}{\partial \hat{b}_0} = -2 \sum_{k=1}^{n} (y_k - \hat{b}_0 - \hat{b}_1 x_{k1} - \hat{b}_2 x_{k2} - \cdots - \hat{b}_m x_{km}) = 0, \\ \dfrac{\partial Q}{\partial \hat{b}_i} = -2 \sum_{k=1}^{n} (y_k - \hat{b}_0 - \hat{b}_1 x_{k1} - \hat{b}_2 x_{k2} - \cdots - \hat{b}_m x_{km}) x_{ki} = 0, i = 1, 2, \cdots, m. \end{cases}$$

整理得

$$\begin{cases} n\hat{b}_0 + \hat{b}_1 \sum_{k=1}^{n} x_{k1} + \hat{b}_2 \sum_{k=1}^{n} x_{k2} + \cdots + \hat{b}_m \sum_{k=1}^{n} x_{km} = \sum_{k=1}^{n} y_k, \\ \hat{b}_0 \sum_{k=1}^{n} x_{ki} + \hat{b}_1 \sum_{k=1}^{n} x_{ki} x_{k1} + \cdots + \hat{b}_m \sum_{k=1}^{n} x_{ki} x_{km} = \sum_{k=1}^{n} x_{ki} y_k, i = 1, 2, \cdots, m. \end{cases}$$

$$(10.24)$$

式（10.24）称为**正规方程组**. 下面介绍正规方程组的两种解法.

1. 第一种解法

记

$$\bar{y} = \frac{1}{n} \sum_{k=1}^{n} y_k, \bar{x}_i = \frac{1}{n} \sum_{k=1}^{n} x_{ki}, i = 1, 2, \cdots, m, \qquad (10.25)$$

$$l_{ij} = l_{ji} = \sum_{k=1}^{n} (x_{ki} - \bar{x}_i)(x_{kj} - \bar{x}_j), i = 1, 2, \cdots, m; j = 1, 2, \cdots, m, \qquad (10.26)$$

$$l_{iy} = \sum_{k=1}^{n} (x_{ki} - \bar{x}_i)(y_k - \bar{y}), i = 1, 2, \cdots, m. \qquad (10.27)$$

利用消元法将方程组化为

$$\begin{cases} \hat{b}_0 + \bar{x}_1\hat{b}_1 + \bar{x}_2\hat{b}_2 + \cdots + \bar{x}_m\hat{b}_m = \bar{y}, \\ l_{i1}\hat{b}_1 + l_{i2}\hat{b}_2 + \cdots + l_{im}\hat{b}_m = l_{iy}, i = 1, 2, \cdots, m. \end{cases} \qquad (10.28)$$

先由方程组的后 m 个方程解得 $\hat{b}_1, \hat{b}_2, \cdots, \hat{b}_m$,再代入第一个方程解得

$$\hat{b}_0 = \bar{y} - \hat{b}_1\bar{x}_1 - \hat{b}_2\bar{x}_2 - \cdots - \hat{b}_m\bar{x}_m.$$

将 $\hat{b}_0, \hat{b}_1, \cdots, \hat{b}_m$ 代入理论回归方程可得 Y 关于 $X_1, X_2, \cdots, X_m$ 的经验回归方程

$$\hat{y} = \hat{b}_0 + \hat{b}_1x_1 + \hat{b}_2x_2 + \cdots + \hat{b}_mx_m. \qquad (10.29)$$

式(10.29)还可写作

$$\hat{y} = \bar{y} + \hat{b}_1(x_1 - \bar{x}_1) + \hat{b}_2(x_2 - \bar{x}_2) + \cdots + \hat{b}_m(x_m - \bar{x}_m).$$

2. 第二种解法(矩阵解法)

令

$$X = \begin{pmatrix} 1 & x_{11} & x_{12} & \cdots & x_{1m} \\ 1 & x_{21} & x_{22} & \cdots & x_{2m} \\ \vdots & \vdots & \vdots & & \vdots \\ 1 & x_{n1} & x_{n2} & \cdots & x_{nm} \end{pmatrix}, Y = \begin{pmatrix} y_1 \\ y_2 \\ \vdots \\ y_n \end{pmatrix}, B = \begin{pmatrix} b_0 \\ b_1 \\ \vdots \\ b_m \end{pmatrix}.$$

则方程组(10.24)的矩阵形式为

$$X^{\mathrm{T}}XB = X^{\mathrm{T}}Y. \qquad (10.30)$$

这里的 X 称为**设计矩阵**,X^{T} 为 X 的转置矩阵.当矩阵 $X^{\mathrm{T}}X$ 可逆时,由式(10.30)解得未知参数 $b_0, b_1, \cdots, b_m$ 的最小二乘估计为

$$\hat{B} = \begin{pmatrix} \hat{b}_0 \\ \hat{b}_1 \\ \vdots \\ \hat{b}_m \end{pmatrix} = (X^{\mathrm{T}}X)^{-1}X^{\mathrm{T}}Y. \qquad (10.31)$$

将 $\hat{B}$ 代入理论回归方程(10.23)同样可得 Y 关于 $X_1, X_2, \cdots, X_m$ 的经验回归方程.

三、 回归方程的显著性检验

为了使求得的多元线性回归方程真正有意义,需要检验变量 Y 和 $X_1, X_2, \cdots, X_m$ 之间是否存在显著的线性相关关系.若 Y 和 $X_1, X_2, \cdots, X_m$ 之间存在显著的线性相关关系,则回归模型中的回归系数 $b_1, b_2, \cdots, b_m$ 不应全为 0,因为若 $b_1 = b_2 = \cdots = b_m = 0$,则 $E(Y \mid x_1, x_2, \cdots, x_m)$ 就不依赖于 $x_1, x_2, \cdots, x_m$ 了.因此需要检验假设

$$H_0: b_1 = b_2 = \cdots = b_m = 0, \qquad H_1: b_1, b_2, \cdots, b_m \text{ 不全为 } 0. \qquad (10.32)$$

同一元线性回归分析类似,将 $y_1, y_2, \cdots, y_n$ 的总离差平方和

$$SS_T = l_{yy} = \sum_{k=1}^{n} (y_k - \bar{y})^2 \qquad (10.33)$$

分解如下：

$$SS_T = SS_E + SS_R, \qquad (10.34)$$

其中

$$SS_R = \sum_{k=1}^{n} (\hat{y}_k - \bar{y})^2$$

$$= \sum_{k=1}^{n} [\hat{b}_1(x_{k1} - \bar{x}_1) + \hat{b}_2(x_{k2} - \bar{x}_2) + \cdots + \hat{b}_m(x_{km} - \bar{x}_m)]^2$$

$$= \sum_{k=1}^{n} \left[\sum_{i=1}^{m} \sum_{j=1}^{m} \hat{b}_i \hat{b}_j (x_{ki} - \bar{x}_i)(x_{kj} - \bar{x}_j) \right]$$

$$= \sum_{i=1}^{m} \sum_{j=1}^{m} \hat{b}_i \hat{b}_j l_{ij} = \sum_{i=1}^{m} \hat{b}_i \sum_{j=1}^{m} \hat{b}_j l_{ij} = \sum_{i=1}^{m} \hat{b}_i l_{iy}, \qquad (10.35)$$

$$SS_E = SS_T - SS_R = l_{yy} - \sum_{i=1}^{m} \hat{b}_i l_{iy}. \qquad (10.36)$$

这里的 SS_R 是由于 Y 和 $X_1, X_2, \cdots, X_m$ 之间的线性关系所造成的偏差平方和，称为回归平方和；SS_E 则是由其他一切因素所造成的拟合误差的平方和，称为残差平方和（或剩余平方和）.

为了构造检验统计量并确定其分布，下面引入一个定理.

定理 10.3.1 对于 m 元线性回归模型，有以下结论成立：

(1) $\dfrac{SS_E}{\sigma^2} \sim \chi^2(n-m-1)$，并且 SS_E 和 SS_R 相互独立；

(2) 当原假设 H_0 成立时，$\dfrac{SS_R}{\sigma^2} \sim \chi^2(m)$，$\dfrac{SS_T}{\sigma^2} \sim \chi^2(n-1)$.

采用 F 检验，构造检验统计量

$$F = \frac{SS_R/m}{SS_E/(n-m-1)} = \frac{MS_R}{MS_E}, \qquad (10.37)$$

其中

$$MS_R = SS_R/m, \quad MS_E = SS_E/(n-m-1). \qquad (10.38)$$

由定理 10.3.1 可知，当原假设 H_0 成立时

$$F = \frac{SS_R/m}{SS_E/(n-m-1)} = \frac{MS_R}{MS_E} \sim F(m, n-m-1).$$

对于给定的显著性水平 α，可得 H_0 的拒绝域为

$$W = \{F > F_\alpha(m, n-m-1)\},$$

其中 $F_\alpha(m, n-m-1)$ 为 $F(m, n-m-1)$ 分布的上 α 分位数. 当原假设 H_0 被拒绝时，认为回归方程整体上是显著的，即认为自变量线性函数的整体对因变量的变化有显著影响，但是这并不表示 Y 与每一个 X_i 之间的线性相关关系都是显著的.

根据以上 F 检验过程列出 m 元线性回归的方差分析表，见表 10.5.

表 10.5　m 元线性回归的方差分析表

方差来源	平方和	自由度	均方	F 观测值	临界值
回归	SS_R	m	$MS_R = \dfrac{SS_R}{m}$	$F_{观} = \dfrac{MS_R}{MS_E}$	$F_\alpha(m, n-m-1)$
残差	SS_E	$n-m-1$	$MS_E = \dfrac{SS_E}{n-m-1}$		
总计	SS_T	$n-1$			

四、回归系数的显著性检验

当 F 检验拒绝了式(10.32)中的原假设 H_0,即回归方程整体上显著时,还需要对方程中的每一项进行检验,以确定 Y 与哪些变量之间的线性相关关系是显著的,为此,进行如下的假设检验:

$$H_{0i}: b_i = 0, \qquad H_{1i}: b_i \neq 0. \qquad (10.39)$$

这里的 $i = 1, 2, \cdots, m$. 当式(10.39)中的原假设 H_{0i} 被拒绝时,说明 Y 与 X_i 之间的线性相关关系是显著的,也就是说回归方程中 X_i 项是不可缺少的.

1. $\hat{b}_0, \hat{b}_1, \cdots, \hat{b}_m$ 的分布

定理 10.3.2 记 $C = (X^T X)^{-1} = (c_{ij})_{(m+1) \times (m+1)}$,对于 m 元线性回归模型式(10.22),有

$$\hat{b}_i \sim N(b_i, c_{i+1, i+1} \sigma^2) \quad (i = 0, 1, \cdots, m),$$

并且 $\hat{b}_i$ 与 SS_E 相互独立. 其中 $c_{i+1, i+1}$ 是矩阵 C 主对角线上的第 $i+1$ 个元素.

2. 检验统计量和拒绝域

由定理 10.3.1 和定理 10.3.2 可知

$$\frac{\hat{b}_i - b_i}{\sigma \sqrt{c_{i+1, i+1}}} \sim N(0, 1), \qquad \frac{SS_E}{\sigma^2} \sim \chi^2(n-m-1),$$

并且两者相互独立,由 t 分布的定义可知

$$\frac{\hat{b}_i - b_i}{\sigma \sqrt{c_{i+1, i+1}}} \Bigg/ \sqrt{\frac{SS_E}{\sigma^2} \Big/ (n-m-1)} = \frac{\hat{b}_i - b_i}{\hat{\sigma} \sqrt{c_{i+1, i+1}}} \sim t(n-m-1),$$

其中 $\hat{\sigma} = \sqrt{\dfrac{SS_E}{n-m-1}}$ 称为剩余标准差,又称为均方根误差. 可以证明

$$\hat{\sigma}^2 = \frac{SS_E}{n-m-1}$$

是 σ^2 的无偏估计.

对于式(10.39)的假设检验,当原假设 $H_0: b_i = 0$ 成立时,检验统计量

$$T_i = \frac{\hat{b}_i}{\hat{\sigma}\sqrt{c_{i+1,i+1}}} \sim t(n-m-1).$$

对于给定的显著性水平 α, 检验的拒绝域为

$$W_i = \{|T_i| > t_{\alpha/2}(n-m-1)\},$$

其中 $t_{\alpha/2}(n-m-1)$ 是 $t(n-m-1)$ 分布的上 $\alpha/2$ 分位数. 检验的 p 值为

$$p_i = P(|T_i| > |T_{i\text{观}}|) = 2P(T_i > |T_{i\text{观}}|).$$

例 10.3.1 考察 15 名不同程度的烟民的每日抽烟量 X_1(支)、饮酒(啤酒)量 X_2(L)与其心电图指标 Y 的对应数据,见表 10.6 所列.

表 10.6 抽烟量、饮酒量(啤酒)和心电图指标数据

序号	日抽烟量 X_1/支	日饮酒量 X_2/L	心电图指标 Y
1	30	10	280
2	25	11	260
3	35	13	330
4	40	14	400
5	45	14	410
6	20	12	170
7	18	11	210
8	25	12	280
9	25	13	300
10	23	13	290
11	40	14	410
12	45	15	420
13	48	16	425
14	50	18	450
15	55	19	470

(1)求变量 X_1, X_2, Y 的相关系数矩阵;(2)求 Y 关于 X_1, X_2 的二元线性回归方程;(3)对回归方程进行显著性检验(取 $\alpha = 0.05$).

解 (1) 由式(10.25)~式(10.27)计算得

$$\bar{x}_1 \approx 34.93, \bar{x}_2 \approx 13.67, \bar{y} \approx 340.33,$$
$$l_{11} \approx 2026.93, l_{12} = l_{21} \approx 368.67, l_{22} \approx 89.33,$$
$$l_{1y} \approx 14965.33, l_{2y} \approx 2771.67, l_{yy} \approx 119623.33,$$

于是可得 X_1 和 X_2 的相关系数为

$$r_{12} = r_{21} = \frac{l_{12}}{\sqrt{l_{11}}\sqrt{l_{22}}} = \frac{368.67}{\sqrt{2026.93}\sqrt{89.33}} \approx 0.8664,$$

X_1 和 Y 的相关系数为

$$r_{1y} = r_{y1} = \frac{l_{1y}}{\sqrt{l_{11}}\sqrt{l_{yy}}} = \frac{14965.33}{\sqrt{2026.93}\sqrt{119623.33}} \approx 0.9611,$$

X_2 和 Y 的相关系数为

$$r_{2y} = r_{y2} = \frac{l_{2y}}{\sqrt{l_{22}}\sqrt{l_{yy}}} = \frac{2771.67}{\sqrt{89.33}\sqrt{119623.33}} \approx 0.8479,$$

故变量 X_1, X_2, Y 的相关系数矩阵为

$$\boldsymbol{R} = \begin{matrix} & X_1 & X_2 & Y & \\ & \begin{pmatrix} 1.0000 & 0.8664 & 0.9611 \\ 0.8664 & 1.0000 & 0.8479 \\ 0.9611 & 0.8479 & 1.0000 \end{pmatrix} & & & \begin{matrix} X_1 \\ X_2 \\ Y \end{matrix} \end{matrix}$$

由相关系数矩阵 $\boldsymbol{R}$ 可知变量 X_1, X_2, Y 之间存在较强的线性相关性.

（2）假设 Y 关于 X_1, X_2 的理论回归方程为

$$\hat{y} = b_0 + b_1 x_1 + b_2 x_2,$$

根据式（10.28）写出方程组

$$\begin{cases} \hat{b}_0 + 34.93\hat{b}_1 + 13.67\,\hat{b}_2 = 340.33, \\ 2026.93\hat{b}_1 + 368.67\hat{b}_2 = 14965.33, \\ 368.67\hat{b}_1 + 89.33\,\hat{b}_2 = 2771.67. \end{cases}$$

解方程组得

$$\hat{b}_0 \approx 66.11, \qquad \hat{b}_1 \approx 6.98, \qquad \hat{b}_2 \approx 2.23.$$

由式（10.29）可得 Y 关于 X_1, X_2 的经验回归方程为

$$\hat{y} = 66.11 + 6.98x_1 + 2.23x_2.$$

（3）对回归方程进行显著性检验的原假设和备择假设为

$$H_0 : b_1 = b_2 = 0, \qquad H_1 : b_1, b_2 \text{ 不全为 0.}$$

由式（10.33）~式（10.36）计算得

$$SS_T = l_{yy} \approx 119623.33,$$

$$SS_R = \hat{b}_1 l_{1y} + \hat{b}_2 l_{2y} = 6.98 \times 14965.33 + 2.23 \times 2771.67 \approx 110638.83,$$

$$SS_E = 119623.33 - 110638.83 = 8984.5.$$

由题意知 $m = 2, n = 15$，再由式（10.37）和式（10.38）计算得

$$MS_R = \frac{110638.83}{2} \approx 55319.42, MS_E = \frac{8984.5}{15-2-1} \approx 748.71,$$

$$F_{观} = \frac{55319.42}{748.71} \approx 73.89.$$

由于检验统计量 $F \sim F(2,12)$，可得检验的 p 值为

$$p = P(F > 73.89) \approx 1.7945 \times 10^{-7}.$$

又 $F(2,12)$ 分布的上 0.05 分位数 $F_{0.05}(2,12) = 3.89$，于是可得方差分析表，见表 10.7.

表 10.7   例 10.3.1 的方差分析表

方差来源	平方和	自由度	均方	F 观测值	临界值	p 值
回归	110638.83	2	55319.42	73.89	3.89	0.0000
残差	8984.5	12	748.71			
总计	119623.33	14				

由上表可知 $F_{观} \approx 73.89 > 3.89$，$p < 0.05$，两不等式均可说明在显著性水平 0.05 下，$Y$ 关于 X_1, X_2 的回归方程是显著的.

第四节 一元非线性回归

在很多实际问题中，变量之间的相关关系可能不是线性的，因而不能直接用线性回归模型来描述它们之间的相关关系，此时需要建立变量之间的非线性回归模型.

一、一元非线性回归模型

若变量 Y 和 X 之间存在非线性相关关系，可根据 Y 和 X 的散点图的形状选择适当的非线性函数 $y = f(x; b_1, \cdots, b_k)$ 来描述它们的非线性趋势，从而建立一元非线性回归模型

$$\begin{cases} y_i = f(x_i; b_1, \cdots, b_k) + \varepsilon_i, \\ \varepsilon_i \overset{i.i.d.}{\sim} N(0, \sigma^2), i = 1, 2, \cdots, n, \end{cases}$$

其中，(x_i, y_i)，$i = 1, 2, \cdots, n$ 为 X, Y 的 n 组独立的观测数据；$b_1, \cdots, b_k$ 是待估计的参数；ε_i 为随机误差项，i.i.d.表示独立同分布，ε_i 的方差 $D(\varepsilon_i) = \sigma^2$ 未知.

在很多情形下，可以通过变量代换的方式把非线性函数 $y = f(x; b_1, \cdots, b_k)$ 化为线性函数，从而把非线性回归化为线性回归.对于不能线性化的非线性回归，通常的做法是利用迭代算法求回归方程中参数的估计值.接下来介绍几个可线性化的非线性函数.

二、可线性化的非线性函数

1. 双曲线函数

双曲线函数 $\dfrac{1}{y} = a + \dfrac{b}{x}$，其图形如图 10.14 所示.

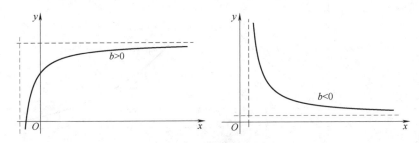

图 10.14 双曲线函数图形

令 $u = \dfrac{1}{x}$，$v = \dfrac{1}{y}$，则有 $v = a + bu$.

2. 幂函数

幂函数 $y = ax^b$，其图形如图 10.15 所示.

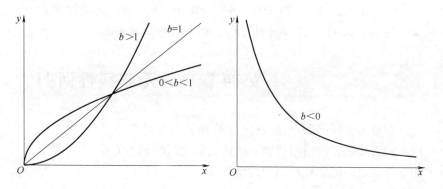

图 10.15　幂函数图形

取对数得 $\ln y = \ln a + b\ln x$. 令 $u = \ln x$, $v = \ln y$, $a_1 = \ln a$, 则有 $v = a_1 + bu$.

3. 对数函数

对数函数 $y = a + b\ln x$, 其图形如图 10.16 所示.

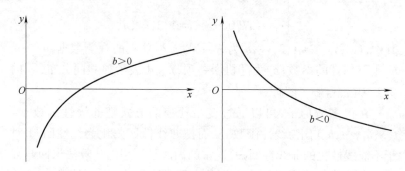

图 10.16　对数函数图形

令 $u = \ln x$, $v = y$, 则有 $v = a + bu$.

4. 指数函数

指数函数 $y = ae^{bx}$, 其图形如图 10.17 所示.

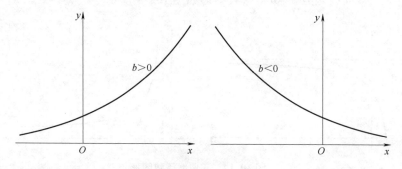

图 10.17　指数函数图形

取对数得 $\ln y = \ln a + bx$. 令 $u = x$, $v = \ln y$, $a_1 = \ln a$, 则有 $v = a_1 + bu$.

5. 负指数函数

负指数函数 $y = ae^{\frac{b}{x}}$, 其图形如图 10.18 所示.

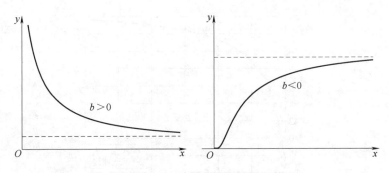

图 10.18 负指数函数图形

取对数得 $\ln y = \ln a + \dfrac{b}{x}$. 令 $u = \dfrac{1}{x}$, $v = \ln y$, $a_1 = \ln a$, 则有 $v = a_1 + bu$.

6. 逻辑斯谛(Logistic)函数

逻辑斯谛函数 $y = \dfrac{1}{a + be^{-x}}$, 其图形如图 10.19 所示.

取倒数得 $\dfrac{1}{y} = a + be^{-x}$. 令 $u = e^{-x}$, $v = \dfrac{1}{y}$, 则有 $v = a + bu$.

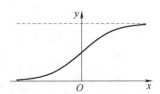

图 10.19 逻辑斯谛函数图形

7. 多项式函数

多项式函数 $y = b_0 + b_1x + b_2x^2 + \cdots + b_mx^m$, 其图形如图 10.20 所示. 令

$$u_i = x^i (i = 1, 2, \cdots, m), v = y,$$

则多项式函数变为多元线性函数 $v = b_0 + b_1u_1 + b_2u_2 + \cdots + b_mu_m$, 相应地, 一元多项式回归将变为多元线性回归.

例 10.4.1 头围是反映婴幼儿大脑和颅骨发育程度的重要指标之一. 为研究头围 Y 和月龄 X 的关系, 现收集 21 名男童的头围和月龄数据, 见表 10.8 所列.

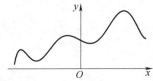

图 10.20 多项式函数图形

表 10.8 21 名男童的头围和月龄数据

序号	月龄/月	头围/cm	序号	月龄/月	头围/cm	序号	月龄/月	头围/cm
1	1	37.8	8	8	44.7	15	48	51.4
2	2	39.4	9	9	46.1	16	60	52.3
3	3	40.7	10	10	45.4	17	72	52.9
4	4	41.8	11	11	46.9	18	84	53.1
5	5	42.8	12	12	47.0	19	96	53.3
6	6	43.7	13	24	49.7	20	108	53.0
7	7	42.9	14	36	51.2	21	120	53.5

求 Y 关于 X 的回归方程.

解 (1) 根据表 10.8 中的数据绘制散点图, 如图 10.21 所示.

(2) 由散点图可知, Y 与 X 大致为双曲线函数关系或负指数函数关系, 不妨设 Y 关于 X 的理论回归方程为 $\hat{y} = ae^{\frac{b}{x+c}}$, 式中的 c 可理

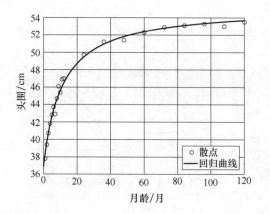

图 10.21 散点与回归曲线图

解为胎儿出生时已在母体中发育的月份数.由经验可知,正常的胎儿在母体中发育的平均时长约为 9 个月,因此取 $c=9$,可得 Y 关于 X 的理论回归方程为

$$\hat{y}=a\mathrm{e}^{\frac{b}{x+9}}.$$

(3)对 $y=a\mathrm{e}^{\frac{b}{x+9}}$ 两边取对数得 $\ln y=\ln a+\dfrac{b}{x+9}$,令 $u=\dfrac{1}{x+9}$,$v=\ln y$,$a_1=\ln a$,则建立 V 关于 U 的一元线性回归方程

$$\hat{v}=a_1+bu.$$

利用本例中已给的数据计算得 U,V 的数据,见表 10.9.

表 10.9 U,V 的数据

u	v	u	v	u	v
0.1	3.6323	0.0588	3.8	0.0175	3.9396
0.0909	3.6738	0.0556	3.8308	0.0145	3.957
0.0833	3.7062	0.0526	3.8155	0.0123	3.9684
0.0769	3.7329	0.05	3.848	0.0108	3.9722
0.0714	3.7565	0.0476	3.8501	0.0095	3.9759
0.0667	3.7773	0.0303	3.906	0.0085	3.9703
0.0625	3.7589	0.0222	3.9357	0.0078	3.9797

经计算得

$$\bar{u}\approx0.0452,\bar{v}\approx3.8470,l_{uu}\approx0.0181,l_{uv}\approx-0.0663,l_{vv}\approx0.2451.$$

求 a_1 和 b 的估计值,可得

$$\hat{a}_1=3.8470-\frac{-0.0663}{0.0181}\times0.0452\approx4.0126,$$

$$\hat{b}=\frac{-0.0663}{0.0181}\approx-3.6630.$$

于是,V 关于 U 的经验回归直线方程为

$$\hat{v}=4.0126-3.6630u.$$

进一步计算得

$$SS_R = \frac{(-0.0663)^2}{0.0181} \approx 0.2429,$$

$$SS_E = 0.2451 - \frac{(-0.0663)^2}{0.0181} \approx 0.0022,$$

$$F_{观} = \frac{0.2429}{0.0022/(21-2)} \approx 2097.8.$$

因为 $F_{观} \approx 2097.8 > F_{0.01}(1,19) = 8.18$，所以 V 和 U 之间的线性相关关系是非常显著的.

（4）换回原变量可得

$$\ln \hat{y} = 4.0126 - \frac{3.6630}{x+9},$$

故 Y 关于 X 的经验回归曲线方程为

$$\hat{y} = e^{4.0126} e^{-3.6630/(x+9)} = 55.2904 e^{-3.6630/(x+9)}.$$

回归曲线的拟合效果如图 10.21 所示.

注 对于一元非线性回归，如何选取合适的回归曲线是一个难题，通常要用到专业知识，如果从专业上也无法判断，还可以根据散点图选取回归曲线，并且可能会有多种不同的回归曲线可供选择. 如何评价回归曲线的好坏呢？一个常用的指标是残差平方和 SS_E（或均方根误差 $\hat{\sigma}$），SS_E（或 $\hat{\sigma}$）越小，回归曲线越好.

第五节 综合例题

例 10.5.1 对于一元线性回归模型，证明：

（1）$\hat{a} \sim N\left(a, \left(\frac{1}{n} + \frac{\bar{x}^2}{l_{xx}}\right)\sigma^2\right)$；（2）$\hat{b} \sim N\left(b, \frac{\sigma^2}{l_{xx}}\right)$.

证明 令 $c_i = \frac{x_i - \bar{x}}{l_{xx}}$，由于

$$\sum_{i=1}^n (x_i - \bar{x}) = 0, l_{xx} = \sum_{i=1}^n (x_i - \bar{x})^2 = \sum_{i=1}^n (x_i - \bar{x})x_i,$$

可知

$$\sum_{i=1}^n c_i = 0, \sum_{i=1}^n c_i x_i = 1, \sum_{i=1}^n c_i^2 = \frac{1}{l_{xx}}.$$

由式(10.8)可知

$$\hat{b} = \frac{\sum_{i=1}^n (x_i - \bar{x})(y_i - \bar{y})}{l_{xx}} = \frac{\sum_{i=1}^n (x_i - \bar{x})y_i}{l_{xx}} = \sum_{i=1}^n c_i y_i, \quad (10.40)$$

于是

$$\hat{a} = \bar{y} - \hat{b}\bar{x} = \frac{1}{n}\sum_{i=1}^n y_i - \sum_{i=1}^n \bar{x} c_i y_i = \sum_{i=1}^n \left(\frac{1}{n} - \bar{x} c_i\right)y_i. \quad (10.41)$$

式(10.40)和式(10.41)表明 $\hat{a}$ 和 $\hat{b}$ 都是 $y_1, y_2, \cdots, y_n$ 的线性组合. 由式(10.4)可知 $y_1, y_2, \cdots, y_n$ 相互独立,并且

$$y_i \sim N(a+bx_i, \sigma^2), i=1,2,\cdots,n,$$

因此 $\hat{a}$ 和 $\hat{b}$ 均服从正态分布.

（1）由式(10.41)可知

$$E(\hat{a}) = \sum_{i=1}^{n}\left(\frac{1}{n}-\bar{x}c_i\right)E(y_i) = \sum_{i=1}^{n}\left(\frac{1}{n}-\bar{x}c_i\right)(a+bx_i)$$

$$= \frac{1}{n}\sum_{i=1}^{n}(a+bx_i) - a\bar{x}\sum_{i=1}^{n}c_i - b\bar{x}\sum_{i=1}^{n}c_i x_i = a,$$

$$D(\hat{a}) = \sum_{i=1}^{n}\left(\frac{1}{n}-\bar{x}c_i\right)^2 D(y_i) = \sigma^2 \sum_{i=1}^{n}\left(\frac{1}{n}-\bar{x}c_i\right)^2$$

$$= \sigma^2\left(\frac{1}{n} - \frac{2\bar{x}}{n}\sum_{i=1}^{n}c_i + \bar{x}^2\sum_{i=1}^{n}c_i^2\right) = \left(\frac{1}{n}+\frac{\bar{x}^2}{l_{xx}}\right)\sigma^2.$$

所以

$$\hat{a} \sim N\left(a, \left(\frac{1}{n}+\frac{\bar{x}^2}{l_{xx}}\right)\sigma^2\right).$$

（2）由式(10.40)可知

$$E(\hat{b}) = \sum_{i=1}^{n}c_i E(y_i) = \sum_{i=1}^{n}c_i(a+bx_i) = a\sum_{i=1}^{n}c_i + b\sum_{i=1}^{n}c_i x_i = b,$$

$$D(\hat{b}) = \sum_{i=1}^{n}c_i^2 D(y_i) = \sigma^2 \sum_{i=1}^{n}c_i^2 = \frac{\sigma^2}{l_{xx}},$$

所以

$$\hat{b} \sim N\left(b, \frac{\sigma^2}{l_{xx}}\right).$$

例 10.5.2 汽车驾驶员在行驶中遇到突发事件会紧急制动,从驾驶员决定制动到完全停止这段时间内汽车行驶的距离称为制动距离.基于生活经验可知汽车的制动距离 s 与车速 v 近似满足 $s = b_1 v + b_2 v^2$.现通过实验得到某路段制动距离与车速的观测数据见表 10.10.

表 10.10　制动距离与车速的观测数据

车速 v/(km/h)	20	40	60	80	100	120	140
刹车距离 s/m	6.5	17.8	33.6	57.1	83.4	118.0	153.5

求 s 关于 v 的回归方程.

解　令 $x_1 = v, x_2 = v^2, y = s$,则 s 与 v 的经验公式 $s = b_1 v + b_2 v^2$ 变为

$$y = b_1 x_1 + b_2 x_2.$$

s 关于 v 的一元多项式回归化为 Y 关于 X_1, X_2 的二元线性回归,并且回归方程中不含常数项.利用本例中已给数据计算得 X_1, X_2, Y 的数据见表 10.11.

表 10.11 X_1, X_2, Y 的数据

x_1	20	40	60	80	100	120	140
x_2	400	1600	3600	6400	10000	14400	19600
y	6.5	17.8	33.6	57.1	83.4	118.0	153.5

令

$$X = \begin{pmatrix} 20 & 40 & \cdots & 140 \\ 400 & 1600 & \cdots & 19600 \end{pmatrix}^{\mathrm{T}}, Y = (6.5, 17.8, \cdots, 153.5)^{\mathrm{T}}.$$

由式(10.31)可得参数 b_1, b_2 的估计值为

$$\begin{pmatrix} \hat{b}_1 \\ \hat{b}_2 \end{pmatrix} = (X^{\mathrm{T}} X)^{-1} X^{\mathrm{T}} Y \approx \begin{pmatrix} 0.1812 \\ 0.0066 \end{pmatrix},$$

所以,s 关于 v 的经验回归方程为

$$\hat{s} = 0.1812v + 0.0066v^2.$$

回归曲线的拟合效果如图 10.22 所示.

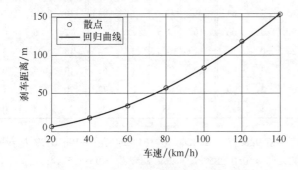

图 10.22 散点与回归曲线图

习题十:基础达标题

1. 为了研究老鼠体内血糖的减少量 Y 和注射胰岛素 A 的剂量 X 的关系,将同样条件下繁殖的 10 只老鼠注射不同剂量的胰岛素 A,观测数据(单位:g)见表 10.12.

习题十:
基础达标题解答

表 10.12

胰岛素剂量 x	0.20	0.25	0.30	0.35	0.40	0.45	0.50	0.55	0.60	0.65
血糖减少量 y	28	34	35	44	47	50	54	56	65	66

经计算得 $\bar{x} = 0.425, \bar{y} = 47.9, l_{xx} \approx 0.2063, l_{xy} = 17.425, l_{yy} = 1498.9$.

(1) 求 Y 关于 X 的一元线性回归方程;

(2) 对回归方程进行显著性检验(取 $\alpha = 0.05$);

(3) 若胰岛素剂量 $x_0 = 0.70$,求相应的血糖减少量 y_0 的预测值和置信水平为 95% 的预测区间.

2. 考察硫酸铜晶体在 100g 水中的溶解量 Y(g)与温度 X(℃)间的相关关

系时,做了 9 组独立试验,结果见表 10.13.

表 10.13

温度 x	0	10	20	30	40	50	60	70	80
溶解量 y	14.0	17.5	21.2	26.1	29.2	33.3	40.0	48.0	54.8

经计算得 $\bar{x}=40, \bar{y} \approx 31.567, l_{xx}=6000, l_{xy} \approx 2995, l_{yy} \approx 1533.38$.

(1) 求 Y 关于 X 的一元线性回归方程;

(2) 对回归方程进行显著性检验(取 $\alpha=0.05$);

(3) 若温度 $x_0=45℃$,求相应的溶解量 y_0 的预测值和置信水平为 95% 的预测区间.

3. 某人记录了 21 天每天使用空调器的时间 X_1(h)和使用烘干器的次数 X_2,并监视电表以计算出每天的耗电量 Y(kW·h),数据见表 10.14.

表 10.14

序号	x_1	x_2	y	序号	x_1	x_2	y	序号	x_1	x_2	y
1	1.5	1	35	8	8	1	66	15	7.5	1	62
2	4.5	2	63	9	12.5	1	94	16	12	1	85
3	5	2	66	10	7.5	2	82	17	6	0	43
4	2	0	17	11	6.5	3	78	18	2.5	3	57
5	8.5	3	94	12	8	1	65	19	5	0	33
6	6	3	79	13	7.5	2	77	20	7.5	1	65
7	13.5	1	93	14	8	2	75	21	6	0	33

经计算得 $\bar{x}_1 \approx 6.9286, \bar{x}_2 \approx 1.4286, \bar{y} \approx 64.8571, l_{11} \approx 196.6429, l_{12} \approx -1.8571$, $l_{22} \approx 21.1429, l_{1y} \approx 1050.2857, l_{2y} \approx 269.2857, l_{yy} \approx 9578.5714$.

(1) 求变量 X_1, X_2, Y 的相关系数矩阵;

(2) 求 Y 关于 X_1, X_2 的二元线性回归方程;

(3) 对回归方程进行显著性检验(取 $\alpha=0.05$).

4. 某城市 2016 年 1 月~12 月的月平均气温(℃)数据依次为

7.9　10.6　15.0　17.9　19.7　20.5　20.6　20.8　18.3　17.3　12.7　10.1

试根据以上数据求月平均气温 Y 关于月份 X 的回归方程 $\hat{y}=\hat{b}_0+\hat{b}_1 x+\hat{b}_2 x^2$.

5. 为了检验 X 射线的杀菌作用,用 200kV 的 X 射线照射杀菌,每次照射 6min,照射次数为 X,照射后所剩细菌数为 Y,试验结果见表 10.15.

表 10.15

x	y	x	y	x	y
1	783	8	154	15	28
2	621	9	129	16	20
3	433	10	103	17	16
4	431	11	72	18	12
5	287	12	50	19	9
6	251	13	43	20	7
7	175	14	31	21	4

根据经验可知 Y 关于 X 的曲线回归方程形如 $\hat{y}=ae^{bx}$,试求 a, b 的估计值.

习题十:综合提高题

1. 在一元线性回归分析中,对于给定的 $X=x_0$,相应的因变量 Y 的取值记为 y_0,y_0 的点预测为 $\hat{y}_0 = \hat{a} + \hat{b}x_0$.证明:$\hat{y}_0 \sim N\left(a+bx_0, \left[\dfrac{1}{n} + \dfrac{(x_0-\bar{x})^2}{l_{xx}}\right]\sigma^2\right)$.

习题十:
综合提高题解答

2. 一种物质吸附另一种物质的能力与温度有关.现通过试验测定在不同温度 $X(℃)$ 下吸附的重量 $Y(mg)$,结果见表 10.16.

表 10.16

x	1.5	1.8	2.4	3.0	3.5	3.9	4.4	4.8	5.0
y	4.8	5.7	7.0	8.3	10.9	12.4	13.1	13.6	15.3

(1) 根据表 10.16 中的数据绘制散点图;
(2) 求吸附重量 Y 关于温度 X 的一元线性回归方程;
(3) 对回归方程进行显著性检验(取 $\alpha=0.05$);
(4) 估计温度为 $6℃$ 时的吸附重量.

3. 抽查某中学 16 名学生的体测成绩,数据见表 10.17.

表 10.17

序号	身高 x_1/cm	体重 x_2/kg	肺活量 y/L
1	174.2	61.6	4.415
2	165.9	57	3.467
3	175.2	61.3	4.560
4	176.2	55.4	4.681
5	170.5	63.4	4.752
6	175.8	57.1	4.557
7	171.3	57.8	3.856
8	169.9	66.3	4.776
9	165.1	59.7	3.983
10	161.9	52.2	2.918
11	170.1	51.9	4.095
12	169.4	55.5	4.238
13	157.4	46.3	2.475
14	159.2	53	2.422
15	166.7	60.2	4.275
16	168.7	51.7	3.544

求肺活量 Y 关于身高 X_1 和体重 X_2 的二元线性回归方程,并对回归方程进行显著性检验(取 $\alpha=0.05$).

4. 请根据例 10.1.1 中的人体耗氧能力测试数据(见表 10.1),求耗氧能力 Y 与诸因素的多元线性回归方程.

5. 重新考虑例 10.4.1,假设头围 Y 关于月龄 X 的理论回归方程为 $\hat{y} = ae^{\frac{b}{x+c}}$,其中 a,b,c 为未知参数.试求 a,b,c 的估计值.

第十一章

概率论与数理统计在 Python 中的实现

概率论与数理统计主要研究大量随机现象的规律性,需要处理大量的样本数据,这离不开计算机的辅助,常用的统计软件有 SPSS、SAS、R、MATLAB、Python 等.其中 Python 软件因为其开源免费,同时使用简单,对初学者非常友好而越来越受欢迎.本章主要介绍概率论与数理统计如何通过 Python 来实现.

第一节　Python 简介

Python 是 20 世纪 80 年代末和 90 年代初由 Guido van Rossum 在荷兰国家数学和计算机科学研究所设计出来的,Python 借鉴了 ABC、Modula-3、C、C++、Algol-68、SmallTalk、Unix shell 等语言的特点,Python 源代码遵循 GPL(GNU General Public License)协议,作为开源软件,现在 Python 由一个核心开发团队在维护,Guido van Rossum 仍然发挥着至关重要的作用,指导其进展.目前应用较为广泛的版本是 Python 3.X,本书代码基于 Python 3.9 版本,推荐使用包含常用包的发行版本 Anaconda.

Python 主要特点如下:

(1)易于学习:Python 有相对较少的关键字,语法结构简单明确,学习起来更加容易;

(2)易于阅读:Python 代码接近英语自然语言,结构清晰;

(3)易于维护:Python 的源代码容易维护,同时 Python 是跨平台的,在 UNIX、Windows、Linux 和 Mac OS 等系统上都具有很好的兼容性;

(4)功能全面:Python 有各种各样的库和包,可以实现科学计算、大数据与可视化、机器学习与人工智能、Web 开发等各种各样的需求.

第二节　生成随机数

Python 中生成随机数常用的包是 random 和 numpy.

一、random 包

载入 random 包,包的属性和方法可通过 dir(random)命令查看.

```
# 载入 random 包
import random
# dir(random)
```

（1）生成随机整数

random. randint(a,b),生成 a,b 之间的随机整数,a<= * <=b.

```
# 随机生成 0 或 1
print(random. randint(0,1))
```

结果输出：

```
0
```

（2）生成随机浮点数

random. random( ),生成[0,1)之间的随机浮点数.

```
#　生成[0,1)之间的随机浮点数,包含 0,不包含 1
print(random. random())
```

结果输出：

```
0.7564684000212388
```

random. uniform(a,b),生成(a,b)范围之间的随机浮点数,a< * <b.

```
# 生成(1,2)之间的随机数,不包含 1 和 2
print(random. uniform(1,2))
```

结果输出：

```
1.420951604682351
```

（3）从给定序列中随机抽取

random. choices(list,k),从 list 序列中有放回的随机抽取 k 个元素.

```
# 样本为 0 到 9 共 10 个整数
sample=list(range(10))
# 有放回选择 k 个
print(random. choices(sample,k=8))
```

结果输出：

```
[7,0,1,7,1,1,0,6]
```

（4）将给定序列随机排序

random.shuffle(list)，将 list 序列中的元素随机排序.

```
# 将 0 到 9 随机排列
list1 = list(range(10))
random.shuffle(list1)
print(list1)
```

结果输出：

```
[0,8,6,1,7,5,9,3,4,2]
```

二、NumPy 库

NumPy 库支持高维数组与矩阵运算，类似于 MATLAB，并且也针对数组运算提供大量的数学函数.

```
# 载入 numpy
import numpy as np
```

（1）生成指定维度的随机矩阵

numpy.random.rand($d0,d1,\cdots,dn$)，生成指定维度的矩阵，矩阵中的元素服从 $[0,1]$ 之间的均匀分布.

```
# 生成数组
print(np.random.rand(10))
```

结果输出：

```
[0.35126599 0.82628593 0.48208211 0.53179493 0.33162391
 0.29948761 0.8001348 0.01064066 0.81428323 0.63748023]
```

随机生成指定维数的多维矩阵.

```
# 生成矩阵
print(np.random.rand(3,5))
```

结果输出：

```
[[0.2597534  0.92095253 0.6280204  0.84423574 0.0443586 ]
 [0.32339646 0.90528001 0.18905966 0.41156665 0.78852441]
 [0.61989618 0.99694496 0.53733024 0.86568899 0.69761132]]
```

（2）随机抽样

numpy.random.choice(sample,size,replace)，从样本中选择指

定数量的样本点,可以选择放回抽样和不放回抽样.

```
# 放回抽样
sample=['红','黄','绿']
print(np.random.choice(sample,size=2,replace=
True))
```

结果输出:

```
['红''绿']
```

```
# 不放回抽样
sample=['红','黄','绿']
print(np.random.choice(sample,size=2,replace=
False))
```

结果输出:

```
['黄''红']
```

第三节　古典概率及其模型

古典概型是最常见、最直观的概率论模型,也是概率论的起源,在密码学、经济学、管理学等学科中具有重要的应用.

一、掷硬币问题

通过掷硬币观察正反面结果是古典概型的经典问题,它出现的样本点是有限的且等可能性的,结果为 1 表示出现正面,结果为 0 表示出现反面,下面的代码模拟了正面出现的频率随着试验次数增加的变化情况.

```
# 载入库
import random
import numpy as np
import matplotlib.pyplot as plt

# 最大试验次数
n_max=10000
n=np.arange(1,n_max+1,1)
# 正面出现频数
frequency=np.zeros(n_max)
```

```
for x in n:
    result=random.randint(0,1)
    if x<2:
        frequency[x-1]=result
    else:
        frequency[x-1]=frequency[x-2]+result
# 正面出现频率
frequency_percent=frequency/n
# 可视化结果
plt.figure() # 创建画布
plt.rcParams['font.sans-serif']='SimHei'# 字体支持
plt.plot(n,frequency_percent) # 折线图
plt.title('试验次数与正面出现频率的关系') # 标题
plt.xlabel('试验次数') # 标签
plt.ylabel('正面出现频率',rotation=90)
```

从图 11.1 可以看出,随着试验次数的增加,正面出现的频率越来越接近 0.5.可以修改程序中试验次数 n_max 的数值,进一步理解频率与概率的关系.

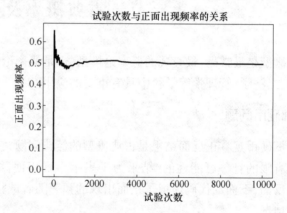

图 11.1 掷硬币次数与正面出现频率的关系图

二、 掷骰子问题

掷骰子同样是古典概型中的经典问题,以下代码模拟掷骰子次数与出现 1 点、3 点、6 点的频率的关系.

```
# 载入库
import random
import numpy as np
import matplotlib.pyplot as plt
```

```python
# 最大试验次数
n_max=10000
n=np.arange(1,n_max+1,1)
# 样本空间
sample=list(range(1,7))
# 1 点出现频数
frequency1=np.zeros(n_max)
# 3 点出现频数
frequency3=np.zeros(n_max)
# 6 点出现频数
frequency6=np.zeros(n_max)
for x in n:
    result=random.choice(sample)
    if x<2:
        if result==1:
            frequency1[x-1]=1
        elif result==3:
            frequency3[x-1]=1
        elif result==6:
            frequency6[x-1]=1
    else:
        if result==1:
            frequency1[x-1]=frequency1[x-2]+1
            frequency3[x-1]=frequency3[x-2]
            frequency6[x-1]=frequency6[x-2]
        elif result==3:
            frequency3[x-1]=frequency3[x-2]+1
            frequency1[x-1]=frequency1[x-2]
            frequency6[x-1]=frequency6[x-2]
        elif result==6:
            frequency6[x-1]=frequency6[x-2]+1
            frequency1[x-1]=frequency1[x-2]
            frequency3[x-1]=frequency3[x-2]
        else:
            frequency1[x-1]=frequency1[x-2]
            frequency3[x-1]=frequency3[x-2]
            frequency6[x-1]=frequency6[x-2]
# 出现频率
frequency1_percent=frequency1/n
```

```
frequency3_percent=frequency3/n
frequency6_percent=frequency6/n

# 可视化结果
plt.figure()
plt.rcParams['font.sans-serif']='SimHei'
plt.plot(n,frequency1_percent)
plt.plot(n,frequency3_percent)
plt.plot(n,frequency6_percent)
plt.legend(['1点','3点','6点'])
plt.title('试验次数与点数出现频率的关系')
plt.xlabel('试验次数')
plt.ylabel('点数出现频率',rotation=90)
```

从图 11.2 可以看出,随着试验次数的增加,出现 1 点、3 点、6 点的频率都趋近于 $\frac{1}{6}$.同样可以修改程序中试验次数 n_max 的数值,观察曲线的变化.

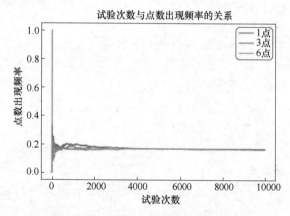

图 11.2　掷骰子次数与点数出现频率的关系图

三、抽样问题

例 11.3.1　假设有 10 个球,其中 7 个白球,3 个黑球,求:
(1) 无放回地取 3 个,刚好取得 2 个白球的概率;
(2) 有放回地取 3 个,刚好取得 2 个白球的概率.

该问题可通过 np.random.choice 随机模拟计算,也可以通过公式直接计算.下面的代码分别采用两种方式计算,并对结果进行对比.首先创建样本:

```
import random
import numpy as np
```

```python
import math
import itertools

# 样本点数 n
n=10
# 白球 n1 个
sample_point1='白球'
n1=7
# 黑球 n2 个
sample_point2='黑球'
n2=3
# 构建样本
sample=[]
for x in range(n1):
    sample.append(sample_point1)
for x in range(n2):
    sample.append(sample_point2)
print(sample)
```

结果输出:

```
['白球','白球','白球','白球','白球','白球','白球',
'黑球','黑球','黑球']
```

（1）使用 np. random. choice 随机模拟

```python
# (1) 计算无放回地取 3 个,刚好取得 2 个白球的概率
# 试验次数
nn=10000
# 满足要求的样本点数
mm=0
for x in range(nn):
    xx=np. random. choice(sample,size=3,replace=
False)
    # 选出满足要求的样本点
    if (sum(xx == '白球')==2):
        mm=mm+1
print('无放回地取 3 个,刚好取得 2 个白球的概率为
{:.4f}%'. format(100 * mm/nn))

# (2) 计算有放回地取 3 个,刚好取得 2 个白球的概率
```

```
# 试验次数
nn=10000
# 满足要求的样本点数
mm=0
for x in range(nn):
    xx=np.random.choice(sample,size=3,replace=
True)
    # 选出满足要求的样本点
    if (sum(xx=='白球')==2):
        mm=mm+1
print('有放回地取3个,刚好取得2个白球的概率为
{:.4f}%'.format(100*mm/nn))
```

结果输出:

无放回地取 3 个,刚好取得 2 个白球的概率为 52.6300%
有放回地取 3 个,刚好取得 2 个白球的概率为 43.6900%

（2）使用公式计算

```
# 定义计算组合数函数
def combinations(n,m):
    result=math.factorial(n)/math.factorial(n-
m)/math.factorial(m)
    return result


#（1）计算无放回地取3个,刚好取得2个白球的概率
print('无放回地取3个,刚好取得2个白球的理论概率为
{:.4f}%'.format(combinations(n1,2)*combinations
(n2,1)*100/combinations(n,3)))


#（2）计算有放回地取3个,刚好取得2个白球的概率
print('有放回地取3个,刚好取得2个白球的概率为
{:.4f}%'.format(100*combinations(3,2)*(n1/n)*
*2*(n2/n)**1))
```

结果输出:

无放回地取 3 个,刚好取得 2 个白球的理论概率为 52.5000%
有放回地取 3 个,刚好取得 2 个白球的概率为 44.1000%

可见,当模拟 10000 次时,其结果和理论值误差小于百分之一.

第四节　随机变量及其分布

本节介绍了离散型和连续型随机变量的常见分布在 Python 中的实现.库 scipy 中的 stats 模块可以很方便地计算常见分布的概率函数和分布函数.

一、离散型随机变量

（1）超几何分布

超几何分布的概率函数和分布函数分别如图 11.3 和图 11.4 所示.绘制代码如下：

```python
import numpy as np
# 载入统计模块
from scipy import stats
# 载入可视化模块
import matplotlib.pyplot as plt
plt.rcParams['font.sans-serif']=[u'SimHei']
plt.rcParams['axes.unicode_minus']=False
# 总产品数
N=10
# 次品数
M=3
# 抽取次数
n=5
# 初始化随机变量
X=np.arange(0,n+1,1)
# 求随机变量取值对应的概率
pList1=stats.hypergeom.pmf(X,N,M,n)
# 概率分布可视化
plt.figure()
plt.plot(X,pList1,linestyle='None',marker='o')
plt.vlines(X,0,pList1)
plt.xlabel('次品数')
plt.ylabel('概率值')
plt.title('超几何分布:N=%i,M=%i,n=%i'%(N,M,n))
```

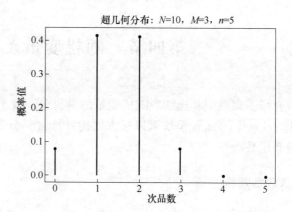

图 11.3　超几何分布的概率分布图

```
# 求随机变量取值对应的分布函数
pList2 = stats.hypergeom.cdf(X,N,M,n)
# 分布函数可视化
plt.figure()
plt.plot(X,pList2,linestyle = 'None',marker = 'o')
Y = np.append(X,n+1)
plt.hlines(pList2,X,Y[1:])
plt.vlines(X,0,pList2,linestyle = '--')
plt.xlabel('次品数')
plt.ylabel('分布函数值')
plt.title('超几何分布:N = %i,M = %i,n = %i'%(N,M,n))
```

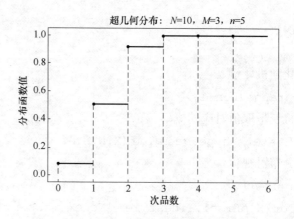

图 11.4　超几何分布的分布函数图

（2）二项分布

二项分布的概率函数和分布函数分别如图 11.5 和图 11.6 所示.绘制代码如下：

```
# 试验次数
n=10
# 每次试验成功的概率
p=0.5
# 初始化随机变量
X=np.arange(0,n+1,1)
# 求随机变量取值对应的概率
pList1=stats.binom.pmf(X,n,p)
# 概率分布可视化
plt.figure()
plt.plot(X,pList1,linestyle='None',marker='o')
plt.vlines(X,0,pList1)
plt.xlabel('试验发生次数')
plt.ylabel('概率值')
plt.title('二项分布:n=%i,p=%0.2f'%(n,p))
```

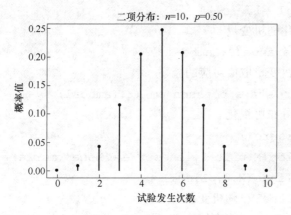

图 11.5　二项分布的概率分布图

```
# 求随机变量取值对应的分布函数
pList2=stats.binom.cdf(X,n,p)
# 分布函数可视化
plt.figure()
plt.plot(X,pList2,linestyle='None',marker='o')
Y=np.append(X,n+1)
plt.hlines(pList2,X,Y[1:])
plt.vlines(X,0,pList2,linestyle='--')
plt.xlabel('试验发生次数')
plt.ylabel('分布函数值')
plt.title('二项分布:n=%i,p=%0.2f'%(n,p))
```

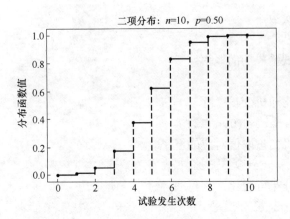

图 11.6   二项分布的分布函数图

（3）泊松分布

泊松分布的概率函数和分布函数分别如图 11.7 和图 11.8 所示.绘制代码如下：

```
# 参数
lambda1 =10
# 初始化随机变量
X=np.arange(0,lambda1 * 2,1)
# 求随机变量取值对应的概率
pList1=stats.poisson.pmf(X,lambda1)
# 概率分布可视化
plt.figure()
plt.plot(X,pList1,linestyle='None',marker='o')
plt.vlines(X,0,pList1)
plt.xlabel('随机变量')
plt.ylabel('概率值')
plt.title('泊松分布:$\lambda $=%.2f'%lambda1)
```

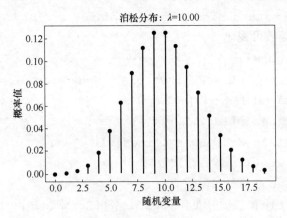

图 11.7   泊松分布的概率分布图

```
# 求随机变量取值对应的分布函数
pList2=stats.poisson.cdf(X,lambda1)
# 分布函数可视化
plt.figure()
plt.plot(X,pList2,linestyle='None',marker='o')
Y=np.append(X,lambda1*2+1)
plt.hlines(pList2,X,Y[1:])
plt.vlines(X,0,pList2,linestyle='--')
plt.xlabel('随机变量')
plt.ylabel('分布函数值')
plt.title('泊松分布:$\lambda $=%.2f'%lambda1)
```

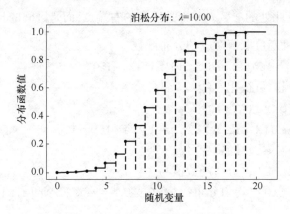

图 11.8　泊松分布的分布函数图

二、连续型随机变量

（1）均匀分布

均匀分布的密度函数和分布函数分别如图 11.9 和图 11.10 所示.绘制代码如下：

```
# 参数
a,b=-1,1
# 随机变量
X=np.arange(3*a,3*b,0.1)
# 求密度函数
pList1=stats.uniform.pdf(X,a,b)
# 可视化
plt.plot(X,pList1,linestyle='-')
plt.xlabel('随机变量')
plt.ylabel('密度函数值')
plt.title('均匀分布:a=%0.2f,b=%0.2f'%(a,b))
```

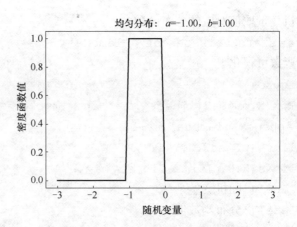

图 11.9   均匀分布的密度函数图

注意此处的参数 b 并不是区间的右端点,而是区间的长度.

```
# 求随机变量取值对应的分布函数
pList2 = stats.uniform.cdf(X,a,b)
# 分布函数可视化
plt.figure()
plt.plot(X,pList2,linestyle = '-')
plt.xlabel('随机变量')
plt.ylabel('分布函数值')
plt.title('均匀分布:a =%0.2f,b=%0.2f'%(a,b))
```

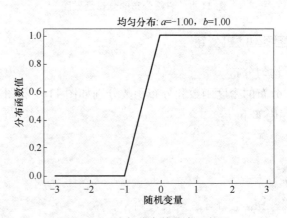

图 11.10   均匀分布的分布函数图

（2）指数分布

指数分布的密度函数和分布函数分别如图 11.11 和图 11.12 所示.绘制代码如下:

```
# 参数
lambda1 = 0.2
# 随机变量
```

```
X=np.arange(0,20,0.1)
# 求密度函数
pList1=stats.expon.pdf(X,lambda1)
# 可视化
plt.plot(X,pList1,linestyle='-')
plt.xlabel('随机变量')
plt.ylabel('密度函数值')
plt.title('指数分布:$\lambda $=%.2f'%lambda1)
```

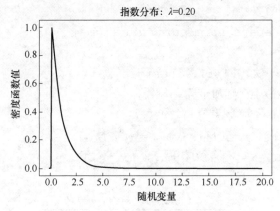

图 11.11 指数分布的密度函数图

```
# 求分布函数
pList2=stats.expon.cdf(X,lambda1)
# 可视化
plt.plot(X,pList2,linestyle='-')
plt.xlabel('随机变量')
plt.ylabel('分布函数值')
plt.title('指数分布:$\lambda $=%.2f'%lambda1)
```

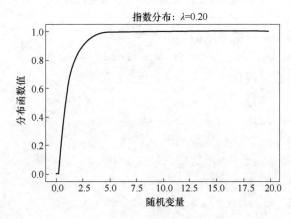

图 11.12 指数分布的分布函数图

（3）正态分布

正态分布的密度函数和分布函数分别如图 11.13 和图 11.14 所示.绘制代码如下：

```
#平均值
mu=0
#标准差
sigma=1
# 随机变量
X=np.arange(-5,5,0.1)
# 求密度函数
pList1=stats.norm.pdf(X,mu,sigma)
# 可视化
plt.plot(X,pList1,linestyle='-')
plt.xlabel('随机变量')
plt.ylabel('概率值')
plt.title('正态分布:$\mu $=%0.2f,
 $\sigma^2 $=%0.2f'%(mu,sigma**2))
```

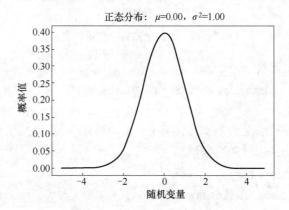

图 11.13　正态分布的密度函数图

```
# 求随机变量取值对应的分布函数
pList2=stats.norm.cdf(X,mu,sigma)
# 分布函数可视化
plt.figure()
plt.plot(X,pList2,linestyle='-')
plt.xlabel('随机变量')
plt.ylabel('分布函数值')
plt.title('正态分布:$\mu $=%0.2f,
 $\sigma^2 $=%0.2f'%(mu,sigma**2))
```

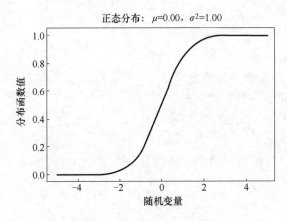

图 11.14　正态分布的分布函数图

除以上分布外,Python 的 scipy. stats 模块提供了大量的其他经典分布函数,可通过 pmf 和 pdf 分别调用离散型随机变量的概率函数和连续型随机变量的密度函数,通过 cdf 调用分布函数,详细情况可通过 help(stats) 命令查看.

三、二维随机变量的边缘分布与联合分布

(1) 离散型随机变量

离散型随机变量的分布可通过 numpy 工具箱进行计算,示例如下:

例 11.4.1　设二维离散型随机变量(X,Y)的联合分布为

X	Y		
	-1	0	1
0	0.1	0.2	0.2
1	0.2	0.1	0.2

求:(1) 随机变量 X,Y 的边缘分布;

(2) 联合分布函数 $F(1,0)$.

```python
import numpy as np
# 联合分布矩阵
x=np.array([0,1])
y=np.array([-1,0,1])
pxy=np.array([[0.1,0.2,0.2],[0.2,0.1,0.2]])
# X 的边缘分布
px=pxy.sum(axis=1)
print('X 的边缘分布')
print(px)
# Y 的边缘分布
```

```
py=pxy.sum(axis=0)
print('Y 的边缘分布')
print(py)
# (X,Y)的联合分布函数
p1=pxy[x<=1,:]
p2=p1[:,y<=0]
F=p2.sum()
print('随机变量(X,Y)的联合分布函数 F(1,0)取值为 %.
4f'%F)
```

结果输出:

```
X 的边缘分布
[0.5 0.5]
Y 的边缘分布
[0.3 0.3 0.4]
随机变量(X,Y)的联合分布函数 F(1,0)取值为 0.6000
```

（2）连续型随机变量

连续型随机变量的边缘密度、边缘分布和联合分布函数可通过符号计算工具包 sympy 实现,示例如下:

例 11.4.2　设二维连续型随机变量(X,Y)的联合密度为

$$f(x,y)=\begin{cases} 6x, & 0<x\leqslant y<1, \\ 0, & \text{其他.} \end{cases}$$

求边缘密度函数、边缘分布函数和联合分布函数.

求边缘密度函数的代码如下:

```
# 载入符号运算包
from sympy import *
# 定义符号变量
x=Symbol('x')
y=Symbol('y')
# 边缘密度
fx=integrate(6*x,(y,x,1))
print('X(0<x<1)的边缘密度函数为:')
print(fx)
fy=integrate(6*x,(x,0,y))
print('Y(0<y<1)的边缘密度函数为:')
print(fy)
```

结果输出:

X(0<x<1)的边缘密度函数为:
-6 * x * * 2+6 * x
Y(0<y<1)的边缘密度函数为:
3 * y * * 2

求边缘分布函数的代码如下:

```
# 边缘分布
F1 = integrate(6 * x,(y,x,1))
Fx = integrate(F1,(x,0,x))
print('X(0<x<1)的边缘分布函数为:')
print(Fx)
F2 = integrate(6 * x,(x,0,y))
Fy = integrate(F2,(y,0,y))
print('Y(0<y<1)的边缘分布函数为:')
print(Fy)
```

结果输出:

X(0<x<1)的边缘分布函数为:
-2 * x * * 3+3 * x * * 2
Y(0<y<1)的边缘分布函数为:
y * * 3

求联合分布函数的代码如下:

```
# 联合分布
F3 = integrate(6 * x,(y,x,y))
Fxy = integrate(F3,(x,0,x))
print('(X,Y)(0<x<=y<1)的联合分布函数为:')
print(Fxy)
```

结果输出:

(X,Y)(0<x<=y<1)的联合分布函数为:
-2 * x * * 3+3 * x * * 2 * y

第五节　随机变量的数字特征

本节介绍使用 Python 求随机变量数字特征的方法以及常见分布的数字特征的 Python 实现.

一、数学期望

离散型随机变量的期望可以通过 numpy 库的内积运算来计算,示例如下:

例 11.5.1　已知离散型随机变量 X 的概率分布为

X	-1	0	1	3
$P(x_i)$	0.1	0.2	0.3	0.4

求 $E(X)$.

```
import numpy as np
x=np.array([-1,0,1,3])
px=np.array([0.1,0.2,0.3,0.4])
Ex =x.dot(px)
print('随机变量 X 的数学期望为 %.4f'%Ex)
```

结果输出:

随机变量 X 的数学期望为 1.4000

连续型随机变量的期望可以通过 scipy 库的数值积分来计算,示例如下:

例 11.5.2　已知连续型随机变量 X 的密度函数为

$$f(x)=\begin{cases} 2x, & 0<x<1, \\ 0, & 其他, \end{cases}$$

求 $E(x)$.

```
# 载入积分模块
from scipy import integrate

# 定义函数
def f(x):
    return 2*x*x

# quad 方法可以返回积分结果和误差
result=integrate.quad(f,0,1)
print('随机变量 X 的数学期望为 %.4f'%result[0])
```

结果输出:

随机变量 X 的数学期望为 0.6667

经典分布(如 0-1 分布、二项分布、超几何分布、泊松分布、均匀分布、指数分布、正态分布等)也可以调用 scipy.stats 来计算,这

些经典分布对象拥有计算数学期望的 expect 函数,该函数常见分布
的调用接口如表 11.1 所列.

表 11.1　scipy. stats 中常见分布期望的调用接口

分布	调用接口	参数
bernoulli(0-1 分布)	expect(func,args＝(p,))	func:随机变量函数,缺省值为 x;args:传递分布参数 p
binom(二项分布)	expect(func,args＝(n,p))	func 与上同,args:传递分布参数(n,p)
hypergeom(超几何分布)	expect(func,args＝(N,M,n))	func 与上同,args:传递分布参数(N,M,n)
poisson(泊松分布)	expect(func,args＝(mu,))	func 与上同,args:传递分布参数 λ
uniform(均匀分布)	expect(func,loc＝0,scale＝1)	func 与上同,loc:传递分布参数 a,缺省值为 0,scale:传递分布参数 b-a,缺省值为 1
expon(指数分布)	expect(func,scale＝1)	func 与上同,scale:传递分布参数 λ,缺省值为 1
norm(正态分布)	expect(func,loc＝0,scale＝1)	func 与上同,loc:传递分布参数 μ,缺省值为 0,scale:传递分布参数 σ,缺省值为 1

以离散型随机变量的超几何分布和连续型随机变量的正态分
布为例,示例如下:

```
# 离散型随机变量:超几何分布
from scipy. stats import hypergeom
exp1＝hypergeom. expect(args＝(100,10,20))
print("参数为%d,%d,%d 的超几何分布的数学期望为 %.
4f" %(100,10,20,exp1))
```

结果输出:

参数为 100,10,20 的超几何分布的数学期望为 2.0000

```
# 连续型随机变量:正态分布
from scipy. stats import norm
exp2＝norm. expect(loc＝2.5,scale＝1)
print("参数为%.2f,%.2f 的正态分布的数学期望为 %.
4f" %(2.5,1,exp2))
```

结果输出:

参数为 2.50,1.00 的正态分布的数学期望为 2.5000

二、方差和标准差

按照方差的定义可通过数学期望的计算方法来求方差和标准
差,示例如下:

例 11.5.3　已知离散型随机变量 X 的概率分布为

X	-1	0	1	3
$P(x_i)$	0.1	0.2	0.3	0.4

求方差 $D(X)$ 和标准差 $\sigma(X)$.

```python
import numpy as np
import math

x=np.array([-1,0,1,3])
px=np.array([0.1,0.2,0.3,0.4])
Dx=np.square(x).dot(px)-(x.dot(px))**2
print('随机变量 X 的方差为 %.4f,标准差为%.4f'%(Dx,
math.sqrt(Dx)))
```

结果输出:

随机变量 X 的方差为 2.0400,标准差为 1.4283

例 11.5.4 已知连续型随机变量 X 的密度函数为
$$f(x)=\begin{cases}2x, & 0<x<1, \\ 0, & \text{其他,}\end{cases}$$
求方差 $D(X)$ 和标准差 $\sigma(X)$.

```python
from scipy import integrate

# 定义函数
def f1(x):
    return 2*x*x
def f2(x):
    return 2*x*x*x

# 积分
result1=integrate.quad(f1,0,1)
result2=integrate.quad(f2,0,1)
Dx=result2[0]-result1[0]**2

print('随机变量 X 的方差为 %.4f,标准差为%.4f'%(Dx,
math.sqrt(Dx)))
```

结果输出:

随机变量 X 的方差为 0.0556,标准差为 0.2357

Python 的 scipy.stats 包提供了常见分布计算方差和标准差的

函数接口,参数与计算期望相同,见表 11.2 所列.

表 11.2　scipy. stats 中常见分布方差的调用接口

分布	方差	标准差
bernoulli(0-1 分布)	var(func,p)	std(func,p)
binom(二项分布)	var(func,n,p)	std(func,n,p)
hypergeom(超几何分布)	var(func,N,M,n)	std(func,N,M,n)
poisson(泊松分布)	var(func,mu)	std(func,mu)
uniform(均匀分布)	var(func,loc=0,scale=1)	std(func,loc=0,scale=1)
expon(指数分布)	var(func,scale=1)	std(func,scale=1)
norm(正态分布)	var(func,loc=0,scale=1)	std(func,loc=0,scale=1)

以离散型随机变量中的泊松分布和连续型随机变量中的指数分布为例,示例如下:

```
# 离散型随机变量:泊松分布
from scipy. stats import poisson
var1=poisson. var(100)
std1=poisson. std(100)
print("参数为%d 的泊松分布的方差为 %.4f,标准差为%.4f" %(100,var1,std1))
```

结果输出:

```
参数为 100 的泊松分布的方差为 100.0000,标准差为 10.0000
```

```
# 连续型随机变量:指数分布
from scipy. stats import expon
var2=expon. var(scale=0.001)
std2=expon. std(scale=0.001)
print("参数为%.3f 的指数分布的方差为 %.4f,标准差为%.4f" %(0.001,var2,std2))
```

结果输出:

```
参数为 0.001 的指数分布的方差为 0.0000,标准差为 0.0010
```

经典分布的中心矩、原点矩可类似计算,可使用以下命令查看详细帮助文档.

```
help(scipy. stats. moment)
```

三、　协方差和相关系数

例 11.5.5　设二维离散型随机变量(X,Y)的联合分布如下:

X	Y		
	-1	0	1
0	0.1	0.2	0.2
1	0.2	0.1	0.2

计算协方差 $\mathrm{Cov}(X,Y)$ 和相关系数 $R(X,Y)$.

```
import numpy as np

x=np.array([0,1])
y=np.array([-1,0,1])
pxy=np.array([[0.1,0.2,0.2],[0.2,0.1,0.2]])
# 期望
Ex=x.dot(np.sum(pxy,axis=1))
Ey=y.dot(np.sum(pxy,axis=0))
Exx=(x**2).dot(np.sum(pxy,axis=1))
Eyy=(y**2).dot(np.sum(pxy,axis=0))
# 方差
Dx=Exx-Ex*Ex
Dy=Eyy-Ey*Ey
Exy=0
for i in range(len(x)):
    for j in range(len(y)):
        Exy =Exy+x[i]*y[j]*pxy[i,j]
# 协方差
cov_xy=Exy-Ex*Ey
print('随机变量X、Y的协方差为%.4f'%cov_xy)
# 相关系数
Rxy=cov_xy/(np.sqrt(Dx)*np.sqrt(Dy))
print('随机变量X、Y的相关系数为%.4f'%Rxy)
```

结果输出：

```
随机变量X、Y的协方差为-0.0500
随机变量X、Y的相关系数为-0.1204
```

例 11.5.6　设二维连续型随机变量(X,Y)的联合密度如下：

$$f(x,y)=\begin{cases} 6x, & 0<x\leqslant y<1, \\ 0, & \text{其他}, \end{cases}$$

计算协方差 $\mathrm{Cov}(X,Y)$ 和相关系数 $R(X,Y)$.

```
# 载入符号运算包
from sympy import *
import math
# 定义符号变量
x,y=symbols('x y')
# X 的期望与方差
fx=integrate(6*x*x,(y,x,1))
Ex=integrate(fx,(x,0,1))
fxx=integrate(6*x*x*x,(y,x,1))
Dx=integrate(fxx,(x,0,1))-Ex**2
# Y 的期望与方差
fy=integrate(6*x*y,(x,0,y))
Ey=integrate(fy,(y,0,1))
fyy=integrate(6*x*y*y,(x,0,y))
Dy=integrate(fyy,(y,0,1))-Ey**2
# XY 的期望
fxy=integrate(6*x*x*y,(y,x,1))
Exy=integrate(fxy,(x,0,1))
# (X,Y) 的协方差
cov_xy=Exy-Ex*Ey
print('随机变量 X,Y 的协方差为 %.4f'%cov_xy)
# 相关系数
Rxy=cov_xy/(math.sqrt(Dx) * math.sqrt(Dy))
print('随机变量 X、Y 的相关系数为 %.4f'%Rxy)
```

结果输出：

```
随机变量 X,Y 的协方差为 0.0250
随机变量 X,Y 的相关系数为 0.5774
```

第六节　样本的数字特征

本节介绍数理统计中样本的数字特征在 Python 中的计算方法.

一、样本的描述性统计

描述性统计是揭示数据分布特性最直观和最常用的方法,一般拿到样本数据后首先要做的就是描述性统计.随机生成样本在生成随机数部分已经做过介绍,此处采用 numpy 工具包生成正态分布样本.

```
import numpy as np
# 随机生成服从标准正态分布的样本,参数可更改
sample = np. random. normal (loc = 0. 0, scale = 1. 0,
size =1000)
```

可以通过样本的直方图(见图 11. 15)观察样本的分布特征.

```
import matplotlib. pyplot as plt
# 直方图
plt. hist(sample,bins =30) #bins 表示直方图的柱数
plt. grid(True)
plt. show()
```

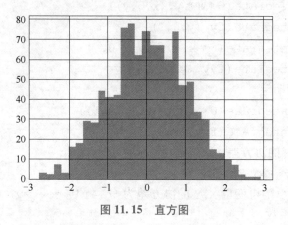

图 11. 15　直方图

简单的描述性统计可通过 pandas 工具包的 describe 函数来实现,分别给出样本数、均值、标准差、最小值、25%分位数、中位数、75%分位数和最大值.

```
import pandas as pd
# 样本的描述性统计
sample_df =pd. DataFrame({'sample':sample})
sample_df. describe()
```

结果输出:

	sample
count	1000.000000
mean	-0.023552
std	0.984812
min	-3.363915
25%	-0.700814
50%	-0.012482
75%	0.645449
max	2.751294

其他的数字特征也可以通过 pandas 包中的内置方法计算,如偏度和峰度.

```
# 偏度与峰度
print('样本的偏度为 %.4f'%sample_df.skew())
print('样本的峰度为 %.4f'%sample_df.kurt())
```

结果输出:

```
样本的偏度为 -0.0917
样本的峰度为 -0.0531
```

注意此处偏度和峰度并不等于 0,主要是因为随机生成的样本量较少,并不一定严格服从正态分布.

二、样本协方差与相关系数

研究多个变量的关系最常用的就是计算样本的协方差与相关系数.下面的示例代码首先随机生成一个正态分布总体,再随机抽取两个样本,给出样本的描述性统计.

```
import numpy as np
import pandas as pd
# 随机生成总体
sample = np.random.normal(loc = 0.0, scale = 1.0,
size =10000) # 总体
# 随机抽取样本
x = np.random.choice(sample, size = 1000, replace =
True) # 随机抽取 1000 个
y = np.random.choice(sample, size = 1000, replace =
True) # 随机抽取 1000 个
# 描述性统计
df =pd.DataFrame({'x':x,'y':y})
df.describe()
```

结果输出:

	x	y
count	1000.000000	1000.000000
mean	0.013143	-0.024349
std	0.997212	0.969024
min	-3.509782	-3.368853
25%	-0.681357	-0.733068
50%	-0.002596	-0.046281
75%	0.701478	0.648884
max	3.126654	2.987592

计算 x,y 的协方差和相关系数矩阵,按照协方差和相关系数的性质可知结果为对称矩阵.

```
# 计算协方差矩阵
cov_xy=np.cov(x,y)
print(cov_xy)
```

结果输出:

```
[[ 0.99443103 -0.03570508]
 [-0.03570508  0.93900718]]
```

```
# 计算相关系数矩阵
coef_xy=np.corrcoef(x,y)
print(coef_xy)
```

结果输出:

```
[[ 1.          -0.03694948]
 [-0.03694948  1.          ]]
```

第七节 参 数 估 计

本节介绍参数的点估计和区间估计的 Python 实现方法.

一、 点估计

参数的点估计常用的主要有矩估计和最大似然估计两种方法,示例如下:

例 11.7.1 假设某工厂生产的零部件长度服从正态分布 $N(\mu,\sigma^2)$,随机地取 10 个零件,测得它们的长度(单位:mm)如下:
74.001,74.005,74.003,74.001,74.000,73.998,74.006,74.002,74.001,74.005
计算总体期望 μ、方差 σ^2 的矩估计值和最大似然估计值.

```
import numpy as np
from scipy.stats import norm
#样本观测值
x=np.array([74.001,74.005,74.003,74.001,74.000,
73.998,74.006,74.002,74.001,74.005])
# 矩估计法
x_mean,x_std=norm.fit_loc_scale(x)
```

```
print('期望的矩估计值为 %.6f,方差的矩估计值为 %.6f'
%(x_mean,x_std**2))
# 最大似然估计法
x_mean,x_std=norm.fit(x)
print('期望的最大似然估计值为 %.6f,方差的最大似然估
计值为 %.6f'%(x_mean,x_std**2))
```

结果输出:

```
期望的矩估计值为 74.002200,方差的矩估计值为 0.000006
期望的最大似然估计值为 74.002200,方差的最大似然估计值
为 0.000006
```

估计其他分布的参数只需要将 norm 替换为相应的分布函数即可,可通过以下命令查看 scipy. stats 模块的帮助文档.

```
from scipy import stats
help(stats)
```

二、 区间估计

(1) 单正态总体:对均值的估计

对单正态总体均值的估计分为总体方差已知和未知两种情况.下面的代码定义了 mu_interval 函数实现了对均值的估计,示例代码中的总体为随机生成的期望为 100,标准差为 1 的序列,实现如下:

```
import numpy as np
from scipy import stats
import random
# 定义函数
def mu_interval(mean,std,n,sig = None,confidence =
0.95):
    """
    函数功能:求单正态总体均值的置信区间
    输入:
    mean:样本均值
    std:样本标准差
    n:样本量
    sig:总体标准差,若输入为 None 表示未知
    confidence:置信水平,默认 95%
    输出:
    置信区间
```

```
    """
    alpha=1-confidence
    if sig != None: # 总体方差已知
        z_score=stats.norm.isf(alpha/2) # z 分布临界值
        me=z_score * sig/np.sqrt(n) # 误差
        lower_limit=mean-me
        upper_limit=mean+me
    else: # 总体方差未知
        t_score=stats.t.isf(alpha/2,df=(n-1))
# t 分布临界值
        me=t_score * std/np.sqrt(n) # 误差
        lower_limit=mean-me
        upper_limit=mean+me
    return (round(lower_limit,4),round(upper_lim-
it,4))


# 总体标准差已知,对总体均值的估计
population=np.random.standard_normal(1000)+100
# 总体
sample=random.choices(population,k=20) # 抽取样本
len_sample=len(sample) # 样本容量
alpha=0.05
interval1=mu_interval(mean=100,std=None,n=len_
sample,sig=1,confidence=1-alpha)
print(str((1-alpha) * 100)+'%的显著性水平下,总体标
准差已知,总体均值的置信区间为:')
print(interval1)


# 总体标准差未知,对总体均值的估计
std_sample=np.array(sample).std(ddof=1) # ddof=
1 表示自由度为 n-1
interval2=mu_interval(mean=100,std=std_sample,
n=len_sample,sig=None,confidence=1-alpha)
print(str((1-alpha) * 100)+'%的显著性水平下,总体标
准差未知,总体均值的置信区间为:')
print(interval2)
```

结果输出:

95.0%的显著性水平下,总体标准差已知,总体均值的置信区间为:
(99.5617,100.4383)

95.0%的显著性水平下,总体标准差未知,总体均值的置信区间为:
```
(99.5323,100.4677)
```

（2）单正态总体:对方差的估计

对单正态总体方差的估计分为总体均值已知和未知两种情况,类似地,实现示例如下:

```python
import numpy as np
from scipy import stats
import random
# 定义函数
def var_interval(sample,mu=None,confidence=0.95):
    """
    函数功能:求单正态总体方差的置信区间
    输入:
    sample:样本
    nu:总体均值,若输入为 None 表示未知
    confidence:置信水平,默认 95%
    输出:
    置信区间
    """
    alpha=1-confidence
    n=len(sample)
    if mu != None: # 总体均值已知
        chi_sqrt_score1=stats.chi2.isf(alpha/2,df=n) # chi2 分布临界值
        chi_sqrt_score2=stats.chi2.isf(1-alpha/2,df=n) # chi2 分布临界值
        lower_limit=sum((np.array(sample)-mu)**2)/chi_sqrt_score1
        upper_limit=sum((np.array(sample)-mu)**2)/chi_sqrt_score2
    else: # 总体均值未知
        chi_sqrt_score1=stats.chi2.isf(alpha/2,df=(n-1)) # chi2 分布临界值
        chi_sqrt_score2=stats.chi2.isf(1-alpha/2,df=(n-1)) # chi2 分布临界值
        lower_limit = (n-1) * np.array(sample).var(ddof=1)/chi_sqrt_score1
        upper_limit = (n-1) * np.array(sample).var(ddof=1)/chi_sqrt_score2
```

```
    return (round(lower_limit,4),round(upper_lim-
it,4))

# 总体均值已知,对总体方差的估计
population = np.random.standard_normal(1000)+100
# 总体
sample1 = random.choices(population,k=20) # 抽取
样本
alpha = 0.05
interval1 = var_interval(sample1,mu=100,confi-
dence=1-alpha)
print(str((1-alpha) * 100)+'%的显著性水平下,总体均
值已知,总体方差的置信区间为:')
print(interval1)

# 总体均值未知,对总体方差的估计
interval2 = var_interval(sample1,mu=None,confi-
dence=1-alpha)
print(str((1-alpha) * 100)+'%的显著性水平下,总体均
值未知,总体方差的置信区间为:')
print(interval2)
```

结果输出:

```
95.0%的显著性水平下,总体均值已知,总体方差的置信区间为:
(0.6135,2.1857)
95.0%的显著性水平下,总体均值未知,总体方差的置信区间为:
(0.6339,2.3383)
```

（3）两个正态总体:对均值差的估计

对两个正态总体均值差的估计分为总体方差已知和未知但相等两种情况,实现示例如下:

```
import numpy as np
from scipy import stats
import random
# 定义函数
def mu_difference_interval(sample1,sample2,sig1=
None,sig2=None,flag=0,confidence=0.95):
    """
    函数功能:求两个正态总体均值差的置信区间
```

```
    输入:
    sample1:样本一
    sample1:样本二
    sig1:总体 X 的标准差,默认未知
    sig2:总体 Y 的标准差,默认未知
    flag:0 表示总体方差未知且相等的情况(默认),否则为已
知的情况
    confidence:置信水平,默认 95%
    输出:
    置信区间
    """
    alpha=1-confidence
    n1=len(sample1)
    n2=len(sample2)
    mean1=np.array(sample1).mean()
    mean2=np.array(sample2).mean()
    if flag != 0: # 方差已知
        z_score=stats.norm.isf(alpha/2) # z 分布临
界值
        lower_limit=mean1-mean2-z_score * np.sqrt
(sig1 ** 2/n1+sig2 ** 2/n2)
        upper_limit=mean1-mean2+z_score * np.sqrt
(sig1 ** 2/n1+sig2 ** 2/n2)
    else: # 方差未知且相等
        t_score=stats.t.isf(alpha/2,df=(n1+n2-
2)) # t 分布临界值
        sw=np.sqrt(((n1-1) * (np.array(sample1).
var(ddof=1)) + (n2-1) * (np.array(sample2).var
(ddof=1)))/(n1+n2-2))
        lower_limit=mean1-mean2-t_score * sw *
np.sqrt(1/n1+1/n2)
        upper_limit=mean1-mean2+t_score * sw *
np.sqrt(1/n1+1/n2)
    return (round(lower_limit,4),round(upper_lim-
it,4))

# 总体标准差已知,对总体均值差的估计
population1=np.random.standard_normal(1000)+100
# 总体
```

```
population2 = np.random.standard_normal(1000)/2 +
100 # 总体
sample1 = random.choices(population1,k=20) # 抽取样
本 1
sample2 = random.choices(population2,k=30) # 抽取样
本 2
sig1 = 1
sig2 = 0.25
alpha = 0.05
interval1 = mu_difference_interval(sample1,sample2,
sig1,sig2,flag=1,confidence=1-alpha)
print(str((1-alpha) * 100)+'%的显著性水平下,两个总
体标准差已知,均值差的置信区间为:')
print(interval1)

# 总体标准差未知且相等,对总体均值差的估计
interval2 = mu_difference_interval(sample1,sample2,
sig1=None,sig2=None,flag=0,confidence=1-alpha)
print(str((1-alpha) * 100)+'%的显著性水平下,两个总
体标准差未知且相等,均值差的置信区间为:')
print(interval2)
```

结果输出:

```
95.0%的显著性水平下,两个正态总体标准差已知,均值差的置
信区间为:
(-0.57,0.3246)
95.0%的显著性水平下,两个正态总体标准差未知且相等,均值
差的置信区间为:
(-0.495,0.2497)
```

(4) 两个正态总体:方差比的估计

对两个正态总体方差比的估计分为总体均值已知和未知两种
情况,实现示例如下:

```
import numpy as np
from scipy import stats
import random
# 定义函数
def var_ratio_interval(sample1,sample2,mu1=None,
mu2=None,flag=0,confidence=0.95):
```

```
"""
函数功能:求两个正态方差比的置信区间
输入:
sample1:样本一
sample1:样本二
mu1:总体 X 的均值,默认未知
mu2:总体 Y 的均值,默认未知
flag:0 表示总体均值未知的情况(默认),否则为已知的
情况
confidence:置信水平,默认 95%
输出:
置信区间
"""
alpha=1-confidence
n1=len(sample1)
n2=len(sample2)

if flag != 0: # 均值已知
    f_score0 = stats.f.isf(1-alpha/2,dfn = n2,
dfd=n1) # F 分布临界值
    f_score1=stats.f.isf(alpha/2,dfn=n2,dfd=
n1)
    lower_limit = ((np.array(sample1)-mu1) **
2).mean()/((np.array(sample2)-mu2) ** 2).mean() *
f_score0
    upper_limit = ((np.array(sample1)-mu1) **
2).mean()/((np.array(sample2)-mu2) ** 2).mean() *
f_score1
else: # 均值未知
    var1=np.array(sample1).var(ddof=1)
    var2=np.array(sample2).var(ddof=1)
    f_score0 = stats.f.isf(1-alpha/2,dfn = n2-1,
dfd=n1-1) # F 分布临界值
    f_score1 = stats.f.isf(alpha/2,dfn = n2-1,
dfd=n1-1)
    t_score = stats.t.isf(alpha/2,df = (n1+n2-
2)) # t 分布临界值
    lower_limit=var1/var2 * f_score0
```

```
        upper_limit=var1/var2 * f_score1
    return (round(lower_limit,4),round(upper_lim-
it,4))
```

两个总体均值已知,对方差比的估计
```
population1=np.random.standard_normal(1000)+100-
0.5 # 总体
population2=np.random.standard_normal(1000)/2+
100+0.3 # 总体
sample1=random.choices(population1,k=20) # 抽取样
本 1
sample2=random.choices(population2,k=30) # 抽取样
本 2
mu1=99.5
mu2=100.3
alpha=0.05
interval1 = var_ratio_interval(sample1,sample2,
mu1,mu2,flag=1,confidence=1-alpha)
print(str((1-alpha) * 100)+'%的显著性水平下,两个总
体均值已知,方差比的置信区间为:')
print(interval1)
```

```
# 两个总体均值未知,对方差比的估计
interval2 = var_ratio_interval(sample1,sample2,
mu1=None,mu2=None,flag=0,confidence=1-alpha)
print(str((1-alpha) * 100)+'%的显著性水平下,两个总
体均值未知,方差比的置信区间为:')
print(interval2)
```

结果输出:

```
95.0%的显著性水平下,两个总体均值已知,方差比的置信区
间为:
(2.4476,12.6188)
95.0%的显著性水平下,两个总体均值未知,方差比的置信区
间为:
(2.1913,11.7438)
```

单侧置信区间的估计可以通过修改前面的示例代码类似求得,
留给同学们练习.

第八节　假　设　检　验

与区间估计类似,假设检验也可以通过 scipy 库的 stats 模块定义函数来实现.

一、对均值的检验

此处将方差已知、方差未知情况下的双侧和单侧检验统一在 mu_test 函数中实现,只需要修改输入参数即可.

```python
import numpy as np
from scipy import stats
import random
# 定义函数
def mu_test(mu,mean,std,n,sig=None,alternative=
'two-sided',confidence=0.95):
    """
    函数功能:单正态总体对均值的检验
    输入:
    mu:待检验值
    mean:样本均值
    std:样本标准差
    sig:总体标准差,若输入为 None 表示未知
    n:样本量
    alternative:'two-sided'表示双侧检验(默认);
'greater'表示右侧检验;'less'表示左侧检验;
    confidence:置信水平,默认 95%
    """
    alpha=1-confidence
    if sig != None: # 方差已知
        if alternative =='two-sided': # 双侧
            z_score=stats.norm.isf(alpha/2) # z 分
布临界值
            stats_value=(mean-mu) * np.sqrt(n)/sig
            rejection_region1=(-float('inf'),-z_score)
            rejection_region2=(z_score,float('inf'))
            if abs(stats_value)>z_score:
                print('H=1,拒绝原假设')
            else:
```

```
                print('H=0,接受原假设')
                print('统计值:')
                print(stats_value)
                print('拒绝域:')
                print(rejection_region1,rejection_
region2)
        elif alternative =='greater': # 右侧
            z_score=stats.norm.isf(alpha) # z 分布
临界值
            stats_value=(mean-mu)*np.sqrt(n)/sig
            rejection_region=(z_score,float('inf'))
            if stats_value>z_score:
                print('H=1,拒绝原假设')
            else:
                print('H=0,接受原假设')
                print('统计值:')
                print(stats_value)
                print('拒绝域:')
                print(rejection_region)
        elif alternative =='less': # 左侧
            z_score=stats.norm.isf(alpha) # z 分布
临界值
            stats_value=(mean-mu)*np.sqrt(n)/sig
             rejection_region=(-float('inf'),-z_
score)
            if stats_value<-z_score:
                print('H=1,拒绝原假设')
            else:
                print('H=0,接受原假设')
                print('统计值:')
                print(stats_value)
                print('拒绝域:')
                print(rejection_region)
        else:
            print('Please input the alternative
parameter!')
    else: # 方差未知
        if alternative =='two-sided': # 双侧
            t_score=stats.t.isf(alpha/2,df=(n-1))
# t 分布临界值
```

```
            stats_value=(mean-mu)＊np.sqrt(n)/std
            rejection_region1=(-float('inf'),-t_
score)
            rejection_region2=(t_score,float('inf'))
            if abs(stats_value)>t_score:
                print('H=1,拒绝原假设')
            else:
                print('H=0,接受原假设')
                print('统计值:')
                print(stats_value)
                print('拒绝域:')
                print(rejection_region1,rejection_
region2)
        elif alternative =='greater': # 右侧
            t_score=stats.t.isf(alpha,df=(n-1))
# t 分布临界值
            stats_value=(mean-mu)＊np.sqrt(n)/std
            rejection_region=(t_score,float('inf'))
            if stats_value>t_score:
                print('H=1,拒绝原假设')
            else:
                print('H=0,接受原假设')
                print('统计值:')
                print(stats_value)
                print('拒绝域:')
                print(rejection_region)
        elif alternative =='less': # 左侧
            t_score=stats.t.isf(alpha,df=(n-1))
# t 分布临界值
            stats_value=(mean-mu)＊np.sqrt(n)/std
            rejection_region=(-float('inf'),-t_
score)
            if stats_value<-t_score:
                print('H=1,拒绝原假设')
            else:
                print('H=0,接受原假设')
                print('统计值:')
                print(stats_value)
                print('拒绝域:')
```

```
            print(rejection_region)
    else:
            print('Please input the alternative pa-
rameter!')
```

```
# 对总体均值的检验
population=np.random.rand(1000)-0.5+100 # 总体
sample=random.choices(population,k=20) # 抽取样本
mu=100
mean=np.mean(sample)
std=np.std(sample)
sig=0.5
n=len(sample)
alpha=0.05
# 方差已知,双侧
print('方差已知,对均值的双侧检验结果为:')
mu_test(mu,mean,std,n,sig=sig,alternative=
'two-sided',confidence=1-alpha)
# 方差已知,左侧
print('方差已知,对均值的左侧检验结果为:')
mu_test(mu,mean,std,n,sig=sig,alternative='less',
confidence=1-alpha)
# 方差已知,右侧
print('方差已知,对均值的右侧检验结果为:')
mu_test(mu,mean,std,n,sig=sig,alternative=
'greater',confidence=1-alpha)
# 方差未知,双侧
print('方差未知,对均值的双侧检验结果为:')
mu_test(mu,mean,std,n,sig=None,alternative=
'two-sided',confidence=1-alpha)
# 方差未知,左侧
print('方差未知,对均值的左侧检验结果为:')
mu_test(mu,mean,std,n,sig=None,alternative=
'less',confidence=1-alpha)
# 方差未知,右侧
print('方差未知,对均值的右侧检验结果为:')
mu_test(mu,mean,std,n,sig=None,alternative=
'greater',confidence=1-alpha)
```

结果输出:

方差已知,对均值的双侧检验结果为:

H=0,接受原假设

统计值:

-0.4968260510025496

拒绝域:

(-inf,-1.959963984540054) (1.959963984540054,inf)

方差已知,对均值的左侧检验结果为:

H=0,接受原假设

统计值:

-0.4968260510025496

拒绝域:

(-inf,-1.6448536269514722)

方差已知,对均值的右侧检验结果为:

H=0,接受原假设

统计值:

-0.4968260510025496

拒绝域:

(1.6448536269514722,inf)

方差未知,对均值的双侧检验结果为:

H=0,接受原假设

统计值:

-1.1713860674687024

拒绝域:

(-inf,-2.093024054408263) (2.093024054408263,inf)

方差未知,对均值的左侧检验结果为:

H=0,接受原假设

统计值:

-1.1713860674687024

拒绝域:

(-inf,-1.729132811521367)

方差未知,对均值的右侧检验结果为:

H=0,接受原假设

统计值:

-1.1713860674687024

拒绝域:

(1.729132811521367,inf)

二、　对方差的检验

类似地,实现代码如下:

```python
import numpy as np
from scipy import stats
import random
# 定义函数
def var_test(var,sample,mu=None,alternative=
'two-sided',confidence=0.95):

    """
    函数功能:单正态总体对方差的检验
    输入:
    var:待检验方差值
    sample:样本
    mu:总体均值,若输入为None表示未知
    alternative:'two-sided'表示双侧检验;'greater'表
示右侧检验;'less'表示左侧检验;
    confidence:置信水平,默认95%
    """
    alpha=1-confidence
    n=len(sample)
    if mu != None: # 均值已知
        if alternative =='two-sided': # 双侧
            chi_sqrt_score1=stats.chi2.isf(1-alpha/
2,df=n) # chi2 分布临界值
            chi_sqrt_score2=stats.chi2.isf(alpha/
2,df=n)
            stats_value=sum((np.array(sample)-mu)
**2)/var
            rejection_region1=(-float('inf'),chi_
sqrt_score1)
            rejection_region2=(chi_sqrt_score2,
float('inf'))
            if stats_value<chi_sqrt_score1 or
stats_value>chi_sqrt_score2:
                print('H=1,拒绝原假设')
            else:
                print('H=0,接受原假设')
                print('统计值:')
                print(stats_value)
                print('拒绝域:')
```

```
        print(rejection_region1,rejection_
region2)
    elif alternative =='greater': # 右侧
        chi_sqrt_score=stats.chi2.isf(alpha,
df=n) # chi2 分布临界值
        stats_value=sum((np.array(sample)-mu)
**2)/var
        rejection_region=(chi_sqrt_score,float
('inf'))
        if stats_value>chi_sqrt_score:
            print('H=1,拒绝原假设')
        else:
            print('H=0,接受原假设')
            print('统计值:')
            print(stats_value)
            print('拒绝域:')
            print(rejection_region)
    elif alternative =='less': # 左侧
        chi_sqrt_score=stats.chi2.isf(1-
alpha/2,df=n) # chi2 分布临界值
        stats_value=sum((np.array(sample)-mu)
**2)/var
        rejection_region=(-float('inf'),chi_
sqrt_score)
        if stats_value<chi_sqrt_score:
            print('H=1,拒绝原假设')
        else:
            print('H=0,接受原假设')
            print('统计值:')
            print(stats_value)
            print('拒绝域:')
            print(rejection_region)
    else:
        print('Please input the alternative pa-
rameter!')
  else: # 均值未知
    if alternative =='two-sided': # 双侧
        chi_sqrt_score1=stats.chi2.isf(1-alpha/
2,df=n-1) # chi2 分布临界值
```

```
        chi_sqrt_score2=stats.chi2.isf(alpha/2,
df=n-1)
        stats_value=(n-1)*np.array(sample).var
(ddof=1)/var
        rejection_region1=(-float('inf'),chi_
sqrt_score1)
        rejection_region2=(chi_sqrt_score2,float
('inf'))
        if stats_value<chi_sqrt_score1 or
stats_value>chi_sqrt_score2:
            print('H=1,拒绝原假设')
        else:
            print('H=0,接受原假设')
            print('统计值:')
            print(stats_value)
            print('拒绝域:')
            print(rejection_region1,rejection_
region2)
    elif alternative =='greater': # 右侧
        chi_sqrt_score=stats.chi2.isf(alpha,df=
n-1) # chi2 分布临界值
        stats_value=(n-1)*np.array (sample).
var(ddof=1)/var
        rejection_region=(chi_sqrt_score,float
('inf'))
        if stats_value>chi_sqrt_score:
            print('H=1,拒绝原假设')
        else:
            print('H=0,接受原假设')
            print('统计值:')
            print(stats_value)
            print('拒绝域:')
            print(rejection_region)
    elif alternative =='less': # 左侧
        chi_sqrt_score=stats.chi2.isf(1-alpha/2,
df=n-1) # chi2 分布临界值
        stats_value=(n-1)*np.array(sample).var
(ddof=1)/var
        rejection_region=(-float('inf'),chi_
sqrt_score)
```

```
            if stats_value<chi_sqrt_score:
                print('H=1,拒绝原假设')
            else:
                print('H=0,接受原假设')
                print('统计值:')
                print(stats_value)
                print('拒绝域:')
                print(rejection_region)
        else:
            print('Please input the alternative pa-
rameter!')
```

```python
# 对总体方差的检验
population=np.random.rand(1000)-0.5+100 # 总体
sample=random.choices(population,k=20) # 抽取样本
mu=100
var=np.array(sample).var(ddof=1)
alpha=0.05
# 均值已知,双侧
print('均值已知,对方差的双侧检验结果为:')
var_test(var,sample,mu=100,alternative='two-
sided',confidence=1-alpha)
# 均值已知,左侧
print('均值已知,对方差的左侧检验结果为:')
var_test(var,sample,mu=100,alternative='less',
confidence=1-alpha)
# 均值已知,右侧
print('均值已知,对方差的右侧检验结果为:')
var_test(var,sample,mu=100,alternative='greater',
confidence=0.95)
# 均值未知,双侧
print('均值未知,对方差的双侧检验结果为:')
var_test(var,sample,mu=None,alternative='two-
sided',confidence=1-alpha)
# 均值未知,左侧
print('均值未知,对方差的左侧检验结果为:')
var_test(var,sample,mu=None,alternative='less',
confidence=1-alpha)
# 均值未知,右侧
```

```
print('均值未知,对方差的右侧检验结果为:')
var_test(var,sample,mu=None,alternative='greater',
confidence=1-alpha)
```

　结果输出:

均值已知,对方差的双侧检验结果为:
H=0,接受原假设
统计值:
20.483333491763823
拒绝域:
(-inf,9.590777392264867) (34.16960690283833,inf)
均值已知,对方差的左侧检验结果为:
H=0,接受原假设
统计值:
20.483333491763823
拒绝域:
(-inf,9.590777392264867)
均值已知,对方差的右侧检验结果为:
H=0,接受原假设
统计值:
20.483333491763823
拒绝域:
(31.410432844230918,inf)
均值未知,对方差的双侧检验结果为:
H=0,接受原假设
统计值:
19.0
拒绝域:
(-inf,8.906516481987973) (32.85232686172969,inf)
均值未知,对方差的左侧检验结果为:
H=0,接受原假设
统计值:
19.0
拒绝域:
(-inf,8.906516481987973)
均值未知,对方差的右侧检验结果为:
H=0,接受原假设
统计值:
19.0
拒绝域:
(30.14352720564616,inf)

多正态总体的检验可参照单正态总体假设检验和多正态总体区间估计的示例代码实现,留作练习.

第九节　方　差　分　析

Python 中可以使用统计包 statsmodels 进行方差分析.以第 9 章例 9.1.1 单因素方差问题为例,Python 计算过程如下.

首先读取数据,数据存储在名为"data.xlsx"的 Excel 表格"sheet1"页中,绘制箱线图如图 11.16 所示.

```python
import numpy as np
import pandas as pd
import matplotlib
matplotlib.rcParams['font.sans-serif']=[u'SimHei']
# 读取数据
df1=pd.read_excel('data.xlsx',sheet_name=0)
# 绘制箱线图
df1.boxplot(figsize=(10,6))
```

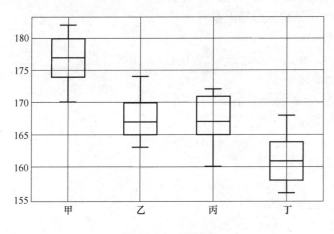

图 11.16　箱线图

调用 statsmodels.stats.anova 进行方差分析,代码如下:

```python
from statsmodels.formula.api import ols
from statsmodels.stats.anova import anova_lm
# 改变数据格式为两列
df2 = df1.melt()
df2.columns=['家庭','身高']
# 单因素方差分析
```

```
model=ols('身高 ~家庭',data=df2)
data=model.fit()
anova_lm(data)
```

结果输出：

	df	sum_sq	mean_sq	F	PR(>F)
家庭	3.0	608.95	202.983333	9.36486	0.000826
Residual	16.0	346.80	21.675000	NaN	NaN

双因素的方差分析可以类似计算，以第 9 章例 9.2.1 为例，计算如下：

```
import statsmodels.formula.api as smf
import statsmodels.api as sm

# 读取数据,存储在 Excel 表第二页
df3 = pd.read_excel('data.xlsx',sheet_name=1)
# 更改数据格式
df4=df3[['橘黄色','粉色','绿色','无色']].melt()
df4.columns=['颜色','销量']
# 增加一列记录市场因素
market=[]
for x in np.mod(df4.index,len(df3)):
    if x==0:
        market.append('超市 1')
    elif x==1:
        market.append('超市 2')
    elif x==2:
        market.append('超市 3')
    elif x==3:
        market.append('超市 4')
    else:
        market.append('超市 5')
df4['超市']=market
# 双因素方差分析
moore_lm=ols('销量~C(颜色) * C(超市)',data=df4).fit()
table=sm.stats.anova_lm(moore_lm,typ=1)
table
```

结果输出：

	df	sum_sq	mean_sq	F	PR(>F)
C(颜色)	3.0	7.684550e+01	25.615167	0.0	NaN
C(超市)	4.0	5.367000e+00	1.341750	0.0	NaN
C(颜色):C(超市)	12.0	3.371700e+01	2.809750	0.0	NaN
Residual	0.0	8.007254e-26	inf	NaN	NaN

双因素有交互作用的方差分析也可以类似计算,以第 9 章例 9.2.2 为例,计算如下:

```python
import statsmodels.formula.api as smf
import statsmodels.api as sm

# 读取数据,存储在 Excel 表第三页
df5=pd.read_excel('data.xlsx',sheet_name=2)
# 更改数据格式
df6=df5[['B1','B2','B3','B4']].melt()
df6.columns=['总拉伸倍数','纤维弹性']
# 增加一列记录收缩率因素
fatorA=[]
for x in np.mod(df6.index,len(df5)):
    if x==0:
        fatorA.append('A1')
    elif x==1:
        fatorA.append('A2')
    elif x==2:
        fatorA.append('A3')
    else:
        fatorA.append('A4')
df6['收缩率']=fatorA
# 将二维数组变为一维形式
# 定义函数获取数组第一和第二个数据
def get_first_value(x):
    return float(x.split(',')[0])
def get_second_value(x):
    return float(x.split(',')[1])
df7= df6['纤维弹性'].map(get_first_value)
df8= df6['纤维弹性'].map(get_second_value)
data0=np.concatenate((df7.values,df8.values))
data1=np.concatenate((df6['总拉伸倍数'].values,
df6['总拉伸倍数'].values))
```

```
data2 = np. concatenate ((df6 [ '收缩率'].values, df6
['收缩率'].values))
df9 = pd. DataFrame ({'纤维弹性':data0,'总拉伸倍数':
data1,'收缩率':data2})
# 双因素带交互作用的方差分析
anal = smf. ols ('纤维弹性 ~ C (总拉伸倍数) + C (收缩率) +
C (总拉伸倍数) * C (收缩率) ',data = df9) .fit ()
table2 = sm. stats. anova_lm (anal)
table2
```

结果输出:

	df	sum_sq	mean_sq	F	PR(>F)
C(总拉伸倍数)	3.0	8.59375	2.864583	2.131783	0.136299
C(收缩率)	3.0	70.59375	23.531250	17.511628	0.000026
C(总拉伸倍数):C(收缩率)	9.0	79.53125	8.836806	6.576227	0.000591
Residual	16.0	21.50000	1.343750	NaN	NaN

第十节　回 归 分 析

Python 中可以使用统计包 statsmodels 进行最小二乘回归 (OLS).以下代码首先从样本中随机选择自变量,再由直线加随机项生成因变量,代码如下:

```
import numpy as np
import statsmodels. api as sm
# 生成样本
n = 10000    # 样本容量
t = np. linspace (-10,10,n)
a = 3.25; b = -6.5 # 参数
xvar = np. random. choice (t,size = 100)
yvar = np. polyval ([a,b],xvar) + 3 * np. random. randn (100)
```

首先绘制散点图,如图 11.17 所示定性观察样本分布特征.

```
# 可视化样本
import matplotlib. pyplot as plt
get_ipython (). run_line_magic ('matplotlib',
'inline')

plt. figure (figsize = (8,5))
```

```
plt.scatter(xvar,yvar,c='blue',edgecolors='k')
plt.grid(True)
plt.show()
```

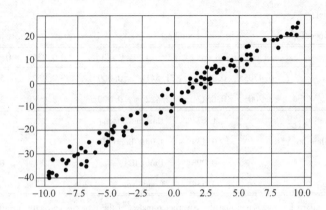

图 11.17 样本的散点图

使用最小二乘法估计参数代码如下：

```
# 用最小二乘法估计参数
xvar1=sm.add_constant(xvar) # 增加常数项
model=sm.OLS(yvar,xvar1)
results=model.fit()
ar=results.params[1]
br=results.params[0]
print('Linear regression using statsmodels.OLS')
print('parameters:a=%.2f b=%.2f'% (ar,br))
```

结果输出：

```
Linear regression using statsmodels.OLS
parameters:a=3.20 b=-6.47
```

可以以表格方式展示回归的详细结果，如表 11.3 所示.

```
# 表格输出详细结果
print(results.summary())
```

表 11.3 回归分析详细结果

OLS Regression Results

Dep. Variable：	y	R-squared：	0.975
Model：	OLS	Adj. R-squared：	0.975
Method：	Least Squares	F-statistic：	3897.
Date：	Tue,16 Aug 2022	Prob(F-statistic)：	1.02e-80

（续）

	coef	std err	t	P>|t|	[0.025	0.975]
Time:		20:55:05	Log-Likelihood:			−250.67
No. Observations:		100	AIC:			505.3
Df Residuals:		98	BIC:			510.6
Df Model:		1				
Covariance Type:		nonrobust				

	coef	std err	t	P>|t|	[0.025	0.975]
const	−6.4705	0.300	−21.541	0.000	−7.067	−5.874
x1	3.2001	0.051	62.422	0.000	3.098	3.302

Omnibus:	1.673	Durbin-Watson:		1.939
Prob(Omnibus):	0.433	Jarque-Bera(JB):		1.190
Skew:	−0.003	Prob(JB):		0.552
Kurtosis:	3.534	Cond. No.		5.87

Notes:Standard Errors assume that the covariance matrix of the errors is correctly specified.

图 11.18 同时绘制了样本的散点图和线性回归曲线，可通过该图定性的查看回归效果，绘制代码如下：

```
# 结果可视化
y_fitted=results.fittedvalues
plt.figure(figsize=(8,5))
plt.plot(xvar,yvar,'o',label='data',c='blue')
plt.plot(xvar,y_fitted,'r--.',label='OLS')
plt.legend(loc='best')
```

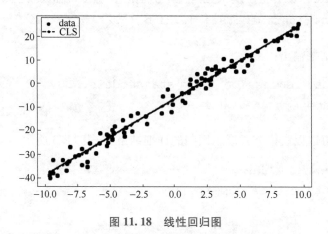

图 11.18 线性回归图

部分习题的参考答案

习题一:基础达标题

一、填空题

1. 0.54.

2. 0.2.

3. 0.3,0.7.

4. 0.504.

5. $\dfrac{10}{21}$.

6. 0.82.

二、选择题

1. 选 D.

2. 选 A.

3. 选 B.

4. 选 A.

5. 选 C.

6. 选 A.

三、解答题

1. $P(AB)=0.2, P(\overline{A}\,\overline{B})=0.45, P(B-A)=0.1, P(A\cup\overline{B})=0.9.$

2. $P(A\cup B\cup C)=\dfrac{7}{16}, P(\overline{A}\,\overline{B}\,\overline{C})=\dfrac{9}{16}.$

3. $P(A\mid B)=0.75, P(A\mid\overline{B})=\dfrac{P(A\overline{B})}{P(\overline{B})}=\dfrac{1}{3}.$

4. (1) 0.5;(2) 0.05.

5. $\dfrac{11}{21}\approx0.5238.$

6. 0.755.

习题一:综合提高题

1. $2p-p^2$.

2. (1) 0.72;(2) 0.98;(3) 0.28.

3. $P(A)=\dfrac{2}{3}$.

习题二:基础达标题

一、填空题

1. $\dfrac{8}{15}$.

2. $\dfrac{3}{2}$.

3. $\dfrac{27}{64}$.

4. $\dfrac{3}{8}$.

5. 1.

6. $\dfrac{41}{96}$.

7. $\dfrac{\sqrt[3]{4}}{2}$.

8.
Y	0	1	2	3	7
P	0.3	0.2	0.1	0.2	0.2
,
Z	-4	0	1	2	3
P	0.2	0.2	0.1	0.2	0.3

W	0	1	4	25
P	0.1	0.4	0.3	0.2
.

9.
$2Y-1$	-3	-1	1	3	5
P	0.2	0.1	0.1	0.3	0.3
;
Z^2+1	1	2	5	10
P	0.1	0.3	0.3	0.3
.

10. $f_Y(y)=\begin{cases}\dfrac{1}{2y}, & \dfrac{1}{e}\leqslant y\leqslant e, \\ 0, & \text{其他}; \end{cases}$ $f_Z(z)=\begin{cases}\dfrac{e^{-z}}{2}, & -\ln 2\leqslant z<+\infty, \\ 0, & \text{其他}. \end{cases}$

二、选择题

1. 选 C.

2. 选 B.

3. 选 B.

4. 选 C.

5. 选 D.

6. 选 A.

三、解答题

1. $F(x)=\begin{cases}0, & x<0, \\ 1-(x+1)e^{-x}, & x\geqslant 0, \end{cases}$ $P(-1<X\leqslant 1)=1-\dfrac{2}{e}$.

2.
Y	0	1	2	3
P	$\dfrac{1}{8}$	$\dfrac{3}{8}$	$\dfrac{3}{8}$	$\dfrac{1}{8}$
.

3.
X	3	4	5	6
P	$\dfrac{1}{20}$	$\dfrac{3}{20}$	$\dfrac{3}{10}$	$\dfrac{1}{2}$
.

4. (1) $P(X=k)=\left(\dfrac{3}{8}\right)^{k-1}\dfrac{5}{8}, k=1,2,3,\cdots$; (2)
Y	1	2	3	4
P	$\dfrac{5}{8}$	$\dfrac{15}{56}$	$\dfrac{5}{56}$	$\dfrac{1}{56}$
.

5. $a=-2$ 或 $a=0$.

6. $F_Y(y) = \begin{cases} 0, & y < 0, \\ \sqrt{y}, & 0 \le y < 1, \\ 1, & y \ge 1. \end{cases}$

7. $f_Y(y) = \begin{cases} \dfrac{1}{4\sqrt{y+1}}, & -1 < y < 0, \\ \dfrac{1}{8\sqrt{y+1}}, & 0 \le y < 8, \\ 0, & \text{其他}. \end{cases}$

习题二:综合提高题

1. $P(X^2 = 1) = \dfrac{11}{15}$.

2. (1) $C = 1$; (2) $F(x) = \begin{cases} 0, & x < -1, \\ \dfrac{(1+x)^2}{2}, & -1 \le x < 0, \\ -\dfrac{1}{2}x^2 + x + \dfrac{1}{2}, & 0 \le x < 1, \\ 1, & x \ge 1. \end{cases}$ (3) $\dfrac{3}{4}$.

3. $\dfrac{1}{\sqrt{\pi} e^4}$.

4.
Y	0	1
P	$\dfrac{1}{4}$	$\dfrac{3}{4}$

5. 略.

习题三:基础达标题

一、填空题

1.
(X,Y)		Y	
		0	1
X	0	$\dfrac{25}{36}$	$\dfrac{5}{36}$
	1	$\dfrac{5}{36}$	$\dfrac{1}{36}$

X	0	1
P	$\dfrac{5}{6}$	$\dfrac{1}{6}$

2. $\alpha = \dfrac{2}{9}$; $\beta = \dfrac{1}{9}$.

3. $f(x,y) = \begin{cases} \dfrac{1}{4}, & 0 < x < 2, 0 < y < 2, \\ 0, & \text{其他}; \end{cases}$ $\dfrac{3}{4}$.

4. $(1-e^{-4})e^{-3} \approx 0.0489$.

二、选择题

1. 选 A.

2. 选 B.

三、解答题

1.

(X,Y)		Y			
		1	2	3	4
X	1	$\frac{1}{4}$	0	0	0
	2	$\frac{1}{8}$	$\frac{1}{8}$	0	0
	3	$\frac{1}{12}$	$\frac{1}{12}$	$\frac{1}{12}$	0
	4	$\frac{1}{16}$	$\frac{1}{16}$	$\frac{1}{16}$	$\frac{1}{16}$

2. (1) $k=\frac{1}{8}$;(2) $P(X<1,Y<3)=\frac{3}{8}$;(3) $P(X+Y<4)=\frac{2}{3}$.

3. $\frac{5}{8}$.

4. $1-e^{-1}\approx0.6321$.

习题三:综合提高题

1. 不能.

2. $f_X(x)=\frac{1}{\sqrt{2\pi}}e^{-\frac{x^2}{2}},f_Y(y)=\frac{1}{\sqrt{2\pi}}e^{-\frac{y^2}{2}}$.

3. 略.

4. $f_{X-Y}(z)=\begin{cases}e^{-\frac{z}{2}}(1-e^{-\frac{1}{2}}), & z\geqslant0,\\ 1-e^{-\frac{z+1}{2}}, & -1<z<0, \\ 0, & z\leqslant-1.\end{cases}$ $P(X\leqslant Y)=2e^{-\frac{1}{2}}-1$.

5. $f_Z(z)=\begin{cases}\dfrac{1}{(1+z)^2}, & z>0,\\ 0, & z\leqslant0.\end{cases}$

6. 验证独立性(略);$f_Z(z)=e^{-|z|},z\in\mathbf{R}$.

习题四:基础达标题

一、填空题

1. 2.1,5.7,1.29,22.1.

2. 4,20.

3. 8,0.3.

4. 3,2.

5. $0,8.$

6. $\dfrac{1}{k+1}.$

7. $3,7.$

8. 不相关.

9. $46.$

二、选择题

1. 选 B.

2. 选 A.

3. 选 D.

4. 选 B.

5. 选 B.

6. 选 D.

三、解答题

1. $E(X)=\dfrac{2}{3};D(X)=\dfrac{1}{18}.$

2. （1）$\mathrm{Cov}(X,Y)=\dfrac{7}{64}$；（2）$R(X,Y)=\dfrac{7}{15}.$

3. $D(X+Y)=5.4;\mathrm{Cov}(X,2Y-X)=0.$

4. $R(X,Y)=0.$

习题四:综合提高题

1. $E(X)=1;D(X)=\dfrac{1}{6}.$

2. $\begin{cases}r=\dfrac{1}{5},\\[2mm] s=\dfrac{4}{5}.\end{cases}$ 或 $\begin{cases}r=-\dfrac{1}{5},\\[2mm] s=-\dfrac{4}{5}.\end{cases}$

3. $E(Z)=0;D(Z)=5;f(z)=\dfrac{1}{\sqrt{10\pi}}\mathrm{e}^{-\frac{z^2}{10}},z\in\mathbf{R}.$

习题五:基础达标题

1. $P\left(\,|X-\lambda|\geqslant\dfrac{1}{\lambda}\,\right)\leqslant\lambda^{3}.$

2. $P\left(90<\displaystyle\sum_{i=1}^{10}X_i<110\right)\geqslant\dfrac{9}{10}.$

3. $P(Y>2)\approx0.1587.$

4. $2[1-\varPhi(2)]=0.0456.$

5. $0.9821.$

6. $0.9772.$

习题五:综合提高题

1. $P(|X+Y| \geqslant 6) \leqslant \dfrac{7}{9}$.

2. 14.

3. 6520.

4. 0.9938.

习题六:基础达标题

一、填空题

1. $F(x_1, x_2, \cdots, x_n) = \prod\limits_{i=1}^{n} F(x_i)$.

2. 该地区 2020 年毕业的统计学专业本科生实习期满后的月薪;被调查的 30 名 2020 年毕业的统计学专业本科生实习期满后的月薪;30.

3. $\dfrac{1}{2}(x_1 - x_2)^2$.

4. $E(\overline{X}) = 10, D(\overline{X}) = \dfrac{9}{8}$.

5. $F(18, 6)$.

6. $t(3)$.

7. 0.6826, 0.95.

二、选择题

1. 选 ACDF、BE.

2. 选 D.

3. 选 D.

三、解答题

1. 略.

2. $f(x_1, x_2, \cdots, x_n) = \begin{cases} \theta^n \prod\limits_{i=1}^{n} x_i^{\theta-1}, & 0 < x_i < 1, i = 1, 2, \cdots, n \\ 0, & \text{其他.} \end{cases}$

3.
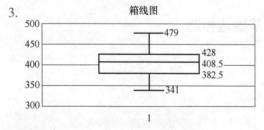

4. 略.

5. 略.

6. $\sqrt{\dfrac{n}{n+1}} \dfrac{X_{n+1} - \overline{X}}{S} \sim t(n-1)$;证明略.

7. （1）0.98；（2）0.97.

习题六:综合提高题

1. $P(x_1,x_2,\cdots,x_n)=\left(\dfrac{M}{N}\right)^{\sum\limits_{i=1}^{n}x_i}\left(1-\dfrac{M}{N}\right)^{n-\sum\limits_{i=1}^{n}x_i}$ ，$x_i=0,1$ ，其中 $t=x_1+x_2+\cdots+x_n$.

2. 略.

3. $\dfrac{\mu_{(1-\alpha)/2}}{\sqrt{n}}$.

4. 190.

5. 略.

习题七:基础达标题

一、填空题

1. $\hat{p}=\dfrac{1}{6}\overline{X}$.

2. $\theta=\dfrac{1}{3}$.

3. $\dfrac{16}{7}$.

4. $\left(\overline{x}\pm\dfrac{\sigma}{\sqrt{n}}u_{\alpha/2}\right)$ ，$(4.311,4.417)$.

5. $\left(\overline{x}\pm\dfrac{s}{\sqrt{n}}t_{\alpha/2}(n-1)\right)$ ，$(2.689,2.720)$.

6. $\left(\dfrac{(n-1)s^2}{\chi^2_{\alpha/2}(n-1)},\dfrac{(n-1)s^2}{\chi^2_{1-\alpha/2}(n-1)}\right)$ ，1.0743 .

二、选择题

1. 选 B.

2. 选 B.

3. 选 C.

4. 选 A.

5. 选 A.

6. 选 C.

三、解答题

1. $\hat{p}=\dfrac{1}{\overline{x}}$.

2. $\hat{\theta}_{矩}=\dfrac{\overline{X}}{1-\overline{X}}$ ，$\hat{\theta}_{\text{MLE}}=-\dfrac{n}{\sum\limits_{i=1}^{n}\ln(X_i)}$.

3. $\hat{\theta}_{\text{MLE}}=\overline{X}$ ，是 θ 的无偏估计.

4. 证明略 $,\hat{\mu}_3$ 是三个统计量中最有效的统计量.

5. (1) $\hat{\theta}_{矩}=2\overline{X}-\dfrac{1}{2}$; (2) $4\overline{X}^2$ 不是 θ^2 的无偏估计量.

6. (1) $(6.588,8.692)$; (2) $(6.395,8.885)$.

7. (1) $(1485.613,1514.387)$; (2) 0.95.

8. $(59.235,309.799)$.

9. $(0.388,1.100)$.

习题七:综合提高题

1. (1) $\hat{\theta}_{矩}=\overline{X}$; (2) $\hat{\theta}_{MLE}=\dfrac{2n}{\sum\limits_{i=1}^{n}\dfrac{1}{X_i}}$.

2. $\hat{\theta}_{矩}=2\overline{X}-1$.

3. 样本容量 n 至少应该取 28.

4. 置信水平为 95%.

5. (1) $(0.328,6.645)$; (2) $(-1.7703,2.9703)$.

6. (1) μ 的置信水平为 95% 的单侧置信下限为 40394(km) ; (2) σ^2 的置信水平为 95% 的单侧置信上限为 2342.

习题八:基础达标题

一、填空题

1. 假设检验.

2. 小概率事件在一次试验中几乎是不可能发生的.

3. $U,U=\dfrac{\overline{X}-\mu_0}{\sigma/\sqrt{n}},N(0,1),t,T=\dfrac{\overline{X}-\mu_0}{S/\sqrt{n}},t(n-1)$.

4. $H_0:\mu=\mu_0=1020;H_1:\mu\neq\mu_0=1020;U=\dfrac{\overline{X}-1020}{100/\sqrt{16}}\sim N(0,1)$.

二、选择题

1. 选 C.

2. 选 D.

3. 选 B.

4. 选 A.

5. 选 D.

6. 选 A.

三、解答题

1. (1) 可以认为总体均值等于 100(mm) ; (2) 可以认为总体均值等于 100(mm).

2. 可认为这一命题成立.

3. 可认为这批砖的平均抗断强度不是 32.50.

4. 不能相信该供货商的说法.

5. (1) 不能认为各袋质量的标准差为 5g ; (2) 不能认为各袋质量的标准差为 5g.

6. 可认为甲、乙两车间生产的罐头食品的水分活性均值无显著性差异.

7.（1）可以认为方差无显著性差异;（2）两种淬火温度对振动板的硬度均值有显著性影响.

习题八:综合提高题

1. 可认为该品牌葡萄酒的平均甘油含量没有显著性降低.

2. 可认为这批金属丝的抗拉强度的均值有所提高.

3.（1）接受 H_0,拒绝 H_1;（2）故接受 H_0,拒绝 H_1.

4. 认为这种溶液中水含量不合乎标准.

5.（1）可认为两种方法测量总体的方差相等;（2）两种方法测量总体的均值不相等.

习题九:基础达标题

1. 可认为三台机器的日产量有显著差异.

2. 可认为3所小学五年级男生的身高有显著差异.

3. 可认为配料方案和硫化时间对产品的抗断强度均有显著影响.

4. 可认为小麦品种对产量有显著影响,而试验田对产量无显著影响.

5. 可认为时段和路段对行车时间均有显著影响,而两因素的交互作用对行车时间无显著影响.

6. 可认为催化剂种类对产量无显著影响,而反应温度和两因素的交互作用对产量均有显著影响.

习题九:综合提高题

1. 略.

2. 可认为不同配合饲料对鱼的饲喂效果有显著影响.

3. 可认为原料批次对检验结果有显著影响,而检验员和两因素的交互作用对检验结果均无显著影响.

习题十:基础达标题

1.（1）$\hat{y} = 12.0026 + 84.4644x$;（2）$Y$ 关于 X 的回归方程是显著的;（3）$\hat{y}_0 = 71.1277$,
$(71.1277 \mp 5.1407) = (65.9870, 76.2684)$.

2.（1）$\hat{y} = 11.6 + 0.4992x$;（2）Y 关于 X 的回归方程是显著的;（3）$\hat{y}_0 = 34.064$,$(34.064 \mp 5.8469) = (28.2171, 39.9109)$.

3.（1）$$\boldsymbol{R} = \begin{pmatrix} 1.0000 & -0.0288 & 0.7653 \\ -0.0288 & 1.0000 & 0.5984 \\ 0.7653 & 0.5984 & 1.0000 \end{pmatrix} \begin{matrix} X_1 \\ X_2 \\ Y \end{matrix}$$;（2）$\hat{y} = 8.1049 + 5.4659x_1 + 13.2166x_2$;

（3）Y 关于 X_1, X_2 的回归方程是显著的.

4. $\hat{y} = 2.1818 + 5.4973x - 0.4055x^2$.

5. $\hat{y} = 1090.2911 e^{-0.2522x}$.

习题十:综合提高题

1. 略.

2. (1)

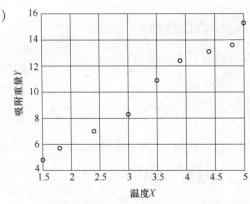

(2) $\hat{y}=0.2568+2.9303x$;(3) Y 关于 X 的回归方程是显著的;(4) $\hat{y}_0=17.8386$,(17.8386∓

1.6315) = (16.2071,19.4701).

3. $\hat{y}=-14.7209+0.0901x_1+0.0611x_2$,可认为 Y 关于 X_1,X_2 的回归方程是显著的.

4. $\hat{y}=121.1655-0.3471x_1-0.0167x_2-4.2903x_3-0.0399x_4-0.1587x_5$.

5. $\hat{a}\approx54.7535$,$\hat{b}\approx-3.0344$,$\hat{c}\approx7.1835$.

附录 A　标准正态分布函数表

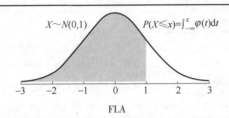

FLA

x	0	0.01	0.02	0.03	0.04	0.05	0.06	0.07	0.08	0.09
0	0.5000	0.5040	0.5080	0.5120	0.5160	0.5199	0.5239	0.5279	0.5319	0.5359
0.1	0.5398	0.5438	0.5478	0.5517	0.5557	0.5596	0.5636	0.5675	0.5714	0.5753
0.2	0.5793	0.5832	0.5871	0.5910	0.5948	0.5987	0.6026	0.6064	0.6103	0.6141
0.3	0.6179	0.6217	0.6255	0.6293	0.6331	0.6368	0.6406	0.6443	0.6480	0.6517
0.4	0.6554	0.6591	0.6628	0.6664	0.6700	0.6736	0.6772	0.6808	0.6844	0.6879
0.5	0.6915	0.6950	0.6985	0.7019	0.7054	0.7088	0.7123	0.7157	0.7190	0.7224
0.6	0.7257	0.7291	0.7324	0.7357	0.7389	0.7422	0.7454	0.7486	0.7517	0.7549
0.7	0.7580	0.7611	0.7642	0.7673	0.7704	0.7734	0.7764	0.7794	0.7823	0.7852
0.8	0.7881	0.7910	0.7939	0.7967	0.7995	0.8023	0.8051	0.8078	0.8106	0.8133
0.9	0.8159	0.8186	0.8212	0.8238	0.8264	0.8289	0.8315	0.8340	0.8365	0.8389
1	0.8413	0.8438	0.8461	0.8485	0.8508	0.8531	0.8554	0.8577	0.8599	0.8621
1.1	0.8643	0.8665	0.8686	0.8708	0.8729	0.8749	0.8770	0.8790	0.8810	0.8830
1.2	0.8849	0.8869	0.8888	0.8907	0.8925	0.8944	0.8962	0.8980	0.8997	0.9015
1.3	0.9032	0.9049	0.9066	0.9082	0.9099	0.9115	0.9131	0.9147	0.9162	0.9177
1.4	0.9192	0.9207	0.9222	0.9236	0.9251	0.9265	0.9279	0.9292	0.9306	0.9319
1.5	0.9332	0.9345	0.9357	0.9370	0.9382	0.9394	0.9406	0.9418	0.9429	0.9441
1.6	0.9452	0.9463	0.9474	0.9484	0.9495	0.9505	0.9515	0.9525	0.9535	0.9545
1.7	0.9554	0.9564	0.9573	0.9582	0.9591	0.9599	0.9608	0.9616	0.9625	0.9633
1.8	0.9641	0.9649	0.9656	0.9664	0.9671	0.9678	0.9686	0.9693	0.9699	0.9706
1.9	0.9713	0.9719	0.9726	0.9732	0.9738	0.9744	0.9750	0.9756	0.9761	0.9767

（续）

x	0	0.01	0.02	0.03	0.04	0.05	0.06	0.07	0.08	0.09
2	0.9772	0.9778	0.9783	0.9788	0.9793	0.9798	0.9803	0.9808	0.9812	0.9817
2.1	0.9821	0.9826	0.9830	0.9834	0.9838	0.9842	0.9846	0.9850	0.9854	0.9857
2.2	0.9861	0.9864	0.9868	0.9871	0.9875	0.9878	0.9881	0.9884	0.9887	0.9890
2.3	0.9893	0.9896	0.9898	0.9901	0.9904	0.9906	0.9909	0.9911	0.9913	0.9916
2.4	0.9918	0.9920	0.9922	0.9925	0.9927	0.9929	0.9931	0.9932	0.9934	0.9936
2.5	0.9938	0.9940	0.9941	0.9943	0.9945	0.9946	0.9948	0.9949	0.9951	0.9952
2.6	0.9953	0.9955	0.9956	0.9957	0.9959	0.9960	0.9961	0.9962	0.9963	0.9964
2.7	0.9965	0.9966	0.9967	0.9968	0.9969	0.9970	0.9971	0.9972	0.9973	0.9974
2.8	0.9974	0.9975	0.9976	0.9977	0.9977	0.9978	0.9979	0.9979	0.9980	0.9981
2.9	0.9981	0.9982	0.9982	0.9983	0.9984	0.9984	0.9985	0.9985	0.9986	0.9986

以下是当 $x \geq 3$ 时标准正态分布函数的取值，其中 9^n 表示 n 个 9.

x	0	0.1	0.2	0.3	0.4	0.5	0.6	0.7	0.8	0.9
3	0.9^2865	0.9^3032	0.9^3312	0.9^3516	0.9^3663	0.9^3767	0.9^3841	0.9^3892	0.9^4277	0.9^4519
4	0.9^4683	0.9^4793	0.9^4866	0.9^5146	0.9^5458	0.9^5660	0.9^5789	0.9^5870	0.9^6207	0.9^6521
5	0.9^6713	0.9^6830	0.9^7004	0.9^7421	0.9^7667	0.9^7810	0.9^7893	0.9^8401	0.9^8668	0.9^8818
6	0.9^9013	0.9^9470	0.9^9718	0.9^9851	$0.9^{10}223$	$0.9^{10}598$	$0.9^{10}794$	$0.9^{10}896$	$0.9^{11}477$	$0.9^{11}740$

注：本表列出了当 $0 \leq x < 6$ 时，标准正态分布函数 $\Phi(x) = \int_{-\infty}^{x} \varphi(t)\,\mathrm{d}t$ 的部分取值；当 $x < 0$ 时，可按 $\Phi(x) = 1 - \Phi(-x)$ 转换后查表.

附录 B　t 分布的分位数表

n	α									
	0.3	0.25	0.2	0.15	0.1	0.05	0.025	0.01	0.005	0.001
1	0.7265	1.0000	1.3764	1.9626	3.0777	6.3138	12.7062	31.8205	63.6567	318.3088
2	0.6172	0.8165	1.0607	1.3862	1.8856	2.9200	4.3027	6.9646	9.9248	22.3271
3	0.5844	0.7649	0.9785	1.2498	1.6377	2.3534	3.1824	4.5407	5.8409	10.2145
4	0.5686	0.7407	0.9410	1.1896	1.5332	2.1318	2.7764	3.7469	4.6041	7.1732
5	0.5594	0.7267	0.9195	1.1558	1.4759	2.0150	2.5706	3.3649	4.0321	5.8934
6	0.5534	0.7176	0.9057	1.1342	1.4398	1.9432	2.4469	3.1427	3.7074	5.2076
7	0.5491	0.7111	0.8960	1.1192	1.4149	1.8946	2.3646	2.9980	3.4995	4.7853
8	0.5459	0.7064	0.8889	1.1081	1.3968	1.8595	2.3060	2.8965	3.3554	4.5008
9	0.5435	0.7027	0.8834	1.0997	1.3830	1.8331	2.2622	2.8214	3.2498	4.2968
10	0.5415	0.6998	0.8791	1.0931	1.3722	1.8125	2.2281	2.7638	3.1693	4.1437
11	0.5399	0.6974	0.8755	1.0877	1.3634	1.7959	2.2010	2.7181	3.1058	4.0247
12	0.5386	0.6955	0.8726	1.0832	1.3562	1.7823	2.1788	2.6810	3.0545	3.9296

（续）

n	α									
	0.3	0.25	0.2	0.15	0.1	0.05	0.025	0.01	0.005	0.001
13	0.5375	0.6938	0.8702	1.0795	1.3502	1.7709	2.1604	2.6503	3.0123	3.8520
14	0.5366	0.6924	0.8681	1.0763	1.3450	1.7613	2.1448	2.6245	2.9768	3.7874
15	0.5357	0.6912	0.8662	1.0735	1.3406	1.7531	2.1314	2.6025	2.9467	3.7328
16	0.5350	0.6901	0.8647	1.0711	1.3368	1.7459	2.1199	2.5835	2.9208	3.6862
17	0.5344	0.6892	0.8633	1.0690	1.3334	1.7396	2.1098	2.5669	2.8982	3.6458
18	0.5338	0.6884	0.8620	1.0672	1.3304	1.7341	2.1009	2.5524	2.8784	3.6105
19	0.5333	0.6876	0.8610	1.0655	1.3277	1.7291	2.0930	2.5395	2.8609	3.5794
20	0.5329	0.6870	0.8600	1.0640	1.3253	1.7247	2.0860	2.5280	2.8453	3.5518
21	0.5325	0.6864	0.8591	1.0627	1.3232	1.7207	2.0796	2.5176	2.8314	3.5272
22	0.5321	0.6858	0.8583	1.0614	1.3212	1.7171	2.0739	2.5083	2.8188	3.5050
23	0.5317	0.6853	0.8575	1.0603	1.3195	1.7139	2.0687	2.4999	2.8073	3.4850
24	0.5314	0.6848	0.8569	1.0593	1.3178	1.7109	2.0639	2.4922	2.7969	3.4668
25	0.5312	0.6844	0.8562	1.0584	1.3163	1.7081	2.0595	2.4851	2.7874	3.4502
26	0.5309	0.6840	0.8557	1.0575	1.3150	1.7056	2.0555	2.4786	2.7787	3.4350
27	0.5306	0.6837	0.8551	1.0567	1.3137	1.7033	2.0518	2.4727	2.7707	3.4210
28	0.5304	0.6834	0.8546	1.0560	1.3125	1.7011	2.0484	2.4671	2.7633	3.4082
29	0.5302	0.6830	0.8542	1.0553	1.3114	1.6991	2.0452	2.4620	2.7564	3.3962
30	0.5300	0.6828	0.8538	1.0547	1.3104	1.6973	2.0423	2.4573	2.7500	3.3852
35	0.5292	0.6816	0.8520	1.0520	1.3062	1.6896	2.0301	2.4377	2.7238	3.3400
40	0.5286	0.6807	0.8507	1.0500	1.3031	1.6839	2.0211	2.4233	2.7045	3.3069
45	0.5281	0.6800	0.8497	1.0485	1.3006	1.6794	2.0141	2.4121	2.6896	3.2815
50	0.5278	0.6794	0.8489	1.0473	1.2987	1.6759	2.0086	2.4033	2.6778	3.2614
100	0.5261	0.6770	0.8452	1.0418	1.2901	1.6602	1.9840	2.3642	2.6259	3.1737
150	0.5255	0.6761	0.8440	1.0400	1.2872	1.6551	1.9759	2.3515	2.6090	3.1455
200	0.5252	0.6757	0.8434	1.0391	1.2858	1.6525	1.9719	2.3451	2.6006	3.1315
∞	0.5244	0.6745	0.8416	1.0364	1.2816	1.6449	1.9600	2.3263	2.5758	3.0902

注：设随机变量 $T \sim t(n)$，本表列出了满足条件 $P(T > t_n(\alpha)) = \alpha$ 的上侧分位数 $t_n(\alpha)$.

附录 C　χ^2 分布的分位数表

n	α									
	0.995	0.99	0.975	0.95	0.9	0.1	0.05	0.025	0.01	0.005
1	0.00004	0.00016	0.001	0.004	0.016	2.706	3.841	5.024	6.635	7.879
2	0.010	0.020	0.051	0.103	0.211	4.605	5.991	7.378	9.210	10.597
3	0.072	0.115	0.216	0.352	0.584	6.251	7.815	9.348	11.345	12.838

（续）

n	α									
	0.995	0.99	0.975	0.95	0.9	0.1	0.05	0.025	0.01	0.005
4	0.207	0.297	0.484	0.711	1.064	7.779	9.488	11.143	13.277	14.860
5	0.412	0.554	0.831	1.145	1.610	9.236	11.070	12.833	15.086	16.750
6	0.676	0.872	1.237	1.635	2.204	10.645	12.592	14.449	16.812	18.548
7	0.989	1.239	1.690	2.167	2.833	12.017	14.067	16.013	18.475	20.278
8	1.344	1.646	2.180	2.733	3.490	13.362	15.507	17.535	20.090	21.955
9	1.735	2.088	2.700	3.325	4.168	14.684	16.919	19.023	21.666	23.589
10	2.156	2.558	3.247	3.940	4.865	15.987	18.307	20.483	23.209	25.188
11	2.603	3.053	3.816	4.575	5.578	17.275	19.675	21.920	24.725	26.757
12	3.074	3.571	4.404	5.226	6.304	18.549	21.026	23.337	26.217	28.300
13	3.565	4.107	5.009	5.892	7.042	19.812	22.362	24.736	27.688	29.819
14	4.075	4.660	5.629	6.571	7.790	21.064	23.685	26.119	29.141	31.319
15	4.601	5.229	6.262	7.261	8.547	22.307	24.996	27.488	30.578	32.801
16	5.142	5.812	6.908	7.962	9.312	23.542	26.296	28.845	32.000	34.267
17	5.697	6.408	7.564	8.672	10.085	24.769	27.587	30.191	33.409	35.718
18	6.265	7.015	8.231	9.390	10.865	25.989	28.869	31.526	34.805	37.156
19	6.844	7.633	8.907	10.117	11.651	27.204	30.144	32.852	36.191	38.582
20	7.434	8.260	9.591	10.851	12.443	28.412	31.410	34.170	37.566	39.997
21	8.034	8.897	10.283	11.591	13.240	29.615	32.671	35.479	38.932	41.401
22	8.643	9.542	10.982	12.338	14.041	30.813	33.924	36.781	40.289	42.796
23	9.260	10.196	11.689	13.091	14.848	32.007	35.172	38.076	41.638	44.181
24	9.886	10.856	12.401	13.848	15.659	33.196	36.415	39.364	42.980	45.559
25	10.520	11.524	13.120	14.611	16.473	34.382	37.652	40.646	44.314	46.928
26	11.160	12.198	13.844	15.379	17.292	35.563	38.885	41.923	45.642	48.290
27	11.808	12.879	14.573	16.151	18.114	36.741	40.113	43.195	46.963	49.645
28	12.461	13.565	15.308	16.928	18.939	37.916	41.337	44.461	48.278	50.993
29	13.121	14.256	16.047	17.708	19.768	39.087	42.557	45.722	49.588	52.336
30	13.787	14.953	16.791	18.493	20.599	40.256	43.773	46.979	50.892	53.672
31	14.458	15.655	17.539	19.281	21.434	41.422	44.985	48.232	52.191	55.003
32	15.134	16.362	18.291	20.072	22.271	42.585	46.194	49.480	53.486	56.328
33	15.815	17.074	19.047	20.867	23.110	43.745	47.400	50.725	54.776	57.648
34	16.501	17.789	19.806	21.664	23.952	44.903	48.602	51.966	56.061	58.964
35	17.192	18.509	20.569	22.465	24.797	46.059	49.802	53.203	57.342	60.275

（续）

n	α									
	0.995	0.99	0.975	0.95	0.9	0.1	0.05	0.025	0.01	0.005
36	17.887	19.233	21.336	23.269	25.643	47.212	50.998	54.437	58.619	61.581
37	18.586	19.960	22.106	24.075	26.492	48.363	52.192	55.668	59.893	62.883
38	19.289	20.691	22.878	24.884	27.343	49.513	53.384	56.896	61.162	64.181
39	19.996	21.426	23.654	25.695	28.196	50.660	54.572	58.120	62.428	65.476
40	20.707	22.164	24.433	26.509	29.051	51.805	55.758	59.342	63.691	66.766

注：设随机变量 $X \sim \chi^2(n)$，本表列出了满足条件 $P(X > \chi_n^2(\alpha)) = \alpha$ 的上侧分位数 $\chi_n^2(\alpha)$.

附录 D　F 分布的分位数表

（$\alpha = 0.2$）

n_1	n_2															
	1	2	3	4	5	6	7	8	9	10	15	20	30	50	100	∞
1	9.47	3.56	2.68	2.35	2.18	2.07	2.00	1.95	1.91	1.88	1.80	1.76	1.72	1.69	1.66	1.64
2	12.00	4.00	2.89	2.47	2.26	2.13	2.04	1.98	1.93	1.90	1.80	1.75	1.70	1.66	1.64	1.61
3	13.06	4.16	2.94	2.48	2.25	2.11	2.02	1.95	1.90	1.86	1.75	1.70	1.64	1.60	1.58	1.55
4	13.64	4.24	2.96	2.48	2.24	2.09	1.99	1.92	1.87	1.83	1.71	1.65	1.60	1.56	1.53	1.50
5	14.01	4.28	2.97	2.48	2.23	2.08	1.97	1.90	1.85	1.80	1.68	1.62	1.57	1.52	1.49	1.46
6	14.26	4.32	2.97	2.47	2.22	2.06	1.96	1.88	1.83	1.78	1.66	1.60	1.54	1.49	1.46	1.43
7	14.44	4.34	2.97	2.47	2.21	2.05	1.94	1.87	1.81	1.77	1.64	1.58	1.52	1.47	1.43	1.40
8	14.58	4.36	2.98	2.47	2.20	2.04	1.93	1.86	1.80	1.75	1.62	1.56	1.50	1.45	1.41	1.38
9	14.68	4.37	2.98	2.46	2.20	2.03	1.93	1.85	1.79	1.74	1.61	1.54	1.48	1.43	1.40	1.36
10	14.77	4.38	2.98	2.46	2.19	2.03	1.92	1.84	1.78	1.73	1.60	1.53	1.47	1.42	1.38	1.34
11	14.84	4.39	2.98	2.46	2.19	2.02	1.91	1.83	1.77	1.72	1.59	1.52	1.46	1.41	1.37	1.33
12	14.90	4.40	2.98	2.46	2.18	2.02	1.91	1.83	1.76	1.72	1.58	1.51	1.45	1.39	1.36	1.32
13	14.95	4.40	2.98	2.45	2.18	2.01	1.90	1.82	1.76	1.71	1.57	1.50	1.44	1.38	1.35	1.31
14	15.00	4.41	2.98	2.45	2.18	2.01	1.90	1.82	1.75	1.70	1.56	1.50	1.43	1.38	1.34	1.30
15	15.04	4.42	2.98	2.45	2.18	2.01	1.89	1.81	1.75	1.70	1.56	1.49	1.42	1.37	1.33	1.29
16	15.07	4.42	2.98	2.45	2.17	2.00	1.89	1.81	1.74	1.70	1.55	1.48	1.42	1.36	1.32	1.28
17	15.10	4.42	2.98	2.45	2.17	2.00	1.89	1.80	1.74	1.69	1.55	1.48	1.41	1.35	1.31	1.27
18	15.13	4.43	2.98	2.45	2.17	2.00	1.88	1.80	1.74	1.69	1.54	1.47	1.40	1.35	1.31	1.26
19	15.15	4.43	2.98	2.45	2.17	2.00	1.88	1.80	1.73	1.69	1.54	1.47	1.40	1.34	1.30	1.26
20	15.17	4.43	2.98	2.44	2.17	2.00	1.88	1.80	1.73	1.68	1.54	1.47	1.39	1.34	1.30	1.25
21	15.19	4.43	2.98	2.44	2.16	1.99	1.88	1.79	1.73	1.68	1.53	1.46	1.39	1.33	1.29	1.25
22	15.21	4.44	2.98	2.44	2.16	1.99	1.88	1.79	1.73	1.68	1.53	1.46	1.39	1.33	1.29	1.24

（续）

n_1	n_2															
	1	2	3	4	5	6	7	8	9	10	15	20	30	50	100	∞
23	15.22	4.44	2.98	2.44	2.16	1.99	1.87	1.79	1.73	1.67	1.53	1.46	1.38	1.33	1.28	1.24
24	15.24	4.44	2.98	2.44	2.16	1.99	1.87	1.79	1.72	1.67	1.53	1.45	1.38	1.32	1.28	1.23
25	15.25	4.44	2.98	2.44	2.16	1.99	1.87	1.79	1.72	1.67	1.52	1.45	1.38	1.32	1.27	1.23
26	15.26	4.44	2.98	2.44	2.16	1.99	1.87	1.78	1.72	1.67	1.52	1.45	1.37	1.31	1.27	1.22
27	15.28	4.44	2.98	2.44	2.16	1.99	1.87	1.78	1.72	1.67	1.52	1.44	1.37	1.31	1.27	1.22
28	15.29	4.45	2.98	2.44	2.16	1.98	1.87	1.78	1.72	1.67	1.52	1.44	1.37	1.31	1.26	1.22
29	15.30	4.45	2.98	2.44	2.16	1.98	1.87	1.78	1.72	1.66	1.51	1.44	1.37	1.31	1.26	1.21
30	15.31	4.45	2.98	2.44	2.16	1.98	1.86	1.78	1.71	1.66	1.51	1.44	1.36	1.30	1.26	1.21
35	15.34	4.45	2.98	2.44	2.15	1.98	1.86	1.77	1.71	1.66	1.51	1.43	1.35	1.29	1.24	1.19
40	15.37	4.46	2.98	2.44	2.15	1.98	1.86	1.77	1.70	1.65	1.50	1.42	1.35	1.28	1.23	1.18
45	15.40	4.46	2.98	2.44	2.15	1.97	1.85	1.77	1.70	1.65	1.50	1.42	1.34	1.28	1.23	1.17
50	15.42	4.46	2.98	2.43	2.15	1.97	1.85	1.76	1.70	1.65	1.49	1.41	1.34	1.27	1.22	1.16
60	15.44	4.46	2.98	2.43	2.15	1.97	1.85	1.76	1.69	1.64	1.49	1.41	1.33	1.26	1.21	1.15
70	15.46	4.47	2.98	2.43	2.14	1.97	1.85	1.76	1.69	1.64	1.48	1.40	1.32	1.25	1.20	1.14
80	15.48	4.47	2.98	2.43	2.14	1.97	1.84	1.76	1.69	1.64	1.48	1.40	1.32	1.25	1.19	1.13
100	15.50	4.47	2.98	2.43	2.14	1.96	1.84	1.75	1.69	1.63	1.47	1.39	1.31	1.24	1.18	1.12
150	15.52	4.47	2.98	2.43	2.14	1.96	1.84	1.75	1.68	1.63	1.47	1.39	1.30	1.23	1.17	1.10
200	15.54	4.48	2.98	2.43	2.14	1.96	1.84	1.75	1.68	1.63	1.46	1.38	1.30	1.22	1.16	1.08
∞	15.58	4.48	2.98	2.43	2.13	1.95	1.83	1.74	1.67	1.62	1.46	1.37	1.28	1.21	1.14	1.00

注：设随机变量 $F \sim F(n_1, n_2)$，本表列出了满足条件 $P(F > F_\alpha(n_1, n_2)) = \alpha$ 的上侧分位数 $F_\alpha(n_1, n_2)$.

$$(\alpha = 0.1)$$

n_1	n_2															
	1	2	3	4	5	6	7	8	9	10	15	20	30	50	100	∞
1	39.86	8.53	5.54	4.54	4.06	3.78	3.59	3.46	3.36	3.29	3.07	2.97	2.88	2.81	2.76	2.71
2	49.50	9.00	5.46	4.32	3.78	3.46	3.26	3.11	3.01	2.92	2.70	2.59	2.49	2.41	2.36	2.30
3	53.59	9.16	5.39	4.19	3.62	3.29	3.07	2.92	2.81	2.73	2.49	2.38	2.28	2.20	2.14	2.08
4	55.83	9.24	5.34	4.11	3.52	3.18	2.96	2.81	2.69	2.61	2.36	2.25	2.14	2.06	2.00	1.94
5	57.24	9.29	5.31	4.05	3.45	3.11	2.88	2.73	2.61	2.52	2.27	2.16	2.05	1.97	1.91	1.85
6	58.20	9.33	5.28	4.01	3.40	3.05	2.83	2.67	2.55	2.46	2.21	2.09	1.98	1.90	1.83	1.77
7	58.91	9.35	5.27	3.98	3.37	3.01	2.78	2.62	2.51	2.41	2.16	2.04	1.93	1.84	1.78	1.72
8	59.44	9.37	5.25	3.95	3.34	2.98	2.75	2.59	2.47	2.38	2.12	2.00	1.88	1.80	1.73	1.67
9	59.86	9.38	5.24	3.94	3.32	2.96	2.72	2.56	2.44	2.35	2.09	1.96	1.85	1.76	1.69	1.63
10	60.19	9.39	5.23	3.92	3.30	2.94	2.70	2.54	2.42	2.32	2.06	1.94	1.82	1.73	1.66	1.60
11	60.47	9.40	5.22	3.91	3.28	2.92	2.68	2.52	2.40	2.30	2.04	1.91	1.79	1.70	1.64	1.57
12	60.71	9.41	5.22	3.90	3.27	2.90	2.67	2.50	2.38	2.28	2.02	1.89	1.77	1.68	1.61	1.55

（续）

n_1	n_2															
	1	2	3	4	5	6	7	8	9	10	15	20	30	50	100	∞
13	60.90	9.41	5.21	3.89	3.26	2.89	2.65	2.49	2.36	2.27	2.00	1.87	1.75	1.66	1.59	1.52
14	61.07	9.42	5.20	3.88	3.25	2.88	2.64	2.48	2.35	2.26	1.99	1.86	1.74	1.64	1.57	1.50
15	61.22	9.42	5.20	3.87	3.24	2.87	2.63	2.46	2.34	2.24	1.97	1.84	1.72	1.63	1.56	1.49
16	61.35	9.43	5.20	3.86	3.23	2.86	2.62	2.45	2.33	2.23	1.96	1.83	1.71	1.61	1.54	1.47
17	61.46	9.43	5.19	3.86	3.22	2.85	2.61	2.45	2.32	2.22	1.95	1.82	1.70	1.60	1.53	1.46
18	61.57	9.44	5.19	3.85	3.22	2.85	2.61	2.44	2.31	2.22	1.94	1.81	1.69	1.59	1.52	1.44
19	61.66	9.44	5.19	3.85	3.21	2.84	2.60	2.43	2.30	2.21	1.93	1.80	1.68	1.58	1.50	1.43
20	61.74	9.44	5.18	3.84	3.21	2.84	2.59	2.42	2.30	2.20	1.92	1.79	1.67	1.57	1.49	1.42
21	61.81	9.44	5.18	3.84	3.20	2.83	2.59	2.42	2.29	2.19	1.92	1.79	1.66	1.56	1.48	1.41
22	61.88	9.45	5.18	3.84	3.20	2.83	2.58	2.41	2.29	2.19	1.91	1.78	1.65	1.55	1.48	1.40
23	61.95	9.45	5.18	3.83	3.19	2.82	2.58	2.41	2.28	2.18	1.90	1.77	1.64	1.54	1.47	1.39
24	62.00	9.45	5.18	3.83	3.19	2.82	2.58	2.40	2.28	2.18	1.90	1.77	1.64	1.54	1.46	1.38
25	62.05	9.45	5.17	3.83	3.19	2.81	2.57	2.40	2.27	2.17	1.89	1.76	1.63	1.53	1.45	1.38
26	62.10	9.45	5.17	3.83	3.18	2.81	2.57	2.40	2.27	2.17	1.89	1.76	1.63	1.52	1.45	1.37
27	62.15	9.45	5.17	3.82	3.18	2.81	2.56	2.39	2.26	2.17	1.88	1.75	1.62	1.52	1.44	1.36
28	62.19	9.46	5.17	3.82	3.18	2.81	2.56	2.39	2.26	2.16	1.88	1.75	1.62	1.51	1.43	1.35
29	62.23	9.46	5.17	3.82	3.18	2.80	2.56	2.39	2.26	2.16	1.88	1.74	1.61	1.51	1.43	1.35
30	62.26	9.46	5.17	3.82	3.17	2.80	2.56	2.38	2.25	2.16	1.87	1.74	1.61	1.50	1.42	1.34
35	62.42	9.46	5.16	3.81	3.16	2.79	2.54	2.37	2.24	2.14	1.86	1.72	1.59	1.48	1.40	1.32
40	62.53	9.47	5.16	3.80	3.16	2.78	2.54	2.36	2.23	2.13	1.85	1.71	1.57	1.46	1.38	1.30
45	62.62	9.47	5.16	3.80	3.15	2.77	2.53	2.35	2.22	2.12	1.84	1.70	1.56	1.45	1.37	1.28
50	62.69	9.47	5.15	3.80	3.15	2.77	2.52	2.35	2.22	2.12	1.83	1.69	1.55	1.44	1.35	1.26
60	62.79	9.47	5.15	3.79	3.14	2.76	2.51	2.34	2.21	2.11	1.82	1.68	1.54	1.42	1.34	1.24
70	62.87	9.48	5.15	3.79	3.14	2.76	2.51	2.33	2.20	2.10	1.81	1.67	1.53	1.41	1.32	1.22
80	62.93	9.48	5.15	3.78	3.13	2.75	2.50	2.33	2.20	2.09	1.80	1.66	1.52	1.40	1.31	1.21
100	63.01	9.48	5.14	3.78	3.13	2.75	2.50	2.32	2.19	2.09	1.79	1.65	1.51	1.39	1.29	1.18
150	63.11	9.48	5.14	3.77	3.12	2.74	2.49	2.31	2.18	2.08	1.78	1.64	1.49	1.37	1.27	1.15
200	63.17	9.49	5.14	3.77	3.12	2.73	2.48	2.31	2.17	2.07	1.77	1.63	1.48	1.36	1.26	1.13
∞	63.33	9.49	5.13	3.76	3.10	2.72	2.47	2.29	2.16	2.06	1.76	1.61	1.46	1.33	1.21	1.00

注:设随机变量 $F \sim F(n_1, n_2)$,本表列出了满足条件 $P(F > F_\alpha(n_1, n_2)) = \alpha$ 的上侧分位数 $F_\alpha(n_1, n_2)$.

$$(\alpha = 0.05)$$

n_1	n_2															
	1	2	3	4	5	6	7	8	9	10	15	20	30	50	100	∞
1	161.45	18.51	10.13	7.71	6.61	5.99	5.59	5.32	5.12	4.96	4.54	4.35	4.17	4.03	3.94	3.84
2	199.50	19.00	9.55	6.94	5.79	5.14	4.74	4.46	4.26	4.10	3.68	3.49	3.32	3.18	3.09	3.00
3	215.71	19.16	9.28	6.59	5.41	4.76	4.35	4.07	3.86	3.71	3.29	3.10	2.92	2.79	2.70	2.60

（续）

n_1	n_2															
	1	2	3	4	5	6	7	8	9	10	15	20	30	50	100	∞
4	224.58	19.25	9.12	6.39	5.19	4.53	4.12	3.84	3.63	3.48	3.06	2.87	2.69	2.56	2.46	2.37
5	230.16	19.30	9.01	6.26	5.05	4.39	3.97	3.69	3.48	3.33	2.90	2.71	2.53	2.40	2.31	2.21
6	233.99	19.33	8.94	6.16	4.95	4.28	3.87	3.58	3.37	3.22	2.79	2.60	2.42	2.29	2.19	2.10
7	236.77	19.35	8.89	6.09	4.88	4.21	3.79	3.50	3.29	3.14	2.71	2.51	2.33	2.20	2.10	2.01
8	238.88	19.37	8.85	6.04	4.82	4.15	3.73	3.44	3.23	3.07	2.64	2.45	2.27	2.13	2.03	1.94
9	240.54	19.38	8.81	6.00	4.77	4.10	3.68	3.39	3.18	3.02	2.59	2.39	2.21	2.07	1.97	1.88
10	241.88	19.40	8.79	5.96	4.74	4.06	3.64	3.35	3.14	2.98	2.54	2.35	2.16	2.03	1.93	1.83
11	242.98	19.40	8.76	5.94	4.70	4.03	3.60	3.31	3.10	2.94	2.51	2.31	2.13	1.99	1.89	1.79
12	243.91	19.41	8.74	5.91	4.68	4.00	3.57	3.28	3.07	2.91	2.48	2.28	2.09	1.95	1.85	1.75
13	244.69	19.42	8.73	5.89	4.66	3.98	3.55	3.26	3.05	2.89	2.45	2.25	2.06	1.92	1.82	1.72
14	245.36	19.42	8.71	5.87	4.64	3.96	3.53	3.24	3.03	2.86	2.42	2.22	2.04	1.89	1.79	1.69
15	245.95	19.43	8.70	5.86	4.62	3.94	3.51	3.22	3.01	2.85	2.40	2.20	2.01	1.87	1.77	1.67
16	246.46	19.43	8.69	5.84	4.60	3.92	3.49	3.20	2.99	2.83	2.38	2.18	1.99	1.85	1.75	1.64
17	246.92	19.44	8.68	5.83	4.59	3.91	3.48	3.19	2.97	2.81	2.37	2.17	1.98	1.83	1.73	1.62
18	247.32	19.44	8.67	5.82	4.58	3.90	3.47	3.17	2.96	2.80	2.35	2.15	1.96	1.81	1.71	1.60
19	247.69	19.44	8.67	5.81	4.57	3.88	3.46	3.16	2.95	2.79	2.34	2.14	1.95	1.80	1.69	1.59
20	248.01	19.45	8.66	5.80	4.56	3.87	3.44	3.15	2.94	2.77	2.33	2.12	1.93	1.78	1.68	1.57
21	248.31	19.45	8.65	5.79	4.55	3.86	3.43	3.14	2.93	2.76	2.32	2.11	1.92	1.77	1.66	1.56
22	248.58	19.45	8.65	5.79	4.54	3.86	3.43	3.13	2.92	2.75	2.31	2.10	1.91	1.76	1.65	1.54
23	248.83	19.45	8.64	5.78	4.53	3.85	3.42	3.12	2.91	2.75	2.30	2.09	1.90	1.75	1.64	1.53
24	249.05	19.45	8.64	5.77	4.53	3.84	3.41	3.12	2.90	2.74	2.29	2.08	1.89	1.74	1.63	1.52
25	249.26	19.46	8.63	5.77	4.52	3.83	3.40	3.11	2.89	2.73	2.28	2.07	1.88	1.73	1.62	1.51
26	249.45	19.46	8.63	5.76	4.52	3.83	3.40	3.10	2.89	2.72	2.27	2.07	1.87	1.72	1.61	1.50
27	249.63	19.46	8.63	5.76	4.51	3.82	3.39	3.10	2.88	2.72	2.27	2.06	1.86	1.71	1.60	1.49
28	249.80	19.46	8.62	5.75	4.50	3.82	3.39	3.09	2.87	2.71	2.26	2.05	1.85	1.70	1.59	1.48
29	249.95	19.46	8.62	5.75	4.50	3.81	3.38	3.08	2.87	2.70	2.25	2.05	1.85	1.69	1.58	1.47
30	250.10	19.46	8.62	5.75	4.50	3.81	3.38	3.08	2.86	2.70	2.25	2.04	1.84	1.69	1.57	1.46
35	250.69	19.47	8.60	5.73	4.48	3.79	3.36	3.06	2.84	2.68	2.22	2.01	1.81	1.66	1.54	1.42
40	251.14	19.47	8.59	5.72	4.46	3.77	3.34	3.04	2.83	2.66	2.20	1.99	1.79	1.63	1.52	1.39
45	251.49	19.47	8.59	5.71	4.45	3.76	3.33	3.03	2.81	2.65	2.19	1.98	1.77	1.61	1.49	1.37
50	251.77	19.48	8.58	5.70	4.44	3.75	3.32	3.02	2.80	2.64	2.18	1.97	1.76	1.60	1.48	1.35
60	252.20	19.48	8.57	5.69	4.43	3.74	3.30	3.01	2.79	2.62	2.16	1.95	1.74	1.58	1.45	1.32
70	252.50	19.48	8.57	5.68	4.42	3.73	3.29	2.99	2.78	2.61	2.15	1.93	1.72	1.56	1.43	1.29
80	252.72	19.48	8.56	5.67	4.41	3.72	3.29	2.99	2.77	2.60	2.14	1.92	1.71	1.54	1.41	1.27
100	253.04	19.49	8.55	5.66	4.41	3.71	3.27	2.97	2.76	2.59	2.12	1.91	1.70	1.52	1.39	1.24
150	253.46	19.49	8.54	5.65	4.39	3.70	3.26	2.96	2.74	2.57	2.10	1.89	1.67	1.50	1.36	1.20
200	253.68	19.49	8.54	5.65	4.39	3.69	3.25	2.95	2.73	2.56	2.10	1.88	1.66	1.48	1.34	1.17
∞	254.31	19.50	8.53	5.63	4.36	3.67	3.23	2.93	2.71	2.54	2.07	1.84	1.62	1.44	1.28	1.00

注:设随机变量 $F \sim F(n_1, n_2)$，本表列出了满足条件 $P(F > F_\alpha(n_1, n_2)) = \alpha$ 的上侧分位数 $F_\alpha(n_1, n_2)$.

$(\alpha=0.025)$

n_1	n_2															
	1	2	3	4	5	6	7	8	9	10	15	20	30	50	100	∞
1	647.79	38.51	17.44	12.22	10.01	8.81	8.07	7.57	7.21	6.94	6.20	5.87	5.57	5.34	5.18	5.02
2	799.50	39.00	16.04	10.65	8.43	7.26	6.54	6.06	5.71	5.46	4.77	4.46	4.18	3.97	3.83	3.69
3	864.16	39.17	15.44	9.98	7.76	6.60	5.89	5.42	5.08	4.83	4.15	3.86	3.59	3.39	3.25	3.12
4	899.58	39.25	15.10	9.60	7.39	6.23	5.52	5.05	4.72	4.47	3.80	3.51	3.25	3.05	2.92	2.79
5	921.85	39.30	14.88	9.36	7.15	5.99	5.29	4.82	4.48	4.24	3.58	3.29	3.03	2.83	2.70	2.57
6	937.11	39.33	14.73	9.20	6.98	5.82	5.12	4.65	4.32	4.07	3.41	3.13	2.87	2.67	2.54	2.41
7	948.22	39.36	14.62	9.07	6.85	5.70	4.99	4.53	4.20	3.95	3.29	3.01	2.75	2.55	2.42	2.29
8	956.66	39.37	14.54	8.98	6.76	5.60	4.90	4.43	4.10	3.85	3.20	2.91	2.65	2.46	2.32	2.19
9	963.28	39.39	14.47	8.90	6.68	5.52	4.82	4.36	4.03	3.78	3.12	2.84	2.57	2.38	2.24	2.11
10	968.63	39.40	14.42	8.84	6.62	5.46	4.76	4.30	3.96	3.72	3.06	2.77	2.51	2.32	2.18	2.05
11	973.03	39.41	14.37	8.79	6.57	5.41	4.71	4.24	3.91	3.66	3.01	2.72	2.46	2.26	2.12	1.99
12	976.71	39.41	14.34	8.75	6.52	5.37	4.67	4.20	3.87	3.62	2.96	2.68	2.41	2.22	2.08	1.94
13	979.84	39.42	14.30	8.71	6.49	5.33	4.63	4.16	3.83	3.58	2.92	2.64	2.37	2.18	2.04	1.90
14	982.53	39.43	14.28	8.68	6.46	5.30	4.60	4.13	3.80	3.55	2.89	2.60	2.34	2.14	2.00	1.87
15	984.87	39.43	14.25	8.66	6.43	5.27	4.57	4.10	3.77	3.52	2.86	2.57	2.31	2.11	1.97	1.83
16	986.92	39.44	14.23	8.63	6.40	5.24	4.54	4.08	3.74	3.50	2.84	2.55	2.28	2.08	1.94	1.80
17	988.73	39.44	14.21	8.61	6.38	5.22	4.52	4.05	3.72	3.47	2.81	2.52	2.26	2.06	1.91	1.78
18	990.35	39.44	14.20	8.59	6.36	5.20	4.50	4.03	3.70	3.45	2.79	2.50	2.23	2.03	1.89	1.75
19	991.80	39.45	14.18	8.58	6.34	5.18	4.48	4.02	3.68	3.44	2.77	2.48	2.21	2.01	1.87	1.73
20	993.10	39.45	14.17	8.56	6.33	5.17	4.47	4.00	3.67	3.42	2.76	2.46	2.20	1.99	1.85	1.71
21	994.29	39.45	14.16	8.55	6.31	5.15	4.45	3.98	3.65	3.40	2.74	2.45	2.18	1.98	1.83	1.69
22	995.36	39.45	14.14	8.53	6.30	5.14	4.44	3.97	3.64	3.39	2.73	2.43	2.16	1.96	1.81	1.67
23	996.35	39.45	14.13	8.52	6.29	5.13	4.43	3.96	3.63	3.38	2.71	2.42	2.15	1.95	1.80	1.66
24	997.25	39.46	14.12	8.51	6.28	5.12	4.41	3.95	3.61	3.37	2.70	2.41	2.14	1.93	1.78	1.64
25	998.08	39.46	14.12	8.50	6.27	5.11	4.40	3.94	3.60	3.35	2.69	2.40	2.12	1.92	1.77	1.63
26	998.85	39.46	14.11	8.49	6.26	5.10	4.39	3.93	3.59	3.34	2.68	2.39	2.11	1.91	1.76	1.61
27	999.56	39.46	14.10	8.48	6.25	5.09	4.39	3.92	3.58	3.34	2.67	2.38	2.10	1.90	1.75	1.60
28	1000.22	39.46	14.09	8.48	6.24	5.08	4.38	3.91	3.58	3.33	2.66	2.37	2.09	1.89	1.74	1.59
29	1000.84	39.46	14.09	8.47	6.23	5.07	4.37	3.90	3.57	3.32	2.65	2.36	2.08	1.88	1.72	1.58
30	1001.41	39.46	14.08	8.46	6.23	5.07	4.36	3.89	3.56	3.31	2.64	2.35	2.07	1.87	1.71	1.57
35	1003.80	39.47	14.06	8.43	6.20	5.04	4.33	3.86	3.53	3.28	2.61	2.31	2.04	1.83	1.67	1.52
40	1005.60	39.47	14.04	8.41	6.18	5.01	4.31	3.84	3.51	3.26	2.59	2.29	2.01	1.80	1.64	1.48
45	1007.00	39.48	14.02	8.39	6.16	4.99	4.29	3.82	3.49	3.24	2.56	2.27	1.99	1.77	1.61	1.45
50	1008.12	39.48	14.01	8.38	6.14	4.98	4.28	3.81	3.47	3.22	2.55	2.25	1.97	1.75	1.59	1.43
60	1009.80	39.48	13.99	8.36	6.12	4.96	4.25	3.78	3.45	3.20	2.52	2.22	1.94	1.72	1.56	1.39
70	1011.00	39.48	13.98	8.35	6.11	4.94	4.24	3.77	3.43	3.18	2.51	2.20	1.92	1.70	1.53	1.36

（续）

n_1	n_2															
	1	2	3	4	5	6	7	8	9	10	15	20	30	50	100	∞
80	1011.91	39.49	13.97	8.33	6.10	4.93	4.23	3.76	3.42	3.17	2.49	2.19	1.90	1.68	1.51	1.33
100	1013.17	39.49	13.96	8.32	6.08	4.92	4.21	3.74	3.40	3.15	2.47	2.17	1.88	1.66	1.48	1.30
150	1014.87	39.49	13.94	8.30	6.06	4.89	4.19	3.72	3.38	3.13	2.45	2.14	1.85	1.62	1.44	1.24
200	1015.71	39.49	13.93	8.29	6.05	4.88	4.18	3.70	3.37	3.12	2.44	2.13	1.84	1.60	1.42	1.21
∞	1018.26	39.50	13.90	8.26	6.02	4.85	4.14	3.67	3.33	3.08	2.40	2.09	1.79	1.55	1.35	1.00

注:设随机变量 $F \sim F(n_1, n_2)$,本表列出了满足条件 $P(F > F_\alpha(n_1, n_2)) = \alpha$ 的上侧分位数 $F_\alpha(n_1, n_2)$.

$$(\alpha = 0.01)$$

n_1	n_2															
	1	2	3	4	5	6	7	8	9	10	15	20	30	50	100	∞
1	4052.18	98.50	34.12	21.20	16.26	13.75	12.25	11.26	10.56	10.04	8.68	8.10	7.56	7.17	6.90	6.63
2	4999.50	99.00	30.82	18.00	13.27	10.92	9.55	8.65	8.02	7.56	6.36	5.85	5.39	5.06	4.82	4.61
3	5403.35	99.17	29.46	16.69	12.06	9.78	8.45	7.59	6.99	6.55	5.42	4.94	4.51	4.20	3.98	3.78
4	5624.58	99.25	28.71	15.98	11.39	9.15	7.85	7.01	6.42	5.99	4.89	4.43	4.02	3.72	3.51	3.32
5	5763.65	99.30	28.24	15.52	10.97	8.75	7.46	6.63	6.06	5.64	4.56	4.10	3.70	3.41	3.21	3.02
6	5858.99	99.33	27.91	15.21	10.67	8.47	7.19	6.37	5.80	5.39	4.32	3.87	3.47	3.19	2.99	2.80
7	5928.36	99.36	27.67	14.98	10.46	8.26	6.99	6.18	5.61	5.20	4.14	3.70	3.30	3.02	2.82	2.64
8	5981.07	99.37	27.49	14.80	10.29	8.10	6.84	6.03	5.47	5.06	4.00	3.56	3.17	2.89	2.69	2.51
9	6022.47	99.39	27.35	14.66	10.16	7.98	6.72	5.91	5.35	4.94	3.89	3.46	3.07	2.78	2.59	2.41
10	6055.85	99.40	27.23	14.55	10.05	7.87	6.62	5.81	5.26	4.85	3.80	3.37	2.98	2.70	2.50	2.32
11	6083.32	99.41	27.13	14.45	9.96	7.79	6.54	5.73	5.18	4.77	3.73	3.29	2.91	2.63	2.43	2.25
12	6106.32	99.42	27.05	14.37	9.89	7.72	6.47	5.67	5.11	4.71	3.67	3.23	2.84	2.56	2.37	2.18
13	6125.86	99.42	26.98	14.31	9.82	7.66	6.41	5.61	5.05	4.65	3.61	3.18	2.79	2.51	2.31	2.13
14	6142.67	99.43	26.92	14.25	9.77	7.60	6.36	5.56	5.01	4.60	3.56	3.13	2.74	2.46	2.27	2.08
15	6157.28	99.43	26.87	14.20	9.72	7.56	6.31	5.52	4.96	4.56	3.52	3.09	2.70	2.42	2.22	2.04
16	6170.10	99.44	26.83	14.15	9.68	7.52	6.28	5.48	4.92	4.52	3.49	3.05	2.66	2.38	2.19	2.00
17	6181.43	99.44	26.79	14.11	9.64	7.48	6.24	5.44	4.89	4.49	3.45	3.02	2.63	2.35	2.15	1.97
18	6191.53	99.44	26.75	14.08	9.61	7.45	6.21	5.41	4.86	4.46	3.42	2.99	2.60	2.32	2.12	1.93
19	6200.58	99.45	26.72	14.05	9.58	7.42	6.18	5.38	4.83	4.43	3.40	2.96	2.57	2.29	2.09	1.90
20	6208.73	99.45	26.69	14.02	9.55	7.40	6.16	5.36	4.81	4.41	3.37	2.94	2.55	2.27	2.07	1.88
21	6216.12	99.45	26.66	13.99	9.53	7.37	6.13	5.34	4.79	4.38	3.35	2.92	2.53	2.24	2.04	1.85
22	6222.84	99.45	26.64	13.97	9.51	7.35	6.11	5.32	4.77	4.36	3.33	2.90	2.51	2.22	2.02	1.83
23	6228.99	99.46	26.62	13.95	9.49	7.33	6.09	5.30	4.75	4.34	3.31	2.88	2.49	2.20	2.00	1.81
24	6234.63	99.46	26.60	13.93	9.47	7.31	6.07	5.28	4.73	4.33	3.29	2.86	2.47	2.18	1.98	1.79
25	6239.83	99.46	26.58	13.91	9.45	7.30	6.06	5.26	4.71	4.31	3.28	2.84	2.45	2.17	1.97	1.77
26	6244.62	99.46	26.56	13.89	9.43	7.28	6.04	5.25	4.70	4.30	3.26	2.83	2.44	2.15	1.95	1.76

（续）

n_1	n_2															
	1	2	3	4	5	6	7	8	9	10	15	20	30	50	100	∞
27	6249.07	99.46	26.55	13.88	9.42	7.27	6.03	5.23	4.68	4.28	3.25	2.81	2.42	2.14	1.93	1.74
28	6253.20	99.46	26.53	13.86	9.40	7.25	6.02	5.22	4.67	4.27	3.24	2.80	2.41	2.12	1.92	1.72
29	6257.05	99.46	26.52	13.85	9.39	7.24	6.00	5.21	4.66	4.26	3.23	2.79	2.40	2.11	1.91	1.71
30	6260.65	99.47	26.50	13.84	9.38	7.23	5.99	5.20	4.65	4.25	3.21	2.78	2.39	2.10	1.89	1.70
35	6275.57	99.47	26.45	13.79	9.33	7.18	5.94	5.15	4.60	4.20	3.17	2.73	2.34	2.05	1.84	1.64
40	6286.78	99.47	26.41	13.75	9.29	7.14	5.91	5.12	4.57	4.17	3.13	2.69	2.30	2.01	1.80	1.59
45	6295.52	99.48	26.38	13.71	9.26	7.11	5.88	5.09	4.54	4.14	3.10	2.67	2.27	1.97	1.76	1.55
50	6302.52	99.48	26.35	13.69	9.24	7.09	5.86	5.07	4.52	4.12	3.08	2.64	2.25	1.95	1.74	1.52
60	6313.03	99.48	26.32	13.65	9.20	7.06	5.82	5.03	4.48	4.08	3.05	2.61	2.21	1.91	1.69	1.47
70	6320.55	99.48	26.29	13.63	9.18	7.03	5.80	5.01	4.46	4.06	3.02	2.58	2.18	1.88	1.66	1.43
80	6326.20	99.49	26.27	13.61	9.16	7.01	5.78	4.99	4.44	4.04	3.00	2.56	2.16	1.86	1.63	1.40
100	6334.11	99.49	26.24	13.58	9.13	6.99	5.75	4.96	4.41	4.01	2.98	2.54	2.13	1.82	1.60	1.36
150	6344.68	99.49	26.20	13.54	9.09	6.95	5.72	4.93	4.38	3.98	2.94	2.50	2.09	1.78	1.55	1.29
200	6349.97	99.49	26.18	13.52	9.08	6.93	5.70	4.91	4.36	3.96	2.92	2.48	2.07	1.76	1.52	1.25
∞	6365.86	99.50	26.13	13.46	9.02	6.88	5.65	4.86	4.31	3.91	2.87	2.42	2.01	1.68	1.43	1.00

注:设随机变量 $F \sim F(n_1, n_2)$,本表列出了满足条件 $P(F > F_\alpha(n_1, n_2)) = \alpha$ 的上侧分位数 $F_\alpha(n_1, n_2)$.

参 考 文 献

[1] 王梓坤.概率论基础及其应用[M].北京:科学出版社,1979.

[2] 茆诗松,王静龙,濮晓龙.概率论与数理统计教程[M].3 版.北京:高等教育出版社,2019.

[3] 盛骤,谢式千,潘承毅.概率论与数理统计[M].5 版.北京:高等教育出版社,2020.

[4] 刘建亚,吴臻.概率论与数理统计[M].3 版.北京:高等教育出版社,2020.

[5] 王明慈,沈恒范.概率论与数理统计[M].3 版.北京:高等教育出版社,2013.

[6] 张天德,叶宏.概率论与数理统计:慕课版[M].北京:人民邮电出版社,2020.

[7] 李贤平,沈崇圣,陈子毅.概率论与数理统计[M].上海:复旦大学出版社,2003.

[8] 陈希孺.概率论与数理统计[M].合肥:中国科学技术大学出版社,2009.

[9] 齐民友.概率论与数理统计[M].2 版.北京:高等教育出版社,2011.

[10] 陈魁.应用概率统计[M].北京:清华大学出版社,2000.

[11] 王兆军,邹长亮.数理统计教程[M].北京:高等教育出版社,2014.

[12] 宗序平.概率论与数理统计[M].4 版.北京:机械工业出版社,2019.

[13] 范玉妹,汪飞星,王萍,等.概率论与数理统计[M].3 版.北京:机械工业出版社,2017.

[14] 刘剑平,朱坤平,陆元鸿.应用数理统计[M].3 版.上海:华东理工大学出版社,2019.

[15] 方开泰,许建伦.统计分布[M].北京:高等教育出版社,2016.

[16] 姜启源,谢金星,叶俊.数学模型[M].5 版.北京:高等教育出版社,2018.

[17] 谢中华.MATLAB 统计分析与应用:40 个案例分析[M].2 版.北京:北京航空航天大学出版社,2015.

[18] 徐子珊.概率统计与 Python 解法[M].北京:清华大学出版社,2023.